高等学校网络教育规划教材

微型计算机原理及应用

秦晓红　孔庆芸　主编

秦晓红　孔庆芸　孙蓬　陆艳洪　编

西北工业大学出版社

【内容简介】 本书系统、全面地介绍了微型计算机的基本原理及应用技术。具体内容包括计算机的基本知识、32位微型计算机的基本体系结构、指令系统、汇编语言程序设计、存储器的管理、输入/输出接口技术、中断系统、可编程接口芯片、模/数和数/模转换技术、常用总线和微型计算机的应用。重点对计算机硬件功能、工作原理、接口电路以及软件设计方法做了较详细的阐述。全书共分为11章，为了便于学生更好地掌握各章的知识，每章规定了学习基本要求，指出了本章知识要点以及知识结构框图，章末配有习题与思考题。

本书轻理论、重实践，注重微机系统应用方面的知识。通过大量实例来提高学习者分析问题和解决问题的应用能力。

本书适合在职成人学习或者作为高等学校本科生的教材，亦可供工程技术人员参考。

图书在版编目（CIP）数据

微型计算机原理及应用/秦晓红，孔庆芸主编.—西安：西北工业大学出版社，2014.10
ISBN 978-7-5612-4171-4

Ⅰ.①微… Ⅱ.①秦… ②孔… Ⅲ.①微型计算机—理论 Ⅳ.①TP36

中国版本图书馆CIP数据核字（2014）第241650号

出版发行：西北工业大学出版社
通信地址：西安市友谊西路127号 **邮编**：710072
电　　话：(029)88493844 88491757
网　　址：http://www.nwpup.com
印 刷 者：陕西宝石兰印务有限责任公司
开　　本：787 mm×1 092 mm 1/16
印　　张：19.25
字　　数：471千字
版　　次：2014年10月第1版 2014年10月第1次印刷
定　　价：39.00元

前　言

信息技术和网络技术的发展，给网络教育提供了强有力的技术支持。传统的教学以教师为中心，以教材为中心，以课堂为中心，强调教师的"教"；而网络教学可以突破时空的限制，以学生自身的学习为主，以学生已有的知识经验为基础，以学生的活动为中心，强调学生的"学"。师生关系从以教师为中心的权威型转变为以学生为中心的师生民主型。教师在教学过程中的主要目的是培养学生掌握知识的能力，指导学生学习，帮助学生获取信息、选择信息、处理信息，解决学生学习过程中出现的知识性、技术性等方面的问题。教师将需要更多地了解学生的学习特点，制定个性化的培养方案，促使学生学习能力的提高。

根据网络教育的这些特点，网络教育教材应注重开放性、共享性、交互性。为此，西北工业大学网络教育学院出版了"网络教育系列规划教材"系列丛书，本书是该系列教材之一。

本书有如下特点：①结构清晰，知识完整。本书围绕微型计算机的基本体系结构展开阐述，从 CPU、指令系统及汇编程序设计、存储器、接口技术到常用总线，环环相扣，知识体系清晰完整。②实例丰富，实用性强。通过大量的实例分析与讲解，突出所学知识的实用性，便于学习者提高实际应用能力。③易学易懂，知识点明确。针对网络教育的特点，本书力求做到深入浅出，将复杂的概念通过简洁浅显的语言娓娓道来。明确课程的知识点和学习要点，使学生在自主选择学习内容，自主安排学习时间的基础上有针对性地学习，以提高学习效率。

本书系统、全面地介绍了微型计算机的基本原理和应用技术。全书共分为 11 章，具体内容如下：

第 1 章主要介绍微型计算机的基本结构、数制及转换、计算机中带符号数的原码、反码、补码表示方法、补码运算时溢出判别、计算机中数的定点表示法和浮点表示法、常用的二进制编码 BCD 码及 ASCII 码、逻辑运算及基本逻辑电路。

第 2 章主要介绍 32 位 Intel CPU 的基本结构及外部引脚、通用寄存器、段寄存器、专用寄存器、CPU 的 3 种工作方式、指令流水线技术、逻辑地址和物理地址的关系。

第 3 章主要介绍 80×86 系统的各种寻址方式，包括立即寻址、寄存器寻址、存储器寻址；80×86 的指令系统，包括数据传送指令、算术运算指令、逻辑运算指令、串操作指令、控制转移类指令、输入输出指令等的功能和用法。

第 4 章主要介绍汇编语言的基本语法规则和格式，汇编语言中常用的伪指令和 DOS 功能调用，顺序、分支、循环、子程序设计的基本方法。

第 5 章主要介绍存储器的基本知识以及存储器的分类，内存储器的分段管理与分页管理，逻辑地址、线性地址、物理地址之间的地址变换过程。

第 6 章主要介绍 I/O 接口的基本功能，I/O 端口的寻址方式，I/O 端口的地址形成，CPU 与外设通信时的输入/输出方式以及各方式的优缺点，各种方式下的接口技术，重点介绍了同步方式和异步查询方式下的接口技术。

第 7 章主要介绍中断的有关概念，可编程中断控制器芯片 8259A 的功能、结构、初始化编程及应用。

第 8 章主要介绍 3 个常用的可编程接口芯片的结构及其与微处理器的接口方式，包括常用的并行接口芯片 8255A，计数器/定时器 8254，串行接口芯片 8251A，通过编程进行初始化及操作控制。

第 9 章主要介绍 D/A 与 A/D 转换的基本原理、主要性能参数，几种典型的 D/A 和 A/D 转换芯片的结构、工作方式、与 CPU 的接口，在与 CPU 接口时应该注意的问题以及选择 D/A 与 A/D 芯片的依据。

第 10 章主要介绍总线的有关概念，包括总线的定义、分类、总线传输方式等，详细介绍了目前应用广泛的几种典型的总线标准。

第 11 章主要介绍微型计算机的应用领域和应用中的主要技术问题。

本书第 1，3～5 章由孔庆芸编写，第 2 章由孙蓬编写，第 6～9，11 章由秦晓红编写，第 10 章由陆艳洪编写，全书由秦晓红统稿。

在本书编写过程中，得到了西北工业大学计算机学院基础教学部各位老师的支持，也得到了西北工业大学出版社杨军的大力支持，在此表示衷心的感谢！

由于微机发展迅速，笔者水平有限，书中难免有疏漏和不足之处，殷切希望广大读者批评指正。

编　者

2014 年 6 月

目　录

第1章 绪　论

＊学习基本要求

通过本章的学习，需要掌握微型计算机的基本结构和基本运算知识。

＊内容要点

本章必须要理解的知识点：微型计算机的基本结构，数制及转换，计算机中带符号数的原码、反码、补码表示方法，补码运算时溢出判别，计算机中数的定点表示法和浮点表示法，常用的二进制编码BCD码及ASCII码，逻辑运算及基本逻辑电路。

＊知识结构框图

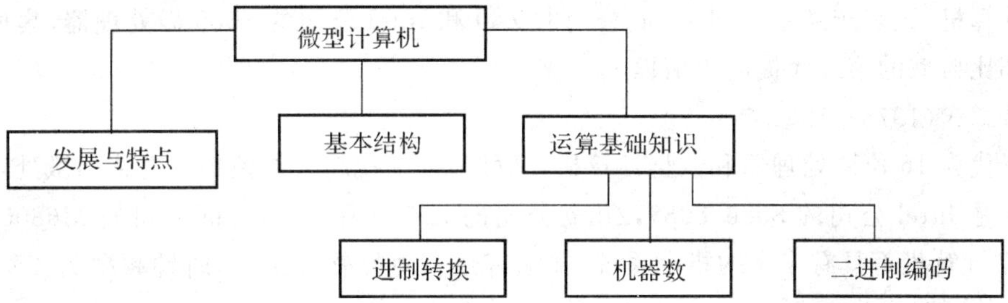

1.1 概　述

计算机是一种能够自动完成运算的电子装置，其所以能够自动完成运算，是因为它能够存储程序和原始数据、中间结果及运算最终结果。存储程序和采用二进制运算奠定了冯·诺依曼结构的计算机的设计思想，无论计算机技术怎么发展，这一点是相对不变的。

显然，计算机不同于一般的计算工具(如计算器等)，因为一般的计算工具离不开人的直接干预。

1.1.1 微型计算机的发展概况

1946年在美国诞生了世界上第一台电子计算机ENIAC，该机字长为12位，每秒完成5 000次加法运算，它使用了18 800个电子管、70 000个电阻、1 000个电容、6 000个开关，占地约为170m^2，耗电150kW，重量达30t。这个庞然大物被称作第一代电子计算机，为当今的电子计算机奠定了基础。1958年至1964年，用晶体管取代电子管，称为第二代电子计算机，它不仅大大缩小了计算机的体积，而且还降低了成本，同时将运算速度提高了近百倍。1965年集成电路问世，形成了中、小规模集成电路构成的第三代计算机。1970年出现了以大规模集成电路为主体的第四代计算机，这是大规模集成电路迅猛发展的产物。所谓第五代计算机，其目标主要是采用超大规模集成电路，在系统结构上类似人脑的神经网络，在材料上使用常温超导材料和光器件，在计算机结构上采用超并行的数据流计算等。

由于在一块芯片上可集成上千万个电子元件，因而使电子计算机的体积大为缩小，这就促使了微型计算机的问世。因为微型计算机具有体积小、功耗低、重量轻、价格低、可靠性高、使用方便等一系列优点，因此获得了广泛的应用和迅速的发展。自微型计算机于1971年问世以来，大约每隔2～4年就更新换代一次，至今已经历了多个阶段的演变。

1. 第一代(1971—1973年)

第一代为4位和低档8位微处理器及微型计算机。美国Intel公司首先研制成功4位的4004微处理器，以它为核心再配以RAM，ROM和I/O接口芯片就构成了MCS-4微型计算机。随后又研制出8位的8008微处理器及MCS-8微型计算机，其特点是指令系统简单，运算功能较差，速度较慢(平均指令执行时间约为20 μs)。

2. 第二代(1973—1978年)

第二代为中档8位微处理器和微型计算机。其间又分为两个阶段。1973—1975年为典型的第二代，以美国Intel公司的8080和Motorola公司的MC6800为代表，集成度提高1～2倍，运算速度提高一个数量级。1976—1978年为高档的8位微型计算机阶段，被称为第二代半微型计算机，代表产品是美国Zilog公司的Z80和Intel公司的8085微处理器，集成度和运算速度都比典型的第二代提高1倍以上。

3. 第三代(1978—1981年)

第三代为16位微处理器和微型计算机，又称为第一代超大规模集成电路的微处理器。其代表产品是Intel公司的8086/8088，Zilog公司的Z8000和Motorola公司的M68000。这些16位微型计算机都具有丰富的指令系统，并配有强有力的软件系统，时钟频率为4～8 MHz，平均指令执行时间为0.5μs。

4. 第四代(1981—1993年)

第四代为高性能的16位机与32位微处理器和微型计算机。其代表产品是Intel公司的80386和Motorola公司的68020，时钟频率达16～20MHz，平均指令执行时间约为0.1μs。通常称这类微处理器构成的微型计算机为超级微型机。Intel公司又相继开发出了80486，80586等微处理器。

与此同时，Motorola公司也推出了32位微处理器M68020，HP公司推出了HP32，IBM公司推出了IBM320，Zilog公司推出了Z80000，等等。

5. 第五代32位高档处理器(1993—1996年)

1993年，Intel公司推出了32位处理器Pentium(以P5代称)。它集成了330万个晶体管，内部采用4级超标量结构，数据线64位，地址线36位。工作频率为60/66MHz，处理速度达110MIPS。由于第一代Pentium采用0.8μm工艺技术和5V电源驱动，因而使得芯片尺寸较大，成本过高，其功耗达15W，使系统散热成为问题。1994年3月，Intel公司推出了第二代Pentium(以P54C代称)。P54C采用0.6μm工艺和3.3V电源，功耗仅为4W，而且可在不需要时自动关闭浮点单元，散热问题基本得以解决。P54C的主时钟为100MHz和90MHz两种。常规配置下，P54C系统的处理能力比P5系统高出了40%。在体系结构上，Pentium在内核中采用了RISC技术。

同期推出的第五代微处理器还有IBM，Apple和Motorola三家联盟的Power PC(这是一种完全的RISC微处理器)，以及AMD公司的K5和Cyrix公司的M1等。

6. 第六代微处理器(1996 年以后)

1996 年,Intel 公司推出了 Pentium Pro 微处理器(也将此后的微处理器称为第六代)。该处理器的集成电路采用了 0.35μm 的工艺,时钟频率为 200MHz,运算速度达 200MIPS。Pentium Pro 的两个显著特点是:内部集成了 16KB 的一级(L1)高速缓冲存储器和 256KB 的二级(L2)高速缓冲存储器;使用 3 个执行部件,可同时执行 3 条命令。

从 1997 年后,Intel 又进一步推出了一系列新的 Pentium 型微处理器:Pentium Ⅱ,Pentium Ⅲ和 Pentium 4。其他公司类似的产品还有 AMD 的 K7。这些 CPU 的集成度已高达近千万个晶体管,时钟频率也达到了 1GHz 以上。Pentium 4 CPU,工作频率已达 3.2GHz。

7. Intel 超线程处理器

Intel 公司于 2002 年推出了具有超线程技术的 IA－32 系列处理器。超线程(Hyper Thread,HT)技术允许单个物理处理器用共享的执行资源并发地执行两个或多个代码流(线程),以提高 80×86 系列处理器执行多线程操作系统与应用程序代码的性能。

从体系结构上说,支持 HT 技术的 IA－32 处理器,在一个物理处理器核中由两个或多个逻辑处理器构成,每个逻辑处理器有它自己的 IA－32 体系结构状态。每个逻辑处理器由全部的 IA－32 数据寄存器、段寄存器、控制寄存器与大部分的机器状态寄存器(MSR)构成。

8. Intel 双核技术处理器

2005 年,Intel 公司推出了使用双核技术的奔腾处理器极品版 840 IA－32 处理器。这是 IA－32 处理器系列中引入双核技术的第一个成员,此处理器用双核技术与超线程一起提供硬件多线程支持。双核技术是在 IA－32 处理器系列中硬件多线程能力的另一种形式,双核技术用单个物理包中的两个执行核心提供硬件多线程能力。因此,Intel Pentium 处理器极品版在一个物理包中提供 4 个逻辑处理器(每个处理器核有两个逻辑处理器)。

Intel Pentium D 处理器也以双核技术为特色。此处理器用双核技术提供硬件多线程支持,但它不提供超线程技术。因此,Intel Pentium D 处理器在一个物理包中提供两个逻辑处理器,每个逻辑处理器拥有处理器核的执行资源。

Intel Pentium 处理器极品版中引入了 Intel 扩展的存储器技术(Intel EM64T),线性地址空间增加至 64 位并支持 40 位物理地址空间。此技术也引入了称为 IA－32e 模式的新的操作模式。

IA－32e 模式在两种子模式之一上操作:

· 兼容模式允许 64 位操作系统不修改地运行大多数 32 位软件。

· 64 位模式允许 64 位操作系统运行应用程序访问 64 位地址空间。

Intel EM64T 的处理器可以支持 80×86 系列软件,因为它能运行在非 64 位传统模式。大多数已存在的 IA－32 应用程序也能在兼容模式下运行。

微处理器的迅速发展和更新换代,使基于微处理器的微型计算机的性能不断提高。

所谓微处理器(μPU),是把运算器和控制器集成在一个芯片上,又称 CPU。

所谓微型计算机,是把微处理器(CPU)配上一定容量的半导体随机存储器(RAM)、半导体只读存储器(ROM)及接口电路、必要的外设组成的。

所谓微型计算机系统,是指硬件系统和软件系统的总称。硬件系统包括微型计算机、时钟、电源等，软件系统包括系统软件和应用软件。

所谓单板机，是把 CPU、一定数量的存储器芯片和 I/O 接口芯片装在一块印刷电路板上，在该板上再配以具有一定功能的输入/输出设备(如小键盘等)。

所谓单片机，是把 CPU、一定容量的存储器和必要的 I/O 接口电路集成在一个硅片上。有的单片机还包括模/数(A/D)、数/模(D/A)转换器。

微型计算机不但向小型化方向发展，而且向巨型化方向发展，以获得基于微型机体系结构。

1.1.2 微型计算机的特点和分类

1. 微型计算机的特点

由于微型计算机广泛采用了集成度相当高的器件和部件，因此，带来以下一系列特点。

(1)体积小、重量轻、耗电省。由于采用大规模集成电路和超大规模集成电路，因而使微型机所含的器件数目大为减少，体积大为缩小。微型机大量地采用大规模集成专用芯片(ASIC)和通用可编程门阵列(GAL)器件，使得微型机的体积明显缩小。而微型机中的芯片大多采用 MOS 和 CMOS 工艺，因此耗电量就很小。在航空、航天等部门中这一特点使过去无法实现的某些应用领域，现在利用微型机就可很容易实现。

(2)可靠性高。由于微处理器及其配套系列芯片采用大规模集成电路，减少了大量的焊点，简化了外接线和外加逻辑，因而大大提高了可靠性。

(3)系统设计灵活，使用方便。由于微处理器芯片及其可选用的支持逻辑芯片都有标准化、系统化的产品，同时又有许多有关的支持软件可选用，用户可根据不同的要求构成不同规模的系统。

(4)价格低廉。由于微处理器及其配套系列芯片采用集成电路工艺，集成度高，因而产品造价十分低廉。

(5)维护方便。由于微处理器及其系统产品已逐渐趋于标准化、模块化和系列化，从硬件结构到软件配置都作了较全面的考虑，因而一般可用自检诊断及测试发现系统故障。发现故障后，可方便地更换标准化模块芯片来排除故障。

2. 微型计算机的分类

可以从不同角度对微型计算机进行分类：

- 按微处理器的字长，可分为 4 位、8 位、16 位、32 位、64 位微型计算机。
- 按微型计算机的组装形式，可分为单片、单板、多板微型计算机等。
- 按应用领域不同，又可分为控制用、数据处理用微型计算机等。
- 按微处理器的制造工艺，又可分为 MOS 型器件和双极型器件两大类。

1.1.3 微处理器的字长

字长，是计算机字所含二进制位数。计算机字也就是作为一个整体被一次传送或运算最多的二进制数位。它和计算机能够处理二进制信息的位数是两个概念。如 32 位数和 32 位数相加，用 8 位机需加 4 次，用 16 位机需加 2 次，用 32 位机只加 1 次即可。很显然，32 位机的速度要快得多。字长是对某一型号的机器而言的。

字节，无论对哪个厂家、哪种型号的计算机，都指的是 8 位二进制信息。

1.2 运算基础

1.2.1 进位计数制及其相互转换

1.进位计数制

凡是按进位的方式计数的数制称为进位计数制，简称进位制。数据无论使用哪种进位制表示，都涉及基数(Radix)与各位数的“权”(Weight)。所谓某进位制的基数是指该进位制中允许选用的基本数码的个数。对任意进位制数都可以写成按权展开的多项式和的形式：

$$K = K_{n-1} \times R^{n-1} + K_{n-2} \times R^{n-2} + \cdots + K_1 \times R^1 + K_0 \times R^0 + K_{-1} \times R^{-1} + K_{-2} \times R^{-2} + \cdots + K_{-m} \times R^{-m} = \sum_{i=n-1}^{-m} K_i \times R^i$$

式中 i—— 数位；

m,n—— 正整数；

R—— 基数；

K_i—— 第 i 位数码。

总之，进位计数法的数制均有以下几个主要特点：

(1) 数码个数等于基数，最大数码比基数小1；

(2) 每个数码都要乘以基数的幂次，而该幂次是由每个数所在的位置决定的，即“位权”，简称权；

(3) 低位向高位的进位是“逢基数进1”。

2.几种常用的进位制

在计算机中采用二进制计数法，但在编程时，为了书写方便，常采用八进制或者十六进制数，特别是十六进制数。因为它们和二进制数之间有一种特殊的“缩写”关系，因此得到广泛使用。而人们日常生活最习惯使用的是十进制数，这样它们之间就存在着一种对应转换关系。

(1)十进制数(Decimal Notation)。它有以下3个特点：

1)10个数码，即0,1,2,3,4,5,6,7,8,9。

2) 在数的表示中，每个数码都要乘以基数10的幂次，而此幂次是由该数码所在位置决定的。

例1.1 $555.5D=(555.5)_{10}=5\times10^2+5\times10^1+5\times10^0+5\times10^{-1}$

D可以省略。可以看出同样的数码在不同的位置(权不一样)所表示的数值不一样。

3)低位向高位的进位是逢10进1。

(2)二进制数(Binary Notation)。它有以下3个特点：

1)2个数码，即0和1。

2) 在数的表示中，每个数码都要乘以基数2的幂次，而此幂次是由该数码所在位置决定的。

例1.2 $101.1B=(101.1)_2=1\times2^2+0\times2^1+1\times2^0+1\times2^{-1}$

B不能省略。

3)低位向高位的进位是逢2进1。

由于二进制数还具有以下独特的性质，所以奠定了当代计算机的设计基础：

· 具有两个不同的数码，很容易找到具有两个稳定的物理状态来实现它。

· 整个数向左移一位，数值增大一倍，反之，向右移一位，数值就减小一半。

· 对于二进制整数，若最低位是 1 则为奇数，是 0 则为偶数。

二进制数运算规则简单，如

0＋0＝0；

0＋1＝1；

1＋0＝1；

1＋1＝0，向上进位 1。

也就是说，两个一位二进制数相加，相同则本位和为 0，不相同则本位和为 1；只有在都为 1 时才有进位。本位和恰好是异或二值逻辑的关系，进位则是二值逻辑与的关系。这样，在计算机里，是把二进制数的运算用逻辑运算来实现的，因此 CPU 是由一些组合逻辑电路（实现一定逻辑关系的门电路）和时序逻辑电路（能够存储二进制信息的电路）组成的。

(3)八进制数(Octal Notation)。它有以下 3 个特点：

1)有 8 个数码，即 0，1，2，3，4，5，6，7。

2)在数的表示中，每个数码都要乘以基数 8 的幂次，而此幂次是由该数码所在位置决定的。

例 1.3 $35.7Q=(35.7)_8=3\times8^1+5\times8^0+7\times8^{-1}$

Q 不能省略。这里用 Q 而不用 O 是为避免把字母 O 误作数字 0。

3)低位向高位的进位是逢 8 进 1。

(4) 十六进制数(Hexadecimal Notation)。它有以下 3 个特点：

1)有 16 个数码，即 0，1，2，3，4，5，6，7，8，9，A，B，C，D，E，F。

2)在数的表示中，每个数码都要乘以基数 16 的幂次，而此幂次是由该数码所在位置决定的。

例 1.4 $5BD.3H=(5BD.3)_{16}=5\times16^2+11\times16^1+13\times16^0+3\times16^{-1}$

例 1.5 $0FEA.C8H=(FEA.C8)_{16}=15\times16^2+14\times16^1+10\times16^0+12\times16^{-1}+8\times16^{-2}$

H 不能省略。第一个数码为字母时，前面要加数字 0，避免把十六进制数误作变量或标号名（变量和标号在后面汇编语言章节中说明）。

3)低位向高位的进位是逢 16 进 1。

3. 数制之间的转换关系

(1)任意进制数转换成十进制数。任意进制数转换成十进制数就是该数按权展开多项式之和。

例 1.6 二进制数 101.1B 转换成十进制数。

$$101.1B=1\times2^2+0\times2^1+1\times2^0+1\times2^{-1}=4+0+1+0.5=5.5$$

其他进制数同理。

(2)十进制数转换成任意进制数。

1) 整数转换。整数转换法就是除基数取余数法，第一次得到的余数为最低位，最后得到的余数为最高位。

例 1.7 $(28)_{10}=(?)_2$

除法	余数
2 | 28	
2 | 14	0
2 | 7	0
2 | 3	1
2 | 1	1
0	1

最后转换的结果是 28D=11100B。

其他进制数同理。

2)小数转换。小数转换法就是乘基数取整数法，第一次得到的整数为小数的最高位，直到十进制小数部分乘积为0时停止，最后得到的是转换结果的小数最末位(若出现无限循环，可按要求取小数点后几位即可)。

例 1.8 $(0.125)_{10}=(?)_2$

乘法	取整数部分
0.125	
× 2	
0.250	0
× 2	
0.500	0
× 2	
1.000	1

最后转换结果是 0.125D=0.001B。

其他进制数同理。

(3)二进制、八进制和十六进制之间的转换。这 3 种进制表示的数据之间的转换十分方便，因为每 3 个二进制位正好对应 1 个八进制位，每 4 个二进制位可以变换成 1 个十六进制位。表 1-1 给出一组基本的对应关系。

表 1-1 二进制、八进制和十六进制基本对应关系

二进制数	八进制数	十六进制数	十进制数
0000	00	0	0
0001	01	1	1
0010	02	2	2
0011	03	3	3
0100	04	4	4
0101	05	5	5
0110	06	6	6
0111	07	7	7
1000	10	8	8
1001	11	9	9
1010	12	A	10
1011	13	B	11
1100	14	C	12
1101	15	D	13
1110	16	E	14
1111	17	F	15

把二进制数转换成八进制或十六进制数时，按每 3 位或每 4 位二进制位分组，应保证从小数点所在位置分别向左和向右进行划分，若整数部分的位数不是 3 或 4 的整数倍，可按在数的最左侧补 0 的方法处理，对小数部分则按在数的右侧补 0 的方法处理。

例 1.9 将二进制数 1011011.10101B 分别转换成八进制数和十六进制数。

1011011.10101B＝001,011,011.101,010B＝133.52Q

1011011.10101B＝0101,1011.1010,1000B＝5B.A8H

例 1.10 将十进制数 25.625 转换为二进制数、八进制数及十六进制数。

解 十进制数转换为二进制数时，对于整数部分，采用除 2 取余数法，即逐次用 2 去除要转换的十进制数，直至商为 0，每次所得的余数即为二进制数码，最先得到的为整数的最低有效位 K_0，最后得到的是整数的最高有效位 K_{n-1}。对于小数部分，采用乘 2 取整数法，即逐次用 2 去乘要转换的十进制小数，将每次所得的整数 0 或 1，依次记作 $K_{-1}, K_{-2}, \cdots$。注意，十进制小数并不是都能用有限位的二进制数精确地表示，这时只要根据精度要求，转换到一定的位数即可。

	余数		整数
2 | 25			
2 | 12	$K_0=1$	$0.625\times2=1.25$	$k_{-1}=1$
2 | 6	$K_1=0$	$0.25\times2=0.5$	$k_{-2}=0$
2 | 3	$K_2=0$	$0.5\times2=1$	$k_{-3}=1$
2 | 1	$K_3=1$		
0	$K_4=1$		

故 25.625 对应的二进制数为 11001.101B。

八进制、十六进制和二进制之间的转换是非常简单的，分别按 3 位、4 位二进制数对应转换即可。方法是以小数点为界，整数部分自右至左，小数部分自左至右分组，若转换为八进制，3 位为一组，若转换为十六进制，4 位为一组，不足时补 0。

本例中：

11001.101B＝011 001.101B＝31.5Q

11001.101B＝0001 1001.1010B＝19.AH

所以，25.625 对应的二进制数、八进制数及十六进制数分别为 11001.101B，31.5Q，19.AH。

例 1.11 将二进制数 10110B，八进制数 125Q 及十六进制数 5AF.8H 转换为十进制数。

解 将非十进制数转换为十进制数时，一般是按其定义展开为多项式，将系数与权用十进制表示，然后进行相应的四则运算即可得到运算结果。

$10110B=1\times2^4+0\times2^3+1\times2^2+1\times2^1+0\times2^0=16+0+4+2+0=22D$

$125Q=1\times8^2+2\times8^1+5\times8^0=64+16+5=85D$

$5AF.8H=5\times16^2+10\times16^1+15\times16^0+8\times16^{-1}=1\,280+160+15+0.5=1\,455.5D$

1.2.2 二进制数的运算规则

采用二进制实现各种算术与逻辑运算，是因为二进制数每一位都仅有 0 和 1 两个状态，实现它的物理器件很容易找到，它很好地对应着半导体器件的饱和与截止、电流的有和无、电位的高与低等。另外二进制数运算规则简单，容易用逻辑电路实现。

1. 加法规则

0+0=0；

0+1=1；

1+0=1；

1+1=0 且向高位产生进位 1。

例 1.12

$$\begin{array}{r} 1101B \\ +1001B \\ \hline 10110B \end{array}$$

最高位产生向上进位 1。

2. 减法规则

0-0=0；

0-1=1 且向高位产生借位 1；

1-0=1；

1-1=0。

例 1.13

$$\begin{array}{r} 0110B \\ -1101B \\ \hline 1001B \end{array}$$

最高位产生向上借位 1。

3. 乘法规则

0×0=0；

0×1=0；

1×0=0；

1×1=1。

可以看出，乘数为 0 时，其结果为 0；乘数为 1 时，其结果等于被乘数。

例 1.14

$$\begin{array}{r} 1011B \\ \times\ 1101B \\ \hline 1011 \\ 0000 \\ 1011 \\ +1011 \\ \hline 10001111B \end{array}$$

4. 除法规则

0÷0 非法，除数不能为 0；

1÷0 非法，除数不能为 0；

0÷1=0；

1÷1=1。

例 1.15

```
              1101B
1001B √1110101B
       -1001
       ------
        01011
        -1001
       ------
         00100
         -0000
       ------
          01001
          -1001
       ------
              0
```

1.2.3 计算机中的四则运算

在计算机里完成二进制数的四则运算最终都是进行加法运算，所以在 CPU 内部只有加法器。它把减法运算通过加补码来实现，把乘法运算通过部分积右移加被乘数或 0 实现，把除法运算通过部分余数左移加除数补码或 0 实现。减法用加补码实现，在后面讲到补码时再加以说明。这里仅对实现乘法运算加以说明。

如前所举之例 1011B×1101B=10001111B。

从前面相乘的过程来看，类似于十进制数相乘的规律。但用计算机按此规律实现就不容易了。因为 n 位数乘 n 位数要完成 n 个 $2n$ 位数同时相加，而且重复性差。因此在计算机里用叫作部分积右移的方法来实现。

例 1.16 被乘数 X=1011，乘数 Y=1101，部分积 Z=0000。

(1)乘数末位 Y_0 为 1，所以在 Z 的初值上加被乘数，得新的部分积，部分积和 Y 右移一位。

(2)乘数末位 Y_0 已是 Y_1 的值，为 0，所以给部分积加 0，得新的部分积，部分积和 Y 右移一位。

(3)乘数末位 Y_0 已是 Y_2 的值，为 1，所以给部分积加被乘数，得新的部分积，部分积和 Y 右移一位。

(4)乘数末位 Y_0 已是 Y_3 的值，为 1，所以给部分积加被乘数，得新的部分积，部分积和 Y 右移一位。

```
      部分积 Z
         0000
  +)     1011
  -----------
         1011
  →      0101  1
  +)     0000
  -----------
         0101  1
  →      0010  1  1
  +)     1011
  -----------
         1101  1  1
  →      0110  1  1  1
  +)     1011
  -----------
        10001  1  1  1
  →      1000  1  1  1  1
```

可以看出，4 位数乘 4 位数变成了 4 次相加，4 次移位，每次相加都是两个 4 位数相加。图 1－1 说明它的流程(其中 i 为位数)，图 1－2 则为它的工作原理示意图。

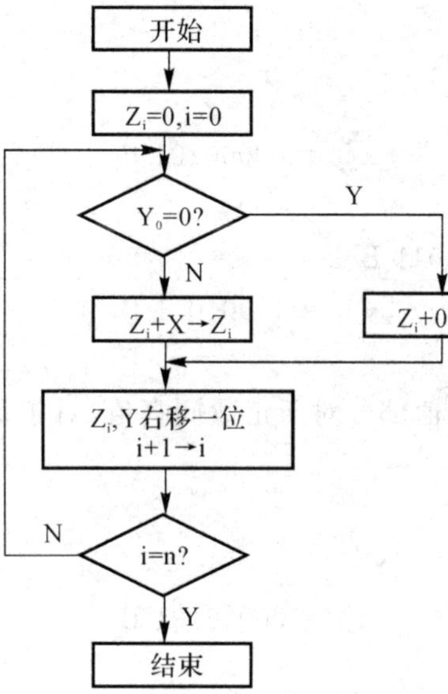

图 1－1　二进制数乘法流程图

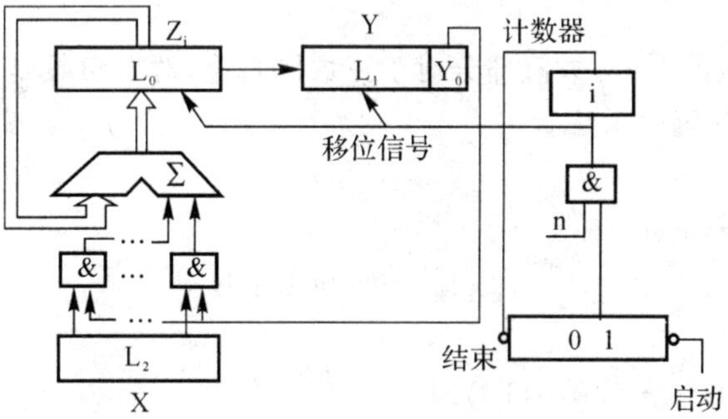

图 1－2　二进制数乘法示意图

1.2.4　计算机中带符号数的表示方法

数有带符号数和不带符号数之分，例如人口普查中男性公民数，女性公民数，此类数据就为不带符号数，因为它不可能出现负数；而表示温度的数据就有正负之分；等等。

在计算机中表示的数就叫机器数。其含义有二：其一，计算机的字长有个定值，如 16 位机字长为 16 位，32 位机字长为 32 位，8 位机字长就为 8 位，也就是说，对某一个机器来说，它的一个字所能表示数的范围是有限制的。其二，对于不带符号数，机器数的各位都是数的有效值；而对带符号数，机器数最高位为 0 表示正数，为 1 表示负数。所以，对于带符号数来说，数的符号位也数字化了。也就是说，带符号数据的机器数由符号位和数值两部分组成。

带符号数的机器数最常用的是原码、反码和补码 3 种形式(下面均以 8 位机器数来说明)。

1. 原码表示法

数的最高位表示数的符号，数值部分是数的绝对值，也称真值，这种表示法称为原码表示法。

(1)对于正数。

例 1.17 x=+5=+101B

$[x]_{原}$=00000101 B

(2)对于负数。

例 1.18 y= −75= −1001011 B

$[y]_{原}$=11001011 B

2. 反码表示法

数的最高位表示数的符号，数值部分对于正数同真值，对于负数是真值各位取反，这种表示法就叫反码表示法。

(1)对于正数。

例 1.19 x=+5=+101 B

$[x]_{反}$=00000101 B

(2)对于负数。

例 1.20 y=− 75=− 1001011 B

$[y]_{反}$=10110100 B

3. 补码表示法

数的最高位表示数的符号，数值部分对于正数同真值，对于负数是该数反码数值部分末位加 1，这种表示法就叫补码表示法。

(1)对于正数。

例 1.21 x=+5=+101 B

$[x]_{补}$=00000101 B

(2)对于负数。

例 1.22 y= −75= −1001011 B

$[y]_{补}$=10110101 B

4. 3 种带符号数机器数表示法比较

(1) 对于正数，3 种形式相同。

(2) 对于负数，符号位都为 1，而数值部分：

原码——同真值；

反码——真值按位取反；

补码——反码末位加 1。

(3) 数字 0 的表示。

原码有两种形式：

$[+0]_{原}$=00000000 B

$[-0]_{原}$=10000000 B

反码有两种形式：

$[+0]_{反}$=00000000 B

$$[-0]_{反}=11111111\ B$$

补码只有一种形式：

$$[+0]_{补}=00000000\ B$$
$$[-0]_{补}=00000000\ B$$

(4) 数的表示范围。对于8位机，一个机器字的表示范围如下：

原码：$+(2^7-1)\sim-(2^7-1)$，即$+127\sim-127$。

反码：$+(2^7-1)\sim-(2^7-1)$，即$+127\sim-127$。

补码：$+(2^7-1)\sim-2^7$，即$+127\sim-128$。

对于16位机和32位机可以类推。

(5) 机器数是二进制数，由于符号位占据一位，因此有符号的数的形式值不等于真正的数值。特别对于负数的表示形式，原码形式最高位的1表示负号，不是数，数值部分是数的真正值；而反码和补码就连数值部分也不是数本身了。所以，要计算一个机器数为十进制的多少时，只有负数的原码的数值部分才可展开按权相加。

5. 补码运算

补码表示的机器数其符号位能和有效数值部分一起参加数值计算，从而简化运算规则，节省运算时间，更重要的是使减法运算转化为加法运算，简化了运算器的线路设计。

例如，一块钟表指针指向9点，要把它拨向2点，可以逆时针倒拨7个格，也可顺时针顺拨5个格，即

倒拨：$9-7=2$

顺拨：$9+5=14=2(\mathrm{mod}\ 12)$

也就是说，对于以12为模的表来说，$9-7$等效于$9+5$，这样就把减法变成加法了。那么，对于以12为模的计数系统，$+5$就是-7的补码，-4的补码就是8，-3的补码就是9，等等。当然，它们是互为补码的，如-9的补码是3等。也就是说，它们的绝对值相加等于模。

对于n位机器数，符号位为1位，数值部分为$n-1$位，模为2^n。对于8位机器数，其模为256。

例1.23 计算$x=64-10$。

若用8位机器数来计算，要把减10变成加(-10)的补码，同样可得到正确的结果。

$[-10]_{补}=256-10=246=11110110B$

$[x]_{补}=[64]_{补}-[10]_{补}=[64]_{补}+[-10]_{补}$

```
[64]补=       01000000B
[-10]补=      11110110B
      +
    ---------------
    [1] 00110110B
     ↓
    丢失
```

即$[x]_{补}=00110110B$。符号位为0(最高位)，说明x是正数，所以按权展开相加得$x=54$，结果是正确的。但是，读者会发现，为了把减法变成加法运算才这样做的，而在求$(-10)_{补}$的时候，进行$256-10$还不是做减法吗？这不是徒劳吗？关键就是不执行$256-10$能不能得到$[-10]_{补}$的问题。

我们知道，$[+10]_{补}=00001010B$，因为正数补码的数值部分同真值，很容易得到，那么，

$[-10]_补$就是从$[+10]_补$的最右端寻找第一个“1”，找到之后，该“1”不变，它的右端各位数位均为 0，而左端（包括符号位）按位取反，即得到$[-10]_补$=11110110B。

如$[y]_补$=01010000B，$[-y]_补$=10110000B，$[z]_补$=10010100B，$[-z]_补$=01101100B。

读者不妨把 y 和 z 值计算出来验证它们是否正确。

前面提到，计算机中把除法运算变成部分余数左移加除数补码或 0（要看够减不够减），这里就不再详述了。总之，算术四则运算在计算机内最终都变成加法运算，所以在运算器中只有加法器，简化了设计，这也是二进制数特性带来的好处。

补码运算的溢出问题：异号数相加，同号数相减（变成加补码），不会溢出；同号数相加，异号数相减（变成加补码），可能溢出。

(1) 上溢。正数＋正数，其符号位变为 1，即成为负数。

例 1.24

$[x]_补$=01100010B	98
$[y]_补$=01001001B	+73
10101011B	171

因为 8 位机器数，正数补码值最大为 +127，+171 超过了所能表示（一个机器字）的范围。

(2) 下溢。负数＋负数还应为负数，即符号位应为 1；若变成 0，即变成正数。

例 1.25

$[x]_补$=10100010B	−94
$[y]_补$=11001001B	+ −55
①01101011B	−149

因为 8 位机器数，负数补码最小为−128，−149 超过它能表示的范围，所以溢出 。

补码运算符号位也像数一样参与运算，这是补码运算的特征。

可采用双高位法判断结果是否溢出。具体方法为：用 C_S表示符号位的进位情况；C_P表示最高数值位的进位情况。当有进位时 C_S或 C_P为 1，否则为 0；溢出判别式 P 对二者进行异或运算，即 $P=C_S \oplus C_P$，当其为 1 时，表示溢出，当其为 0 时，表示不溢出。

例 1.26 已知$[X]_原$=11101011B，$[Y]_原$=01001010B，求$[X+Y]_补$和$[X-Y]_补$，并判断结果是否溢出。

分析 *本题给出的已知条件是 X 和 Y 的原码形式，根据补码运算规则$[X+Y]_补=[X]_补+[Y]_补$，$[X-Y]_补=[X]_补+[-Y]_补$，所以必须先求出$[X]_补$，$[Y]_补$和$[-Y]_补$。*

解 由于正数的补码形式和原码形式一致，负数的补码形式是符号位为 1，数值部分是真值按位求反加 1，所以

$$[X]_补=10010101B \qquad [Y]_补=[Y]_原=01001010B$$

在求$[-Y]_补$时，只要对其相反数的补码连同符号位一起求反加 1 即可，即$[-Y]_补$=10110110B。那么，

$$[X+Y]_补=[X]_补+[Y]_补=10010101B+01001010B=11011111B$$

$$[X-Y]_补=[X]_补+[-Y]_补=10010101B+10110110B=01001011B$$

可采用双高位法判断结果是否溢出。

本例中，

$$\begin{array}{rl} 10010101B & [X]_{补} \\ +\ 01001010B & [Y]_{补} \\ \hline 11011111B & \end{array}$$

$C_S=0, C_P=0, P=C_S \oplus C_P=0$，无溢出。

因此$[X+Y]_{补}=[X]_{补}+[Y]_{补}=11011111B$，无溢出，结果正确。

$$\begin{array}{rl} 10010101B & [X]_{补} \\ +\ 10110110B & [-Y]_{补} \\ \hline 01001011B & \end{array}$$

$C_S=1, C_P=0, P=C_S \oplus C_P=1$，有溢出。

所以$[X-Y]_{补}=[X]_{补}+[-Y]_{补}=01001011B$，有溢出，结果出错。

1.2.5 计算机中数的小数点表示方法

一个二进制数 1010.01 可表示为

$$1010.01=2^4\times 0.101001B$$

任意一个二进制数 N 的通式为

$$N=2^j\times SB$$

式中 j——二进制整数的位数，称其为数 N 的阶码；

S——二进制小数，称其为数 N 的尾数。

尾数 S 表示数 N 的全部有效数字，而阶码 j 指明了小数点的位置。

对任何一个数，若阶码 j 总是固定不变的，则把这种表示法称为数的定点表示法，这样的数称为定点数，采用这种表示法的机器叫作定点计算机。如果阶码 j 可以取不同的值，则把这种表示法称为数的浮点表示法，这样的数称为浮点数，采用这种表示法的机器叫作浮点计算机。

若定点计算机的阶码 j=0，则该定点数只能是小数，其表示的格式为

符号	·	数值

小数点的位置在符号位与尾数部分最高位之间。

按上述约定，在定点计算机中参与运算的数的绝对值必须小于 1。通常，在实际需要计算的数中，不一定都是小数。为了在定点计算机中用这些数进行运算，可以乘上一个比例因子，使其变成小数。例如 258.98 乘上一个 10^{-3} 的比例因子，即成为 0.25898，当计算机输出后，再乘上比例因子 10^3 就恢复原来的值。

比例因子要选择恰当，不能选得太小，否则计算机运算结果仍可能超过 1，即计算机出现溢出。若比例因子选得过大，小数点后几位都是 0，虽然不会溢出，但计算结果的精度将受到很大影响。

为了扩展数的表达范围，提高有效数字的位数，就要采用浮点表示法。在浮点计算机中，浮点数的表示由 4 部分组成：阶符、阶码、数符（尾数的符号）、数码（尾数）。其格式为

阶符	阶码	数符	·	数码

若定点计算机的字长为 9 位，其中 8 个二进制数码位，1 个符号位，则该计算机所能表示的数值范围(绝对值)是 0.00000001～0.11111111 或 2^{-8}～$1-2^{-8}$。

若计算机的字长是 n 位，则其所能表示的数值范围是 $2^{-(n-1)}$～$1-2^{-(n-1)}$。

对于浮点计算机，总是规定尾数部分的最高位是 1，即 $\frac{1}{2} \leqslant S \leqslant 1$。

若浮点计算机的字长为 13 位，阶符为 1 位，阶码为 3 位，数符为 1 位，数码为 8 位，则所能表示数的范围是 11110.10000000～01110.11111111，或 $2^{-7}\times 2^{-1}$～$2^{7}\times(1-2^{-8})$。

若阶码是 m 位，数码是 n 位，阶码和数码各有 1 位符号位，则所能表示数的范围为 $2^{-(2^m-1)}\times 2^{-1}$～$2^{(2^m-1)}\times(1-2^{-n})$。

应当注意，浮点数的正负号是由尾数的正负号决定的，而阶码的正负号只决定小数点的位置，即决定浮点数的绝对值大小。

因为浮点计算机中数的小数点是浮动的，故一般的数就可以不用比例因子了。

浮点计算机通用性强，但结构复杂；定点计算机结构简单，但使用不太方便。

通常，微型计算机多为定点计算机(有的附加硬件电路也可进行浮点运算)，而且参加运算的又是整数，即小数点固定在数的末尾。因此，以下的讨论仅限于定点数。

1.2.6 二进制编码

在计算机中，所有信息都采用二进制代码，因而计算机中表示的数、字母、符号等都要以特定的二进制代码来表示，即进行二进制编码。虽然它们也都以 0,1 形式出现，但它们是非数值数据，不是真正的二进制数。

1. 二进制编码的十进制数

1 位十进制数用 4 位二进制编码来表示，方法很多，而较常用的是 8421BCD 码。它有 10 个不同的数字符号，但它是逢十进位的，所以实质上仍是十进制数，但由于它的每 1 位都是用 4 位二进制编码来表示的，因此称为二进制编码的十进制数，简称为 BCD 码(Binary Coded Decimal)，BCD 编码如表 1－2 所示。

表 1－2 BCD 编码

十进制数	8421 BCD 码	十进制数	8421 BCD 码
0	0000	10	0001 0000
1	0001	11	0001 0001
2	0010	12	0001 0010
3	0011	13	0001 0011
4	0100	14	0001 0100
5	0101	15	0001 0101
6	0110	16	0001 0110
7	0111	17	0001 0111
8	1000	18	0001 1000
9	1001	19	0001 1001

BCD码是比较直观的，如十进制数85.6可方便地写成$(10000101.0110)_{BCD}$。

但是BCD码与二进制之间的转换是不直接的，要先经过十进制，即先将BCD码转换为十进制数后，再转换为二进制数。反之亦然。

2. 字母与其他字符的编码

在计算机应用中，各种字符也必须用二进制代码来编码，如26个英文字母、10个阿拉伯数字、运算符号、标点符号以及一些特殊的控制符，如换行、换页、回车等。

在微型机中最常用的一种编码是ASCII码（American Standard Code for Information Interchange，美国信息交换标准代码）。它采用7位二进制代码来对一个字符进行编码，故可表示128个字符。微型机通常以字节表示信息单位（为8位），最高位可用作奇偶校验位。不过在机器内部通常将此位视为零。故用一个字节即可存放一个ASCII码。数字0～9的ASCII码为30H～39H，大写英文字母A～Z的ASCII码为41H～5AH，小写英文字母a～z的ASCII码为61H～7AH。

3. 汉字编码

计算机汉字处理技术对在我国推广计算机应用以及加强国际交流都具有十分重要的意义。汉字也是一种字符，但是汉字的计算机处理技术远比拼音文字复杂。例如，英语是一种拼音文字，计算机键盘只需配备26个字母键，并规定26个字母的编码，就能方便地输入任意英文信息了。但是汉字与英文差别很大，汉字是象形字，字的数目又多，形状和笔划多少差异也很大。要在计算机中表示汉字，最方便的方法还是为每个汉字安排一个确定的编码，而且要使这种编码能很容易地区别于西文字母和其他字符。

一个汉字从输入设备输入到输出设备输出的过程，如图1-3所示。

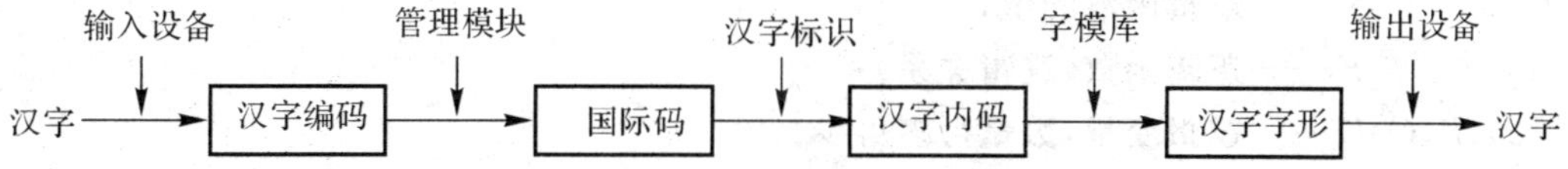

图1-3　汉字从输入到输出的过程

输入汉字的第一步是对汉字进行编码。汉字编码的方法有许多种，方案各有特色，但都有不足之处，或过于烦琐，或编码过长，或操作不便，或不易记忆。现在比较流行的编码方式有汉字字音编码、汉字字形编码、汉字音形编码等。字音编码是以汉字拼音为基础，在汉字拼音键盘或经过处理的西文键盘上，根据汉字读音直接键入拼音即可。当遇到同音异字时，屏幕显示重码汉字，再由人指定或输入附加信息，最后选定一个汉字。字形编码是把汉字逐一分解归纳成一基本构字部件，每个部件都赋予一个编码并规定选取字形构架的顺序，不同的汉字因为组成的构字部件和字型构架顺序不同，就能获得一组不同的编码，表达不同的汉字。

为了能在不同的汉字系统之间互相通信，共享汉字信息，有必要规定大家公认的中文信息处理标准。比如1981年我国制定推行的GB 2312—80国家标准信息交换用汉字编码字符集（基本集），简称国标码。在国标码中，每个图形字符都规定了二进制表示的编码，每个编码字长为2B，每字节内占用7 b信息。例如汉字“啊”的国标码，前一字节是0110000，后一字节是0100001，编码为3021H。一个汉字以某种汉字输入方案送入计算机后，管理模块立刻将它换成2B长的GB 2312—80国标码。

国标码不能作为在计算机内存储、运算的信息代码，这是因为它容易和ASCII码混淆，在中西文兼容时无法使用。汉字内部码是在国标码的基础上增加标识符的汉字代码。方法很简单,即在国标码的每个字节最高位加"1",作为汉字标识符。例如上面提到的"啊"字国标码是3021H,加上标识符后的汉字内部码则变为B0A1H,生成汉字内部码的过程如下:

"啊"字国标码	0 0 1 1 0 0 0 0	0 0 1 0 0 0 0 1
	↓加"1"	↓加"1"
"啊"字内部码	1 0 1 1 0 0 0 0	1 0 1 0 0 0 0 1

汉字内部码结构简短,一个汉字内部码只占2个字节,足以表达数千汉字和各种图形,且又节省存储空间。另外,汉字内部码便于和西文字符兼容,这是因为在同一计算机系统中,只要从最高位标识符就能区分西文的非扩充ASCII码(最高位为0)和汉字内部码(最高位为1)。

当计算机内的汉字要输出时,汉字内部码还不能直接作为每个汉字的字形信息输出,而必须通过系统提供的汉字字模库检索出该汉字的字形信息后输出。

顺便提一下,汉字内部码除采用2字节长的代码外,也有用3字节或4字节的,这样可以描述更多的汉字字符。

1.2.7 逻辑运算与基本逻辑电路

逻辑,表示输入与输出的一种因果关系。一种用字母和符号代替文字来进行运算推理的方法称为逻辑代数或布尔代数或开关代数。它和普通代数一样,可以写成如下逻辑表达式:

$$Y=F(A,B,C,D)$$

式中 Y——逻辑函数的值;

F——逻辑函数(逻辑关系);

A,B,C,D——逻辑变量,数量可多可少。

其有以下特点:

(1) 变量的取值只有两种可能,即0和1。它并无大小之意,只代表事物的两个不同的性质,如命题的"真"和"假","有"和"无","开"和"关"等。函数值也只有两种可能,如"成立"和"不成立","发生"和"不发生"等。

(2) 各种逻辑关系,用逻辑代数概括起来,只有3种基本关系:逻辑加法("或"运算)、逻辑乘法("与"运算)、逻辑否定("反"运算或称"非"运算)。

能实现"与""或""非"等逻辑运算的电路称为逻辑门电路。通常,以高电平表示逻辑"1",低电平表示逻辑"0"(称为正逻辑)。

1."与"门

能实现"与"运算的电路称为"与"门。它有两个或更多个信号输入端和一个输出端。

两个输入端的"与"门电路的逻辑符号如图1-4(a)所示。"与"逻辑表达式为

$$Y=A\cdot B=A\wedge B$$

输入A,B中,只要有一个为低电平,输出Y就为低电平,即有

$$Y=A\cdot B=1\cdot 0=0\cdot 1=0\cdot 0=0$$

只有当输入A,B均为高电平时,输出才为高电平,即有

$$Y=A\cdot B=1\cdot 1=1$$

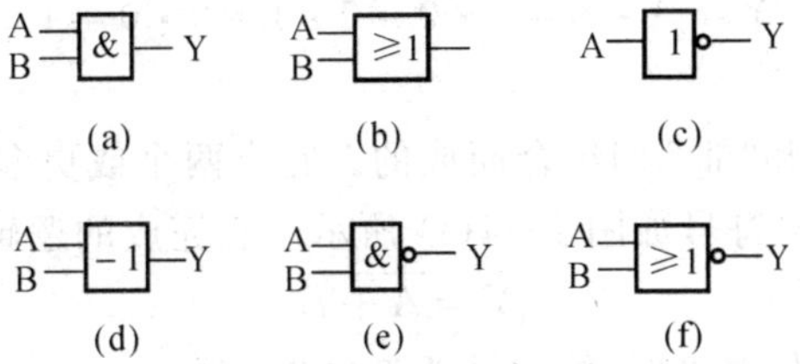

图 1-4 基本逻辑电路符号

2."或"门

能实现"或"运算的电路称为"或"门。它有两个或更多的输入端和一个输出端。两个输入端的"或"门逻辑符号如图 1-4(b) 所示。"或"逻辑表达式为

$$Y=A+B=A \vee B$$

只有当输入 A,B 均为低电平时,输出才为低电平,即有

$$Y=A+B=0+0=0$$

输入 A,B 中,只要有一个为高电平,输出就为高电平,即有

$$Y=A+B=1+0=0+1=1+1=1$$

3."非"门

实现"非"运算的电路称为"非"门,又称反相器。它只有一个输入端和一个输出端,即对单个逻辑值的处理。"非"门的逻辑符号如图 1-4(c) 所示。"非"逻辑表达式为

$$Y=\overline{A}$$

若输入 A 为高电平,则输出为低电平,即

$$Y=\overline{A}=\overline{1}=0$$

若输入 A 为低电平,则输出为高电平,即

$$Y=\overline{A}=\overline{0}=1$$

4."异或"门

实现"异或"运算的电路称为"异或"门。"异或"逻辑表达式为

$$Y=A \oplus B=A\overline{B}+\overline{A}B$$

"异或"门只有两个输入端和一个输出端。其逻辑符号如图 1-4(d) 所示。它完成的"异或"运算为

$$Y=A \oplus B=1 \oplus 0=0 \oplus 1=1$$

$$Y=A \oplus B=1 \oplus 1=0 \oplus 0=0$$

5."与非"门

任何复杂的逻辑电路都可以利用"与""或""非"等门电路组合而成。而"与非"门是由"与"门和"非"门组合而成的。它有两个或更多的输入端和一个输出端。两个输入端的"与非"门逻辑符号如图 1-4(e) 所示。它完成的逻辑运算为

$$Y=\overline{A \cdot B}$$

只有当输入 A,B 均为高电平时,输出才为低电平,即

$$Y=\overline{A \cdot B}=\overline{1 \cdot 1}=0$$

输入 A,B 中,只要其中有一个为低电平,输出就为高电平,即

$$Y=\overline{A\cdot B}=\overline{1\cdot 0}=\overline{0\cdot 1}=\overline{0\cdot 0}=1$$

6."或非"门

"或非"门是由"或"门和"非"门组合而成的。它有两个或更多的输入端和一个输出端。两个输入端"或非"门的逻辑符号如图 1-4(f) 所示。它完成的逻辑运算为

$$Y=\overline{A+B}$$

只有当输入 A,B 均为低电平时,输出才为高电平,即

$$Y=\overline{A+B}=\overline{0+0}=1$$

输入 A,B 中,只要其中一个为高电平,输出就为低电平,即

$$Y=\overline{A+B}=\overline{1+0}=\overline{0+1}=\overline{1+1}=0$$

7. 多位逻辑或运算规则(运算符为 $\vee$)

$0\vee 0=0$

$0\vee 1=1$

$1\vee 0=1$

$1\vee 1=1$

例如：

$$\begin{array}{r} 1011 \\ \vee)\ 1001 \\ \hline 1011 \end{array}$$

逻辑运算是在对应的两个二进制位之间进行的,与相邻的高低位的值无关,即不存在进位或借位问题,即按位相或。

8. 多位逻辑与运算规则(运算符为 $\wedge$)

$0\wedge 0=0$

$0\wedge 1=0$

$1\wedge 0=0$

$1\wedge 1=1$

例如：

$$\begin{array}{r} 1011 \\ \wedge)\ 1001 \\ \hline 1001 \end{array}$$

按位相与。

9. 多位逻辑异或运算规则(运算符为 $\forall$)

$0\forall 0=0$

$0\forall 1=1$

$1\forall 0=1$

$1\forall 1=0$

例如：

$$\begin{array}{r} 1011 \\ \forall\ \ 1001 \\ \hline 0010 \end{array}$$

逻辑异或实现的是按位加功能,但不产生进位,只有参与异或操作的两个逻辑值不同时结果才为 1。

1.3 微型计算机的基本结构

1.3.1 微型计算机的总体结构

现实中使用的微型计算机系统是由计算机硬件系统、软件系统以及通信网络系统组成的一个整体系统。微型计算机硬件系统是指构成微机的所有实体部件的集合，这些部件包括集成电路芯片、机械等物理部件，通常称为“硬件”。

微型计算机的硬件主要由输入设备、输出设备、运算器、存储器和控制器等五部分组成。这种结构早在20世纪40年代就由 Von Neumann 提出来了，所以现代绝大多数微型机的结构都称为 Von Neumann 结构，其示意框图如图1-5所示。

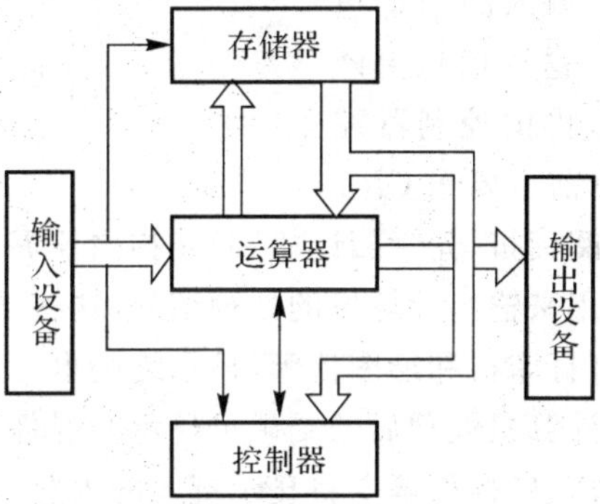

图1-5 微型计算机的基本组成

1. 微型计算机各组成部分的功能

(1)运算器。运算器是完成二进制数据的算术或逻辑运算的部件。运算器由累加器、暂存寄存器和算术逻辑单元(Arithmatic Logic Unit, ALU)组成，核心是算术逻辑单元。累加器是一个位数和字长相同的寄存器，它既能接受来自总线的二进制信息作为参加运算的一个操作数，向算术逻辑单元 ALU 输送，又能存储总线送来的由 ALU 运算的结果，累加器与总线之间的数据传送是双向的。暂存寄存器也是和字长位数相同的寄存器，用于暂存由总线送来的另一个操作数。运算器的结构框图可参阅图1-11。

(2)存储器。存储器是用来存放程序和数据的，是计算机各种信息的存储和交流中心。计算机中的存储器包括内存储器、外存储器和只读存储器等。内存储器又叫主存储器或随机存储器，平时也叫内存。相对主存储器而言，外存储器和只读存储器则称辅助存储器。内存是按地址存取数据的，若地址总线共有20条($A_0 \sim A_{19}$)，即有20个二进制位，则可形成 2^{20} = 1 048 576个地址，即1M地址(1K=1024，1M=1 024K)。图1-6所示是一种把存储器分块以适应扩充容量需要的寻址方式。图中把1M内存分成4块，每块对应256K个地址，由地址线 $A_0 \sim A_{17}$ 共18位决定，地址 A_{18} 和 A_{19} 通过块地址译码器译码得到4个片选端，它们分别连接各存储块。4个片选端分别对应 A_{18}，A_{19} 的4种组合00，01，10和11。A_{18}，A_{19} 的状态一旦确定，则只有一个片选端有效，因而只能选中确定的存储块。显然，改变 A_{18}，A_{19} 的状态，则可以在256KB的基本容量基础上扩充为512KB或768KB，最高到1 024KB。为了进一步扩充主存容量，还可以将外存储器(比如用磁性材料制成的磁盘等)作为主存的辅助，给用户提供比主存大得多的逻辑存储容量，这就是所谓的“虚拟存储器”。

(3)控制器。控制器主要用来实现微型计算机本身运行过程的自动化，即实现程序的自动执行。在控制器控制下，从输入设备输入程序和数据，并自动存放在存储器中，然后由控制器指挥各部件协同工作以执行程序，最后将结果打印输出。有关控制器的结构在下一节微处理器基本结构中再作进一步介绍。

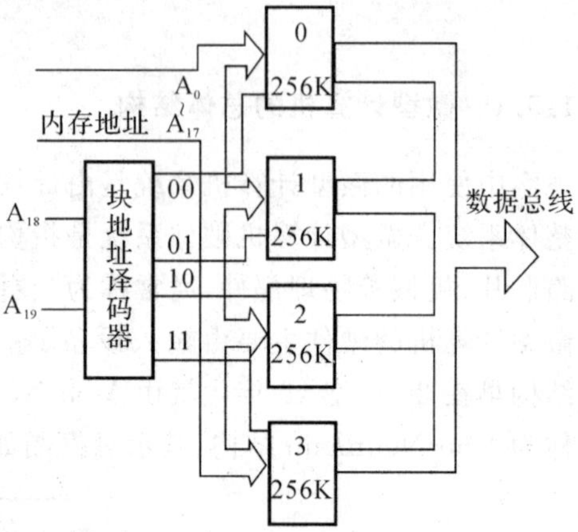

图 1-6　存储器分块

(4)输入设备。输入设备用来输入原始数据和处理这些数据的程序，输入的信息包括数字符、字母和控制符号等，这些信息由译码电路产生相应的 ASCII 码，再由控制器控制进行各种操作。输入设备目前主要是 CRT 终端和键盘。另外，磁性设备阅读机、光学阅读机、激光扫描仪等也都能作为输入设备。

(5)输出设备。输出设备用来输出计算机的处理结果，这些结果可以是数字、字母、图形和表格等。最常用的输出设备有打印机和绘图仪等，显示终端也可以视作一种输出设备，数据和程序通过键盘输入终端后，经计算机处理后的结果可显示在屏幕上。此外，为了监视人工输入信息的正确性，当用键盘输入信息时，屏幕上将显示键入的内容，以便查错纠正。

2. 微型计算机各组成部分之间的连接方式

微型计算机的 5 个组成部分中，通常把运算器和控制器合起来，并且用大规模或超大规模集成电路技术集成在一块芯片上，称为中央处理单元(Central Processing Unit，CPU)。微型计算机硬件之间的连接线路可分为网状结构和总线结构，这里主要介绍总线结构。微型计算机的总线结构有下面几种形式：

(1)以 CPU 为中心的双总线结构。总线是指一组并行的导线，数据和指令通过总线传送。图 1-7 所示是以 CPU 为中心的双总线结构，一条是输入/输出(I/O)总线或称数据总线，另一条是存储总线。这种结构的处理效率不高，因为从存储器中存取数据时必须通过运算器，运算器成为中间站就降低了它的工作效率。

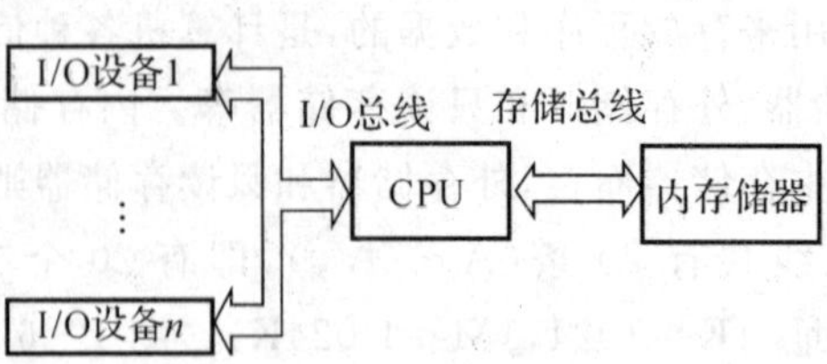

图 1-7　以 CPU 为中心的双总线结构

(2)以内存储器为中心的双总线结构。图 1-8 所示是以内存储器为中心的双总线结构，这种结构的输入/输出设备直接通过 I/O 总线和内存储器传输数据，它们不必通过 CPU 中的运算器，因而提高了计算机的效率。

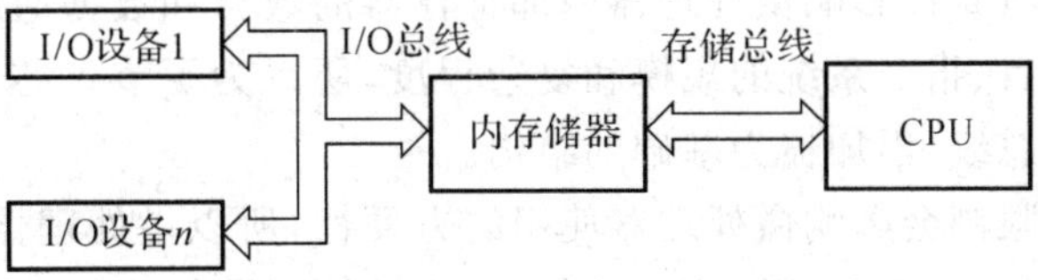

图1-8　以内存储器为中心的双总线结构

(3)单总线结构。图1-9所示为单总线结构。这种结构将I/O设备、CPU以及内存储器都连接到同一总线上。单总线结构简单,增减设备方便,目前大多数微机采用这种结构。

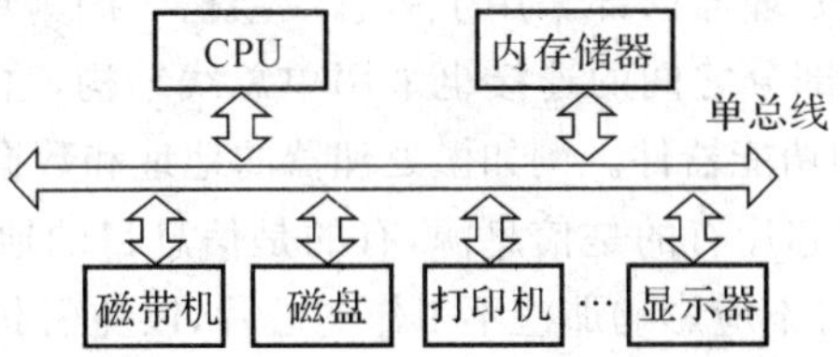

图1-9　单总线结构

(4)三总线结构。微型计算机的三总线结构如图1-10所示。

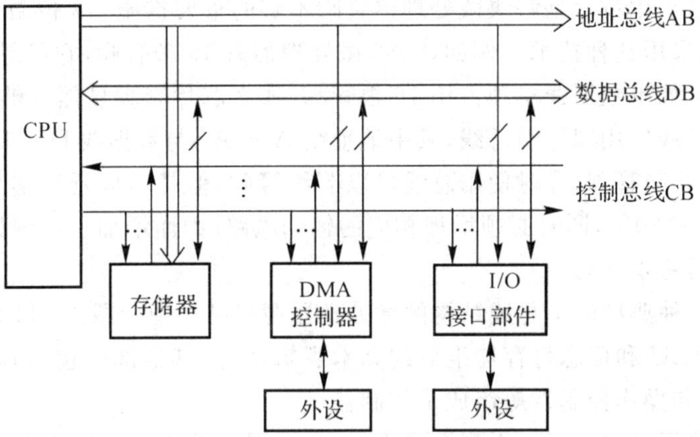

图1-10　三总线结构

1.3.2　微处理器的基本结构

如前所述,微型计算机中的运算器和控制器合起来称为CPU,又因为CPU通常集成在一块大规模或超大规模集成电路芯片上,所以人们把CPU叫作微处理器(MicroProcessor Unit,MPU)。显然,微处理器本身不构成独立工作系统,因此它并不能独立地执行程序。由于历史的原因,人们至今还混用“微处理器”和“微处理机”这两个名词,实际上,可以认为它们具有相同的含义。这一节将简要介绍一下微处理器的基本结构。

1. 微处理器的结构特点

微处理器由于工艺技术和生产成本等方面的原因,在管脚数、芯片面积和器件速度上都受到限制,因此微处理器在结构上采取了一系列特殊的措施,例如采用单总线、累加器结构,管脚功能复用,广泛采用三态电路等。

芯片面积的限制将直接影响微处理器内部寄存器的数目和数据通路的宽度(即通常所说的多少位机)、管脚数目、指令系统的规模和复杂程度,所以为了节省芯片面积,绝大多数微处理器内部都采用以单总线、累加器为基础的结构。

封装尺寸和管脚限制会影响微处理器使用的方便性,所以微处理器的部分管脚设计为功能复用,即一条管线有一个以上的用途。例如,不论是外围设备或存储器,其数据的输入/输出传送共用一组数据总线。为此,数据总线应有双向传送能力,且与存储器和外围设备共用。为解决数据总线双向传送问题,微处理器中设计了一条"读/写"线,当这条线为高电平时表示数据总线处于输入状态,反之则表示数据总线处于输出状态。

为了节省芯片面积,微处理器内部采用了单总线结构。因为单总线结构简单,增减设备方便,所以微型计算机各组成部分之间的连接也采用单总线结构,这就意味着微处理器的某些管脚可以同时连接多个设备和功能器件。例如微处理器的地址和数据管脚就可能同时接有多个输入、输出接口芯片,这些接口芯片有的是信息源,有的是信息目的地,而在某一时刻,这些芯片只能有一个工作,而且它工作时不应影响那些不工作的芯片,以免引起总线冲突和互相串扰。解决这个问题的办法是采用可控的三态电路,它除了通常逻辑部件具有"0"和"1"两个状态外,还有第三种状态,即高阻状态。这样,当某器件和设备不工作时,尽管它们在硬件连接线上依然连着总线,由于与总线相连的三态电路处于高阻态,就像开路一样,因而对总线不产生影响。

采用总线分时复用技术是解决微处理器管脚不够的重要措施。8 位微处理器 8085,16 位微处理器 8086 都采用这种技术。例如,8086 微处理器有 40 条管脚,它可寻址的内存达 1MB,需要 20 根地址线,如果数据线单独占用 16 根管脚,那么芯片管脚显然不够用。为此,8086 将地址总线和数据总线使用同一组总线,其中地址线 $A_0 \sim A_{15}$ 与数据线 $D_0 \sim D_{15}$ 共用管脚,$A_{16} \sim A_{19}$ 与 4 条状态线共同管脚,分时使用总线可以节约管脚,但却是以延长信息传送时间为代价的,操作时间约增加 30%,同时必须增加相应的辅助电路,因而增加了系统的复杂性。

2.微处理器的基本结构

图 1-11 是一种典型的单总线结构的微处理器逻辑结构图。图 1-11 的左下部分包括由累加器、暂存器、ALU 和标志寄存器组成的算术逻辑部件,其他部分包括程序计数器、指令寄存器、指令译码器和操作控制器等组成了控制器。

一条指令的执行过程包括一系列微操作,指令译码器输出的控制电位和来自节拍发生器的节拍脉冲电位经过组合,就能产生执行指令所需要的按一定时间顺序出现的微操作信号。

一条指令在微处理器中执行的过程:

· 程序计数器 PC 指出当前指令地址,并且把指令地址放到地址总线上,然后 PC←PC+i(i 为当前指令长度的字节数),为取下一条指令或数据做好准备。

· 由数据总线将指令从存储器中取出,送至指令寄存器,经指令译码,控制电路产生完成该指令的各种控制信号。

· 取出该指令所需的操作数地址和数据(它们可以从存储器、累加器或其他部件送来)。

· 完成该指令的操作,这些操作可以是一次内存读/写操作,一个算术/逻辑运算操作,或一个输入/输出操作。

· 检查有无其他控制信号(如中断请求信号等),并作出相应的处理。

· 提供指示处理器状态的标志信号、控制信号及定时信号等。

(1)算术逻辑部件。将微处理器中与完成算术逻辑操作有关的部件单独画出来,如图

1-12 所示。

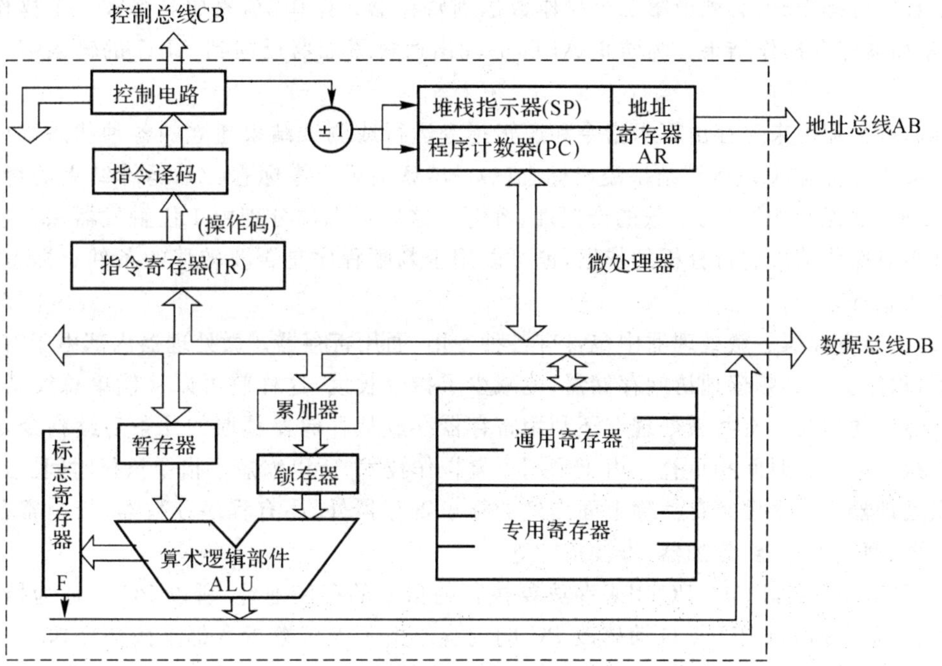

图 1-11　微处理器典型的基本结构

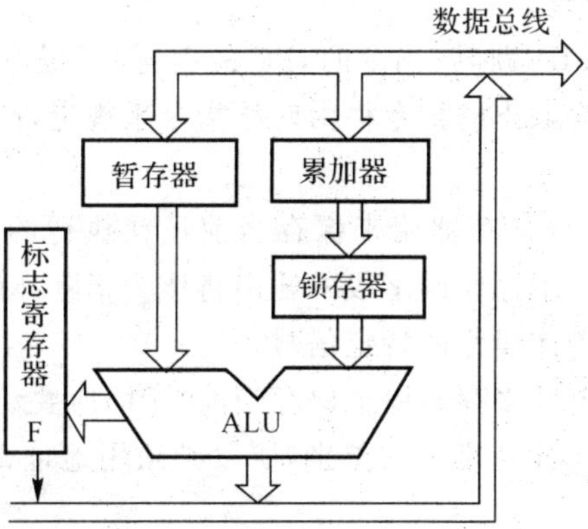

图 1-12　完成算术逻辑操作有关的部件

算术逻辑部件的主要功能：

· 执行各种算术运算，给出相应的标志位。

· 执行各种逻辑运算，并进行逻辑测试。

通常，一个算术操作产生一个运算结果，而一个逻辑操作则产生一个判决。当一条指令对数据进行操作时，被操作的数据可能是一个（如移位、传送指令），也可能是两个（如加、减指令）。如果是前者，那么操作数一般在累加器中；若是后者，则一个数在累加器中，另一个数在寄存器或存储器中，不过在操作前该数一定要传送到暂存器中保存。

暂存器和累加器、锁存器的设立，是为了适应微处理器内部采用的单总线结构。由于

ALU 没有寄存器功能，每次操作结果立即送到内部总线上从而占用了内部总线，所以当需要对两个数进行操作时，必须把第二个操作数送到暂存器。操作前，累加器存放一个操作数；操作后，累加器保存操作结果。为防止 ALU 的输出通过累加器反馈到 ALU 的输入端，设置了锁存器。

标志寄存器用来保存由算术指令和逻辑指令运行或测试结果建立的各种状态码内容，如运算结果进位标志(C)；运算结果溢出标志(O)；运算结果为零标志(Z)；运算结果的奇偶性标志(P)，即运算结果中"1"的个数的奇偶性；等等。这些标志位分别由 1 位触发器保存，它们可作为外界对操作结果进行分析的依据，也可以用于判断程序是否要转移的条件。标志寄存器也称作状态寄存器。

(2)主要寄存器。微处理器中包含有各种专用、通用寄存器。微处理器内部由于有了这些寄存器，程序就不必频繁地访问存储器，也减少了指令长度，这样就可以补偿单总线结构造成的速度降低的损失。有些微处理器还利用寄存器存放从存储器预取的几条后续指令，并使取指令与执行指令的时间相重叠。由于采用重叠操作技术，所以缩短了指令执行时间。

微处理器中的主要寄存器除上面提到的标志寄存器外，还有程序计数器、指令寄存器、地址寄存器、通用寄存器、累加器、堆栈指针等。

1) 程序计数器(PC)。PC 用来存放要执行的指令的存储地址，所以 PC 又称为指令计数器。当执行指令时，CPU 将自动修改 PC 的内容。由于大多数指令都是按顺序执行的，所以修改的过程通常只是简单地将 PC 的内容加 1。值得注意的是：在微处理器中，存储器操作是以字节为单位的，而指令长度是可变字节。对多字节指令，PC 必须加上该指令字节数后，才能准确地指向下一条指令的地址。

如果遇到转移指令如 JMP(跳转)指令时，PC 的内容必须从指令寄存器中的地址段取得，在这种情况下，下一条从内存取出的指令将由转移指令来规定，而不是像通常一样按顺序来取得的。

2)指令寄存器(IR)。指令寄存器用来保存当前正在执行的一条指令。指令划分为操作码和地址码字段，指令寄存器中操作码字段的输出将作为指令译码器的输入，操作码一经译码后，即可向操作控制器发出具体操作的特定信号。

3)地址寄存器(AR)。地址寄存器用来保存当前 CPU 所要访问的内存单元的地址。由于在内存和 CPU 之间存在着操作速度上的差别，所以必须用地址寄存器来保持地址信息，直到内存读/写操作完成为止。

4)通用寄存器。通常这是一组寄存器，可由程序员指定为各种用途，有的微处理器(如 8086)中的少数指令的某些通用寄存器作为专用，这是为了缩短指令代码长度。另外，通用寄存器可以单独使用，有时也可以把两个寄存器连起来使用，例如，在以 8 位寄存器为主的 8 位微处理器中，两个寄存器可以合起来作为一个 16 位寄存器使用，而在 16 位微处理器中，两个寄存器合起来可以作为一个 32 位寄存器使用，这就方便了许多数据操作。

5)累加器(AC)。累加器的功能是为算术逻辑部件提供一个工作区，它可以保存一个操作数，运算完毕后，比如与另一个操作数(它可以放在暂存器中)相加，其结果送回累加器，而累加器中原有的内容立即被破坏，累加器的含义也由此而出。在累加器中的数据还可以在指令的控制下实现算术左、右移，循环左、右移等。累加器是所有寄存器中最忙碌的一个。

(3)堆栈和堆栈指针(SP)。堆栈是学习微处理器时必须掌握的一个重要概念。所谓堆栈是指按照后进先出、先进后出的原则组织的一组寄存器或指定的一组存储单元。前者称硬堆栈,后者称软堆栈。微处理器对堆栈的操作是由压入(PUSH)和弹出(POP)指令实现的。将数据压入堆栈和从堆栈中弹出数据都只能在栈顶进行。栈顶的地址由堆栈指针给定,并自动进行管理,即对地址指针的自动修改操作。

堆栈的实现分为硬件堆栈和软件堆栈两种。

硬件堆栈是由一组位于微处理器芯片内部的寄存器组成的,其优点是速度快,但栈的深度有限。当寄存器组满载时,堆栈就溢出来了。这种硬件堆栈只适用于功能较小的微处理器,如单片微型计算机等。

软件堆栈用系统中的随机存取存储器 RAM 实现。堆栈指针的初值可由程序员自行选定,然后由堆栈指针自动管理。由于使用系统 RAM 作堆栈,加上 SP 可自由设定,所以可以在 RAM 任何区域设置“无限”容量的堆栈。目前,绝大多数微处理器均采用这种堆栈。

在内存中构造堆栈有不同的方法,堆栈指针 SP 所给定的可以是当前栈顶单元的地址,即该单元已存有数据,如图 1-13(a)所示;也可以是一个紧接栈顶的“空”单元地址,即该单元尚未被使用,如图 1-13(b)所示。这样,在栈操作时,对于前者,压入操作是先修改指针再压入数据,弹出操作是先弹出数据再修改指针;而对于后者,则是在压入时先压入数据再修改指针,弹出时先修改指针再弹出数据。

栈地址的增长也有两种方式。一种是栈底在存储器高地址区,栈单元地址由高向低增长,如图 1-13(a)所示;一种是栈底在存储器低地址区,栈单元地址由低向高增长,如图 1-13(b)所示。通常用图 1-13(a)的方式多。8086 CPU 堆栈采用的就是图 1-13(a)所示的方式。

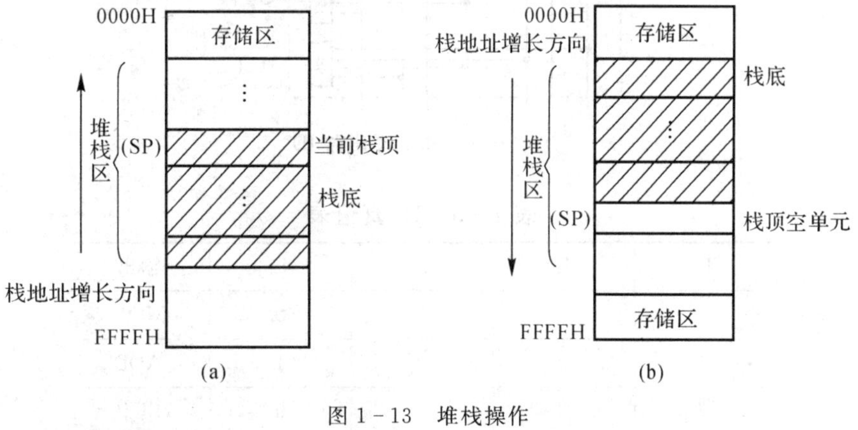

图 1-13　堆栈操作

堆栈主要用于中断和子程序调用,也用于数据的临时存取。在进入中断服务程序和调用子程序之前,都必须保存 CPU 中现行的信息;在中断服务结束返回主程序和子程序调用结束返回主程序之前,又必须恢复前面保存的信息,这些都可方便地由堆栈通过压入和弹出操作来实现。

堆栈的主要优点是,在向栈压入数据时不会影响已存入的数据,因为堆栈地址是在 SP 中,而不是在指令内。SP 的值可随压入或弹出而自动修改,并且栈操作指令可以很短。

堆栈的主要缺点在于使用堆栈的程序调试和文件编制都很困难。因为堆栈无固定地址,其单元内容很难记住或确定。堆栈用法的错误比较难找,典型的出错例子是从堆栈中取出数据的次序不对，堆栈的上溢或下溢使堆栈超出了约定的存储空间，而进入了其他数据区或程序区。

(4)操作控制器及时序产生器。这部分实际上构成了微型计算机系统的控制器，它将根据指令操作码和时序信号，产生各种操作控制信号，以便正确地建立数据通路，从而完成取指令和执行指令的控制。

指令译码器首先根据指令的操作码译出各种控制信号。指令译码器是一组逻辑电路。例如在图1-14所示的译码电路中，当来自指令的高4位(I_7～I_4)二进制操作码是0001时，经译码后只有ADD端为高电平"1"(参阅表1-3)，而其他几个输出保持低电平"0"，所以只要发现ADD输出变为高电平就可知道这是一条加法指令。指令译码器输出的这些电平就是控制电位。

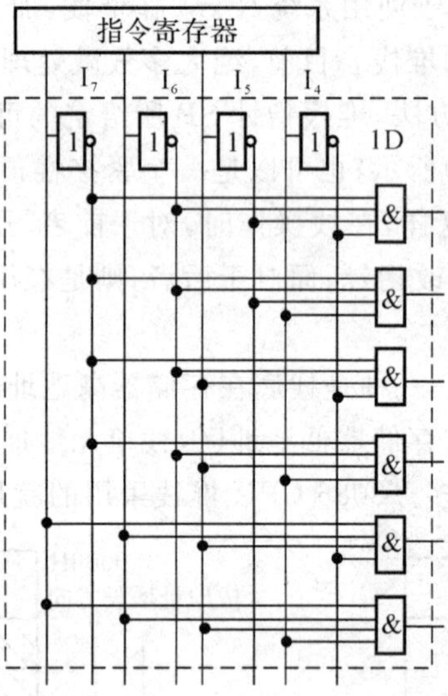

图1-14　指令译码器ID

表1-3　ID真值表

I_7	I_6	I_5	I_4	输出
0	0	0	0	MOV
0	0	0	1	ADD
0	0	1	0	SUB
0	0	1	1	SAL
1	1	1	0	OUT
1	1	1	1	HLT

时序产生器由时钟信号源、节拍发生器及微操作电路组成。时钟信号源不断地产生一定的频率、一定宽度的时钟信号送入节拍发生器，节拍发生器由触发器组成环形计数器，输出按顺序变化的脉冲电平，微操作电路将指令译码器输出的控制电位与来自节拍发生器的节拍脉冲进行组合，以产生指令所需要的按一定时间顺序出现的一系列微操作信号，将它们送往运算

器、存储器等各个部件，用以完成该指令所规定的全部操作。

控制电路可由组合逻辑电路组成，也可由微程序控制逻辑组成。微程序控制是指将机器指令的操作分解为若干个更基本的微操作序列，并将有关的控制信息（微指令）以微码形式编成微指令，输入控制存储器中，这样，每条机器指令与一段微程序相对应，取出微指令就产生微命令，实现机器指令要求的信息传送和加工。现在大多数微处理器都用微程序控制技术。

控制器产生的控制信号包括运算器、输入/输出接口和存储器之间的同步信号，指令的读取、译码和执行信息，通过有关控制总线和外界进行通信的信号等。

1.4 多媒体计算机

媒体（media）即是信息传播的载体，如图像（image）、声音（audio）、文字（text）等。利用计算机来处理信息媒体已有了很长的历史，并形成了成熟的理论方法，如图像处理技术现已有较成熟的图像采集、压缩存储及多种处理理论。但是把视频（video）、声音、图像、动画（animation）、文字等结合在一起进行同时处理却是近十几年的事，这便形成了一种新技术——多媒体（multimedia）。通常所说的多媒体是指多媒体计算技术（Multimedia Computing），简称多媒体技术，其含义是利用计算机来综合、集成地处理文字、图形、图像、声音、视频、动画等媒体，而形成的一种全新的信息传播和处理技术。它把计算机技术、通信技术和广播、电视技术融为一体，综合利用，扩展了计算机应用的领域，受到了人们极大的关注和重视。

1.4.1 人机接口

人类接收和传播信息的两种主要方式是用“眼睛看”和用“耳朵听”，所以可看见的媒体（如文字、图形、图像、动画等）和可听见的媒体（如声音等）的完善结合才能完整、自然地表达和让人类最大程度地接收信息。具有多媒体功能的计算机就称为多媒体计算机，其中最广泛、最基本的是多媒体个人计算机（Multimedia Personal Computer，MPC）。一般普通的计算机只能处理可看见的媒体，多媒体技术的重点是要使计算机处理可听见的信息，如声音。所以，声音是多媒体最基本、最重要的要素。而同时具有视（动态）、听特性的媒体如视频、全活动景象（full-motion movie）等，也是多媒体技术的重要发展方向。

1.4.2 多媒体计算机的主要功能

多媒体计算机要处理的主要信息如图 1-15 所示。

多媒体信息的处理都涉及巨量的数据，所以大容量数据存储以及数据压缩和解压缩技术也是多媒体技术的重要方向。

多媒体系统应该具有如下特性：

(1) 具备高度集成性，即能高度综合集成各种媒体信息，使处理各种媒体的设备相互协调地工作。

(2) 具有良好的交互性，即用户能随意地通过软件调度媒体数据和指挥媒体设备。

(3) 具备完善的多媒体硬件和多媒体工作平台。多媒体硬件是多媒体技术的基础，多媒体软件是多媒体技术的灵魂。前者为多媒体的实现提供了可能，后者综合地利用计算机处理各种媒体的最新技术，如数据压缩、数据采样、二维、三维动画等，能灵活地调度使用多媒体数据，使各种媒体硬件和谐地工作。由于多媒体技术涉及的各种媒体都要求巨大的数据，所以多媒体的主要任务是使用户方便有效地组织和运转多媒体数据。

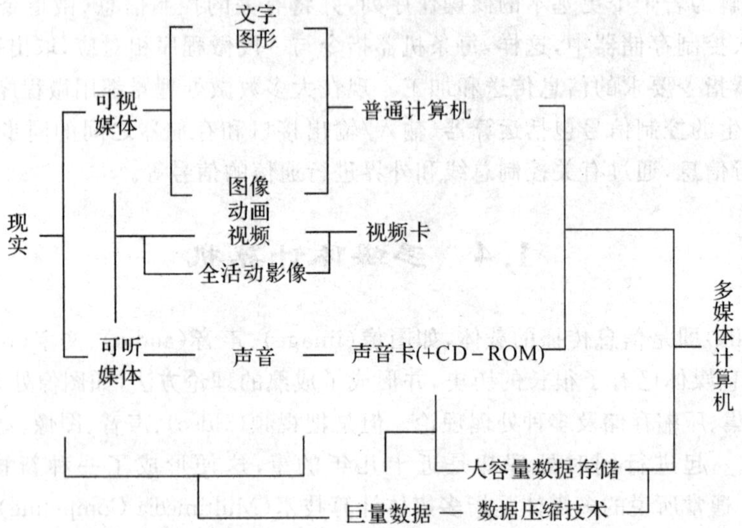

图 1－15　多媒体技术示意图

1.4.3　多媒体计算机的组成

多媒体计算机(MPC)是在PC的基础上融合高质量的图形、立体声、动画等媒体而组合的系统，其硬件结构如图1－16所示。

总之，多媒体计算机是在通用的PC基础上，增加了多媒体设备和多媒体软件构成的。

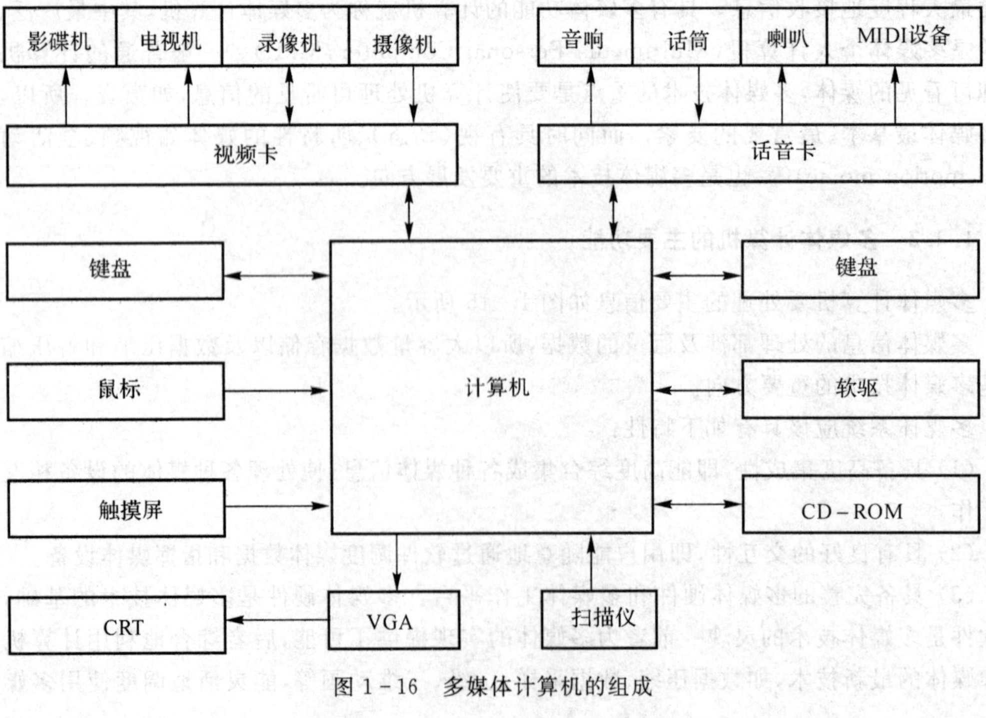

图 1－16　多媒体计算机的组成

习题与思考题

1. 简述微型计算机的发展概况及其应用范围。

2. 什么是微处理器和微型计算机?

3. 什么是单片机、单板机?

4. 什么叫 BCD 码? 试举例说明。

5. 将下列十进制数转换成十六进制数、八进制数和二进制数:

128,241,511,372,1 024,3 000

6. 将下列无符号二进制数分别转换成十进制数、八进制数和十六进制数:

1011001010B,11110100B,01101001B,100100100B

7. 将下列十六进制数分别转换成十进制数和二进制数:

2ECH,325H,FFH,1ABH,FFFFH

8. 将下列十进制数转换成 BCD 码:

46,121,731,2 345

9. 求下列各数以 100H 为模的补码:

—04H,—19H,—0FH,—2AH,—4BH

10. 将下列二进制补码转换成十进制数:

10010110B,01101100B,00101010B

11101110B,10000001B,11000000B

11. 完成下列 BCD 数的运算:

01100001—01010110,10011000—01111001

00100110+01101000,01000010+01010010

12. 求 11010010 和 01001110 两数分别作"与""或""异或"操作的运算结果。

13. ASCII 码通常用几位二进制数表示? 试查出 A,a,ESC,CR 和 DEL 的 ASCII 码。

14. 简述汉字编码原理。计算机中如何区别 ASCII 码和汉字内码?

15. 试画出组成微型计算机系统的框图并简述各部分的作用。

16. 微型计算机各部分的连接采用总线结构时有哪几种方式? 简述它们的优缺点。

17. 典型的微处理器是由哪几部分组成的? 其主要功能是什么?

18. 简述在微机中执行一条指令的过程。

19. 什么叫堆栈? 堆栈操作有几种方式? 任选一种说明其操作过程。

20. 简述 PC 和 SP 在微机中的作用。

21. 二进制编码和二进制数的区别是什么?

22. 计算机中数的小数点有哪几种表示方式? 举例说明。

23. 计算机中带符号数据表示有哪几种方式? 举例说明。

24. 什么是机器数? 机器数与二进制数的区别是什么?

25. 计算机为什么能自动完成运算?

26. 计算机采用二进制有什么好处?

27. 为什么运算器中只有加法器? 是不是计算机只能完成四则运算的加法运算?

28. 什么是计算机的字长？

29. 什么是计算机系统？

30. 已知$[x]_{补}=11000000B$，$[y]_{补}=01001000B$，$[z]_{补}=00110010B$。求$[-x]_{补}$，$[-y]_{补}$，$[-z]_{补}$，并计算$[x-y]_{补}=$？$[x-z]_{补}=$？若有溢出给以说明。

第 2 章　Intel 32 位 CPU

*** 学习基本要求**

通过本章的学习，重点掌握 32 位 CPU 的基本结构，CPU 内部编程可见的有关寄存器以及 CPU 的工作模式。

*** 内容要点**

本章必须要理解的知识点：CPU 的基本结构及外部引脚、通用寄存器、段寄存器、专用寄存器、CPU 的 3 种工作模式、指令流水线技术、逻辑地址和物理地址。

*** 知识结构框图**

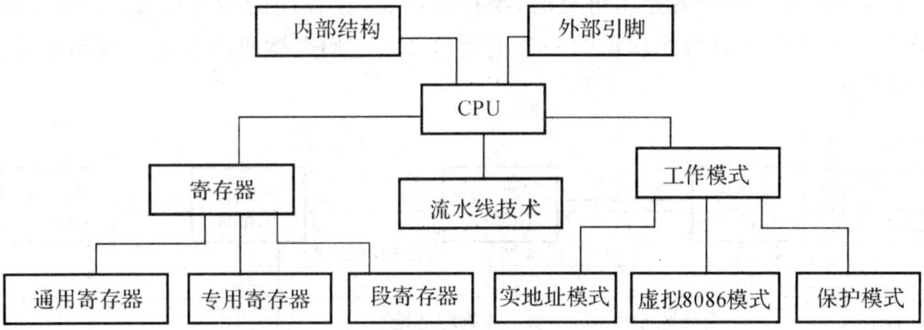

Intel 公司生产的 80386，80486，Pentium 系列都是 32 位的 CPU。然而它们在电路结构、芯片性能、主频等方面差异甚大，用不同的 CPU 组成微机系统，系统功能有明显差异。但是，这些 CPU 在面向用户编程方面，以及涉及微机系统基本工作原理的各部分保持一致。在基本编程结构、基本工作模式、存储器管理模式、中断管理模式、任务管理模式等方面大同小异，它们的指令集保持向上兼容。因此本章在讨论微机原理时，主要论述这些微处理器的共同特点。

从讨论微机系统基本工作原理的观点看，80486 在 Intel 32 位 CPU 的体系演化过程中，占有承上启下的位置。一方面它上承 80386，可看成是把 80386 及运算协处理器 80387、高速缓存器集成于一体。另一方面它下启 Pentium 系列 CPU 的基本体系结构。虽然 Pentium 采用了超标量设计，有两条流水线及配套的辅助部件，有多媒体控制能力等，但在涉及微机系统基本工作原理的部分，仍然保持了 80486 的逻辑部件及功能。因此本书以 80486 作为论述 Intel 32 位 CPU 的基本模型。

所谓 32 位微处理器是指在微处理器内部以 32 位寄存器为单位进行数据处理。而在数据传送时，根据发送端与接收端处理数据的速度不同，可能采用 128 位、64 位、32 位、16 位或 8 位二进制位为单位，进行数据传送。但在内存中总是以 8 位二进制位(字节)为单位来存放数据。

2.1 CPU 的基本结构

2.1.1 CPU 的内部基本结构

对每一种类型的微处理器,从不同的观点可以勾画出详细程度差别很大的内部详细结构框图。本节只以 80486 为例,给出 32 位处理器的基本结构框图。如图 2-1 所示为 32 位处理器内部的基本逻辑部件之间的基本联系、各部件的主要功能、数据在 CPU 中的主要流动趋向。其中每个图框都可以进一步细化成一个局部结构图,用于反映该部件内的情况。

32 位微处理器内部由总线接口部件、高速缓存部件、代码预取部件、指令译码部件、浮点数部件、执行部件、分段部件、分页部件、内部数据总线、内部控制总线组成。

所有部件都挂接在内部总线上,通过内部总线交换数据,也可以按粗箭头所示方式与相邻部件交换数据。每个部件都有自己的寄存器,而且 CPU 还有一些供多个部件共同使用的寄存器。许多寄存器对于编程者是不可见的,编程者可见(在程序的命令中使用)的那部分寄存器,是程序员通过程序操纵微处理器的一个重要途径。它们是微机的重要组成部分,将在后续章节中全面论述。

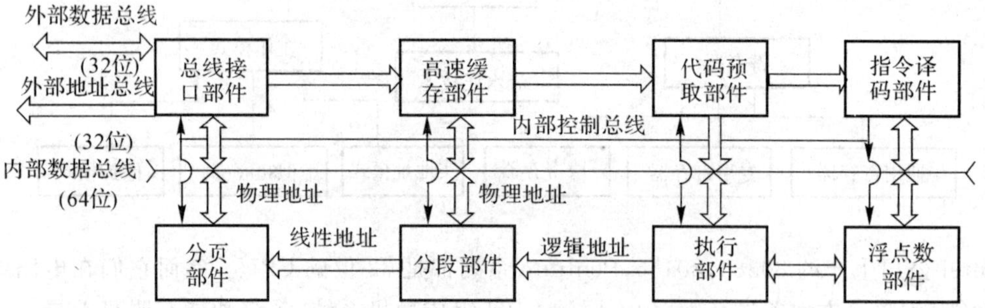

图 2-1　80486 内部基本结构图

1. 总线接口部件

该部件实现内部总线与外部总线的联系。在内部控制总线信号控制下,把内部数据总线上的数据、控制信号或者地址送到外部数据、控制或者地址总线;接收外部数据总线的数据、控制信号,并可以根据接收到的控制信号,产生总线周期,输出相应的外部控制信号,又称握手联络信号。此外,总线接口部件还具有一个重要功能:支持突发总线控制,对主存进行连续多个数据单元的传输,加快数据的读/写。所谓突发总线控制是指在一个总线传送周期只进行一次寻址,然后连续传送多个数据单元的方式。由于数据一般连续存放,因此可以成组传送。

2. 高速缓存部件

高速缓存部件用于减少微处理器对内存的访问次数,提高程序运行速度。在 80386 机型中,该部件在微处理器外部。在 80486 机型中,在处理器内部集成了一个 8KB 容量的高速缓冲存储器。它用来存放微处理器最近要使用的指令和数据,片内 cache 比片外 cache 进一步加快了微处理器访问主存的速度,并减少了系统总线的负载。在 Pentuim 机型中,微处理器内部设有两个高速缓存部件:一个用于程序缓存,称为程序缓存器;另一个用于对操作数据的缓存,称为数据缓存器。

3. 代码预取部件

该部件负责代码取入、排队分析、分解等译码的前期准备工作。代码预取操作是利用总线空闲周期,不断将后续指令从高速缓存或从内存取入,放置在指令队列中,直到装满为止(该队列缓冲区容量为 32KB),预处理后供译码部件使用。这种指令的取入和分析执行的并行操作,避免了译码部件因总线忙碌不能及时取入后续指令而暂时停机的可能性,提高了微处理器的工作效率。

4. 指令译码部件

该部件从指令预取队列中取出指令进行译码。将指令转换成微码入口地址,而将指令寻址信息送存储器卡里部件。

该部件对指令译码,目的是把指令的含义转换成相应的内部控制总线信号,指挥各部件协同工作。

5. 浮点数部件

该部件完成执行部件不善长的浮点数运算、双精度运算等数学运算任务。遇到这类指令时,执行部件暂停工作,把数据交给浮点数部件处理,待浮点数部件回送完运算结果后,执行部件继续运行。在 80386 机型中,该部件由片外的运算协处理器 80387 担任。

6. 执行部件

它是微处理器的核心部件。完成一般算术运算、逻辑运算及数据传送等任务。大部分指令所要求的操作都由该部件完成,它的状态被保存在标志寄存器中。它主要包含 16 个 32 位通用寄存器、算术逻辑单元 ALU 以及移位器。

执行部件负责从指令译码器队列中取出指令微码地址,并解释执行该指令微码。微处理器的每一条指令都有一组相应的微码,存放在控制 ROM 中,它们作为可以被机器识别的命令,用来产生对各部件实际操作所需的一系列控制信号。译码器产生的微码入口地址就是指向该组命令的地址。由于对控制 ROM 读取微码不便于并行操作,在 Pentium 机型中,还具有把简单指令直接转换成相应的内部控制时序信号送执行部件的逻辑部件。

7. 分段部件

该部件提供对内存分段管理的硬件支持。它直接把指令指定的逻辑地址变换为物理地址,只实现对内存分段管理;也可以把指令指定的逻辑地址变换为线性地址,传送到分页部件,实现对内存分段分页管理。分段部件在地址变换过程中实现任务间的隔离保护以及虚拟内存技术。它包含有 CS,DS,SS,ES,GS,FS 共 6 个段寄存器,用于存放内存的段地址。

8. 分页部件

该部件提供对内存分页管理的硬件支持。它直接把指令指定的逻辑地址变换为物理地址,只实现对内存分页管理;也可以将段部件输出的线性地址变换为物理地址,实现对内存分段分页管理。当设置分页部件不工作时,段部件形成的线性地址就作为物理地址。

2.1.2　CPU 的外部基本引脚

各种微处理器的引脚数目并不一样,而且封装形式、引脚布局也不完全一样,如 80386 有 132 个引脚,80486 有 168 个引脚,而 Pentium 的引脚在 237 个以上。32 位微处理器都采用格栅阵列插针或封装,在微机主板上有相应的插座安装微处理器。虽然各种微处理器的引脚数目不同，但 CPU 的引脚种类却大体相同，可分为数据总线引脚、地址总线引脚及控制总线引脚，而且同名引脚的功能相同。现以 80486 的外部引脚为例，介绍 32 位 CPU 的基本引脚功能及信号。80486 的引脚功能及信号示意图如图 2-2 所示。

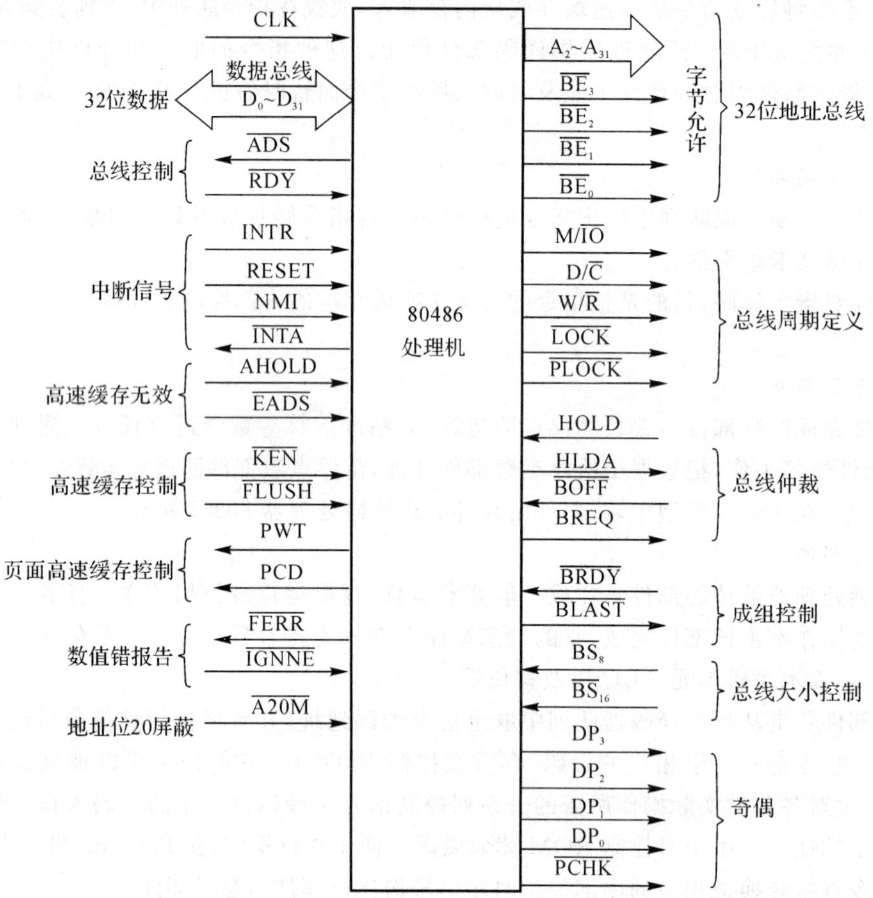

图 2-2　80486 的引脚功能及信号示意图

1. 地址总线（A_2～A_{31}，$\overline{BE}_0$～$\overline{BE}_3$）

A_2～A_{31}，$\overline{BE}_0$～$\overline{BE}_3$形成地址总线，提供内存和 I/O 端口的物理地址。80486 微处理机能寻址 4GB 的物理内存空间，以及 64KB 的 I/O 地址空间。A_2～A_{31}寻址到一个 4 字节的单元，$\overline{BE}_0$～$\overline{BE}_3$则用来标识在当前的传送操作中要涉及这个 4 字节单元中的哪些字节。对内存储器执行读和写操作时，$\overline{BE}_0$～$\overline{BE}_3$用来确定哪些数据线必须被驱动有效，$\overline{BE}_3$用于 D_{24}～D_{31}，$\overline{BE}_2$用于 D_{16}～D_{23}，$\overline{BE}_1$用于 D_8～D_{15}，$\overline{BE}_0$用于 D_0～D_7。所以$\overline{BE}_0$～$\overline{BE}_3$叫作字节使能输出线。

2. 数据总线（D_0～D_{31}）

D_0～D_{31}是 32 位双向数据总线，分成 D_0～D_7，D_8～D_{15}，D_{16}～D_{23}，D_{24}～D_{31} 4 个 8 位数据线。由$\overline{BS}_8$和$\overline{BS}_{16}$决定数据传送的数据宽度是 8 位或 16 位。若$\overline{BS}_8$和$\overline{BS}_{16}$无效，则采用 32 位传送。由$\overline{BE}_0$～$\overline{BE}_3$决定具体使用哪些 8 位数据线传送。当$\overline{BS}_8$和$\overline{BS}_{16}$设定的宽度不满足

$\overline{BE_0}$～$\overline{BE_3}$的要求时，例如传送 24 位，CPU 就在正常总线周期中传送$\overline{BE_0}$～$\overline{BE_3}$决定的低字节，然后自动增加一个总线周期，传送$\overline{BE_0}$～$\overline{BE_3}$决定的高字节。

3. 控制总线

(1)时钟(CLK)。CLK 为 CPU 提供基本定时和内部工作频率。所有的外部定时计数都是相对于 CLK 上升沿作为基准的。

(2)总线控制。总线控制信号指明总线周期何时开始，并允许其他系统硬件控制数据总线宽度与总线周期的终止。

· $\overline{ADS}$：地址状态输出，指示微处理器已启动总线周期，且地址和数据周期定义信号均有效。这一信号在总线周期的第一时钟期内激活，在该周期的第二个及后续的时钟期内变为无效。ADS 低电平有效，且在总线保持期间不驱动。

· $\overline{RDY}$：准备就绪输入信号，表示总线设备已将有效数据送到数据引脚上，或者总线设备已接受了 80486 微处理器的数据。响应请求时，$\overline{RDY}$表明外部系统已在数据总线上准备好数据。而在响应写请求时，$\overline{RDY}$表明外部系统已接受了 CPU 从数据总线送出的数据。

(3)总线周期定义。

· $M/\overline{IO}$，$D/\overline{C}$，$W/\overline{R}$(输出)：$M/\overline{IO}$，$D/\overline{C}$，$W/\overline{R}$ 是一些主要的总线周期定义信号。$M/\overline{IO}$ 用来区别内存和 I/O 周期，当为高电平时表示对存储器访问操作周期，否则为 I/O 访问操作周期；$D/\overline{C}$ 用来区别数据和控制周期，当为高电平时表示传送数据周期，否则为传送控制信号周期；$W/\overline{R}$ 用来区别写周期和读周期，当为高电平时表示执行写操作周期，否则为读操作周期。

· $\overline{LOCK}$(总线锁定输出)：低电平有效，且在总线保持期间被浮空。当发送$\overline{LOCK}$时，当前的总线周期被锁定，80486 微处理机独占系统总线，运行在"读—改—写"周期中，在写周期和读周期之间，不得放弃外部总线。

· PLOCK(伪锁定输出)：与 LOCK 位不同的是，伪锁定表示当前操作需要多于一个总线周期，当它有效(低电平)时，表示当前总线周期和下一个总线周期被锁定，使 80486 的数据"读—改—写"操作能够连续完成。

(4)总线仲裁。

· BREQ：每当总线周期在内部执行中时，80486 就发出 BREQ。

· HOLD(总线请求输入)：它表示另一个总线主设备请求控制总线。

· HLDA(总线确认输出)：它表明 80486 微处理机已经将总线交给另外一个本地的总线设备。HLDA 变为有效，以响应 HOLD 引脚上出现的保持请求。当脱离总线保持时，HLDA 为无效状态，80486 微处理机恢复对总线的控制。

· $\overline{BOFF}$(输入)：强制 80486 微处理机在下一个时钟期间释放其对总线的控制，将总线输出置为高阻态。

(5)总线大小控制。$\overline{BS_8}$和$\overline{BS_{16}}$控制总线宽度，它借助于少量的外部元件，就能支持外部的 16 位和 8 位总线。80486 的 CPU 每个时钟都采样这些引脚。当发送$\overline{BS_8}$或$\overline{BS_{16}}$时，只需要 16 位或 8 位的数据总线有效。如果同时发$\overline{BS_8}$和$\overline{BS_{16}}$，则选用 8 位的总线宽度。

(6)中断信号。

INTR 是可屏蔽中断信号输入端。其信号受 IF 标志位的屏蔽。外部设备的中断请求信号引入此脚，在该引脚有效后 2 个时钟周期内，其中断请求信号到达内部指令执行单元。在当前指令执行完毕后：若允许 CPU 响应中断（中断允许标志 IF 开放），则 CPU 进入中断响应周期；若不允许 CPU 响应中断（IF=0），则 CPU 继续执行原程序，不响应 INTR 的请求。INTR 信号是电平型，必须保持足够长的时间等待指令执行单元识别，如果保持时间不够，CPU 将察觉不到此次请求。

$\overline{\text{INTA}}$是中断请求响应输出信号。CPU 响应了 INTR 的中断请求后，先发出一个$\overline{\text{INTA}}$信号，进入第一个中断响应周期，然后再发出一个$\overline{\text{INTA}}$信号，进入第二个中断响应周期，在这个周期中，从数据总线上读取中断类型码。

NMI 为非屏蔽中断请求信号输入端，不受 IF 标志位屏蔽。该引脚一旦有效，信号立即传入指令执行单元，当前指令执行完毕，CPU 将立即响应它，并且不送出$\overline{\text{INTA}}$信号。NMI 为边沿触发型信号。

RESET 为复位信号，在 RESET 之后，80486 微处理机将从 0FFFFFFF0H 单元开始执行指令。

(7)高速缓存的无效性控制。在高速缓存的无效性控制周期里，使用 AHOLD 和$\overline{\text{EADS}}$输入表示当前为 1 个 Cache 无效周期。AHOLD 是 80486 微处理机地址线 $A_0 \sim A_{31}$ 能否接受地址输入的一个制约条件。$\overline{\text{EADS}}$表明地址输入端上的外部地址是实际有效的。激活$\overline{\text{EADS}}$后，将使 80486 微处理机去读外部地址总线。

(8)高速缓存控制。由于把高速缓存以及高速缓存控制器都集中到 80486 片内，所以高速缓存控制信号很丰富。

· $\overline{\text{KEN}}$(高速缓存允许引脚)：它用来确定当前周期所传送的数据是否可高速缓存。当$\overline{\text{KEN}}$信号有效（输入为低电平有效），并且 80486 微处理机产生一个可高速缓存的周期时，该周期将被控制成高速缓存行组填入周期。

· $\overline{\text{FLUSH}}$(输入)：强制 80486 微处理机清洗其整个内部高速缓存。$\overline{\text{FLUSH}}$低电平有效，且只需持续一个时钟的时间。

(9)页面高速缓存控制。

· PWT 页写贯穿。

· PCD 页高速缓存禁止。

两个信号反映了内部寄存器的置位情况。当$\overline{\text{KEN}}$允许硬件控制存储器的专用物理区域高速缓存时，这两个引脚表明在逻辑存储器各页上已经使用软件对高速缓存进行了控制。

(10)数值出错报告。$\overline{\text{FERR}}$和$\overline{\text{IGNNE}}$报告浮点错。

· $\overline{\text{FERR}}$浮点错。这个输出信号类似于 80387 的浮点错信号，用于保持与 DOS 的兼容性，产生中断 13。

· $\overline{\text{IGNNE}}$忽略数据处理器错。

(11)地址位 20 的屏蔽。发出$\overline{\text{A20M}}$后，将使 80486 微处理机对内存的访问封装在低 20 位地址中，空间为 00000H～FFFFFH 1MB 物理空间。

(12)突发控制(burst control)。

· $\overline{\text{BRDY}}$(Burst Ready)：突发传送就绪信号，输入，低电平有效。其作用与$\overline{\text{RDY}}$相同。由$\overline{\text{BRDY}}$信号结束的周期称为突发周期。突发传送是两个设备之间不间断的连续数据传送方式。当突发传送时，一次数据传送只要一个时钟周期，而不是通常的两个时钟周期。

• $\overline{\text{BLAST}}$(Burst Last):突发传送结束信号,输出,低电平有效。当$\overline{\text{BLAST}}$为低电平时,表示下一个$\overline{\text{BLAST}}$信号输入时,突发周期结束。

(13)奇偶校验($DP_0 \sim DP_3$,$\overline{\text{PCHK}}$)。奇偶校验共两组信号,一组是 $DP_0 \sim DP_3$,另一组是$\overline{\text{PCHK}}$。

$DP_0 \sim DP_3$ 这 4 个是奇偶数据通路(输入/输出)管脚。偶数奇偶校验意味着在 8 个相应的数据总线引脚和奇偶校验引脚上,有偶数个输入为高电平。

$\overline{\text{PCHK}}$为奇偶校验状态输出。这个引脚为低电平时表示一个偶错。

4. 其他引脚

80486 还有一些对于微机原理课程而言不重要的引脚,如电源引脚、接地引脚等,这部分引脚未在图 2-2 中标出,也不再讨论,详细情况参阅其他资料。

2.1.3 CPU 的主要结构逻辑框图

图 2-2 给出了 80486 的基本结构,实际上它也是 32 位 CPU 的基本结构。但各种 CPU 的内部主要部件有着显著差别。下面给出几个典型的 CPU 内部主要结构逻辑框图,以显示这种差别。

1. 80386 内部主要结构

80386 微处理器的内部组成如图 2-3 所示,可分为执行部件(EU)、存储器管理部件(MMU)和总线接口部件(BIU)三大部分,采用流水线工作方式。

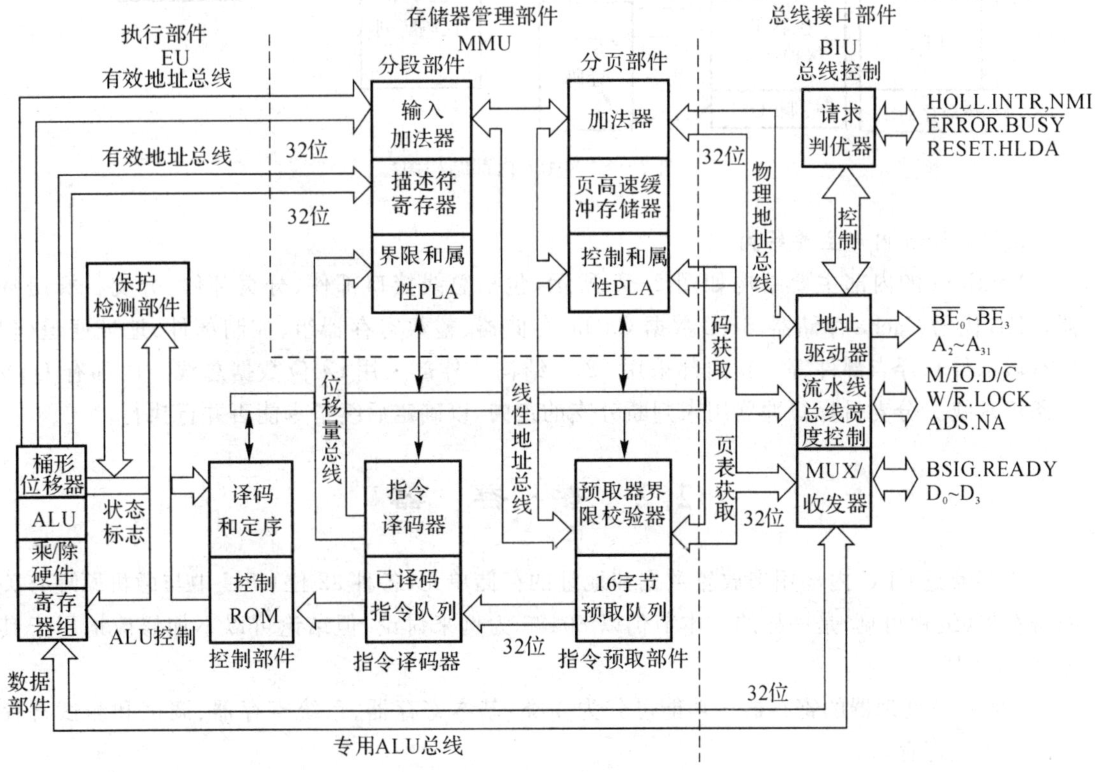

图 2-3 80386 内部结构图

2. 80486 内部主要结构

80486 微处理器的基本组成如图 2-4 所示,包括总线接口部件、指令预取部件、指令译码部件、控制和保护部件、算术与逻辑运算部件、浮点运算部件 FPU、分段部件、分页部件和 8KB 的 Cache 部件。这些部件可以独立工作,也能与其他部件一起并行工作。在取指令和执行指令时,每个部件完成一项任务或某一操作步骤,这样既可同时对不同的指令进行操作,又可对同一指令的不同部分同时并行处理,即流水线工作方式。

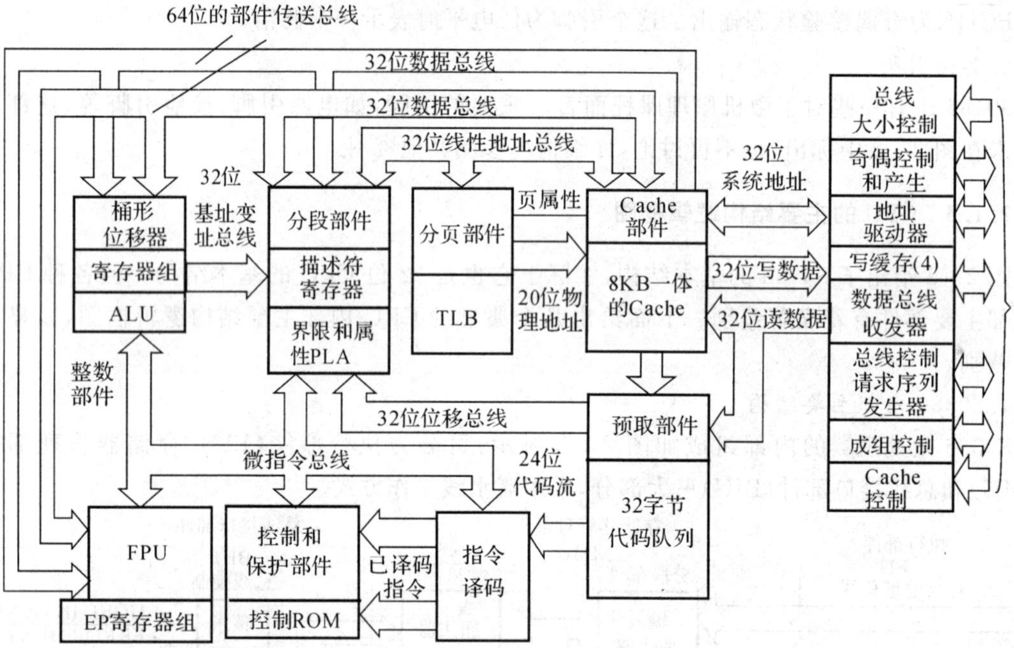

图 2-4　80486 内部结构图

3. Pentium 内部主要结构

Pentium 的内部主要结构如图 2-5 所示,包括总线接口部件、分页部件、分支目标缓冲器,8KB 代码 Cache 存储器,8KB 数据 Cache 存储器、整数寄存器组、控制部件、地址通道(包含有段部件)、浮点部件等。其内部采用 32 位结构。外部采用 64 位数据总线。内部有 U,V 两条流水线。分支目标缓冲器用来判断分支的走向,以确定后续指令能否并行执行。

2.2 寄存器

寄存器是 CPU 内部用来放置数据和地址的存储单元,各种 32 位 CPU 中与微机原理有关的寄存器(编程可见)是一样的。本节仍以 80486 为例来讨论,但结论可以不加修改地用于其他 32 位 CPU。

80486 微处理器的寄存器按功能可分为 4 类:基本寄存器、系统寄存器、调试和测试寄存器以及浮点寄存器。

80486 CPU 的寄存器总体上可分为程序可见和不可见两类。在程序设计期间要使用的并可由指令来修改其内容的寄存器,称为程序可见寄存器。在程序设计期间不能直接寻址的寄存器，称为程序不可见寄存器，但是在程序设计期间可以被间接引用。程序不可见寄存器用于保护模式下控制和操作存储器系统。

位于 CPU 内部不同部件的寄存器有不同的作用，每个寄存器都有自己的功能。根据寄存器的性质，把编程可见的寄存器分成 9 组，并给每个编程可见的寄存器(以后简称寄存器)取一个名称。80486 CPU 的可编程寄存器结构如图 2－6 所示。

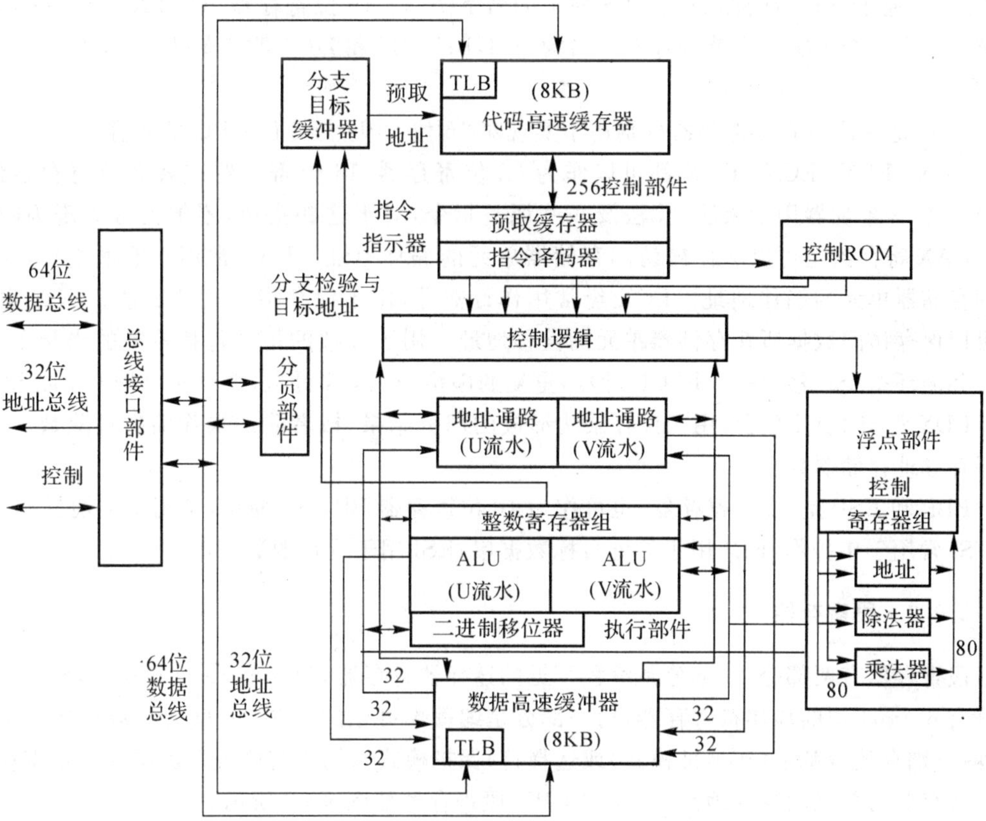

图 2－5　Pentium 内部结构图

图 2－6　80486 CPU 的可编程寄存器结构

2.2.1 通用寄存器

通用寄存器中,32 位寄存器 EAX,EBX,ECX,EDX,EBP,ESP,ESI 和 EDI,它们既可保存逻辑和算术运算中的操作数,也可保存地址运算中的操作数(ESP 寄存器不能用作基址寄存器)。这些寄存器的名称源于 8086 处理机的通用寄存器 AX,BX,CX,DX,BP,SP,SI 和 DI。所以,这些通用寄存器的低 16 位可按原来的名字访问。16 位寄存器 AX,BX,CX,DX 的每个字节均另有一个名字。字节寄存器命名为 AH,BH,CH 和 DH(高字节)和 AL,BL,CL 和 DL(低字节)。

16 位寄存器与 8 位寄存器分别用于实现对 16 位 CPU 与 8 位 CPU 的兼容。

EAX, EBX, ECX, EDX 都可以作为 32 位寄存器、16 位寄存器或者 8 位寄存器使用。EAX 可作为累加器用于乘法、除法及一些调整指令,对于这些指令,累加器常表现为隐含形式。EAX 寄存器也可以保存被访问存储器单元的偏移地址。EBX 常用于地址指针,保存被访问存储器单元的偏移地址。ECX 经常用作计数器,用于保存指令的计数值。ECX 寄存器也可以保存访问数据所在存储器单元的偏移地址。用于计数的指令包括重复的串指令、移位指令和循环指令。移位指令用 CL 计数,重复的串指令用 CX 计数,循环指令用 CX 或 ECX 计数。EDX 常与 EAX 配合,用于保存乘法形成的部分结果,或者除法操作前的被除数,它还可以保存寻址存储器数据。

EBP 和 ESP 是 32 位寄存器,也可作为 16 位寄存器 BP, SP 使用,常用于椎栈操作。EDI 和 ESI 常用于串操作,EDI 用于寻址目标数据串,ESI 用于寻址源数据串。

2.2.2 段寄存器

段寄存器有两部分,一部分是编程可见的选择器寄存器,为 6 个 16 位寄存器,对应在另一部分有 6 个 64 位的描述符寄存器,后一部分是编程不可见的。80486 微处理器包括 6 个段寄存器,分别存放段基址(实地址模式)或选择符(保护模式),用于与微处理器中的其他寄存器联合生成存储器单元的物理地址。80486 CPU 段寄存器如图 2-7 所示。

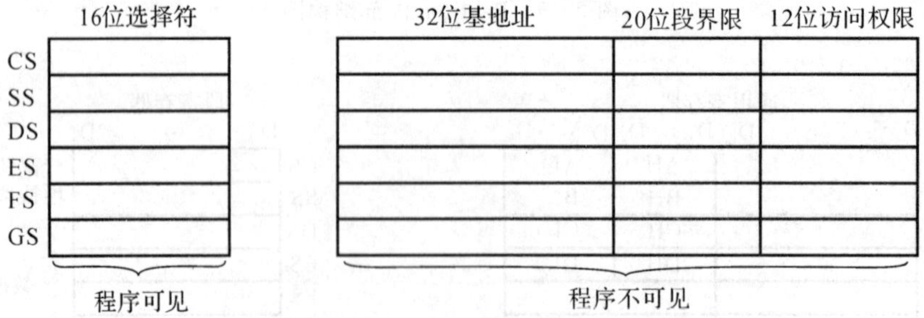

图 2-7 80486 CPU 段寄存器

1. 代码段寄存器 CS

代码段是一个用于保存微处理器程序代码(程序和过程)的存储区域。CS 存放代码段的起始地址。在实模式下,它定义一个 64KB 存储器段的起点。在保护模式下工作时,它选择一个描述符,这个描述符描述程序代码所在存储器单元的起始地址和长度。在保护模式下,代码段的长度为 4GB。

2. 数据段寄存器 DS

数据段是一个存储数据的存储区域,程序中使用的大部分数据都在数据段中。DS 用于存放数据段的起始地址。可以通过偏移地址或者其他含有偏移地址的寄存器,寻址数据段内的数据。在实模式下工作时,它定义一个 64KB 数据存储器段的起点。在保护模式下,数据段的长度为 4GB。

3. 堆栈段寄存器 SS

堆栈段寄存器 SS 用于存放堆栈段的起始地址,堆栈指针寄存器 ESP 确定堆栈段内当前的入口地址。EBP 寄存器也可以寻址堆栈段内的数据。

4. 附加段寄存器 ES

ES 存放附加数据段的起始地址,常用于存放数据段的段基址或者在串操作中作为目标数据段的段基址。

5. 附加段寄存器 FS 和 GS

FS 和 GS 是附加的数据段寄存器,作用与 ES 相同,以便允许程序访问两个附加的数据段。

在实地址模式或虚拟 8086 模式,描述符寄存器不起作用,选择器寄存器退化成 16 位 CPU 的段寄存器功能,存放内存段的段基址——段首地址的高 16 位,其中 CS 对应于代码段,SS 对应于堆栈段,DS 对应于数据段,ES 对应于附加数据段,在串操作时,DS 和 ES 分别对应于源数据段和目的数据段。FS 和 GS 没有定义。

在保护模式下,每个段寄存器都含有一个程序不可见区域。这些寄存器的程序不可见区域通常称为描述符的高速缓冲存储器(Descriptor Cache),因此它也是存储信息的小存储器。这些描述符高速缓冲存储器与微处理器中的一级或二级高速缓冲存储器不能混淆。每当段寄存器中的内容改变时,基地址、段限和访问权限就装入段寄存器的程序不可见区域。例如当一个新的段基址存入段寄存器时,微处理器就访问一个描述符表,并把描述符表装入段寄存器的程序不可见的描述符高速缓冲存储器区域内。这个描述符一直保存在此处,并在访问存储器时使用,直到段号再次改变。这就允许微处理器在重复访问一个内存段时,不必每次都去查询描述符表,因此称为描述符高速缓冲存储器。

在保护模式下,段寄存器存放选择符,选择符格式如图 2-8 所示。选择器寄存器的低二位是特权标志,D_2 位是描述符表类型标志,高 13 位是选择码,指出本段的段描述符在由 D_2 位指出的描述符表中的逻辑排序。当一个段第一次被访问时,首先根据指令给出的选择器值的 D_2 位及高 13 位,到内存中相应的描述符表内取出相应的描述符(64 位),送入对应的描述符寄存器,再从描述符中取出段基址进行逻辑地址到线性地址的变换。以后再访问该段时,直接从描述符寄存器取用段基址及安全检查,免去从内存中选取描述符的过程,实现加速运行。

15 … 3	2	1 0
INDEX	TI	RPL

图 2-8 选择符格式

2.2.3 指令指针寄存器——EIP

指令指针寄存器 EIP(Extra Instruction Pointer)存放指令的偏移地址。微处理器工作于实模式下,EIP 是 IP(16 位)寄存器。80486 CPU 工作于保护模式时 EIP 为 32 位寄存器。EIP 总是指向程序的下一条指令(即 EIP 的内容自动加 1,指向下一个存储单元)。EIP 用于微处理器在程序中顺序地寻址代码段内的下一条指令。当遇到跳转指令或调用指令时,指令指针寄存器的内容需要修改。

2.2.4 标志寄存器——EFLAGS

80486 CPU 的标志寄存器为 32 位,低 16 位称为 FLAGS,与 16 位 CPU 的标志寄存器同名、同作用。各位的标志如图 2-9 所示。标志可分为 3 类:状态标志、控制标志和系统标志。

D_{31} … D_{19}	D_{18}	D_{17}	D_{16}	D_{15}	D_{14}	D_{13}	D_{12}	D_{11}	D_{10}	D_9	D_8	D_7	D_6	D_5	D_4	D_3	D_2	D_1	D_0
	AC	VM	RF		NT	IOPL		OF	DF	IF	TF	SF	ZF		AF		PF		CF

图 2-9 标志寄存器

1. 运算状态标志

(1)CF——进位标志。当该位置位时,表示 8 位、16 位或 32 位数的算术操作产生了进位或借位。进行多字节数的加、减时要使用该标志。循环移位指令也影响进位标志。

(2)PF——奇偶标志。主要用于数据通信应用程序中,当该位置位时,表示结果数据位中有偶数个 1,可以检查数据传送中是否出现错误。

(3)AF——辅助进位标志。当该位置位时,表示最低有效的 4 位向高位产生了进位或借位。该标志位主要用于 BCD 算术运算。

(4)ZF——零标志。当该位置位时,表示操作的结果为 0。

(5)SF——符号标志。该位置位时表示结果的最高位(符号位)为 1。对于带符号数,该位为 1 表示负数,该位为 0 表示正数。

(6)OF——溢出标志。若该位置位表示此次运算发生了溢出,即作为带符号数运算,其结果值超出目的单位所能表示的数值范围。这时目的单位的内容对带符号数没有意义。

2. 控制状态标志

(1)IF——中断允许标志。该位置 1 时允许响应外部可屏蔽中断(INTR),该位复位时禁止响应外部可屏蔽中断。IF 不影响非屏蔽外部中断(NMI)或内部产生的中断。

(2)TF——陷阱标志。当该位置位时,把处理器置成供调试的单步方式。在这种方式中,每条指令执行后 CPU 自动产生一个内部中断,使调试者可以观察程序中该条指令执行的情况。

(3)DF——方向标志。用于控制数据串操作指令中的地址变化方向。DF 为 0 时,SI/DI 或 ESI/EDI 为自动增量,地址从低向高变化;DF 为 1 时,SI/DI 或 ESI/EDI 为自动减量,地址从高向低变化。

3. 系统状态标志

(1)IOPL——输入/输出特权级标志,用于定义允许执行输入/输出指令的 I/O 特权级的数值。

(2)NT——嵌套任务标志,用来表示当前的任务是否嵌套在另一任务内。当该位置 1 时,表示当前的任务有一个有效的链连接到前一个任务(被嵌套),如果执行 IRET 指令,则转换到前一个任务。

(3)RF——恢复标志。它是与调试寄存器的断点一起使用的标志,当该位置 1 时,即使遇到断点或调试故障,也不产生异常中断 1。在成功地执行每条指令时,RF 将自动复位。

(4)VM——虚拟 8086 模式标志。当该位置位时,CPU 工作在虚拟 8086 模式,在这种模式下运行 8086 的程序就好像是在 8086 CPU 上运行一样。

(5)AC——对准检查标志。这是 80486 新定义的标志位。该位置位时,如果进行未对准的地址访问,则产生异常中断。所谓未对准的地址访问,是指访问字数据时为奇地址,访问双字数据时不是 4 的倍数地址,访问 8 字节数据时,不是 8 的倍数的地址。对准检查在特权级为 0,1,2 时无效,只有在特权级 3 时有效。

2.2.5　系统地址寄存器

在 80486 微处理器中设置有 4 个系统地址寄存器,用来在保护模式下管理 4 个系统表。由于只能在保护模式下使用,因此又称为保护模式寄存器,如图 2-10 所示。

图 2-10　系统地址寄存器

1. 全局描述符表寄存器 GDTR

GDTR 是一个 48 位寄存器,用来存放全局描述符表 GDT 的 32 位线性基地址和 16 位的界限值。在全局描述符表中不仅包括有操作系统使用的描述符,而且还有所有任务使用的公用描述符。

2. 中断描述符表寄存器 IDTR

IDTR 是一个 48 位寄存器,用来存放中断描述符表 IDT 的 32 位线性基地址和 16 位的界限值。

3. 局部描述符表寄存器 LDTR

LDTR 是一个 16 位寄存器,用来存放局部描述符表 LDT 的 16 位选择符。另外还有一个隐含的描述符高速缓冲寄存器,用来存放 LDT 表描述符。

4. 任务状态寄存器 TR

TR 是一个 16 位寄存器,用来存放任务状态段 TSS 的 16 位选择符。与之相应,也有一个隐含的描述符高速缓冲寄存器,用来存放任务状态段 TSS 的描述符。段寄存器与系统地址寄存器一起为操作系统完成内存管理,为多任务环境、任务保护提供硬件支持。

2.2.6 控制寄存器

控制寄存器共有 4 个，各 32 位，用来存放全局性与任务无关的机器状态，其标志符号如图 2-11 所示。

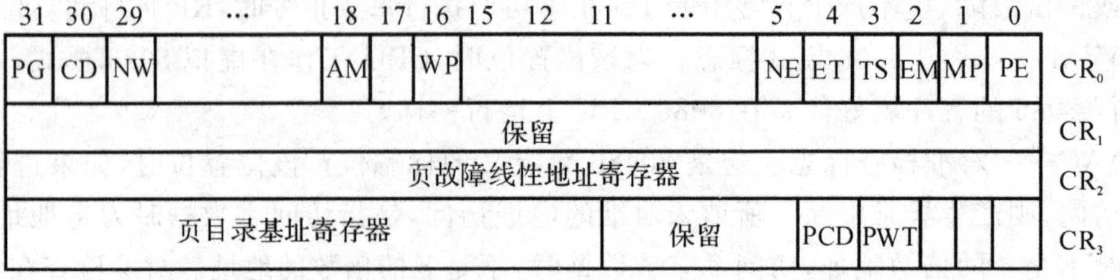

图 2-11 控制寄存器

1. CR_0

CR_0 用来存放系统控制标志或表示处理器的状态，共定义了 11 位，使用如下：

(1)PE——保护方式允许位。置 1，进入保护模式；清 0，进入实地址模式。

(2)MP——监控协处理器位。置 1，表示有协处理器。若在 80486 系统中运行 80286 或 80386 程序，该位置 1；若运行 80486 程序，该位清 0。

(3)EM——模拟协处理器位。当运行 80286 或 80386 程序时，该位置 1，若执行数值指令就会产生协处理器不能使用的异常中断；在 80486 SX 系统中该位必须置 1。

(4)TS——任务切换位。每次任务转换，该位置 1。在解释浮点算术运算指令时，对该位进行测试。清除任务切换标志指令 CLTS 可将该位清 0。

(5)ET——处理器扩展类型标志。该位置 1，表示配置 80387；否则表示未配置。

(6)NE——数值异常事故位，用来控制浮点运算中未被屏蔽的异常故障。该位置 1，允许报告浮点数值错；该位清 0，且 IGNNE 输入有效，则不予以报告。当 NE 清 0，且 IGNNE 输入无效时，数值错将会使处理器停止运行，并等待一次中断。

(7)WP——写保护位，用来净化 80486 的页写保护机构，即保护用户级的那些页。该位置 1，禁止管理级的写操作写入用户级的页上；该位清 0，管理级可向用户级的页进行写入。

(8)AM——对准屏蔽位，与状态标志 AC 配合使用，控制对数据的对准校验。该位置 1，且 AC 也置 1 时，对用户级(RPL＝3)访问的存储器单元进行对准校验，即边界检查，否则不校验。

(9)NW——不透明写位，也称为写贯穿，用来控制 Cache 操作。该位清 0，所有命中 Cache 的写操作将按写贯穿方式写入 Cache，同时写入主存；该位置 1(且 CD＝1)只写入 Cache 存储器，而不写入主存。

(10)CD——允许 Cache 位，用来控制是否使用片内 Cache。该位清 0，允许使用内部 Cache，这时若不命中，可对片内 Cache 存储器填充写入；该位置 1，又不命中 Cache 时不能对 Cache 填充写入。若访问 Cache 命中，则 Cache 正常运行。若要彻底禁止 Cache，可用专门的指令 INVD 或 WBINVD 对片内 Cache 刷新。所谓刷新，是使片内 Cache 中的所有数据无效(即清 0)。

(11)PG——允许分页位。该位置 1，使分页部件有效；该位清 0，禁止分页部件工作。

2. CR_1

未用。

3. CR_2

CR_2 为页故障线性地址寄存器，用来保存最后出现页故障的 32 位线性地址。只有当 CR_0 中的 PG 位为 1 时，CR_2 才有意义。

4. CR_3

CR_3 为页目录基址寄存器，其中高 20 位存放页目录表的物理基地址。在低 12 位中有 2 位作为标志位，其余 10 位未用。

(1)PCD——禁止页高速缓冲位，该位置 1，不对页进行高速缓冲操作。在不分页情况下的总线周期，该信号由 PCD 引脚输出，控制外部二级 Cache 的高速缓冲操作。

(2)PWT——写贯穿位。在 80486 内部 Cache 中使用的是“写贯穿”方式，而外部二级 Cache 有的使用“写贯穿”方式，有的既可使用“写贯穿”方式又可使用“写回”方式。PWT＝1，使片外二级 Cache 采用“写贯穿”方式，否则采用“写回”方式。

所谓“写贯穿”是向 Cache 写入数据的同时，也写入到主存中。“写回”是只有当 Cache 中的某一存储块被刷新时，才把这一存储块写回到主存中去。

2.2.7　测试寄存器

有 5 个测试寄存器，各 32 位，如图 2-12 所示，表示为 TR_3～TR_7。其中 TR_3～TR_5 用于片内 Cache 测试，TR_6～TR_7 用来控制分页部件中的转换旁视缓冲存储器 TLB 的工作。

31　　　　…　　　　0	
Cache测试控制	TR_3
Cache测试数据	TR_4
Cache测试状态	TR_5
TLB测试控制	TR_6
TLB测试状态	TR_7

图 2-12　测试寄存器

2.2.8　调试寄存器

有 8 个，各 32 位，如图 2-13 所示，表示为 DR_0～DR_7。其中 DR_0～DR_3 用作线性断点地址寄存器，可保存 4 个断点地址。DR_6 用作断点状态寄存器，用来设置若干个状态标志。其中低 4 位分别表示 4 个断点处的调试状态。若进入调试状态，由硬件置 1；退出调试状态时应由软件清 0。另外还有 3 位，即 BT，BS 和 BD，其中 BT 是与任务状态段中调试自陷位 T 相关的状态标志位，BS 是与状态标志寄存器中的自陷标志 TF 相关的状态标志位，BD 是由于试图访问调试寄存器引起的调试陷阱。DR_7 是断点控制寄存器，用来设置控制标志，控制断点的设置、设置条件、断点地址的有效范围以及是否进入异常中断等。DR_4～DR_5 为 Intel 公司保留。

31　　　…　　　0	
线性断点地址	DR_0
线性断点地址	DR_1
线性断点地址	DR_2
线性断点地址	DR_3
Intel公司保留	DR_4
Intel公司保留	DR_5
断点状态	DR_6
断点控制	DR_7

图 2-13　调试寄存器

2.3　CPU 的工作模式

32 位 CPU 是由 16 位 CPU 发展而来的，为保持与已开发软件的兼容性，又能够充分发挥 32 位 CPU 的特有优势，32 位 CPU 都采用多种工作模式。

从操作系统的角度看，Intel 80486 微处理器有 3 种工作模式：实地址模式、保护模式和虚拟 8086 模式。

2.3.1　实地址工作模式

实地址模式是最基本的工作方式。实地址模式与 16 位微处理器 8086/8088 的实地址模式保持兼容，原有 16 位微处理器的程序不加任何修改就可以在 80486 微处理器实地址模式下运行。80486 微处理器的实地址模式具有更强的功能，增加了寄存器，扩充了指令，可进行 32 位操作。

8086/8088 只能工作于实地址模式，80286 及其以上的微处理器可工作于实地址模式、保护模式和虚拟 8086 模式。

实地址模式操作方式只允许微处理器寻址第一个 1MB 存储器空间，存储器中第一个 1MB 存储单元称为实模式存储器或常规内存，DOS 操作系统要求微处理器工作于实地址模式。当 80486 微处理器工作于实地址模式时，存储器的管理方式与 8086 微处理器存储器的管理方式完全相同，这里不再赘述。

2.3.2　保护工作模式

通常在程序运行过程中，应防止以下情况的发生：

(1)应用程序破坏系统程序。

(2)某一应用程序破坏了其他应用程序。

(3)错误地把数据当作程序运行。

为了避免以上情形的发生，所采取的措施称作“保护”。

保护模式的特点是引入了虚拟存储器的概念，同时可使用附加的指令集，所以 80486 支持多任务操作。在保护模式下，80486 微处理器可访问的物理存储空间为 4GB，程序可用的虚拟存储空间为 64TB。

保护模式下存储器寻址(80286 及其以上的微处理器)允许访问第一个 1MB 及其以上的存储器内的数据和程序。寻址这个扩展的存储器段，需要更改用于实模式存储器寻址的段基址加偏移地址的机制。

在保护模式下，当寻址扩展内存里的数据和程序时，仍然使用偏移地址访问位于存储器段内的信息。区别是，实地址模式下的段基址由段寄存器提供，而保护模式下段寄存器里存放着一个选择符(Selector)，用于选择描述表内的一个描述符。描述符(Descriptor)描述存储器段的位置、长度和访问权限。由于段基址加偏移地址仍然用于访问第一个 1MB 存储器内的数据，所以保护模式下的指令和实模式下的指令完全相同。

保护模式和实地址模式的不同之处在于存储器地址空间的扩大(由 1MB 扩展到 4GB)，以及存储器管理机制的不同。

2.3.3　虚拟 8086 工作模式

80486 微处理器允许在实地址模式和虚拟 8086 模式下执行 8086 的应用程序。虚拟 8086 模式为系统设计人员提供了 80486 微处理器保护模式的全部功能，因而具有更大的灵活性。有了虚拟 8086 模式，允许 80486 微处理器同时执行 8086 操作系统和 8086 应用程序，以及 80486 微处理器操作系统和 80486 微处理器的应用程序，因此，在一台多用户的 80486 微处理器的计算机里，多个用户可以同时使用计算机。

在虚拟 8086 模式下，还可以用与实地址模式相同的形式应用段寄存器，以形成现行基地址。通过使用分页功能，就可以把虚拟 8086 模式下的 1MB 地址空间映像到 80486 微处理器的 4GB 物理空间中的任何位置。在保护模式和虚拟 8086 模式下的存储器管理及寻址，将在第 5 章中详细讲解。

虚拟 8086 模式是一种既有保护功能又能执行 16 位微处理器软件的工作模式。虚拟 8086 模式的工作原理与保护模式相同，但程序指定的逻辑地址与 8086 微处理器相同。虚拟 8086 模式可以看作是保护模式的一种子方式。

2.3.4　3 种工作模式的状态转换

80486 3 种工作模式的状态转换如图 2-14 所示。

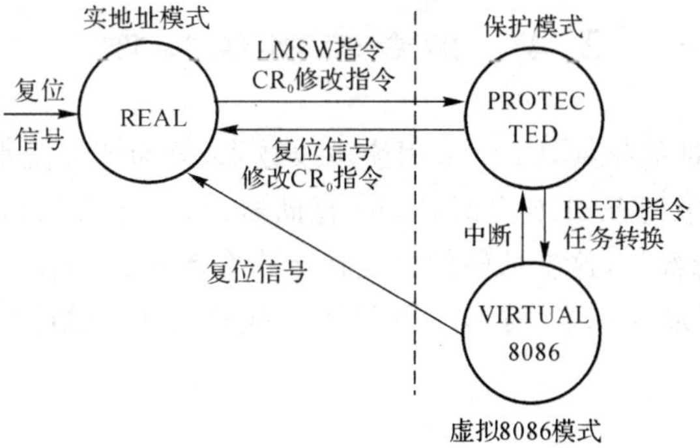

图 2-14　80486 的 3 种工作模式的状态转换

CPU 复位后，系统自动进入实地址模式。通过设置控制寄存器 CR_0 中的保护模式允许位 PE，可以进行实地址模式和保护模式之间的转换。执行 IRET 指令或进行任务切换，可由保护模式转移到虚拟 8086 模式。工作模式转换功能是 80486 的特点之一。利用中断操作，CPU 就有可能由虚拟 8086 模式返回到保护模式。

采用实地址模式使 80386，80486 返回到 8086 状态，相当于一个功能稍强、速度更快的 16 位机。采用保护模式可以充分发挥 32 位 CPU 的各项功能，采用虚拟 8086 模式在部分发挥 32 位 CPU 功能的环境中，用 32 位机的代码去模拟运行 16 位机的程序。

2.3.5 系统管理模式

Pentium 微处理器除了上述的 3 种工作模式之外，还增加了一种系统管理模式(SMM)。这种模式可使系统设计人员实现高级管理功能，比如对电源实施管理，对操作系统和正在运行的程序实施管理，提供透明的安全性。SMM 也是 Pentium 的一项主要特征，它由植入机器内部的硬件(装有系统程序代码的 ROM)来控制。SMM 主要是为系统管理而设置的，在硬件的控制下可从任何一种工作模式进入 SMM 模式，工作完成后再返回原来的模式，如图 2-15 所示。

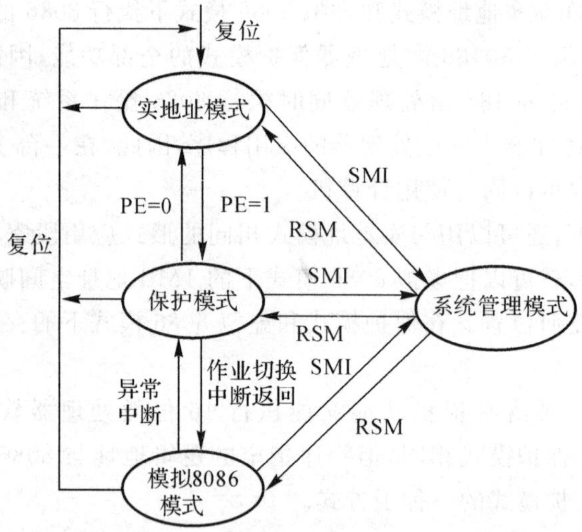

图 2-15 Pentium 工作方式

2.4 指令流水线操作

为提高运行速度和性能指标，CPU 采用流水线技术，分为地址流水线和指令流水线。

在 80486 微处理器中设有 8KB 内部 Cache 存储器、32 字节预取指令队列、指令译码器、控制器及控制寄存器、执行部件，这就从硬件上支持了指令流水线操作。80486 使用 5 个步骤的流水线技术，即指令预取 PF、译码 D_1、译码 D_2、执行 EX 和结果写回 WB，其过程如图 2-16 所示。

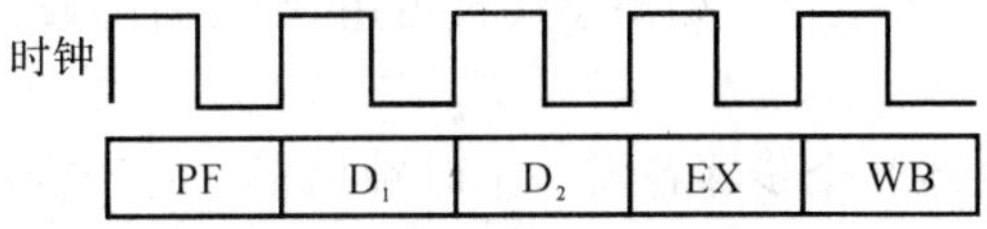

图 2-16　80486 指令执行过程

1. PF

预取指令部件一次可从内部 Cache 取 16 字节的指令代码，送预取指令队列等候执行。在 16 个字节中平均有 5 条指令，这样就满足了译码部件的需要。一般来说，预取指令部件的操作与流水线其他步骤是相互独立的。在实际使用中，32 字节的队列分成大小相等均为 16 字节的两个队列使用。只要有一个队列为空，预取部件就从 Cache 中取 16 字节的代码填入队列，这就保证了取指令与执行指令的并行操作。

2. D_1

译码操作分为 D_1 和 D_2 两个阶段，亦称二级译码。其中 D_1 是第一阶段，从指令代码中分解出操作码进行译码，找出第一条微指令代码的入口地址送控制 ROM。若指令中带有操作数，则同时检索出有关计算地址的代码，送分段部件。

对于多字节指令，一次最多可以处理 3 个字节。根据 80486 的体系结构，任何一条指令的长度都可以通过前 3 个字节(包括指令前缀)确定。在对前 3 个字节译码时，D_1 译码器将后续字节引导到 D_2 译码器，同时预取部件启动下一条指令进行译码。

对于带前缀的指令，需要增加一个时钟周期对前缀译码，这样 D_1 阶段占两个时钟周期，可表示为 D_{11} 和 D_{12}。对于一些双字节操作码的指令，有一个字节是 0FH，如同前缀一样 D_1 也需两个时钟周期。而绝大多数指令，D_1 阶段只需一个时钟周期。

3. D_2

D_2 是译码的第二阶段。在这一阶段，由微代码控制器根据 D_1 译码结果产生执行该指令的控制信号，并进行寻址方式的计算，即计算出存储器地址。在一个时钟周期内可对 1～4 字节的存储器位移量字段进行译码，或者对 1～4 字节的立即常数地址进行译码。若一条指令中既有存储器位移量字段，又有立即常数字段，D_2 阶段就需两个时钟周期。在其中的第 1 个时钟周期内，若有位移量，则对其译码；若有基地址，则加至基地址寄存器。对于变址，则需在第 2 个时钟周期进行变址计算。对于绝大多数指令，D_2 阶段只需一个时钟周期。

4. EX

流水线的第 4 个步骤是执行，即进行各种算术逻辑运算，还包括对 Cache 的访问和对寄存器的修改等。执行过程由微代码序列控制，所需时钟数随指令的不同而异，甚至可以用几十个时钟周期执行一条复杂的宏指令，或者处理一个复杂的数据结构。

在一条指令的执行过程中，主要执行步骤由微代码 ROM 中的微程序控制，而其他步骤由硬件逻辑电路控制。对于寄存器操作指令，在一个 EX 时钟内完成，并将结果送入目的寄存器。对于那些访问存储器的指令(包括转移指令)，首先访问 Cache，若命中，仅需一个时钟周期；若不命中，则访问主存，并对 Cache 填充写入，故须增加时钟周期。

5. WB

最后一个步骤是把结果写回到目的寄存器或目的存储器单元。如果是写回目的存储器单元，首先将结果送入片内 Cache，同时还要送总线接口部件的写缓冲存储器。若 Cache 命中，立即写入;若不能命中,则写入主存。如果总线被占用,则延时等候,直到总线可以使用时写入为止。

对于绝大多数指令,上述 5 个步骤各需一个时钟周期。对于少数不能在一个时钟周期完成的步骤,则增加时钟周期。流水线过程如图 2-17 所示。由于多条指令并行执行,所以对 80486 来说,一条指令的平均执行时间为 1.7～1.8 个时钟周期。

D_1	1	2		4	5	5	6	7	7			
D_2		1	2	3	4		5	6		7		
EX			1	2	3	4	4	5	5	6	7	
WB				1	2	3		4		5	6	7

每个步骤1个时钟　　多个时钟

图 2-17　流水线过程

Pentium CPU 内部设有两条流水线,即 U 流水线和 V 流水线。每个流水过程由 5 个步骤组成,即预取指令、指令译码、地址生成、执行和写回。这两条流水线并行独立工作,其中 U 流水线负责所有整数和浮点指令的执行,而 V 流水线负责简单整数和 FXCH(寄存器内容交换)类浮点指令的执行,这样就使 CPU 可同时执行两条指令。在执行过程中,一面对流水线中的一条指令译码,另一面由一个能预知下一条指令走向的分支目标缓冲器检查下一条指令能否并行执行。如果可以,两条指令同时进入流水线。

2.5　Pentium 32 位微处理器

Pentium 微处理器与 80486 微处理器相比有很多特色和增强点,它的超标量结构使得在每个时钟周期内可以同时执行两条整型指令,它将芯片内的 8KB 数据 Cache 与 8KB 指令 Cache 分开,以及分支预测和流水线浮点单元等设计都大大提升了系统性能,从而使微处理器技术步入了一个崭新的 Pentium 时代。Pentium 还支持双处理器系统,芯片中具有本地多处理器、中断控制器以及电源管理特性等。继 Pentium 之后推出的高能 Pentium、多能 Pentium,PentiumⅡ,Pentium Ⅲ,Pentium 4 等都是以 Pentium 为基础逐代开发出来的微处理器。

2.5.1　Pentium 32 位微处理器内部结构

Pentium 微处理器由总线接口部件(64 位)、指令 Cache、数据 Cache、分支转移目标缓冲器、控制 ROM 部件、控制部件、预取缓冲部件、指令译码部件、整数运算部件、整数及浮点数寄存器组、浮点运算部件等 11 个功能部件组成,如图 2-18 所示。

Pentium 微处理器如同 80486 CPU 一样是 32 位微处理器,与 80486 相比 Pentium 的性能指数提高了两倍以上。下面介绍它最突出的特点。

1. 超标量流水线

80486 微处理器只有一条流水线(Pipelines),而 Pentium 微处理器具有 U,V 两条流水线,每个时钟周期能同时执行两条整型指令,是超标量(Super Scalar)为 2 的首款 Intel 微处理器。超标量流水线(Super－Pipelines)设计是 Pentium 微处理器新技术的核心。

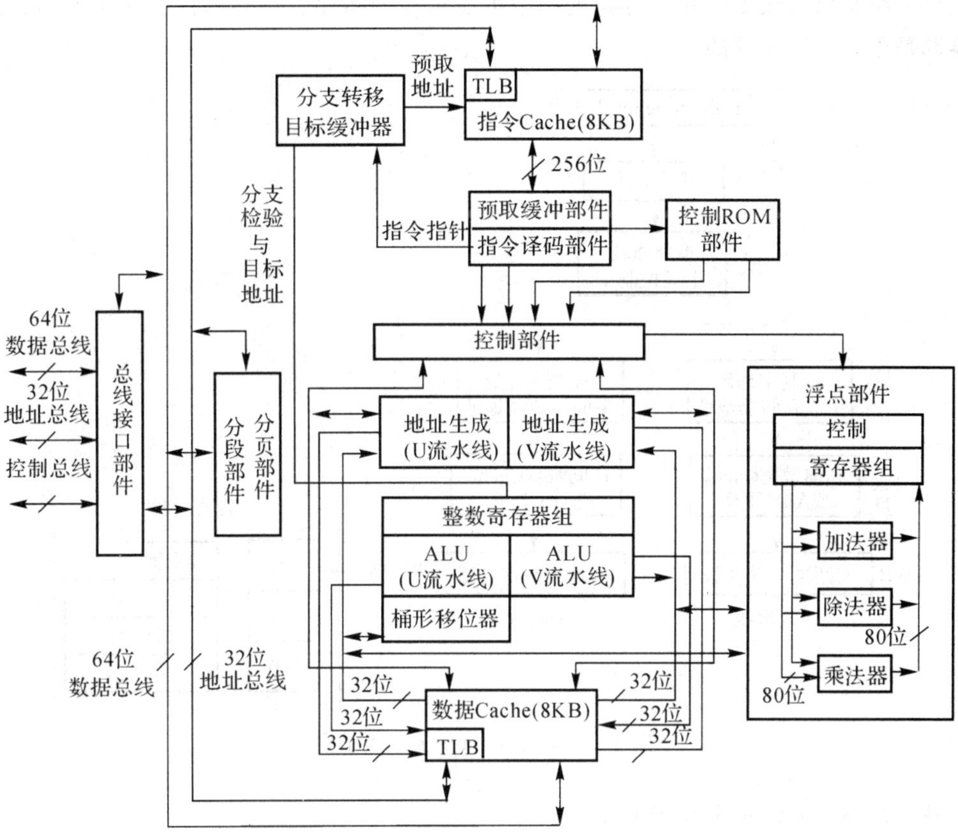

图 2－18　Pentium 处理器内部结构

Pentium 微处理器把生成地址的硬件和算术逻辑运算部件配置成两个各自独立的整数流水线，一个叫 U 流水线，另一个叫 V 流水线。主流水线 U 可以执行 Intel 体系结构的全部整型与浮点指令，包括微代码构成的复杂指令。而 V 流水线则只能执行简单的整型指令和浮点部件的 FXCHG 指令。

Pentium 的流水线结构如图 2－19 所示，U 和 V 两条整型流水线都由 5 级组成，分别是指令预取 PF(Pre－Fetch)、译码 D_1(Decode Stage 1)、译码 D_2(Decode Stage 2)、累加器中执行 EX(Execute)和寄存器或存储器回写 WB/X_1(Write Back/Execute 1)。主流水线 U 执行浮点指令时增加了执行级 X_2(Execute 2)、浮点寄存器写入级 WF(Write Floating Point Register)和出错级 ER(Error)，所以 U 流水线共有 8 级。

在 U 流水线的第一级，即 PF 级预取指令队列，将其送入第二级译码 D_1，检查是否有分支转移。第三级译码 D_1 则产生存储器操作数地址。在第四级执行级 EX 中，读取数据 Cache 或寄存器操作数，或者像 NOP 空操作整型指令一样处于等待状态，并不执行其他操作。U 流水线的第 5 级，即 WB 级是写寄存器，包括写状态寄存器，以及更新它们的内容。对于浮点流水线，该级也有类似的功能，它作为浮点执行级 X_1，为实际执行级 X_2 做好准备。X_1 级可以实现对 FP_7～FP_0 这 8 个 80 位浮点寄存器的写操作，将从数据 Cache 或存储器中读取的数据转换成暂存的实型格式，写入其中的某一个寄存器中。由 X_1 级出来后再进入浮点执行级 X_2，这是浮点指令的实际执行级。然后进入浮点寄存器写入级 WF，将结果写回到 80 位的浮点寄存器中。最后一级是出错级 ER，用于浮点处理中可能出现的错误。浮点部件中加法器、乘法器和除法器都是用硬件来实现的。

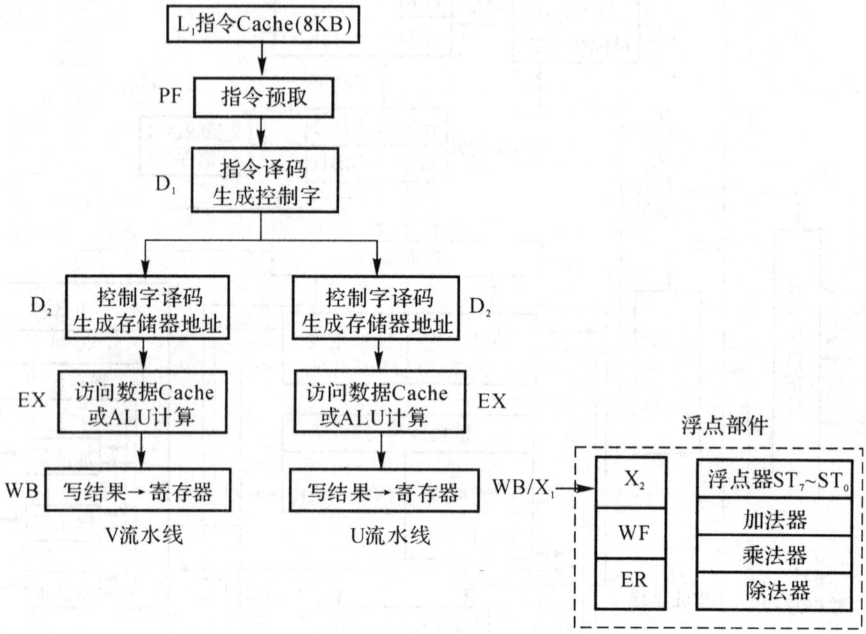

图 2-19 Pentium 的流水线结构

2. 独立的指令 Cache 和数据 Cache

80486 微处理器片内只有 8KB Cache，Pentium 微处理器则有 16KB Cache，且将指令 Cache 与数据 Cache 完全分开，各为 8KB，这样就完全避免了预取指令与数据两者之间的冲突。而且指令 Cache 与数据 Cache 都有各自的转换后援缓冲器 TLB，因而存储器管理部件 MMU(Memory Management Unit)中的分页部件就能迅速地将代码或数据的线性地址转换成物理地址。

3. 全新的浮点部件

Pentium 微处理器的浮点部件相对 80486 微处理器有了彻底的改进，它的浮点流水线 U 有 8 级，前 5 级与 V 流水线共享，后 3 级则有自己独立的浮点流水线，每个时钟周期可以执行一条浮点指令。

4. 分支转移的动态预测

所谓分支预测是指当 CPU 遇到无条件或有条件转移指令、CALL 调用指令、RET 返回指令、INT*n* 中断调用，以及中断返回指令 IRET 等跳转指令时，指令预取单元能够较准确地判断是发生转移取指，还是依据 EIP 指针顺序往下取指。

80486 微处理器的指令流水线没有分支预取功能，它不能将转移指令与其他指令区别开来，预取单元只能依据 IP/EIP 指针顺序地取出下一条指令的代码送入预取队列，因此取出跳转指令后也总是继续读取下一条指令。当轮到执行阶段时，如果真的不发生跳转，则流水线上不会发生任何问题，继续操作下去即可。倘若发生跳转，那么预取队列中已经装入的指令，以及前几个流水线阶段的工作都要“作废”，必须清除并重新装入转移地址处的指令，这样就使流水线操作出现了一次“返工”，影响了整机操作的效率。

Pentium 微处理器借助跳转目标缓冲器 BTB(Branch Target Buffer)等逻辑部件实现了分支转移的动态预测。BTB 是一个具有 256 行的四路组合相关映射高速 Cache，以跳转的 32 位目标地址、2 位历史状态及 1 位有效状态作为一个 Cache 存储的内容。被预取的指令送入 U 和 V 两条流水线，同时将指令所在的 EIP 地址送入 BTB 中进行查找比较。如果在 BTB 中没有这个地址，就不进行预测。倘若在 BTB 中找到了该地址，即为命中，那么微处理器就将根据 BTB 中对应记录的历史状态来预测当前是否发生跳转，这样分支预测逻辑就能比较可靠地预测分支走向，指令预测队列就可以预取较多的指令。当执行调转指令时，其跳转的目标地址就将用于更新 BTB 中相应的地址记录。Pentium 微处理器的分支转移动态预测功能，使得主流水线不会空闲而且大大加速了程序的执行。

5. 64 位外部数据总线

80486 微处理器的外部数据总线只有 32 位，而 Pentium 微处理器的外部数据总线经总线接口部件扩展到了 64 位。该接口电路与内部高速缓冲存储器 Cache 连接，因而外部数据与指令的传输速率比 80486 微处理器要高很多，能有效地解决外部总线上的瓶颈问题。

2.5.2　Pentium 微处理器寄存器结构

Pentium 微处理器与 80486 微处理器的寄存器一样，都包括整数部件中的基本寄存器、系统寄存器、调试和测试寄存器以及浮点寄存器，而且功能基本相同，只是系统寄存器中增加了 CR_4 控制寄存器和 TR_1，TR_2 测试寄存器。

另外在 Pentium 微处理器的标志寄存器中又增加了 3 个新的功能位，新增加的 3 个标志位：

VIF(Virtual Interrupt Flag)：虚拟中断标志位。

VIP(Virtual Interrupt Pending)：虚拟中断挂起标志位。

ID(Identification)：识别标志位。

习题与思考题

1. 试说明 80486 微处理器的基本组成与系统结构。

2. 试说明 80486 微处理器的主要特点。

3. CPU 的外部基本引脚有哪几类？它们的作用是什么？

4. CPU 的通用寄存器有哪些？

5. 说明 CPU 的段寄存器作用。

6. 试说明 80486 微处理器中状态寄存器各标志位的作用。

7. 试说明 80486 微处理器中控制寄存器的作用。

8. 说明 CPU 的 3 种工作模式。

9. 试说明 80486 微处理器中是如何进行存储器管理的，采用了哪几种方式，各有什么特点。

10. 试说明 80486 微处理器中指令流水线的硬件组成与指令流水线过程。

第3章　80×86寻址方式和指令系统

＊学习基本要求

通过本章的学习，需要掌握80×86的数据寻址方式以及指令系统中一些常用的指令格式及功能。

＊内容要点

本章必须要掌握的知识点：立即寻址、寄存器寻址、存储器寻址、数据传送指令、算术运算指令、逻辑运算指令、串操作指令、控制转移类指令、输入输出指令、中断指令。

＊知识结构框图

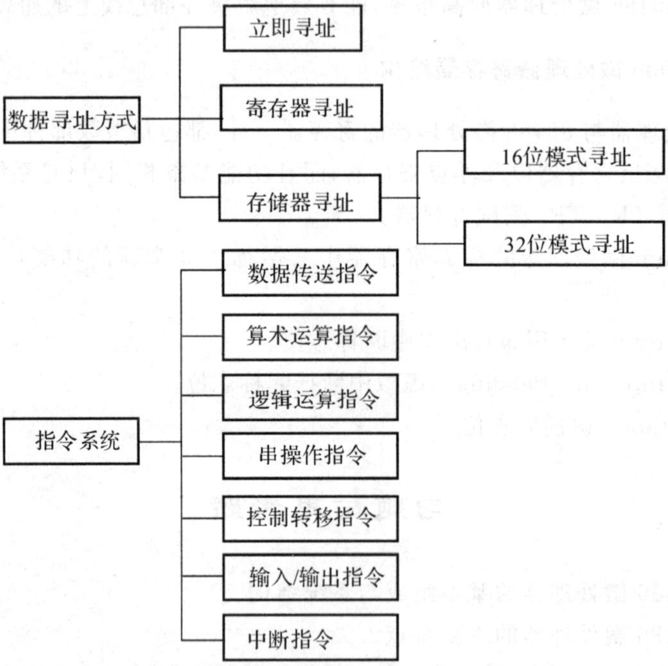

3.1　80×86寻址方式

3.1.1　数据寻址方式

通常指令分为操作码和操作数两部分，表示指令中操作数所在的方法称数据寻址方式。

1. 立即寻址

操作数包含在指令中，作为指令的一部分，存放在代码段中。操作数(又称立即数)存放形式为，数据高位存放在地址高位存储单元，数据低位存放在地址低位存储单元。

例 3.1

```
                              .MODEL TINY          ;选择单个段模式
                              .586                 ;586 实方式
逻辑地址    机器码            .CODE                ;代码段开始
 CS:EA                        .STARTUP             ;程序开始
1D24:0100    B83412            MOV AX,1234H        ;AX←1234H
1D24:0103    66BB00000000      MOV EBX,0           ;EBX←0
1D24:0109    B155              MOV CL,55H          ;CL←55H
                              .EXIT                ;返回 DOS
                               END                 ;文件结束
```

例 3.1 中指令 MOV AX,1234H,其源操作数为立即数 1234H,目的操作数为寄存器 AX。存放该指令的地址为 1D24:0100,执行该指令,从代码段取出立即数 1234H 送寄存器 AX 中。图 3-1 为立即寻址过程示意图。

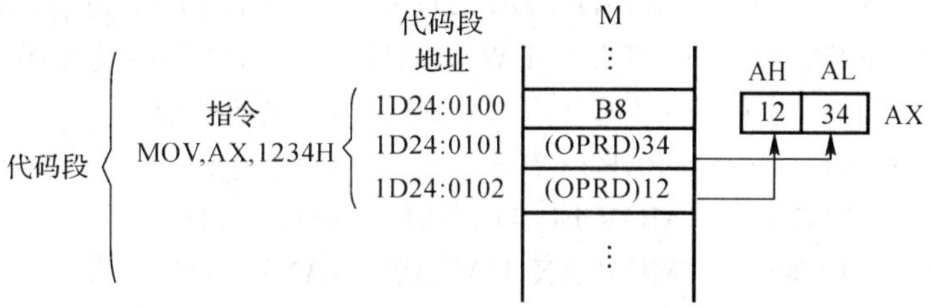

图 3-1　立即寻址过程示意图

这种寻址方式适应于对寄存器或存储器赋值。

2. 寄存器寻址

操作数在寄存器中,操作数可以是 8 位、16 位或 32 位通用寄存器、16 位段寄存器。

例 3.2

```
                              .MODEL TINY
                              .586
逻辑地址      机器码          .CODE
 CS:EA                        .STARTUP
1D24:0100      8BC3            MOV AX,BX           ;AX←BX
1D24:0102      8ACA            MOV CL,DL           ;CL←DL
1D24:0104      668BF7          MOV ESI,EDI         ;ESI←EDI
                              .EXIT
                               END
```

上例中指令 MOV AX,BX,其源操作数为 BX,目的操作数为 AX。存放该指令的地址为 1D24:0100,执行该指令,将 BX 内容复制到 AX 中。

3. 存储器寻址方式

操作数在存储器中,指令以某种方式给出操作数在存储器的地址。操作数地址可以在指令里面直接给出,操作数的地址也可以放在寄存器中间接给出。存放地址的寄存器,也可是

16 位或 32 位规定的通用寄存器。

(1)16 位指令模式下的存储器寻址方式。80×86 实方式为 16 位指令模式，寻址的寄存器为 BX,BP,SI,DI。如果有效地址在 BX,SI 或 DI 中，则以 DS 寄存器的内容为段基址；如果有效地址在 BP 中，则以 SS 段寄存器的内容为段基址。如果使用段超越前缀(CS:ES:DS:SS:FS:GS:)，操作数可以放在指定段。16 位指令模式寻址结构由 4 部分组成：

段基址×10H＋基址＋变址＋位移量

基址寄存器 BX 和 BP 存放基址，变址寄存器 SI 和 DI 存放变址，位移量为 8 位或 16 位用补码形式表示的带符号数。操作数的有效地址为 16 位，段内寻址范围为 64KB，物理地址为 20 位，使用存储器的第一个 1MB 空间。

1)直接寻址。操作数在存储器中，指令直接包含操作数的有效地址。

例 3.3

```
                          ·MODEL SMALL              ;选择内存模式
逻辑地址    操作数        ·DATA                     ;数据段开始
1D26:000C   12             DATA1   DB 12H           ;变量 DATA1 为字节类型,存放 12H
1D26:000D   3355           DATA2   DW 5533H         ;变量 DATA2 为字类型,存放 5533H
                          ·CODE                     ;代码的开始
逻辑地址    机器码        ·STARTUP                  ;程序开始
1D24:0010   8A1E0C00       MOV BL,DATA1             ;BL←12H
1D24:0014   A10D00         MOV AX,DATA2             ;AX←5533H
                          ·EXIT                     ;返回 DOS
                          ·END                      ;文件结束
```

例 3.3 中指令 MOV AX,DATA2，其源操作数在数据段(1D26H)；变量 DATA2 为符号地址，其有效地址为 000DH；该符号地址的段内偏移量为 000DH，其所指的存储单元存放字类型数据 5533H。该指令等效于指令 MOV AX,[000DH]，执行该指令，将数据段地址为 1D26:000D 开始的字操作数 5533H 送 AX 中。图 3－2 为直接寻址过程示意图。

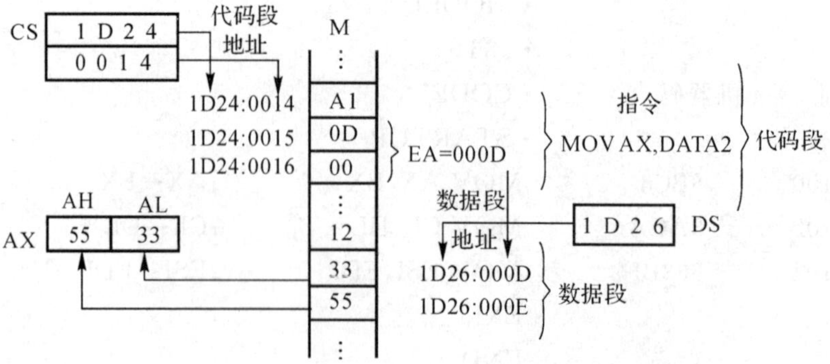

图 3－2　直接寻址过程示意图

2)寄存器间接寻址。操作数在存储器中，地址寄存器 BX,BP,SI,DI 存放操作数的有效地址。

例 3.4

```
                                 .MODEL SMALL
逻辑地址       操作数              .DATA
1D26:000E      1155                   BUF1  DB 11H,55H
1D26:0010      2233                   BUF2  DW 3322H
                                 .CODE
逻辑地址       机器码              .STARTUP
1D24:0010      BE0E00               MOV SI,OFFSET BUF1     ;变量 BUF1 的有效地址送 SI
1D24:0013      8A04                 MOV AL,[SI]            ;AL←11H
1D24:0015      BF1000               MOV DI,OFFSET BUF2     ;变量 BUF2 的有效地址送 DI
1D24:0018      8B1D                 MOV BX,[DI]            ;BX←3322H
                                  .EXIT
                                  END
```

例 3.4 中指令 MOV BX,[DI],源操作数在数据段,操作数有效地址在 DI 中。DI 的内容是由指令 MOV DI,OFFSET BUF2 设定的,BUF2 为符号地址,该指令将变量 BUF2 所指存储单元的有效地址送 DI 中。因此执行 MOV BX,[DI]指令,将 BUF2 所指的内存字操作数 3322H 送 BX 中。图 3-3 为间接寻址过程示意图。

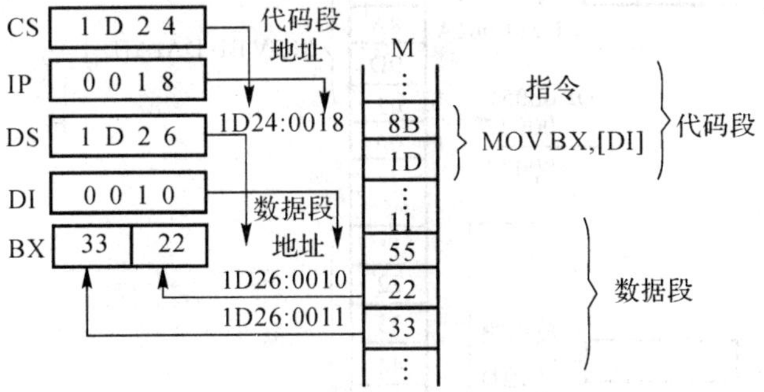

图 3-3　间接寻址过程示意图

例 3.5　MOV AX,ES:[SI]

该指令使用了段超越前缀 ES:,表示操作数的有效地址在 SI 中,段基址在 ES 中,在附加段中取字操作数送 AX 中。

采用间接寻址时,寻址寄存器放在方括号中,表示寄存器中存放的是地址。

3)寄存器相对寻址。操作数在存储器中,操作数的有效地址为基址或变址值加上偏移量,即

$$EA=\begin{bmatrix}BX\\BP\\SI\\DI\end{bmatrix}+\begin{bmatrix}8\text{ 位偏移量}\\16\text{ 位偏移量}\end{bmatrix}$$

例 3.6

		·MODEL SMALL	
逻辑地址	操作数	·DATA	
1D26:0002	112233445566	DATA DB 11H,22H,33H,44H,55H,66H	
		·CODE	
逻辑地址	机器码	·STARTUP	
1D24:0010	BF0200	MOV DI,2	;DI←2
1D24:0013	8A850200	MOV AL,DATA [DI]	;AL←33H
1D24:0017	BF0500	MOV DI,5	;DI←5
1D24:001A	8A9D0200	MOV BL,DATA [DI]	;BL←66H
		·EXIT	
		END	

例 3.6 中指令 MOV BL,DATA [DI],源操作数在数据段,有效地址为 DI 内容和变量 DATA 偏移量之和,该指令等效为 MOV BL,[0005H+0002H]。执行该指令,从数据段有效地址为 0007H 处,取出操作数 66H,送 BL 中。图 3-4 为相对寻址过程示意图。

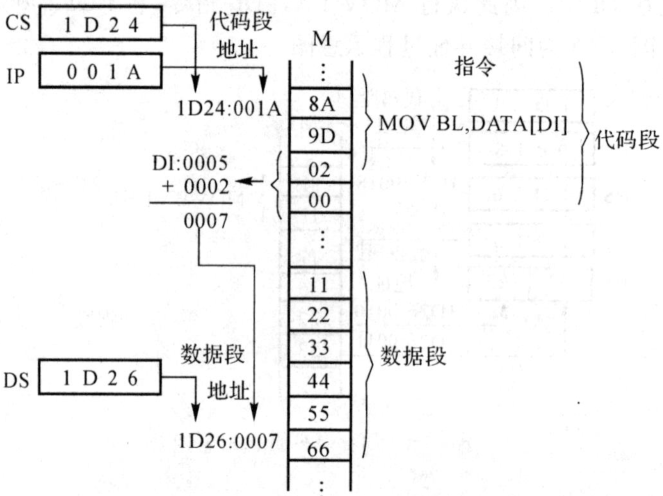

图 3-4 相对寻址过程示意图

寻址寄存器为 BX,BP,称相对基址寻址;寻址寄存器为 SI,DI,称相对变址寻址。参与寻址的寄存器都要加方括号[ ],偏移量可以不加方括号,下列两条指令是等价的:

MOV AX,[BX+5]

MOV AX,5 [BX]

这种寻址方式适用于实现对结构或记录等数据类型进行的操作。

4)基址变址寻址。操作数在存储器中,操作数的有效地址为基址和变址之和:

$$EA=\begin{bmatrix}BX\\BP\end{bmatrix}+\begin{bmatrix}SI\\DI\end{bmatrix}$$

即有效地址所在的段基址由基址寄存器 BX,BP 决定。基址寄存器为 BX 时,缺省段寄存器为 DS;基址寄存器为 BP 时,缺省段寄存器为 SS。也可以使用段超越前缀,指定段寄存器。

例 3.7

```
                                   ·MODEL SMALL
逻辑地址       操作数               ·DATA
1D25:000C     11002200       BUF   DW   0011H,0022H,0033H,0044H,0055H,0066H
              33004400
              55006600             ·CODE
逻辑地址       机器码               ·STARTUP
1D24:0010     BB0C00               MOV BX,OFFSET BUF      ;BX←000CH
1D24:0013     BE0600               MOV SI,6               ;SI←6
1D24:0016     8B00                 MOV AX,[BX+SI]         ;AX←0044H
                                   ·EXIT
                                   END
```

例 3.7 中指令 MOV AX,[BX+SI],源操作数在数据段,其有效地址为 BX 和 SI 内容之和,在本例为 000CH+0006H=0012H,执行该指令,将数据段有效地址为 0012H 的内存字操作数送 AX 中。图 3-5 为基址变址寻址过程示意图。

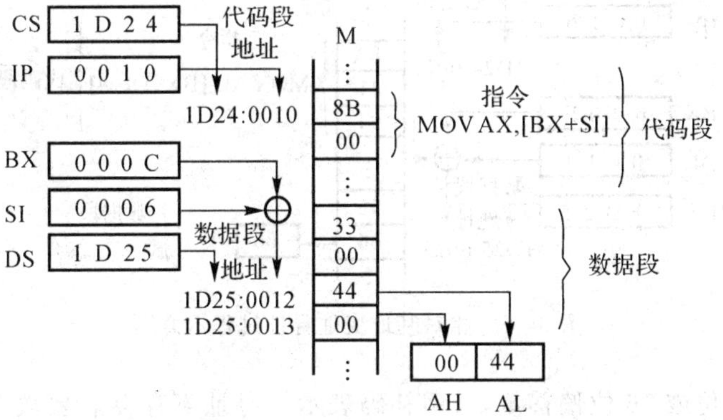

图 3-5　基址变址寻址过程示意图

寻址寄存器名要放在方括号中,下列指令是等价的:

MOV AX,[BP+DI]

MOV AX,[BP][DI]

该寻址方式适用于数组或表格存取,将数组或表格首地址,放在基址寄存器中,而将数组或表格中的数据的相对位移,放在变址寄存器中,灵活地实现数组或表格中数据的存取。

5)相对基址变址寻址。操作数在存储器中,操作数的有效地址为基址、变址和位移量之和,即

$$EA=\begin{bmatrix}BX\\BP\end{bmatrix}+\begin{bmatrix}SI\\DI\end{bmatrix}+\begin{bmatrix}8\text{位偏移量}\\16\text{位偏移量}\end{bmatrix}$$

例 3.8

```
                                   ·MODEL SMALL
逻辑地址       操作数               ·DATA
1D25:000E     000000000000         BUF1   DB 10H DUP(?)
```

```
                 000000000000
                 00000000
1D25:001E        112233445566     BUF2  DB 11H,22H,33H,44H,55H,66H
                                  .CODE
逻辑地址          机器码           .STARTUP
1D24:0010        BB0E00             MOV BX,OFFSET BUF1       ;BX←000EH
1D24:0013        BF1100             MOV DI,11H               ;DI←0011H
1D24:0016        8A4104             MOV AL,[BX+DI+4]         ;AL←66H
                                  .EXIT
                                   END
```

例 3.8 中指令 MOV AL,[BX+DI+4],源操作数在数据段,有效地址为 BX,DI 内容与 4 之和,在本例为 000EH+0011H+0004H=0023H。执行该指令,将数据段有效地址为 0023H 的内存字节操作数送 AL 中。变量 BUF1 定义为字节类型,10H DUP(?)定义了由 16 个字节组成的缓冲区,每个字节的初值为 0。图 3-6 为相对基址变址寻址过程示意图。

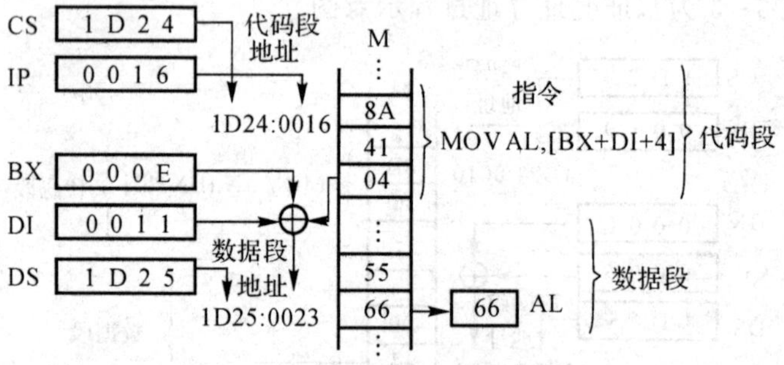

图 3-6　相对基址变址寻址过程示意图

指令中给出 8 位或 16 位偏移量,采用补码表示。寻址寄存器名要放在方括号中,偏移量不加方括号,下列指令是等价的:

MOV AX,[BX+SI+1122H]

MOV AX,1122H [BX+SI]

MOV AX,1122H [BX] [SI]

(2)32 位指令模式下的存储器寻址方式。在保护模式下,当段描述符中 D 位为"0"时,设定为 16 位指令模式;D 位为"1",设定为 32 位指令模式。32 位寻址结构由 5 部分组成:

段址+基址+变址×比例因子+偏移量

其中基址寄存器或变址寄存器可以是除 ESP 以外的任何 32 位通用寄存器。当基址寄存器为 EAX,EBX,ECX,EDX,ESI,EDI 时,默认段寄存器 DS 存放段选择符。当基址寄存器为 EBP 时,默认段寄存器 SS 存放段选择符。使用段超越前缀,段址可由 CS,DS,ES,SS,FS,GS 中段选择符指定的段描述符确定。比例因子为 1,2,4,8。偏移量为 8 位、32 位。当偏移量为 32 位时,段内可寻址范围为 $-2^{31}\sim+2^{31}-1$ 字节地址空间。32 位寻址方式如图 3-7 所示。

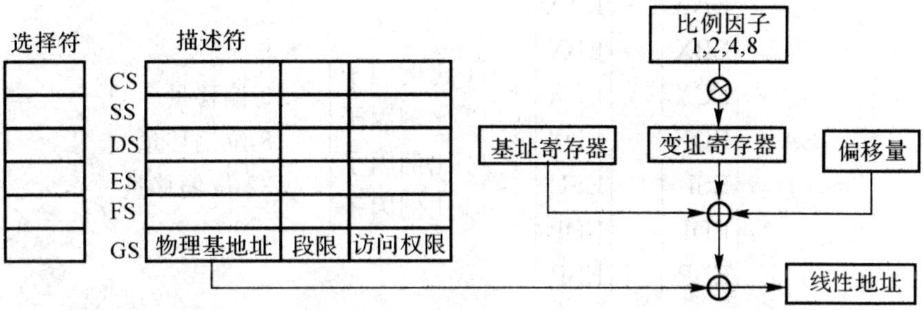

图 3-7　32 位寻址方式

1)直接寻址。指令中包含操作数的 32 位有效地址

$$\text{EA}=32\text{ 位有效地址}$$

2)间接寻址。

$$\text{EA}=\begin{bmatrix}\text{EAX}\\\text{EBX}\\\text{ECX}\\\text{EDX}\\\text{ESI}\\\text{EDI}\\\text{EBP}\end{bmatrix}$$

3)相对基址寻址。

$$\text{EA}=\begin{bmatrix}\text{EAX}\\\text{EBX}\\\text{ECX}\\\text{EDX}\\\text{ESI}\\\text{EDI}\\\text{EBP}\end{bmatrix}+\begin{bmatrix}8\text{ 位偏移量}\\32\text{ 位偏移量}\end{bmatrix}$$

4)相对比例变址寻址。

$$\text{EA}=\begin{bmatrix}\text{EAX}\\\text{EBX}\\\text{ECX}\\\text{EDX}\\\text{ESI}\\\text{EDI}\\\text{EBP}\end{bmatrix}\times\begin{bmatrix}1\text{ 比例因子}\\2\text{ 比例因子}\\4\text{ 比例因子}\\8\text{ 比例因子}\end{bmatrix}+\begin{bmatrix}0\text{ 偏移量}\\8\text{ 位偏移量}\\32\text{ 位偏移量}\end{bmatrix}$$

5)相对比例基址变址寻址。

$$EA=\begin{bmatrix}EAX\\EBX\\ECX\\EDX\\ESI\\EDI\\EBP\end{bmatrix}+\begin{bmatrix}EAX\\EBX\\ECX\\EDX\\ESI\\EDI\\EBP\end{bmatrix}\times\begin{bmatrix}1\text{比例因子}\\2\text{比例因子}\\4\text{比例因子}\\8\text{比例因子}\end{bmatrix}+\begin{bmatrix}0\text{偏移量}\\8\text{位偏移量}\\32\text{位偏移量}\end{bmatrix}$$

3.1.2 程序地址寻址方式

表示指令转移地址所在的方式称程序地址寻址方式。用于转移类指令和过程调用类指令的程序地址寻址方式有 3 种：相对寻址、直接寻址和间接寻址。

1. 相对寻址

相对寻址为段内寻址，指令中给出带符号的相对偏移量，程序目标地址为当前 IP 值（即转移或调用指令的下一条指令地址），加上相对偏移量作为偏移地址。相对寻址类型如表 3－1 如示。

表 3－1 相对寻址类型

类型	指令	相对偏移量/B	转移范围
SHORT	JMP	1	－128～＋127
NEAR(16 位)	JMP/CALL	2	－32 768～＋32 767
NEAR(32 位)	JMP/CALL	4	－2 147 483 648～＋2 147 483 647

例 3.9

```
                                  ·MODEL TINY
逻辑地址        机器码            ·CODE
1D24:0100       8BF7                 MOV SI,DI
1D24:0102       EB02                 JMP SHORT NEXT;转移到标号 NEXT 处
1D24:0104       8ACA                 MOV CL,DL
1D24:01068AC3                 NEXT:MOV AL,BL
                                  ·EXIT
                                  END
```

例 3.9 中指令 JMP SHORT NEXT 为 SHORT 类型转移指令，该指令等效为 JMP 0106H。本例中当前 IP＝0104H，相对偏移量为 02H，有效地址 EA＝0104＋0002＝0106H，所以转移到本代码段内，偏移地址为 0106H 处执行指令。图 3－8 为相对寻址过程示意图。

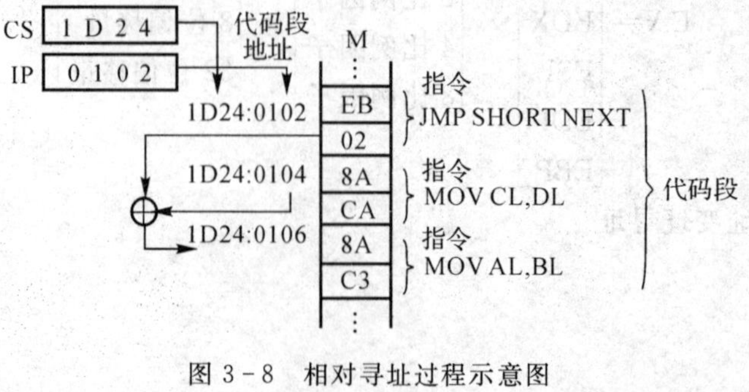

图 3－8 相对寻址过程示意图

2. 直接寻址

直接寻址是指指令中直接给出转移指令的目标地址。在段间转移中，指令中给出目标段地址或代码段基地址的描述符，以及 16 位或 32 位偏移地址。

例 3.10

```
                                    .MODEL MEDIUM
                                    .CODE CODE1
逻辑地址        机器码              .STARTUP
1D24:0010       8BF7                MOV SI,DI
1D24:0012       EA0A00251D          JMP FAR PTR NEXT    ;转 CODE2 段标号 NEXT 处
1D24:0017       8ACA                MOV CL,DL
逻辑地址        机器码              .CODE CODE2
1D25:000A       8ACA        NEXT:   MOV CL,DL
1D25:000C       8AC1                MOV AL,CL
                                    .EXIT
                                    END
```

例 3.10 中指令 JMP FAR PTR NEXT，为段间直接转移指令，该指令等价于 JMP 1D25:000A，执行该指令，程序转到 CODE2 代码段，偏移地址为 000AH 处执行指令。

3. 间接寻址

间接寻址分段内和段间间接寻址，指令中以间接方式给出转移指令的目标地址，转移指令的目标地址通常存放在数据段。采用(E)BP 寻址，指令目标地址放在堆栈段。使用段超越前缀，也可以存放在其他段。

例 3.11

```
                                    .MODEL MEDIUM
逻辑地址        操作数              .DATA
1D26:0000       0800251D            BUF DD NEXT            ;标号 NEXT 的地址
                                    .CODE CODE1
逻辑地址        机器码              .STARTUP
1D24:0010       BB0000              MOV BX,OFFSET BUF
1D24:0013       FF2F                JMP FAR PTR [BX]       ;转移到 CODE2 段标号
                                                            NEXT 处
1D24:0015       8ACA                MOV CL,DL
                                    .CODE CODE2
1D25:0008       8ACA        NEXT:MOV CL,DL
1D25:000A       8AC1                MOV AL,CL
                                    .EXIT
                                    END
```

例 3.11 中指令 JMP FAR PTR [BX]，为段间间接转移指令，寄存器 BX 中存放的是符号地址 BUF 的偏移地址，变量 BUF 为双字类型，BUF 所指的存储单元中，存放着 CODE2 段中标号 NEXT 的段基址和偏移地址 1D25:0008，所以执行该指令，从数据段变量 BUF 所指的存储单元，取出前 2 个字节内容送 IP，取出后 2 个字节送 CS，控制程序转移到 CODE2 段的标号 NEXT 处执行指令。图 3-9 为段间间接寻址过程示意图。

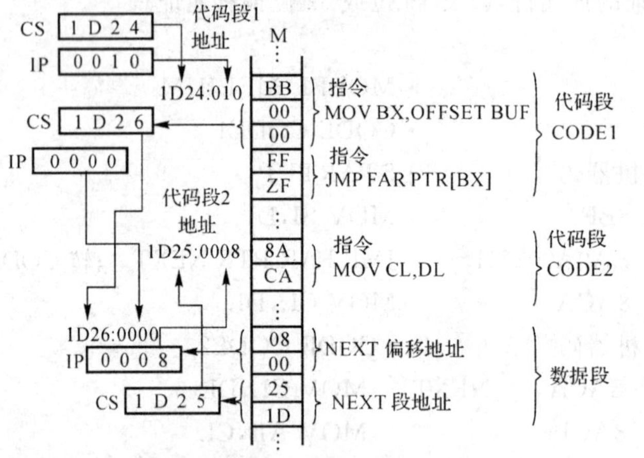

图 3-9　段间间接寻址过程示意图

3.1.3　堆栈地址寻址

堆栈段用于暂存数据，并且为程序保存返回地址。堆栈的存取方式不同于一般数据段，堆栈采用先进后出的存取方式。使用 PUSH 指令将操作数压入堆栈，使用 POP 指令从堆栈中弹出操作数。堆栈栈顶指针为(E)SP。在 16 位指令模式下，堆栈地址为 SS×10H+SP 形式。在 32 位指令模式下，段寄存器 SS 存放段选择符，通过段选择符访问段描述符，获取 32 位段址，ESP 存放偏移地址。

使用 PUSH 源操作数，指令向堆栈压入一个字时，具体操作为

(E)SP←(E)SP−1；源操作数高 8 位存入栈顶

(E)SP←(E)SP−1；源操作数低 8 位存入栈顶

使用 POP 目的操作数，指令从堆栈弹出一个字时，具体操作为

(E)SP←(E)SP+1；栈顶内容传送到目的操作数低 8 位

(E)SP←(E)SP+1；栈顶内容传送到目的操作数高 8 位

堆栈操作数据类型允许为字或双字，操作数为字类型时，(E)SP 值加/减 2，操作数为双字类型时，(E)SP 值加/减 4。

堆栈操作主要用途为寄存器内容保护，现场和返回地址的保存，参数传递，存储局部变量。图 3-10 为进栈出栈操作示意图。

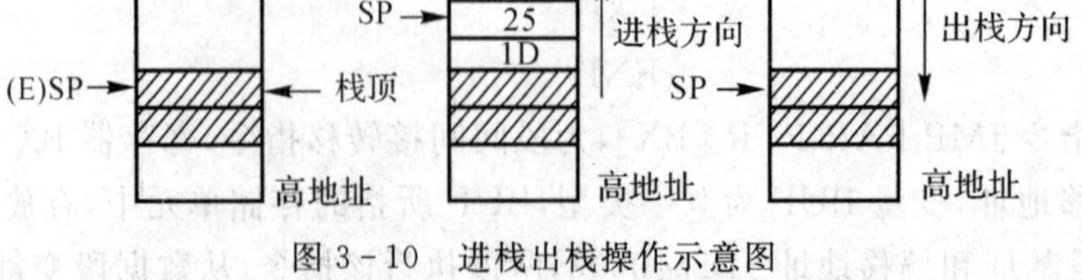

图 3-10　进栈出栈操作示意图

3.2　80×86 指令格式

3.2.1　80×86 指令编码格式

指令编码格式是指指令的机器码表示格式，其最多可以由以下 5 部分组合构成：

前缀	操作码	寻址方式	偏移量	立即数
0～2 字节	1～2 字节	0～2 字节	0～4 字节	0～4 字节

1. 前缀

指令前缀为地址长度前缀和操作数长度前缀。为了实现 80×86 系列的兼容性，在实地址模式和保护模式下均可执行 16 位或 32 位指令，在汇编程序汇编时，为某些指令附加指令前缀，可以将指令操作数或地址长度由 16 位转移到 32 位，或由 32 位转移到 16 位。

(1)操作数长度前缀(66H)。用于改变当前指令模式操作数长度缺省值。在 16 位指令模式下，操作数用 32 位寄存器，则在指令前加前缀 66H；在 32 位指令模式下，操作数用 16 位寄存器，则在指令前加前缀 66H，允许用 16 位寄存器。

(2)地址长度前缀(67H)。用于改变当前指令模式地址长度缺省值。其用法与操作数指令长度类似。例如在 16 位指令模式下，指令汇编后机器码如下：

```
67668B03          MOV AX,WORD PTR [EBX]
```

在指令机器码前加前缀 67H 和 66H，表示允许使用 32 位寄存器，但地址长度为 16 位，允许地址范围为 64KB 内。

2. 操作码及寻址方式

操作码及寻址方式属于指令中最基本组成部分，大多数指令编码格式为

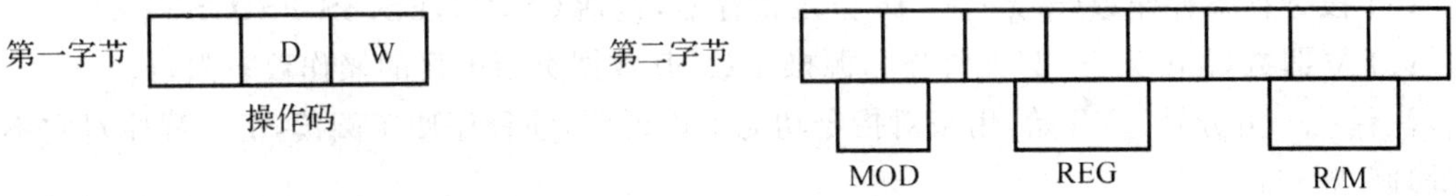

操作码——规定了处理器执行的操作，如传送，加、减等，具体操作采用编码表示。

D 位——规定了数据流的方向，由第二字节指定的 R/M 域和 REG 域之间数据流动方向。

W 位——规定了操作数长度是字节、字或双字。

MOD 域——选择寻址类型，指定 R/M 域为寄存器还是存储器，如为存储器，还要指定是否有偏移量。

REG 域——采用三位编码表示 8 个寄存器。

R/M 域——表示寄存器或存储器，由 MOD 域指定。如为寄存器，则与 REG 域相同；如为存储器，则表示 8 种寻址方式。

3. 偏移量及立即数

偏移量——允许指令中直接给出寻址方式所需的偏移量。

立即数——允许指令中直接给出操作数。

3.2.2 80×86 指令格式

指令格式是指指令在源程序中的书写格式，指令基本格式为

[括号:]助记符　操作数;注释

标号——某条指令所存单元的符号地址，其后要跟冒号。标号一般是由字母开头，允许使用字母、数字及特殊字符(?，·，@，—，$)。不允许使用保留字(关键字)，例如 ADD，MOV，END 等。

助记符——命令符号，如 ADD，SUB。

操作数——指令中可以无操作数，也可以有 1～3 个操作数。操作数之间用逗号分开。

例如　MOV　Dest，Src

为数据传送指令，Src 表示源操作数，Dest 表示目的操作数，数据流动的方向是由源操作数 Src 传送到目的操作数 Dest。操作数可以是寄存器或存储器操作数，有关操作数说明如下：

(1) 通用寄存器操作数(Reg)——包括 8 位寄存器 AL，AH，BL，BH，CL，CH，DL，DH；16 位寄存器 AX，BX，CX，DX，SI，DI，SP，BP；32 位寄存器 EAX，EBX，ECX，EDX，ESI，EDI，ESP，EBP。

(2) 存储器操作数(Mem)——间接寻址时 16 位寻址寄存器包括 BX，BP，SI，DI；32 位寻址寄存器包括 EAX，EBX，ECX，EDX，ESI，EDI，EBP。其中 BX，SI，DI，EAX，EBX，ECX，EDX，ESI，EDI 对应的缺省段寄存器为 DS；BP，EBP 对应的缺省段寄存器为 SS。

(3) 存储器操作数缺省数据类型，在 16 位指令模式时为字类型，在 32 位指令模式时为双字类型。在使用中如要改变字类型，应使用 PTR 伪指令来定义，即

字节类型　BYTE PTR　[Reg]

字类型　　WORD PTR　[Reg]

双字类型　DWORD PTR　[Reg]

(4) 段寄存器操作数(Seg)——16 位段寄存器，包括 CS，DS，ES，SS，FS，GS。

(5) 立即数(imm)——只允许作为源操作数，其数据类型由目的操作数来限定。

注释——由分号(;)开始，用来对指令功能加以说明，使程序便于阅读，汇编程序对它不进行处理。

对于指令的分析，须注意以下 4 点：

- 指令的功能；
- 适用于指令的寻址方式；
- 指令对标志位的影响；
- 指令长度和执行时间。

3.3　80×86 指令系统

80×86 指令系统，指令按功能可分为以下 7 个部分：

(1) 数据传送指令。

(2) 算术运算指令。

(3) 逻辑运算指令。

(4) 串操作指令。

(5) 控制转移指令。

(6) 处理器控制指令。

(7) 保护方式指令。

3.3.1　数据传送指令

数据传送指令包括通用数据传送指令、地址传送指令、标志寄存器传送指令、符号扩展指令、扩展传送指令等。

1. 通用数据传送指令

(1)传送指令。

格式:MOV　DEST,SRC

功能:把一个字节、字或双字从源操作数 SRC 传送至目的操作数 DEST。

传送指令允许的数据流方向见图 3-11。

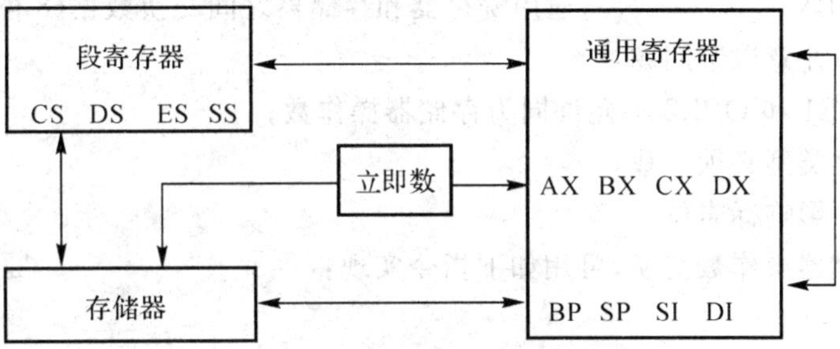

图 3-11　传送指令数据流

由图 3-11 可知,数据允许流动方向为通用寄存器之间、通用寄存器和存储器之间、通用寄存器和段寄存器之间、段寄存器和存储器之间,另外还允许立即数传送至通用寄存器或存储器。但在上述传送过程中,段寄存器 CS 的值不能用传送指令改变。

例 3.12　CPU 内部寄存器之间的数据传送。

```
MOV AL,DH              ;AL←DH(8 位)
MOV DS,AX              ;DS←AX(16 位)
MOV EAX,ESI            ;EAX←ESI(32 位)
```

例 3.13　CPU 内部寄存器和存储器之间的数据传送。

```
MOV [BX],AX            ;间接寻址(16 位)
MOV EAX,[EBX+ESI]      ;基址变址寻址(32 位)
MOV AL,BLOCK           ;BLOCK 为变量名,直接寻址(8 位)
```

例 3.14　立即数送通用寄存器、存储器。

```
MOV EAX,12345678H      ;EAX←12345678H(32 位)
MOV [BX],12H           ;间接寻址(8 位)
MOV AX,1234H           ;AX←1234H(16 位)
```

使用该指令应注意以下问题:

· 源和目的操作数不允许同时为存储器操作数;

· 源和目的操作数数据类型必须一致；
· 源和目的操作数不允许同时为段寄存器；
· 目的操作数不允许为 CS 和立即数；
· 当源操作数为立即数时，目的操作数不允许为段寄存器；
· 传送操作不影响标志位。

(2)交换指令。

格式：XCHG OPR1,OPR2

功能：交换操作数 OPR1 和 OPR2 的值，操作数数据类型为字节、字或双字。允许通用寄存器之间、通用寄存器和存储器之间交换数据。

例 3.15

```
XCHG AX,BX            ;通用寄存器之间交换数据(16 位)
XCHG ESI,EDI          ;通用寄存器之间交换数据(32 位)
XCHG BX,[SI]          ;通用寄存器和存储器之间交换数据(16 位)
XCHG AL,[BX]          ;通用寄存器和存储器之间交换数据(8 位)
```

使用该指令应注意以下问题：

· 操作数 OPR1 和 OPR2 不允许同为存储器操作数；
· 操作数数据类型必须一致；
· 交换指令不影响标志位。

如要实现存储器操作数交换，可用如下指令实现：

例 3.16

```
MOV AL,BLOCK1
XCHG AL,BLOCK2
MOV BLOCK1,AL
```

2. 堆栈操作指令

(1)压栈指令。

格式：PUSH SRC

功能：将源操作数压下堆栈，源操作数允许为 16 位或 32 位通用寄存器、存储器和立即数以及 16 位段寄存器。当操作数数据类型为字类型时，压栈操作使 SP 值减 2；当数据类型为双字类型时，压栈操作使 SP 值减 4。

例 3.17

```
PUSH AX                 ;通用寄存器操作数入栈(16 位)
PUSH EBX                ;通用寄存器操作数入栈(32 位)
PUSH  [SI]              ;存储器操作数入栈(16 位)
PUSH DWORD PTR [DI]     ;存储器操作数入栈(32 位)
PUSHW  0A123H           ;立即数入栈(16 位)
PUSHD 20H               ;立即数入栈(32 位)
```

(2)出栈指令。

格式：POP DEST

功能：从栈顶弹出操作数送入目的操作数。目的操作数允许为 16 位或 32 位通用寄存器、存储器和 16 位段寄存器。当操作数数据类型为字类型时，出栈操作使 SP 加 2；当操作数数据类型为双字类型时，出栈操作使 SP 加 4。

例 3.18

```
POP AX                     ;操作数出栈送寄存器(16 位)
POP ECX                    ;操作数出栈送寄存器(32 位)
POP [BX]                   ;操作数出栈送存储器(16 位)
POP DWORD PTR [SI]         ;操作数出栈送存储器(32 位)
```

使用堆栈操作指令应注意以下问题：

- 目的操作数不允许为 CS 以及立即数。
- 堆栈操作指令不影响标志位。

3. 地址传送指令

格式：LEA REG,MEM

功能：将源操作数的有效地址传送到通用寄存器，操作数 REG 为 16 位或 32 位通用寄存器，源操作数为 16 位或 32 位存储器操作数。

例 3.19

```
LEA BX,BLOCK          ;将 BLOCK 的有效地址传送到 BX 中(16 位)
LEA EAX,[EBX]         ;将 EBX 内容(有效地址)传送到 EAX 中(32 位)
```

地址传送指令对标志位无影响。

4. 查表指令

格式：XLAT

功能：将寄存器 AL 中的内容转换成存储器表格中的对应值，实现直接查表功能。

XLAT 指令规定：BX 寄存器存放表的首地址，AL 寄存器存放表内偏移量，执行 XLAT 指令，以段寄存器 DS 的内容为段基址，有效地址为 BX 和 AL 内容之和，取出表中一个字节内容送 AL 中。

例 3.20　内存中有一起始地址为 TABLE 的编码表，试编程将表中顺序号为 4 的存储单元内容送寄存器 AL。

```
          .MODEL SMALL
          .DATA
TABLE DB 11H,22H,33H,44H,55H            ;某编码表
          .CODE
          .STARTUP
          MOV AL,4                      ;AL←4
          MOV BX,OFFSET TABLE           ;BX←TABLE 表首地址
          XLAT                          ;结果在 AL 中,AL=55H
          .EXIT
          END
```

查表指令不影响标志位。

5. 符号扩展指令

格式一：CBW

功能:将 AL 中 8 位带符号数,进行带符号扩展为 16 位,送 AX 中。带符号扩展是指对正数高位扩展为全“0”,对负数高位扩展为全“1”。

例 3.21　AL=55H　经 CBW 扩展后　AX=0055H

　　　　　AL=A5H　经 CBW 扩展后　AX=FFA5H

格式二:CWD

功能:将 AX 中 16 位带符号数,进行带符号扩展为 32 位,送 DX 和 AX 中。高 16 位送 DX 中,低 16 位送 AX 中。

格式三:CWDE

功能:将 AX 中 16 位带符号数,进行带符号扩展为 32 位,送 EAX 中。

格式四:CDQ

功能:将 EAX 中 32 位带符号数,进行带符号扩展为 64 位,送 EDX 和 EAX 中。低 32 位送 EAX 中,高 32 位送 EDX 中。

符号扩展指令对标志位无影响。

3.3.2　算术运算指令

80×86 指令包括加、减、乘、除 4 种基本算术运算操作及十进制算术运算调整指令。二进制加、减法指令,带符号操作数采用补码表示时,无符号数和带符号数据运算可以使用相同的指令。二进制乘、除法指令分带符号数和无符号数运算指令。

1. *加法指令*

格式:ADD　DEST,SRC

　　　ADC　DEST,SRC

功能:ADD 是将源操作数与目的操作数相加,结果传送到目的操作数。ADC 是将源操作数与目的操作数以及 CF(低位进位)值相加,结果传送到目的操作数。

源操作数可以是通用寄存器、存储器或立即数。目的操作数可以是通用寄存器或存储器操作数。

ADD,ADC 指令影响标志位为 OF,SF,ZF,AF,PF,CF。

例 3.22

```
MOV   AX,9876H
ADD   AH,AL          ;AX=0E76H,CF=1,SF=0,OF=0,ZF=0,AF=0,PF=0
ADC   AH,AL          ;AX=8576H,CF=0,SF=1,OF=1,ZF=0,AF=1,PF=0
```

2. *减法指令*

格式:SUB DEST,SRC

　　　SBB DEST,SRC

功能:SUB 将目的操作数减源操作数,结果送目的操作数。SBB 将目的操作数减源操作数,还要减 CF(低位借位)值,结果送目的操作数。

源操作数可以是通用寄存器、存储器或立即数。目的操作数可以是通用寄存器或存储器操作数。

SUB,SBB 指令影响标志位为 OF,SF,ZF,AF,PF,CF。

例 3.23

```
MOV AX, 9966H       ;AX=9966H
SUB AL, 80H         ;AL=E6H,CF=1,SF=1,OF=1,ZF=0,AF=0,PF=0
SBB AH, 80H         ;AH=18H,CF=0,SF=0,OF=0,ZF=0,AF=0,PF=1
```

3. 加 1 减 1 指令

格式：INC DEST

　　　DEC DEST

功能：INC 指令将目的操作数加 1，结果送目的操作数。DEC 指令将目的操作数减 1，结果送目的操作数。目的操作数为通用寄存器或存储器操作数。

INC，DEC 指令影响标志位为 OF，SF，ZF，AF，PF。

例 3.24

```
INC BL                  ;BL←BL+1
INC AX                  ;AX←AX+1
INC WORD PTR [BX]       ;存储器操作数加 1
DEC BYTE PTR [SI]       ;存储器操作数减 1
DEC EAX                 ;EAX←EAX-1
```

4. 比较指令

格式：CMP DEST，SRC

功能：目的操作数减源操作数，结果不回送。源操作数为通用寄存器、存储器和立即数。目的操作数为通用寄存器、存储器操作数。

CMP 指令影响标志位为 OF，SF，ZF，AF，PF，CF。

例 3.25

```
CMP CX,3
CMP WORD PTR [SI],3
CMP AX,BLOCK
```

执行比较指令后，对状态标志位影响见表 3-2。对于两个数的比较 DEST－SRC 根据数据类型各有 3 种情况(见图 3-2)。

表 3-2　CMP 指令对标志位的影响

数据类型	关系	CF	ZF	SF	OF
带符号数	DEST=SRC	0	1	0	0
	DEST<SRC	—	0	1	0
		—	0	0	1
	DEST>SRC	—	0	0	0
		—	0	1	1
无符号数	DEST=SRC	0	1	0	0
	DEST<SRC	1	0	—	—
	DEST>SRC	0	0	—	—

5. 求补指令

格式:NEG DEST

功能:对目的操作数求补,用零减去目的操作数,结果送目的操作数。目的操作数为通用寄存器、存储器操作数。

NEG 指令影响标志位为 OF,SF,ZF,AF,PF,CF。

6. 乘法指令

格式:MUL SRC

IMUL SRC

功能:MUL 为无符号数乘法指令,IMUL 为带符号数乘法指令。源操作数为通用寄存器或存储器操作数。目的操作数缺省存放在 ACC(AL,AX,EAX)中,乘积存放在 AX,DX:AX,EDX:EAX 中。

字节乘:AL×SRC→AX

字乘:AX×SRC→DX:AX

双字乘:EAX×SRC→EDX:EAX

执行 MUL,IMUL 指令后,CF=OF=0,表示乘积高位无有效数据;CF=OF=1 表示乘积高位含有效数据,对其他标志位无定义。

例 3.26

```
MUL BL                          ;字节乘
MUL WORD PTR [SI]               ;字乘
IMUL BYTE PTR [DI ]             ;字节乘
IMUL DWORD PTR [ECX]            ;双字乘
```

如果使用 IMUL 指令,积采用补码形式表示。

7. 除法指令

格式:DIV SRC

IDIV SRC

功能:DIV 为无符号数除法,IDIV 为带符号数除法。源操作数作为除数,为通用寄存器或存储器操作数。被除数缺省在目的操作数 AX,DX:AX,EDX:EAX 中。

字节除法:AX/SRC　商→AL,余数→AH

字除法:DX:AX/SRC　商→AX,余数→DX

双字除法:EDX:EAX/SRC　商→EAX,余数→EDX

由于被除数必须是除数的双倍字长,一般应使用扩展指令进行高位扩展。当进行无符号数除法时,被除数高位按 0 扩展为双倍除数字长。当进行有符号数除法时,被除数以补码表示。可使用扩展指令 CBW,CWD,CWDE,CDQ 进行高位扩展。

例 3.27

```
MOV AX,BLOCK
CWD                 ;被除数高位扩展
MOV BX,1000H
IDIV BX
```

对于带符号除法,其商和余数均采用补码形式表示,余数与被除数同符号。当除数为零或商超过了规定数据类型所能表示的范围时，将会出现溢出现象，产生一个中断类型码为“0”的中断。执行除法指令后标志位无定义。

8. BCD 算术运算

十进制数在机器中采用 BCD 码表示，以压缩格式存放，即一个字节存储 2 位 BCD 码，BCD 加/减法是在二进制加减运算的基础上，对其二进制结果进行调整，将结果调整成 BCD 码表示形式。

(1) 加法格式：DAA

功能：将存放在 AL 中的二进制和数，调整为压缩格式的 BCD 码表示形式。

调整方法：若 AL 中低 4 位大于 9 或标志 AF=1(表示低 4 位向高 4 位有进位)，则

AL+6→AL，1→AF

若 AL 中高 4 位大于 9，或标志 CF=1(表示高 4 位有进位)，则

AL+60H→AL，1→CF

DAA 指令一般紧跟在 ADD 或 ADC 指令之后使用，影响标志位为 SF，ZF，AF，PF，CF。OF 无定义。

例 3.28

```
ADD AL,BL
DAA
```

(2)减法格式：DAS

功能：将存放在 AL 中的二进制差数，调整为压缩的 BCD 码表示形式。

调整方法：若 AL 中低 4 位大于 9 或标志 AF=1(表示低 4 位向高位借位)，则

AL-6→AL，1→AF

若 AL 中高 4 位大于 9 或标志 CF=1(表示高 4 位向高位借位)，则

AL-60H→AL，1→CF

DAS 指令一般紧跟在 SUB 或 SBB 指令之后使用，影响标志位为 SF，ZF，AF，PF，CF。OF 无定义。

例 3.29

```
SUB AL,BL
DAS
```

使用算术运算类指令应注意：

· 如果没有特别规定，参与运算的两个操作数数据类型必须一致，且只允许一个为存储器操作数；

· 如果参与运算的操作数只有一个，且为存储器操作数，必须使用 PTR 伪指令说明数据类型；

· 操作数不允许为段寄存器；

· 目的操作数不允许为立即数；

· 如果是存储器寻址，则存储器各种寻址方式均可使用。

3.3.3　逻辑运算指令

1. 逻辑指令

(1)逻辑与指令。

格式:AND DEST,SRC

功能:目的操作数和源操作数按位进行逻辑与运算,结果存放在目的操作数中。源操作数可以是通用寄存器、存储器或立即数。目的操作数可以是通用寄存器或存储器操作数。

例 3.30

```
AND AL,BL
AND EBX,ECX
AND  [DI],1101H
```

AND 指令常用于将操作数中某位清 0(称屏蔽),只须将要清 0 的位与 0,其他不变的位与 1 即可。

例 3.31

```
AND AL,0FH        ;将 AL 中高 4 位清 0,低 4 位保持不变
```

AND 指令影响标志位为 SF,ZF,PF,并且使 OF=CF=0。

(2)逻辑或指令。

格式:OR DEST,SRC

功能:目的操作数和源操作数按位进行逻辑或运算,结果存放在目的操作数中。源操作数可以是通用寄存器、存储器或立即数。目的操作数可以是通用寄存器或存储器操作数。

例 3.32

```
OR AX,BX
OR ECX,[EAX]
```

OR 指令常用于将操作数中某位置 1,只须将要置 1 的位或 1,其他不改变的位或 0 即可。

例 3.33

```
OR AL,80H     ;将 AL 中最高位置 1。
```

OR 指令影响标志位为 SF,ZF,PF,并且使 OF=CF=0。

(3)逻辑异或指令。

格式:XOR DEST,SRC

功能:目的操作数和源操作数按位进行逻辑异或运算,结果送目的操作数。源操作数可以是通用寄存器、存储器或立即数。目的操作数可以是通用寄存器或存储器操作数。

例 3.34

```
XOR AX,BX
XOR [BX],1010H
```

XOR 指令常用于将操作数中某些位取反,只须将要取反的位异或 1,其他不改变的位异或 0 即可。

例 3.35

```
XOR AL,OFH        ;将 AL 中低 4 位取反,高 4 位保持不变。
```

XOR 指令影响标志位为 SF,ZF,PF,并且使 OF=CF=0。

(4)逻辑非指令。

格式:NOT DEST

功能:对目的操作数按位取反,结果回送目的操作数。目的操作数可以为通用寄存器或存储器。

例 3.36

NOT EAX

NOT BYTE PTR [BX]

NOT 指令对标志位无影响。

(5)测试指令。

格式:TEST DEST,SRC

功能:目的操作数和源操作数按位进行逻辑与操作,结果不回送目的操作数。源操作数可以为通用寄存器、存储器或立即数。目的操作数可以为通用寄存器或存储器操作数。

例 3.37

TEST DWORD PTR [BX],80000000H

TEST AL,CL

TEST 指令常用于测试操作数中某位是否为 1,而且不会影响目的操作数。如果测试某位的状态,对某位进行逻辑与 1 的运算,其他位逻辑与 0,然后判断标志位。运算结果为 0,ZF=1,表示被测试位为 0;否则 ZF=0,表示被测试位为 1。

例 3.38

TEST AL,80H　　　　;测试 AL 中最高位

JNZ NEXT　　　　　;如果最高位为 1,转到标志 NEXT 处

TEST 指令影响标志位为 SF,ZF,PF,并且使 OF=CF=0。

2. 移位指令

移位指令对操作数按某种方式左移或右移,移位位数可以由立即数直接给出,或由 CL 间接给出。移位指令分一般移位指令和循环移位指令。

(1)一般移位指令。

1)算术/逻辑左移指令。

格式:SAL DEST,OPRD

　　　SHL DEST,OPRD

功能:按照操作数 OPRD 规定的移位位数,对目的操作数进行左移操作,最高位移入 CF 中。每移动一位,右边补一位 0。如图 3-12(a)所示。目的操作数可以为通用寄存器或存储器操作数。

SAL,SHL 指令影响标志位 OF,SF,ZF,PF,CF。

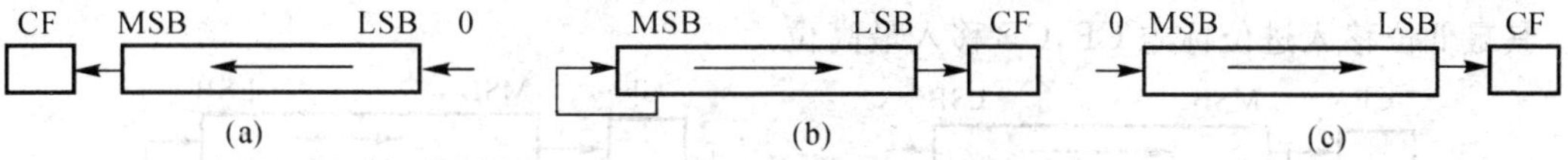

图 3-12　移位指令示意图

(a)算数/逻辑左移；(b)算数右移；(c)逻辑右移

例 3.39

SHL BYTE PTR [DI],2

SAL BX,CL

2)算术右移指令。

格式:SAR DEST,OPRD

功能:按照操作数 OPRD 规定的移位次数,对目的操作数进行右移操作,最低位移至 CF 中,最高位(即符号位)保持不变。如图 3－12(b)所示。目的操作数可以为通用寄存器或存储器操作数。

SAR 指令影响标志位 OF,SF,ZF,PF,CF。

例 3.40

SAR AL,5

SAR WORD PTR [ECX],CL

3)逻辑右移指令。

格式:SHR DEST,SRC

功能:按照操作数 OPRD 规定的移位位数,对目的操作数进行右移操作,最低位移至 CF 中。每移动一位,左边补一位 0。如图 3－12(c)所示,目的操作数可以为通用寄存器或存储器操作数。

SHR 指令影响标志位 OF,SF,ZF,PF,CF。

例 3.41

SHR BYTE PTR [SI],3

SHR EDX,CL

算术/逻辑左移,只要结果未超出目的操作数所能表达的范围,每左移一次相当于原数乘 2。算术右移只要无溢出,每右移一次相当于原数除以 2。

(2)循环移位指令。

格式:ROL DEST,OPRD
      ROR DEST,OPRD
      RCL DEST,OPRD
      RCR DEST,OPRD

功能:循环左移指令 ROL,如图 3-13(a)所示,目的操作数左移,每移位一次,其最高位移入最低位,同时最高位也移入进位标志 CF。循环右移指令 ROR,如图 3-13(b)所示,目的操作数右移,每移位一次,其最低位移入最高位,同时最低位也移入进位标志 CF。带进位循环左移指令 RCL,如图 3-13(c)所示,目的操作数左移,每移动一次,其最高位移入进位标志 CF,CF 移入最低位。带进位循环右移指令 RCR,如图 3-13(d)所示,目的操作数右移,每移动一次,其最低位移入进位标志 CF,CF 移入最高位。

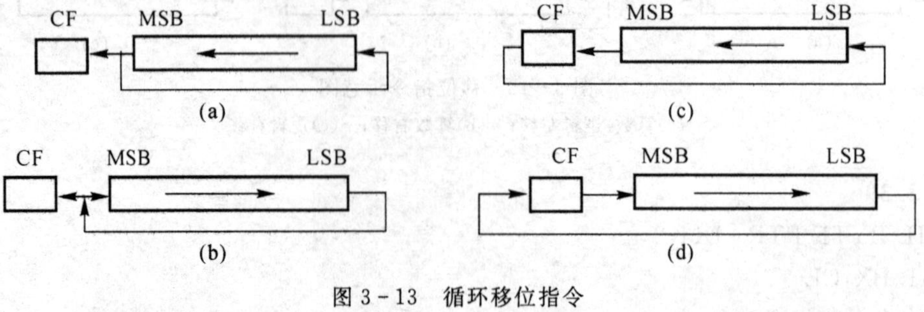

图 3-13　循环移位指令

(a)循环左移；(b)循环右移；(c)带进位循环左移；(d)带进位循环右移

目的操作数可以为通用寄存器或存储器操作数。循环移位指令影响标志位 CF,OF。其他标志位无定义。

例 3.42

```
ROL AL,CL
ROR BX,5
RCL ECX,3
RCR BYTE PTR [SI],CL
```

例 3.43　将一个 2 位数压缩的 BCD 码转换成二进制数。

```
.MODEL SMALL
.DATA
 BCD DB 01011001B
 BIN DB ?
.CODE
.STARTUP
 MOV AL,BCD
 MOV BL,AL
 AND BL,0FH
 AND AL,0F0H
 MOV CL,4
 ROR AL,CL
 MOV BH,0AH
 MUL BH
 ADD AL,BL
 MOV BIN,AL
.EXIT
 END
```

3. 位操作指令

位操作指令包括位测试和位扫描指令,可以直接对一个二进制位进行测试、设置和扫描。

(1)位测试和设置指令。

格式:BT　DEST,SRC

　　　BTC DEST,SRC

　　　BTR DEST,SRC

　　　BTS DEST,SRC

功能:按照源操作指定的位号,测试目的操作数,当指令执行时,被测试位的状态被复制到进位标志 CF。

BT 将 SRC 指定的 DEST 中一位的数值复制到 CF。

BTC 将 SRC 指定的 DEST 中一位的数值复制到 CF,且将 DEST 中该位取反。

BTR 将 SRC 指定的 DEST 中一位的数值复制到 CF,且将 DEST 中该位复位。

BTS 将 SRC 指定的 DEST 中一位的数值复制到 CF,且将 DEST 中该位置位。

目的操作数为16位或32位通用寄存器或存储器，源操作数为16位或32位通用寄存器，以及8位立即数，当源操作数为通用寄存器时，必须同目的操作数类型一致。源操作数SRC以两种方式给出目的操作数的位号，即：

· SRC为8位立即数，以二进制形式直接给出要操作的位号。

· SRC为通用寄存器，如果DEST为通用寄存器，则SRC中二进制值直接给出要操作的位号。如果DEST为存储器操作数，通用寄存器SRC为带符号整数，SRC的值除以DEST的长度所得到的商作为DEST的相对偏移量，余数直接作为要操作的位号。DEST的有效地址为DEST给出的偏移地址和DEST相对偏移量之和。

BT，BTC，BTR，BTS指令影响CF标志位，其他标志位无定义。

例3.44

```
MOV AX,1234H
MOV ECX,5
BT AX,CX            ;CF=1,AX=1234H
BTC AX,5            ;CF=1,AX=1214H
BTS AX,CX           ;CF=0,AX=1234H
BTR EAX,ECX         ;CF=1,EAX=00001214H
```

例3.45

```
      .MODEL SMALL
      .586
      .DATA
BUF   DW 1234H,5678H
      .CODE
      .STARTUP
      BTC BUF,3           ;CF=0,[BUF]=123CH
      MOV CX,20
      BTR BUF,CX          ;CF=1,[BUF+2]=5668H
      .EXIT
      END
```

(2)进位标志指令。

1)格式：CLC，功能为清除进位标志。

2)格式：STC，功能为设置进位标志。

3)格式：CMC，功能为进位标志取反。

3.3.4 控制转移类指令

计算机执行程序一般是顺序地逐条执行指令，但经常须要根据不同条件作不同的处理，有时需要跳过几条指令，有时需要重复执行某段程序，或者转移到另一个程序段去执行。用于控制程序流程的指令包括转移、循环、过程调用和中断调用。

1.转移指令

(1)无条件转移指令。

格式:JMP TARGET

功能:使程序无条件地转移到指令规定的目的地址 TARGET 去执行指令。转移分为短转移、段内转移(近程转移)和段间转移(远程转移)。

1)段内直接转移。

格式:JMP SHORT TARGET　　　　;短转移

　　　JMP NEAR PTR TARGET　　;近程转移

功能:采用相对寻址将当前 IP 值(即 JMP 指令下一条指令的地址)与 JMP 指令中给出的偏移量之和送 IP 中。段内短转移(SHORT)指令偏移量为 8 位,允许转移偏移值的范围为 −128～+127。段内近程转移(NEAR)指令在 16 位指令模式下,偏移量为 16 位,允许转移偏移值范围为 $-2^{15}\sim+2^{15}-1$。在 32 位指令模式下,偏移值范围为 $-2^{31}\sim+2^{31}-1$。

例 3.46

```
    JMP NEXT
      ⋮
NEXT:MOV AL,BL
```

本例为无条件转移到本段内标号为 NEXT 的地址去执行指令,汇编程序可以确定目的地址与 JMP 指令的距离。

2)段内间接转移。

格式:JMP REG

　　　JMP NEAR PTR [REG]

功能:段内间接转移,其中 JMP REG 指令地址在通用寄存器中,将其内容直接送 IP 实现程序转移。JMP NEAR PTR [REG]指令地址在存储器中,默认段寄存器根据参与寻址的通用寄存器来确定,将指定存储单元的字取出直接送 IP 实现程序转移。在 16 位指令模式,转移偏移值范围为 $-2^{15}\sim+2^{15}-1$。在 32 位指令模式,转移偏移值范围为 $-2^{31}\sim+2^{31}-1$。

例 3.47　设 DS=1000H,EBX=00002000H。

```
JMP BX                  ;将 2000H 送 IP
JMP NEAR PTR [BX]       ;将地址 1000:2000 单元存放的一个字送 IP
JMP NEAR PTR [EBX]      ;将段选择符为 1000H、偏移地址为 00002000H 的单元存
                         放的双字送 EIP
```

3)段间直接转移。

格式:JMP FAR PTR TARGET

功能:段间直接转移,FAR PTR 说明标号 TARGET 具有远程属性。将指令中由 TARGET 指定的段值送 CS,偏移地址送 IP。

例 3.48　JMP FAR PTR NEXT

在 16 位指令模式下,段基地送 CS,偏移地址为 16 位,转移偏移值范围为 $-2^{15}\sim+2^{15}-1$;在 32 位指令模式下,代码段选择符送 CS,偏移地址为 32 位,转移偏移值范围为 $-2^{31}\sim+2^{31}-1$。

4)段间间接转移。

格式:JMP FAR PTR [Reg]

功能:段间间接转移,由 FAR PTR [Reg]指定的存储器操作数作为转移地址。

在 16 位指令模式下，存储器操作数为 32 位，包括 16 位段基址和 16 位偏移地址。

例 3.49

JMP FAR PTR [BX] ;数据段双字存储单元低字内容送 IP

;数据段双字存储单元高字内容送 CS

在 32 位指令模式下，存储器操作数包括 16 位选择符。

例 3.50 JMP FAR PTR [EAX]

指令中包含指向目标地址指针的门描述符或 TSS 描述符的指针，其所指的存储器操作数中仅选择符部分有效，指示调用门、任务门或 TSS 描述符起作用，而偏移部分不起作用。

(2)条件转移指令。该类指令是根据上一条指令对标志寄存器中标志位的影响来决定程序执行的流程，若满足指令规定的条件，则程序转移；否则程序顺序执行。

条件转移指令的转移范围为段内短转移或段内近程转移，不允许段间转移。段内短转移(short)的转移偏移值范围为－128～＋127。段内近程转移，在 16 位指令模式下转移偏移值范围为$-2^{15}\sim+2^{15}-1$，在 32 位指令模式下转移偏移值范围为$-2^{31}\sim+2^{31}-1$。

条件转移指令包括 4 类：单标志位条件转移，无符号数比较条件转移，带符号数比较条件转移，测试 CX 条件转移。

格式：Jcc TARGET

功能：若测试条件“cc”为真，则转移到目标地址 TARGET 处执行程序；否则顺序执行。

1)单标志位条件转移指令，见表 3－3。

表 3－3 单标志位条件转移指令

助记符	判断条件	说明	助记符	判断条件	说明
JO	OF=1	溢出转移	JNZ/JNE	ZF=0	非零/不等于转移
JNO	OF=0	无溢出转移	JP/JPE	PF=1	奇偶为偶转移
JS	SF=1	负数转移	JNP/JPO	PF=0	奇偶为奇转移
JNS	SF=0	正数转移	JC	CF=1	进位转移
JZ/JE	ZF=1	零/等于转移	INC	CF=0	无进位转移

例 3.51 JZ NEXT ;若标志 ZF=1，则转移到标号 NEXT 处执行

2)无符号数比较条件转移，见表 3－4。

表 3－4 无符号数比较条件转移指令

助记符	判断条件	说明(无符号数 A 与 B 比较)
JA/JNBE	CF=0∧ZF=0	高于/不低于且不等于(A＞B)转移
JAE/JNB	CF=0∨ZF=1	高于等于/不低于(A≥B)转移
JB/JNAE	CF=1∧ZF=0	低于/不高于且不等于(A＜B)转移
JBE/JNA	CF=1∨ZF=1	低于等于/不高于(A≤B)转移

例 3.52 JA NEXT ;无符号数 A 与 B 比较，若 A＞B 则转移到标号 NEXT 处执行程序

3)带符号数比较条件转移，见表 3－5。

表 3－5　带符号数比较条件转移指令

助记符	判断条件	说明(带符号数 A 与 B 比较)
JG/JNLE	SF∀OF=0∧ZF=0	大于/不小于且不等于(A>B)转移
JGE/JNL	SF∀OF=0∨ZF=1	大于等于/不小于(A≥B)转移
JL/JNGE	SF∀OF=1∧ZF=0	小于/不大于且不等于(A<B)转移
JLE/JNG	SF∀OF=1∨ZF=1	小于等于/不大于(A≤B)转移

例 3.53　JG NEXT　　;带符号数 A 与 B 比较,若 A>B 则转移到标号 NEXT

4)测试 CX 条件转移,见表 3－6。

表 3－6　测试 CX 条件转移指令

助记符	判断条件	说　明
JCXZ	CX=0	CX=0 转移,转移范围－128～＋127
JECXZ	ECX=0	ECX=0 转移,转移范围－128～＋127

例 3.54
```
JCXZ TARGET          ;CX=0 转移到标号 TARGET 处
JECXZ TARGET         ;ECX=0 转移到标号 TARGET 处
```

条件转移指令一般紧跟在 CMP 或 TEST 指令之后,判断执行 CMP 或 TEST 指令对标志位的影响来决定是否转移。

例 3.55　符号函数

$$f(x)=\begin{cases}1, & x>0\\0, & x=0\\-1, & x<0\end{cases}$$

假设 x 为某值且存放在寄存器 AL 中,试编程将求出的函数值 $f(x)$ 存放在 AH 中。

程序如下:

```
      .MODEL TINY
      .CODE
      .STARTUP
      CMP AL,0
      JGE BIG
      MOV AL,0FFH
      JMP DONE
  BIG:JE DONE
      MOV AL,1
 DONE:MOV AH,AL
      .EXIT
      END
```

例 3.56　编程实现把 BX 寄存器内的二进制数用十六进制数的形式在屏幕上显示出来。

程序如下：

```
        .MODEL TINY
        .CODE
        .STARTUP
        MOV CH,4
AGAIN:  MOV CL,4
        ROL BX,CL
        MOV AL,BL
        AND AL,0FH
        OR AL,30H
        CMP AL,3AH
        JB NEXT
        ADD AL,07H
NEXT:   MOV DL,AL              ;DL←要显示的 ASCII 码
        MOV AH,2               ;显示
        INT 21H
        DEC CH
        JNZ AGAIN
       .EXIT
        END
```

2. 循环控制指令

这类指令用(E)CX 计数器中的内容控制循环次数，先将循环计数值存放在(E)CX 中，每循环一次(E)CX 内容减 1，直到(E)CX 为 0 时循环结束。

格式：LOOPcc TARGET

功能：将(E)CX 内容减 1，不影响标志位，若(E)CX 不等于 0，且测试条件"cc"成立，则转移到目标地址 TARGET 处执行程序。转移范围为－128～＋127。如表 3－7 所示。

表 3－7　循环控制指令

助记符	循环条件	说明
LOOP	CX≠0	CX←CX－1，若 CX≠0 则循环
LOOPW	CX≠0	CX←CX－1，若 CX≠0 则循环
LOOPD	ECX≠0	ECX←ECX－1，若 ECX≠0 则循环
LOOPE/LOOPZ	CX≠0 且 ZF＝1	CX←CX－1，若 CX≠0 且 ZF＝1 则循环
LOOPEW/LOOPZW	CX≠0 且 ZF＝1	CX←CX－1，若 CX≠0 且 ZF＝1 则循环
LOOPED/LOOPZD	ECX≠0 且 ZF＝1	ECX←ECX－1，若 ECX≠0 且 ZF＝1 则循环
LOOPNE/LOOPNZ	CX≠0 且 ZF＝0	CX←CX－1，若 CX≠0 且 ZF＝0 则循环
LOOPNEW/LOOPNZW	CX≠0 且 ZF＝0	CX←CX－1，若 CX≠0 且 ZF＝0，则循环
LOOPNED/LOOPNZD	ECX≠0 且 ZF＝0	ECX←ECX－1，若 ECX≠0 且 ZF＝0 则循环

例 3.57　计算 $\sum_{n=1}^{1\,000} N$。

程序如下：

```
        .MODEL TINY
        .CODE
        .STARTUP
        XOR EAX,EAX
        MOV EDX,1
        MOV ECX,1000
SUM:ADD EAX,EDX
       INC EDX
       LOOPD SUM
       .EXIT
        END
```

例 3.58　找出以 ARRAY 为首地址的 100 个字数组中的第一个非 0 项，送 AX 寄存器中。

程序如下：

```
          .MODEL SMALL
          .DATA
ARRAY   DW 0,0,0,0,1010H,…         ;(100 个字)
          .CODE
          .STARTUP
          MOV CX,64H
          LEA BX,ARRAY
          MOV SI,0FFFEH
    ZERO:INC SI
          INC SI
          CMP WORD PTR [BX+SI],0
          LOOPZ ZERO
          MOV AX,[BX+SI]
          .EXIT
          END
```

3.3.5　串操作指令

80×86 提供处理字符串的操作。串指连续存放在存储器中的一些数据字节、字或双字。串操作允许程序对连续存放大的数据块进行操作。

串操作通常以 DS:(E)SI 来寻址源串，以 ES:(E)DI 来寻址目的串，对于源串允许段超越。(E)SI 或(E)DI 这两个地址指针在每次串操作后，都自动进行修改，以指向串中下一个串元素。地址指针修改是增量还是减量由方向标志来规定。当 DF=0 时，(E)SI 及(E)DI 的修改为增量；当 DF=1 时，(E)SI 及(E)DI 的修改为减量。根据串元素类型不同，地址指针增减量也不同，在串操作时，字节类型 SI，DI 加、减 1；字类型 SI，DI 加、减 2；双字类型 ESI，EDI 加、减 4。如果需要连续进行串操作，通常加重复前缀。重复前缀可以和任何串操作指令组合，形成复合指令，见表 3-8。

表 3-8　重复前缀指令

助记符	判断条件	说　明
REP	(E)CX≠0	(E)CX=(E)CX-1，若(E)CX≠0 则重复
REPE/Z	(E)CX≠0 且 ZF=1	(E)CX=(E)CX-1，若(E)CX≠0 且 ZF=1 则重复
REPNE/NZ	(E)CX=0 且 ZF=0	(E)EX=(E)CX-1，若(E)CX≠0 且 ZF=0 则重复

1. 重复前缀指令

(E)CX-1 操作不影响标志位。

2. 方向标志指令

格式：CLD/STD

功能：CLD 为清除方向标志，即将 DF 清“0”。STD 为设置方向标志，即将 DF 置“1”。

3. 串传送指令

格式：[REP] MOVS DESTS，SRCS

　　　[REP] MOVSB/MOVSW/MOVSD

功能：将 DS：(E)SI 规定的源串元素复制到 ES：(E)DI 规定的目的串单元中，见表 3-9。

表 3-9　MOVS 指令

格　式	功　能
MOVSB	ES：(E)DI=DS：(E)SI；(E)DI=(E)DI±1；(E)SI=(E)SI±1 传送字节
MOVSW	ES：(E)DI=DS：(E)SI；(E)DI=(E)DI±2；(E)SI=(E)SI±2(传送字)
MOVSD	ES：(E)DI=DS；(E)SI；(E)DI=(E)DI±4；(E)SI=(E)SI±4(传送双字)
MOVS BYTE1，BYTE2	功能同 MOVS B，其中源和目的串元素均为字节类型
MOVS WORD1，WORD2	功能同 MOVS W，其中源和目的串元素均为字类型
MOVS DWORD1，DWORD2	功能同 MOVS D，其中源和目的串元素均为双字类型

该指令对标志位无影响。

如果加重复前缀 REP，则可以实现连续存放的数据块的传送，直到(E)CX=0 为止。

在 16 位指令模式下，使用 SI，DI，CX 寄存器；在 32 位指令模式下，使用 ESI，EDI，ECX 寄存器。

例 3.59　将起始地址为 SRC 的 100 个字节内容传送到起始地址为 DEST 的存储单元。

程序如下：

```
        • MODEL SMALL
        • DATA
SRC  DB 1,2,3,…    ;(100 个字节)
```

```
DEST   DB 100 DUP(?)
       .CODE
       .STARTUP
        MOV AX,@DATA
        MOV ES,AX
        MOV CX,100
        LEA SI,SRC
        LEA DI,DEST
        CLD
        REP MOVSB
       .EXIT
        END
```

4. 串比较指令

格式:[REPE/Z] [REPNZ/NE] CMPS DESTS, SRCS

　　[REPE/Z] [REPNZ/NE] CMPSB/CMPSW/CMPSD

功能:由 DS:(E)SI 规定的源串元素减去 ES:(E)DI 指出的目的串元素,结果不回送,仅影响标志位 CF,AF,PF,OF,ZF,SF。当源串元素与目的串元素值相同时,ZF=1;否则 ZF=0。每执行一次串比较指令,根据 DF 的值和串元素数据类型自动修改(E)SI 和(E)DI。

在串比较指令前加重复前缀 REPE/Z,则表示重复比较两个字符串,若两个字符串的元素相同则比较到(E)CX=0 为止,否则结束比较。在串比较指令前加重复前缀 REPNE/NZ,则表示若两个字符串元素不相同,重复比较直到(E)CX=0 为止,否则结束比较。

例 3.60　编程实现两个串元素比较,如相同则将全“1”送 SUT 单元,否则全“0”送 SUT 单元。

程序如下:

```
       .MODEL SMALL
       .DATA
DEST   DB 'ABCDEFGH'
SRC    DB 'ABCEFFFE'
SUT    DB ?
       .CODE
       .STARTUP
        MOV AX,@DATA
        MOV ES,AX
        MOV CX,8
        LEA SI,DEST
        LEA DI,SRC
        CLD
        REPE CMPSB
        JZ EQUL                ;ZF=1;CX=0
```

```
        MOV BH,0            ;CX≠0,ZF=0
        JMP DONE
EQUL:MOV BH,0FFH
DONE:MOV SUT,BH
        .EXIT
        END
```

5. 串扫描指令

格式一：[REPE/Z] [REPNE/NZ] SCAS DESTS

格式二：[REPE/Z] [REPNE/NZ] SCASB/SCASW/SCASD

功能：由 AL,AX 或 EAX 的内容减去 ES：(E)DI 规定的目的串元素，结果不回送，仅影响标志位 CF,AF,PF,SF,OF,ZF。当 AL,AX 或 EAX 的值与目的串元素值相同时，ZF=1；否则 ZF=0。每执行一次串扫描指令，根据 DF 的值和串元素数据类型自动修改(E)DI。

在串扫描指令前加重复前缀 REPE/Z，则表示目的串元素值和累加器值相同时重复扫描，直到 CX/ECX=0 为止，否则结束扫描。若加重复前缀 REPNE/NZ，则表示当目的串元素值与累加器值不相等时，重复扫描直到 CX/ECX=0 时为止，否则结束扫描。

该指令影响标志位为 CF,AF,PF,SF,OF,ZF。

例 3.61 在内存 DEST 开始的 6 个单元寻找字符“C”，如找到将字符“C”的地址送 ADDR 单元，否则将“0”送 ADDR 单元。

程序如下：

```
        .MODEL SMALL
        .DATA
DEST    DB 'ABCDEF'
ADDR    DW ?                ;存“C”的地址，所以设置为字类型
        .CODE
        .STARTUP
        MOV AX,@DATA
        MOV ES,AX
        MOV CX,6
        LEA DI,DEST
        MOV AL,'C'
        CLD
        REPNE SCASB
        JZ EQUL
        MOV DI,0
        JMP DONE
  EQUL: DEC DI
  DONE: MOV ADDR,DI
        .EXIT
        END
```

6. 串装入指令

格式:LODS SRCS

　　LODSB/LODSW/LODSD

功能:将 DS:SI/ESI 所指的源串元素装入累加器(AL,AX,EAX)中,每装入一次都按照 DF 值以及串元素类型自动修改地址指针 SI/ESI,该指令一般不须加重复前缀,并且不影响标志位。

7. 串存储指令

格式:[REP] STOS DESTS

　　[REP] STOSB/STOSW/STOSD

功能:将累加器[AL,AX,EAX]中值存入 ES:DI/EDI 所指的目的串存储单元中,每传递一次,都按 DF 值以及串元素类型自动修改地址指针 DI/EDI。若加重复前缀 REP,则表示将累加器的值连续送目的串存储单元,直到 CX/ECX=0 时为止。

该指令不影响标志位。

3.3.6　输入/输出指令

1. 输入指令

格式:IN DEST, SRC

功能:根据源操作数 SRC 给出的端口地址,将操作数从指定端口传送到目的操作数 DEST 处,其中 DEST 为 AL,AX 或 EAX,8 位端口地址 SRC 可以直接给出,16 位端口地址 SRC 则由 DX 寄存器间接给出。

例 3.62

```
IN AL,10H
IN AX,20H
IN EAX,30H
IN AL,DX
IN AX,DX
IN EAX,DX
```

2. 输出指令

格式 OUT DEST, SRC

功能:将源操作数 SRC 送到目的操作数 DEST 所指定的端口。其中源操作数 SRC 为 AL,AX 或 EAX,目的操作数可以直接给出 8 位端口地址或以 DX 寄存器间接方式给出 16 位端口地址。

例 3.63

```
OUT 20H,AL
OUT 30H,AX
OUT 40H,EAX
OUT DX,AL
OUT DX,AX
OUT DX,EAX
```

使用输入、输出指令应注意：

· 直接寻址方式端口地址为8位，共有0～255个端口地址；

· 间接寻址方式，只能用DX作为地址寄存器，寻址范围为64KB；

· 每个I/O地址对应的端口的数据长度为8位，传送8位数据占用一个端口地址，传送16位数据占用2个端口地址，传送32位数据占用4个端口地址。

所有输入输出指令均不影响标志位。

3.3.7 处理器控制

1. 空操作

格式：NOP

功能：空操作，除使IP/EIP增1外，不做任何工作。该指令不影响标志位。

2. 处理器等待指令

格式：WAIT

功能：检查BUSY引脚状态，等待协处理器完成当前工作。

3. 处理器暂停指令

格式：HLT

功能：暂停程序的执行。当产生一个外部中断或非屏蔽中断时，才继续执行下一条指令。

3.3.8 中断指令与DOS功能调用

1. 中断指令

在实地址模式下，中断矢量以4个字节存放在中断矢量表中，中断矢量表为1KB(00000H～003FFH)，中断矢量表允许存放256个中断矢量，每个中断矢量包含一个中断服务程序地址(段值和16位偏移地址)，中断矢量地址指针由中断类型码乘以4得到。

在保护模式下，用中断描述符表代替中断矢量表，每个中断由8个字节的中断描述符来说明。中断描述符表允许256个中断描述符，每个中断描述符包含一个中断服务地址(段选择符、32位偏移地址、访问权限等)。中断描述符地址指针由中断类型码乘以8得到。

(1)中断指令格式：INT n

功能：产生中断类型码为n的软中断，该指令包含中断操作码和中断类型码两部分。中断类型码n为8位，取值范围为0～255(00H～FFH)。

软中断执行过程：

· 将标志寄存器FLAGS(或EFLAGS)压入堆栈。

· 清除TF和IF标志位。

· CS，IP/EIP压入堆栈。

· 实地址模式下，n×4获取中断矢量表地址指针；保护模式下，n×8获取中断描述符表地址指针。

· 根据地址指针，从中断矢量表或中断描述符表中取出中断服务程序地址送IP/EIP和CS中，控制程序转移去执行中断服务程序。

(2)中断返回指令格式：IRET/IRETD

功能：该指令实现在中断服务程序结束后，返回到主程序中断断点处，继续执行主程序。

中断返回执行过程：

· IRET 指令弹出堆栈中数据送 IP,CS,FLAGS。

· IRETD 指令弹出堆栈中数据送 EIP,CS,EFLAGS。

其他中断类指令如表 3-10 所示。

表 3-10　中断类指令

格 式	说 明
CLI	清除中断允许标志 0→IF
ST	置位中断允许标志 1→IF
INTO	溢出中断
LIDT SRC	根据 SRC 所指存储单元内容修改中断描述符表寄存器 IDTR 的基限和限长
SIDT DEST	将中断描述符表寄存器 IDTR 内容保存到 DEST 所指的内存单元

2. DOS 功能调用

系统功能调用是 MS-DOS 为程序员编写汇编语言源程序提供的一组子程序，包括设备管理、文件管理和目录管理等。

DOS 规定使用软中断指令 INT 21H 作为进入各功能子程序的总入口，再为每个功能调用规定一个功能号，引用功能号即可进入相应的子程序入口。DOS 系统功能调用的使用方法归纳如下：

(1) 传送入口参数到指定的寄存器中。

(2) 把要调用功能的功能号送入 AH 寄存器中。

(3) 用 INT 21H 指令转入子程序入口。

(4) 相应的子程序运行结束后，可以按照规定取得出口参数。

常用系统功能调用简介：

(1)键盘输入单字符。这是 1 号系统功能调用，其调用格式为

```
MOV AH,1
INT 21H
```

该功能调用无入口参数。其功能为系统等待键盘输入，如是 Ctrl+Break 键则退出；否则将键入字符的 ASCII 码送入 AL 寄存器中，并且通过显示器显示该字符。

(2)键盘输入字符串。这是 0AH 号系统功能调用，其功能为将键盘输入的字符串写入内存单元中。因此，首先在内存中定义一个缓冲区，缓冲区第一个字节存放规定字符串的最大字节数，第二个字节由系统送入实际键入的字符数，从第三个字节开始用于存放键入的字符串，最后通过键入回车键来表示字符串的结束。如果实际键入的字符数未达到最大规定数，其缓冲区的空余区间填 0；如果实际键入数超过缓冲区的容量，则超出的字符自动丢失，而且响铃警告。注意，回车键值也存于缓冲区中。

例 3.64　输入字符串举例。

```
        .MODEL SMALL
        .DATA
BUF     DB 20
```

```
    DB ?
    DB 20 DUP(?)
  .CODE
  .STARTUP
    MOV DX,OFFSET BUF
    MOV AH,0AH
    INT 21H
  .EXIT
    END
```

该程序在 BUF 为首地址的缓冲区定义了 20 个字符串字节的缓冲区，并且将缓冲区首地址送入 DX 中，调用 0AH 号子程序，系统等待用户键入字符串，每键入一个字符，其相应的 ASCII 码将被写入缓冲区中，直到键入回车键，由系统输入实际键入字符数，送入缓冲区第二个字节中。

(3)输出单字符。这是 2 号系统功能调用，其使用格式为

```
MOV DL,'A'
MOV AH,2
INT 21H
```

执行 2 号系统功能调用，将置入 DL 寄存器中的字符(以 ASCII 码形式表示)通过显示器显示出来(或从打印机输出)。

(4)输出字符串。这是 9 号系统功能调用，其功能是将指定的内存缓冲区中的字符串从显示器显示输出(或从打印机输出)，缓冲区中的字符串以字符"$"作为结束标志。

例 3.65 输出字符串举例。

```
  .MODEL SMALL
  .DATA
BUF DB 'Thank you $'
  .CODE
  .STARTUP
    MOV DX,OFFSET BUF
    MOV AH,9
    INT 21H
  .EXIT
    END
```

(5)返回操作系统。这是 4CH 号系统功能调用，使用格式为

```
MOV AH,4CH
INT 21H
```

在用户程序结束处插入此调用，则返回到 DOS 操作系统，显示器显示系统提示符。

习题与思考题

1. 数据寻址方式有哪几种？

2. 16 位指令模式下和 32 位指令模式下的存储器寻址方式各有哪几种？比较它们相似与不同之处。

3. 程序地址寻址方式有哪几种？

4. 什么是堆栈地址寻址方式？

5. 指令编码格式是由哪几部分组成的？各部分的含义是什么？

6. 80×86 的指令格式由哪几部分组成？

7. 80×86 指令系统按其功能可分为几部分？

8. 数据传送指令包括哪些类型？

9. 堆栈的含义是什么？80×86 所用的堆栈有什么特点？

10. 堆栈操作指令有哪几种？

11. XLAT 指令在使用时有哪些规定？

12. 符号扩展指令在什么情况下使用？

13. 逻辑运算指令有几种？

14. 测试指令和比较指令在使用时有什么不同？

15. 算术移位指令和逻辑移位指令有什么不同？

16. 控制转移类指令的作用是什么？有哪几种？

17. 什么叫串？串操作指令有哪些？串前缀在什么情况下使用？

18. 输入/输出指令起什么作用？寻址方式有哪些？

19. 设 DS＝2000H，SS＝3000H，BP＝0200H，SI＝4000H，BUF＝1000H，EAX＝00001000H，EBX＝00002000H，假设按 16 位实模式操作，确定下列每条指令访问内存的物理地址，并且指出源操作数及目的操作数的寻址方式。

(1) MOV AL,[1234H]　　(2) MOV EDX,[BX]
(3) MOV CL,[BX＋100H]　　(4) MOV [SI],EBX
(5) MOV AH,BUF [BX＋SI]　　(6) MOV EAX,[BP＋1234H]
(7) MOV [EAX＋EBX],DH

20. 试指出下列指令中的错误。

(1) MOV [BX],[SI]　　(2) MOV AH,DX
(3) INC [BX]　　(4) MOV DS,SS
(5) XCHG AX,2000H　　(6) MOV AX,[BX＋DX]
(7) XCHG [BP],ES　　(8) ADD [AX],BX
(9) MOV AX,DI＋SI　　(10) IN AL,BX

21. 使 AX 寄存器清 0 有多种方式，试写出这些指令。

22. 写出把首地址为 BUF 的字节缓冲区中第 5 个字节数送 AL 寄存器的指令，要求使用以下几种寻址方式：

(1) 寄存器间接寻址；

(2) 寄存器相对寻址;

(3) 基址变址寻址。

23. 试分别使用数据传送指令、交换指令和堆栈操作指令,实现将首地址为 BLOCK 的内存单元中两个数据字交换。BLOCK 变量定义如下:

BLOCK DW 10H,20H

24. 设一个字节数据 X 存放在 AL 寄存器中,试说明下列程序的功能。

```
XOR AH,AH
SAL AX,1
MOV BX,AX
MOV CL,2
SAL AX,CL
ADD AX,BX
```

25. 试编程实现:

(1) AL 寄存器的低 4 位清 0;

(2) BL 寄存器的低 4 位置 1;

(3) CL 寄存器的低 4 位取反;

(4) 测试 DL 寄存器的最低 2 位是否为 0,若是将 0 送入 AL 寄存器;否则将 1 送 AL 寄存器。

26. 试编程统计在 AX 寄存器中有多少个 1,并将结果送 DL 寄存器中。

27. 试编程统计在内存 BLOCK 单元开始按字节存放的 100 个带符号数中有多少负数,并将结果存放在 DL 寄存器中。

第4章 汇编语言及其程序设计

＊**学习基本要求**

通过本章的学习，需要掌握汇编语言程序设计的基本方法。

＊**内容要点**

本章必须要掌握的知识点：汇编语言格式、常用的伪指令、顺序程序设计、分支程序设计、循环程序设计、子程序设计。

＊**知识结构框图**

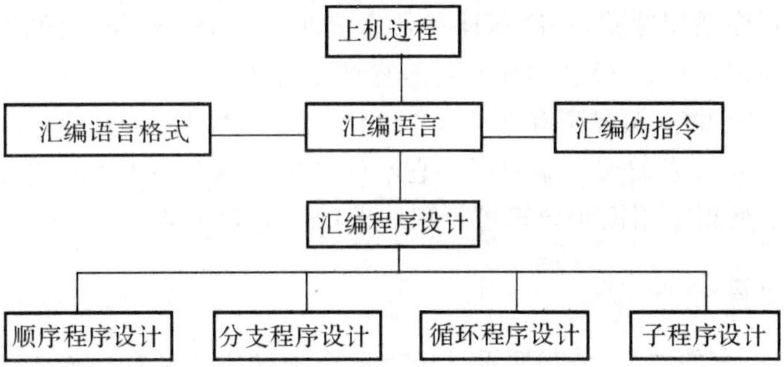

4.1 概　　述

4.1.1 机器语言

用二进制代码"0"和"1"编写的指令称为机器指令，用机器指令编写的程序称为机器语言(Machine Language)。任何计算机实际上只能直接识别和执行机器语言程序。它的优点是程序所占内存空间较少，实时性强；缺点是难认、难记、难编、易错。通常，只有当编程者对 CPU 指令系统比较熟悉，编写的程序较短时，才有可能直接用机器语言来编写。

4.1.2 汇编语言

汇编语言(Assembly Language)是用指令助记符、符号地址、标号等书写的程序。符号化的汇编语言程序必须被翻译成相应的机器码才能被计算机执行。将汇编语言源程序翻译成机器码程序(目标程序)的过程称为汇编。为计算机配置的，把汇编语言源程序翻译成目标程序的一种专用软件程序称为汇编程序，汇编程序功能如图 4-1 所示。汇编程序以源程序为输入，并由它产生两个文件，一个是目标程序文件(文件扩展名为.OBJ)，另一个是源程序列表文件(文件扩展名为.LST)，前者连接定位后可由机器直接执行，后者列出源程序清单、机器码和符号表，主要用于调试程序。

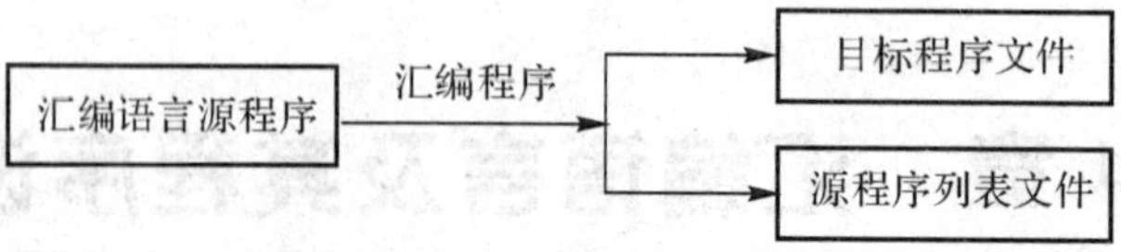

图 4-1　汇编程序功能示意图

汇编语言实质上仍是一种面向机器的语言。它用助记符代替机器语言指令的二进制代码，因此汇编语言源程序与其经过汇编后产生的机器语言目标程序之间具有一一对应的关系。在用汇编语言编程时，允许编程人员直接使用存储器、寄存器、I/O 端口，直接对位、字节、字、寄存器、存储单元和 I/O 端口进行处理，同时也能直接使用 CPU 的指令系统和各种寻址方式。所以，汇编语言源程序比用高级语言编写的源程序生成的目标代码要精练、占内存少、执行速度快。但用汇编语言编写和调试程序的周期较长，程序设计的技巧性强。程序员既要熟悉计算机的硬件结构，又要熟悉计算机的指令系统，这样才能编写出高质量的汇编语言程序。而且，汇编语言源程序通用性差，一般不具有可移植性。由于汇编语言的这些特点，它主要用于系统软件、实时控制软件、I/O 接口驱动等程序的设计中。

支持 PC 系列微机的汇编程序有 ASM，MASM，TASM 等多种，现在广泛使用的 MASM 是美国 Microsoft 公司开发的宏汇编程序。它不仅包含了 ASM 的功能，还增加了宏指令等高级宏汇编语言功能，使得采用汇编语言进行程序设计更为方便灵活。

4.1.3　高级语言

为了克服汇编语言的缺点，使程序设计语言适合于描述各种算法而不依赖于具体的计算机硬件结构和指令系统，便产生了各种类型的高级语言(High Level Language)。例如，BASIC 语言、FORTRAN 语言、C 语言等。高级语言是面向过程的语言，它不依赖于特定的机器，用同一种高级语言编写的程序可以在不同的机器上运行，获得相同的结果。高级语言编写的程序由一系列编程语句和相应的语法规则构成，编程方法更适合于人们的思维习惯，易于理解和阅读，程序本身具有可移植性，通用性强。其缺点是编译程序和解释程序复杂，占用内存空间较大，与汇编语言程序相比，经编译后产生的目标程序较长，执行速度较慢。同时，目前高级语言处理微型计算机接口和中断系统比较困难，不像汇编语言可直接调用计算机内部资源。所以，高级语言主要应用于科学计算和其他非实时的数据处理，但是随着微处理器速度的大幅度提高和硬件资源技术的飞速发展，高级语言也开始应用于实时处理和实时控制系统。

与汇编语言一样，计算机并不能直接识别和执行高级语言，必须经过编译程序或解释程序翻译成目标程序，机器才可以运行，其过程如图 4-2 所示。编译程序把所有的源程序翻译成功后，才能运行程序，得到处理结果。一般高级语言均采用编译方式。解释程序的处理是边翻译边执行，如 BASIC 语言的翻译程序就采用解释程序。

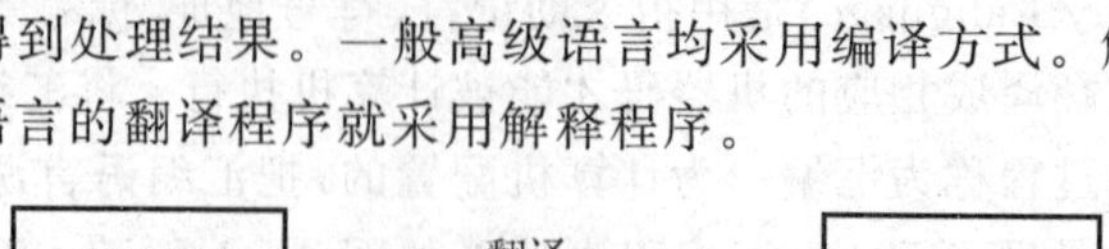

图 4-2　高级语言翻译过程示意图

4.1.4　宏汇编程序及上机过程简介

宏汇编程序是一种系统软件，它除了将汇编语言源程序翻译成对应的目标程序外，还包括以下功能：

- 按用户要求自动分配存储区。
- 自动把各种进位制数转换成二进制数。
- 计算源程序中表达式的值。
- 对源程序进行语法检查，给出错误信息。
- 进行宏汇编，展开宏指令。

汇编语言源程序上机处理过程如图 4-3 所示。

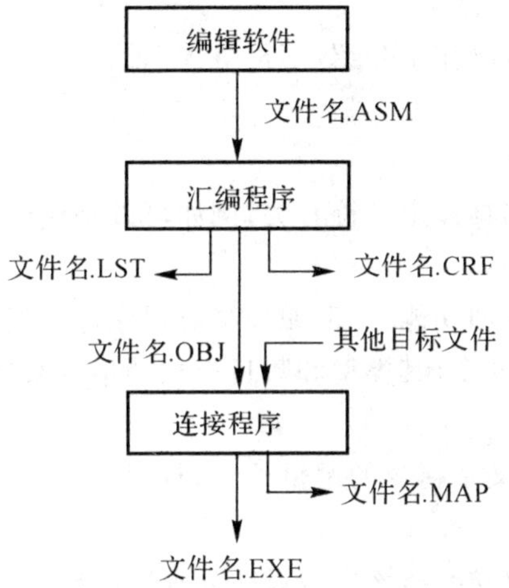

图 4-3　汇编语言源程序上机处理过程

操作处理过程如下：

(1)用编辑软件(如 EDIT，WORD 等)把汇编语言源程序输入计算机，形成扩展名为 .ASM的源程序文件(如 PROG.ASM)。

(2)使用宏汇编软件 MASM，把 ASM 文件汇编成扩展名为.OBJ 的二进制代码文件及扩展名为.LST 的汇编语言程序列表文件(如 PROG.OBJ，PROG.LST)。

(3)目标文件虽然是二进制代码文件，但它不能直接运行，必须经过 LINK 软件程序把目标文件、其他文件和库文件链接起来才可形成扩展名为.EXE 的可执行文件(如 PROG.EXE)。

(4)如果运行中仍有问题或想观察运行过程，可使用调试程序 DEBUG 进行调试。只有在计算机上运行通过的程序，才能认为是正确的程序。

注意：

(1)扩展名为.CRF 的文件是宏汇编软件 MASM 提供的一个随机交叉参考(Cross Reference)文件，它提供一个按字母排序的列表文件，其中包含源文件中所有用到的指令、标号和数字。这对包含有多个代码段、数据段的大型源文件程序来说是非常有帮助的。

(2)扩展名为.MAP 的文件是宏汇编软件 MASM 为包含有多个代码段、数据段的大型源文件程序提供的一个随机文件。该文件提供了各个段的起始地址、结束地址和段长等信息。

4.2 汇编语言

4.2.1 汇编语言格式

汇编语言的语句一般有两类:伪指令语句和指令语句。指令语句有其对应的机器指令,汇编程序在对源程序进行汇编时,把指令语句翻译成机器指令。而伪指令没有其对应的机器指令,只是指示汇编程序如何汇编源程序,包括符号的定义、变量的定义、段的定义等。

1. 指令语句格式

[标号:]助记符 操作数;注释

指令语句格式在3.2.2节已作了介绍,不再赘述。

2. 伪指令语句格式

[名字]定义符 参数;注释

名字——伪指令中名字和具体定义符有关,例如可以是代码段、数据段或堆栈段的逻辑段名、变量名、过程或符号名等。

定义符——规定了伪指令的功能,在汇编系统对程序进行汇编和链接时有意义。

参数——参数可以为0～n个,其类型和数目根据伪指令来确定。

3. 标号和变量类型

(1)标号。程序中标号定义了指令的逻辑地址,标号具有段、偏移地址和类型属性。其类型属性如下:

· NEAR 指示近程(段内)标号,该标号只能为本段内指令使用;

· FAR 指示远程(段间)标号,该标号可以为其他段指令使用。

(2)变量。程序中变量定义了数据的逻辑地址,变量具有段、偏移地址和类型属性,其类型属性如下:

BIT——定义位,但分配一个字节存储空间;
BYTE——定义字节存储空间;
WORD——定义字存储空间;
DWORD——定义双字存储空间;
PWORD——定义三字存储空间;
QWORD——定义四字存储空间;
TBYTE——定义五字存储空间。

4.2.2 简化的段定义伪指令

MASM提供简化的段定义伪指令,使用指定的内存模式编程。使用SMALL内存模式程序结构如下:

```
.MODEL SMALL
.586
.DATA
```

```
BUF   DB 10H
      .CODE
      .STARTUP
      MOV AL,BUF
      .EXIT
      END
```

简化的段结构中常用伪指令说明如下：

×86——用于选择 80×86 指令系统；

×86P——用于选择 80×86 保护模式指令系统；

STARTUP——指示程序开始，初始化 DS，SS 寄存器；

EXIT——使程序返回 DOS 操作系统；

CODE——定义程序段；

DATA——定义数据段；

STACK——定义堆栈段，其后可根据参数，定义堆栈大小；

MODEL——内存模式说明。

MODEL 存储模式，详见表 4－1。

表 4－1　常用存储模式

存储模式	说　明
TINY	程序和数据在 64KB 段内
SMALL	独立的代码段（64KB 内）和独立的数据段（64KB 内）
MEDIUM	单个数据段（64KB 内），多个代码段
COMPACT	单个代码段（64KB 内），多个数据段
LARGE	多个代码段和多个数据段

4.2.3　常用伪指令

汇编程序常用伪指令，见表 4－2。

表 4－2　常用伪指令

伪指令	说　明
[变量名]DB 表达式[，表达式……表达式]	定义字节(8 位)表达式可以是常数、字符（用' '表示)等
[变量名]DW 表达式[，表达式……表达式]	定义字(16 位)，表达式可以是常数、字符（用' '表示)、标号或变量名（存标号或变量名的偏移地址)等
[变量名]DD 表达式[，表达式……表达式]	定义双字(32 位)，表达式可以是常数、字符（用' '表示)、标号或变量名(存放标号或变量名的段值和偏移地址)等
Count DUP(表达式[，表达式……])	DUP 为重复操作符，Count 为重复次数，表达式可以为常数、字符(用于初始化内存单元)和？(用于保留内存单元)，在表达式中 DUP 还可以嵌套使用。例 DB 256 DUP(1，2，8 DUP(?))
OFFSET 标号或变量名	规定传送标号或变量的偏移地址

续 表

伪指令	说　明
ORG 地址	设置段内起始地址
符号名 EQU 表达式	用符号名代替表达式,表达式可以是常数、数据表达式、字符串、助记符、内存操作数等
类型 PTR 地址表达式	类型可以为 BYTE,WORD,DWORD,NEAR,FAR,PTR,规定了地址表达式的类型
THIS 类型	类型同上,THIS 返回下一个存储单元的段值和偏移地址。例如:ABC EQU THIS BYTE;BCD DW ?
符号名 LABEL 类型	类型同上,LABEL 规定其符号名具有和下一个存储单元相同的段值和偏移地址,但该符号类型为 LABEL 规定的类型。例如:ONE LABEL BYTE;TWO DW ?
SEG　标号或变量名	传送段值

4.3 分支程序设计

分支程序可分为简单分支程序和复杂分支程序。

4.3.1 简单分支程序

程序判断条件在两个以内称简单分支程序,其程序可采用 IF－THEN－ELSE 结构实现,程序流程图如图 4－4 所示。

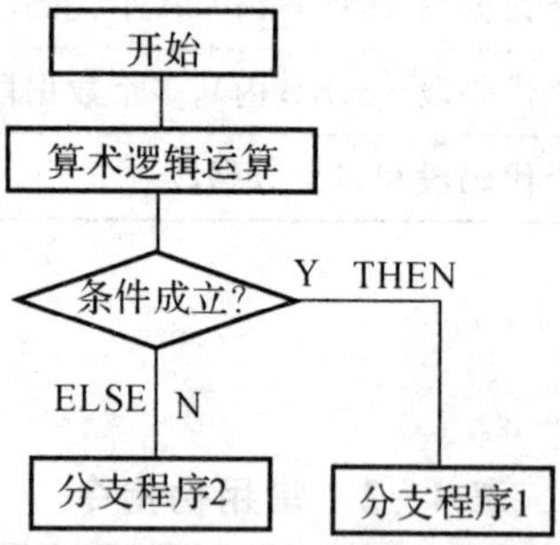

图 4－4　简单分支程序流程图

对两个操作数进行算术或逻辑运算,然后根据运算后结果对标志位的影响来产生分支。简单分支程序实现如例 4.1 和例 4.2 所示。

例 4.1

(1)用比较指令实现简单分支程序。

```
CMP DEST, SRC        ;比较两个操作数
JE EQUL              ;如果 DEST≠DRC,则顺序执行下一条指令,否则转移到标号
                      EQUL 处
  ⋮
```

```
EQUL:…
```

(2) 用测试指令实现简单分支程序。

```
TEST   DEST, SRC       ;DEST 和 SRC 进行逻辑与测试
JNZ    ONE             ;如果相与结果为 0,则顺序执行下一条指令,否则转移到标号
                        ONE 处执行
    ⋮
ONE:…
```

(3) 用逻辑指令实现简单分支程序。

```
SHR    DEST, CL        ;对 DEST 进行逻辑移位
JC     NEXT            ;如果 CF=0,执行下一条指令,否则转移到标号 NEXT 处执行
    ⋮
NEXT:…
```

例 4.2　编程实现将键盘输入的小写字母转换成大写后输出程序流程,如图 4-5 所示。

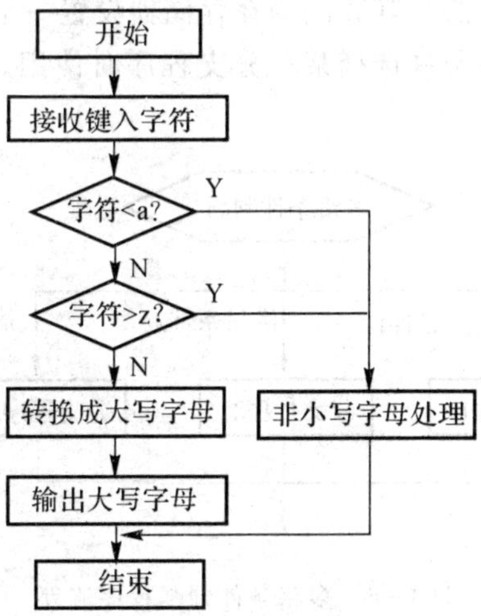

图 4-5　例 4.2 的程序流程

程序如下:

```
        .MODEL SMALL
        .DATA
BLOCK DB 'ERROR!',0DH, 0AH, '$'
        .CODE
        .STARTUP
        MOV AH, 1           ;读键入字符
        INT 21H
        CMP AL,'a'          ;判字符小于'a'?
        JB NEXT
        CMP AL,'z'          ;判字符大于'z'?
        JA NEXT
```

```
        AND AL,11011111B  ;将小写字母转换成大写字母
        MOV DL,AL         ;显示输出
        MOV AH,02
        INT 21H
        JMP DONE
NEXT:   LEA DX,BLOCK      ;非小写字母处理
        MOV AH,9          ;输出字符串
        INT 21H
DONE:   .EXIT
        END
```

4.3.2 复杂分支程序

当程序分支太多时，利用一般分支程序方法编程，结构会变得不清晰，为了方便且高效地实现多向分支，可以采用跳转表法。其算法为在存储器设置一个地址表，将多个分支程序的地址顺序存放在表中，以供程序在条件选择某一分支程序时使用。多路条件判断程序流程如图 4-6 所示。

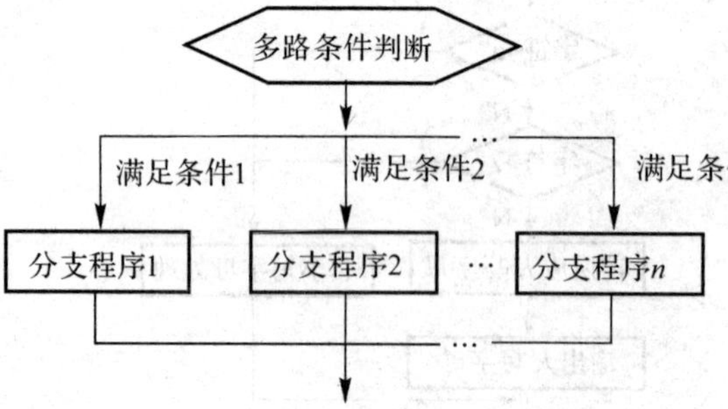

图 4-6 多路条件判断程序流程

存储器中地址表设置如下：

```
TAB DW SUB1
       SUB2
       SUB3
        ⋮
       SUBn
```

在变量名为 TAB 作为首地址的表中，SUBi 为第 i 路分支程序的标号，当 TAB 定义为字类型时，存放在表中的是每一路分支程序标号的 16 位偏移地址；如果 TAB 定义为双字类型，可以表示为 32 位模式下的偏移地址或 16 位模式下的偏移地址和段基址。根据分支条件确定对应分支程序的入口地址在地址表中的位置（序号），转去执行分支程序。

例 4.3 接收单键命令'A'～'G'，根据命令进行相应的处理，否则不作处理。程序流程如图 4-7 所示。

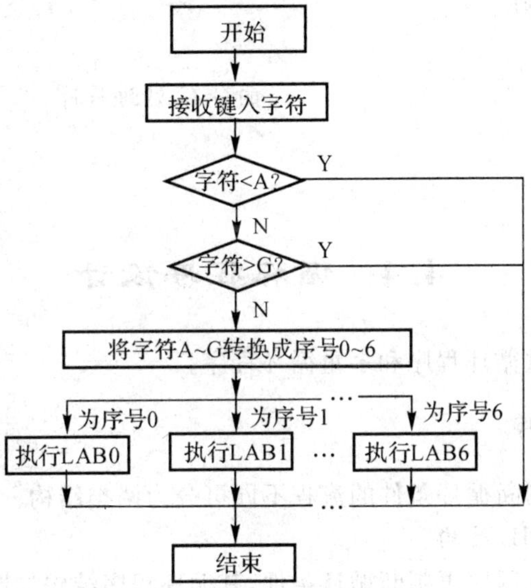

图 4-7　例 4.3 的程序流程

程序如下：

```
        .MODEL SMALL
        .586P
        .DATA
TAB DW LAB0                      ;命令 A 处理程序地址
       LAB1                      ;命令 B 处理程序地址
         ⋮
       LAB6                      ;命令 G 处理程序地址
        .CODE
        .STARTUP
       MOV AH,1                  ;接收键入字符
       INT 21H
       CMP AL,'A'                ;字符<A?
       JB DONE
       CMP AL, 'G'               ;字符>G?
       JA DONE
       SUB AL,'A'                ;将字符 A~G 转变成序号 0~6
       AND EAX, 0000000FH
       JMP TAB [EAX * 2]         ;转不同分支程序
         ⋮
LAB0:    …                       ;命令 A 处理程序
       JMP DONE
LAB1:    …                       ;命令 B 处理程序
```

```
        JMP DONE
          ⋮
LAB6：    …                         ;命令 G 处理程序
DONE：. EXIT
        END
```

4.4 循环程序设计

循环程序可分为单重循环程序和多重循环程序。

4.4.1 单重循环程序

单重循环程序按照判断循环条件的流程不同可分为两类结构。

1. REPEAT - UNTIL 结构

这种循环结构先执行程序再判断循环条件，其循环程序结构如图 4 - 8 所示。

例 4.4 循环结构程序实现举例。

```
(1)   MOV  CX，COUNT                  ;设置循环初值
AGAIN：…                              ;循环程序入口
      LOOP AGAIN                      ;循环控制
        ⋮
(2)   MOV CL，COUNT                   ;设置循环初值
AGAIN：…
      DEC CL                          ;计数器减 1
      JNZ AGAIN                       ;循环控制
        ⋮
```

2. WHILE - DO 结构

这种循环结构先判断循环条件，满足循环条件才进入循环体，其循环程序结构如图 4 - 9 所示。

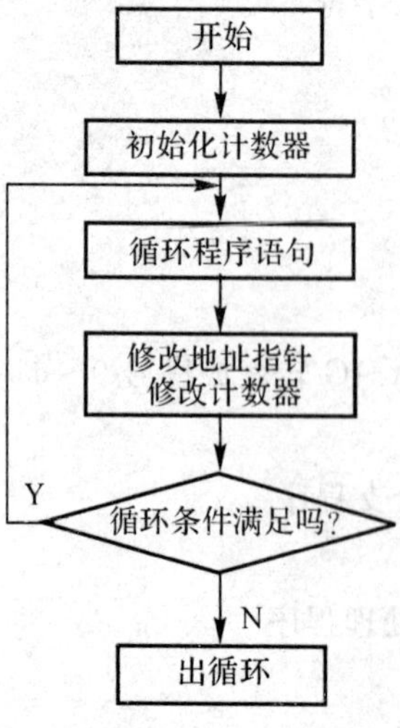

图 4 - 8　循环结构

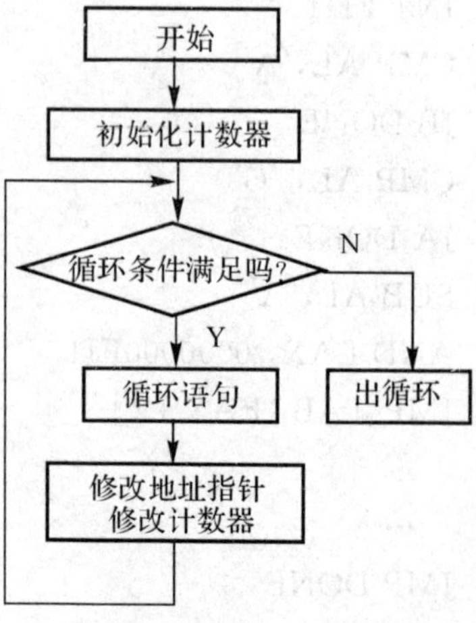

图 4 - 9　WHILE - DO 结构

例 4.5　循环结构程序实现举例。

```
        MOV CX,COUNT            ;设置循环初值
AGAIN:JCXZ NEXT
           ⋮
        DEC CX
        JMP AGAIN
NEXT:      ⋮
```

例 4.6　从键盘输入 21 个字符，按键入次序寻找最大的字符，并显示输出（不区分大小写）。

分析　大写字符'A'～'Z'的 ASCII 码为 41H～5AH，小写字符'a'～'z'的 ASCII 码为 61H～7AH，大小写字符的 ASCII 码值相差 20H，因此在判断 ASCII 码值大小时，小写字符 ASCII 码减去 20H 参与比较。

程序流程如图 4-10 所示。

程序如下：

```
       .MODEL SMALL
       .DATA
  BUF DB 21, ? 21 DUP (?)
BLOCK DB 0DH, 0AH, ?, '$'
       .CODE
       .STARTUP
        MOV DX, OFFSET BUF          ;键入字符串
        MOV AH, 0AH
        INT 21H
        LEA BX, BUF+2
        MOV CH,0
        MOV CL, BUF+1
        MOV AL, [BX]                ;缓冲区第一个字符送 AL
        AND AL, 11011111B           ;小写字符 ASCII 码减 20H
        MOV SI,BX                   ;缓冲区第一个字符地址送 SI
AGAIN:  INC BX
        MOV DL, [BX]                ;缓冲区字符送 DL
        AND DL, 11011111B
        CMP AL, DL                  ;比较两字符大小
        JAE NEXT
        XCHG AL, DL                 ;大数存 AL 中
        MOV SI, BX                  ;大数地址送 SI
NEXT:   LOOP AGAIN
        MOV DL, [SI]                ;最大字符送 DL
        MOV BLOCK+2, DL
```

```
        MOV DX, OFFSET BLOCK        ;显示输出
        MOV AH,9
        INT 21H
      · EXIT
        END
```

4.4.2 多重循环程序

循环程序中嵌套循环程序称多重循环程序。

例 4.7 将内存首地址为 BLOCK 开始的 10 个带符号字节数,将其按由大到小的次序排列。

程序流程如图 4-11 所示。

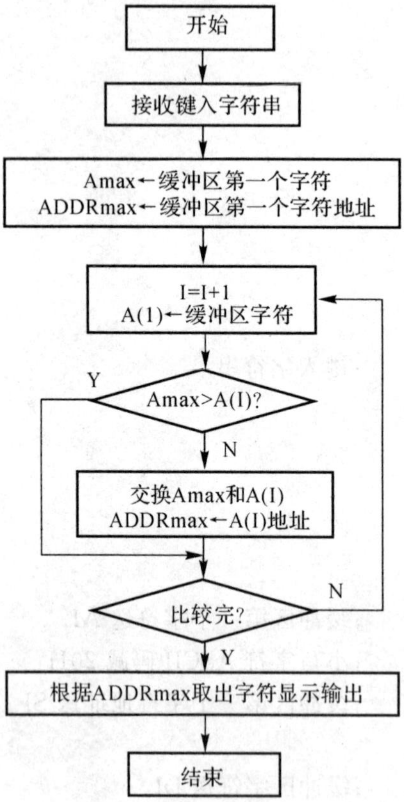

图 4-10 例 4.6 的程序流程

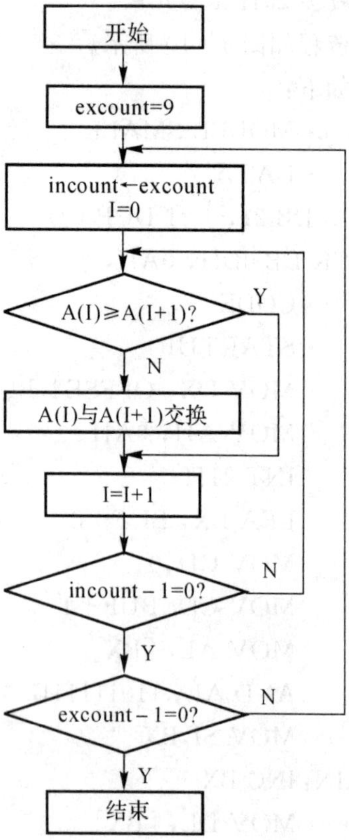

图 4-11 多重循环程序流程

incount 为内层循环变量,excount 为外层循环变量。

程序如下:

```
        · MODEL SMALL
        · DATA
BLOCK DB 66H, 88H, 10H, 20H, 30H, 40H, 50H, 60H, 70H, 80H
        · CODE
```

```
        .STARTUP
        MOV DI,9                        ;循环次数送 DI
LOOP1:  MOV CX, DI                      ;设内循环次数
        MOV BX,0
LOOP2:  MOV AL, BLOCK  [BX]
        CMP AL, BLOCK  [BX+1]           ;比较两个数大小
        JGE NEXT
        XCHG AL, BLOCK  [BX+1]          ;大数存 AL 中
        MOV BLOCK  [BX],AL
 NEXT:  INC BX
        LOOP LOOP2                      ;内循环控制
        DEC DI
        JNZ LOOP1                       ;外循环控制
        .EXIT
        END
```

4.5　子程序设计

当某一段指令组经常出现在程序中，或者某一段指令组具有通用性，可为多个程序共享时，则可以将其定义为子程序，通过调用子程序的方式在程序中反复使用或为多个程序调用，这样可以缩短程序长度，节省内存空间。在 80×86 汇编程序中，子程序常常以过程的形式出现。

4.5.1　过程定义

过程是汇编程序结构中一个重要组成部分，过程定义格式如下：

```
过程名 PROC  [TYPE]  [USES REG]
       过程体
       RET [n]
过程名 ENDP
```

TYPE：为过程类型，分为近程 NEAR 和远程 FAR。当类型为 NEAR 时，该过程可以被本段调用；当类型为 FAR 时，该过程可以被其他程序段调用。

USES REG：规定需要保护的通用寄存器，在过程开始将指定通用寄存器内容压入堆栈，在返回之前再恢复这些寄存器的内容。

下例定义了一个过程名为 SUB1 的近程过程。

例 4.8

```
SUB1 PROC NEAR
       ADD AX,BX
       MOV SI,CX
       MOV AX,DX
```

```
        RET
SUB1 ENDP
```

下例定义了一个过程名为 SUB2 的远程过程。

例 4.9

```
SUB2 PROC FAR USES BX,CX
        MOV BX,AX
        MOV CL,3
        SHL BX,CL
        ADD AX,BX
        RET
SUB2 ENDP
```

4.5.2 调用指令

调用指令分为直接调用指令和间接调用指令，直接调用指令在指令助记符后面指定被调用过程的直接地址，间接调用指令在指令助记符后面指定被调用过程的间接地址。

1. 段内直接调用

格式：CALL NEAR PTR PROCNAME

功能：(1) 将当前 IP/EIP 寄存器内容进栈（即保存 CALL 下一条指令的偏移地址）。

(2) 将过程名为 PROCNAME 的 16 位/32 位偏移地址和当前 IP/EIP 值相加后，送 IP/EIP 寄存器中，采用相对寻址控制程序转移到过程。在 16 位模式下，转移位移量为 $-2^{15}\sim+2^{15}-1$ 字节内。在 32 位模式下，转移位移量为 $-2^{31}\sim+2^{31}-1$ 字节内。

例 4.10 CALL SUB1

近程转移类型定义 NEAR 可以省略。

2. 段内间接调用

格式一：CALL NEAR PTR [REG]

格式二：CALL REG

功能：(1) 将当前 IP/EIP 寄存器内容进栈（即保存 CALL 的下一条指令的偏移地址）。

(2) 将过程的入口偏移地址送 IP/EIP 寄存器中，在寄存器寻址方式下，偏移地址在 16 位或 32 位 REG 中。在存储器寻址方式下，间接给出存放在数据段的偏移地址。

例 4.11 CALL NEAR PTR [BX]

CALL EBX

3. 段间直接调用

格式：CALL FAR PTR PROCNAME

功能：(1) 将当前 CS，IP/EIP 寄存器内容进栈（即保存 CALL 的下一条指令的偏移地址）。

(2) 将过程名为 PROCNAME 的段选择符送 CS，16 位或 32 位偏移地址送 IP/EIP 寄存器中。

例 4.12 CALL FAR PTR SUB2

4.段间间接调用

格式：CALL FAR PTR [REG]

功能：(1) 将当前 CS,IP/EIP 寄存器内容进栈（即保存 CALL 指令下一条指令的偏移地址）。

(2)指令以存储器间接寻址方式给出过程的偏移地址，将偏移地址取出送 IP/EIP 寄存器中。

5.返回指令

格式一：RET

格式二：RET OPR

功能：根据过程类型确定返回类型。当过程为 NEAR 时，RET 为近程返回；当过程为 FAR 时，RET 为远程返回。

近程返回是从堆栈弹出调用时保存的偏移地址送 IP/EIP。远程返回是从堆栈弹出调用时保存的偏移地址送 IP/EIP，再弹出段选择符送 CS，控制程序返回。

在 RET 后面可以指定 OPR，其功能为完成 RET 操作后根据 OPR 的值修改堆栈指针 SP/ESP，目的是用于清除过程调用时入栈的参数。

4.6　汇编语言程序上机过程

汇编语言程序上机过程分为编辑、汇编、链接及调试 4 个步骤。

编辑源程序，是利用文本编辑工具生成一个由汇编语言语句构成的纯文本文件，文件扩展名为 ASM。

汇编源程序，是利用 MASM 汇编程序将源程序编译生成目标代码文件，文件扩展名为 OBJ。汇编时，如果源程序中有语法错误，则不会生成目标代码文件，并且会显示出错信息，要求程序员重新修改源程序。

链接目标程序，是利用 LINK 程序链接目标代码程序和库函数代码生成可执行文件，文件扩展名为 EXE。如果在目标代码或库中找不到所需的链接信息，链接程序会发出错误提示信息。

调试可执行程序，是对可执行文件进行动态调试，用于检查程序中的逻辑错误。调试方法包括单步执行，设置断点，连续执行，修改内存单元、寄存器值等。

Microsoft MASM 6.X 版本，为汇编源程序调试提供了用户工作台集成环境，在 MASM 中打开 PWB (Programmer's Work Bench)，即可进入集成环境，在这个用户工作台上可以用鼠标点击下拉菜单，完成编辑、汇编、链接、调试过程。PWB 中集成了 ML 和 CV 工具，使用 ML 可以完成汇编及链接工作，使用 CV 可以进入动态调试环境，完成调试工作。

习题与思考题

1.试计算下列伪指令中各变量所分配的字节数。

A1 DW 20

A2 DW 8　DUP (?),10,20

A3 DD 10　DUP (?)

A4 DB 3　DUP (?,4　DUP (0))

A5 DB 'Happy New Year!!'

2.试编写查表程序，将 BUF 中任意存放的 16 个 00H～0FH 之间的数转换为对应的表示十六进制数的 ASCII 码，并显示。

3.在首地址为 BUF 的内存单元存放了 10 个字节的无符号数，试编程求其和，存入 SUB 单元。

4.某班 30 个学生的汇编语言考试成绩存放在 MARK 开始的单元，试编程将其最高分和最低分取出，分别送 HIGH 和 LOW 单元，并且显示输出。

第5章 内存储器及其管理

* **学习基本要求**

通过本章的学习，需要了解存储器的分类以及存储器扩展技术，理解存储器的管理思想。

* **内容要点**

本章必须要掌握的知识点：存储器的分类、内存储器的分段管理、内存储器的分页管理、逻辑地址转换成线性地址、线性地址转换成物理地址的地址变换过程。

* **知识结构框图**

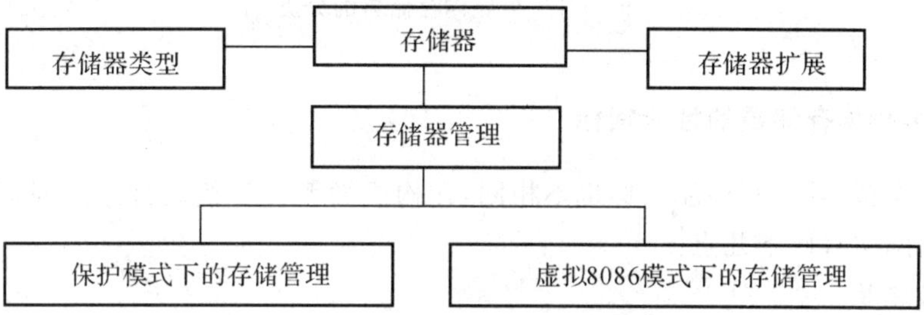

5.1 存储器概述

5.1.1 微型计算机中存储器的类型

微型计算机系统的存储器可分为两大类，即内存储器和外存储器。前者也称为主存，通过系统总线与 CPU 连接，用来存放正在执行的程序和处理的数据；后者需通过专门的接口电路和主机连接，用来存放暂不执行的程序或不被处理的数据。

内存储器主要由半导体存储器组成，半导体存储器类型如图 5-1 所示，根据数据的存取方式可分为随机存取存储器（RAM）和只读存储器（ROM）。所谓随机存取存储器（也称为随机存储器），是当计算机工作时，其中的内容可以随机读出或者写入。只读存储器是其内容事先写入，计算机工作时只能读出使用，而不能随机写入。随机存储器按其电路形式可分为双极型和 MOS 型。双极型存储器存取速度快，但是功耗大，集成密度小，一般作为容量较小的高速缓冲器存储器。MOS 型存储器按 MOS 工艺制成，分为静态（SRAM）和动态（DRAM）两种。在动态存储器中还有一种自带刷新电路（IRAM），其与 CPU 连接使用时和 SRAM 一样方便。

只读存储器按其制作工艺和使用特性可分为固定只读存储器（ROM）、可编程只读存储器（PROM）、可改写只读存储器（EPROM）和电擦除只读存储器（E^2PROM）。

此外还有串行存储器，例如电耦合器件（CCD）和磁泡存储器等，目前在微型计算机中使用不多。

外存储器主要有磁盘、磁带和光盘。磁盘存储器又分为硬磁盘和软磁盘。

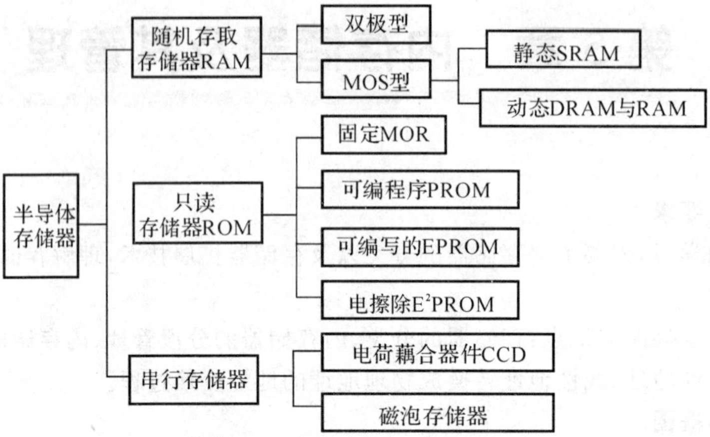

图 5-1 半导体存储器的分类

5.1.2 半导体存储器的性能指标

存储器的类型不同，其性能指标也不相同，在构成微型计算机硬件系统时需要全面考虑。通常应注意的问题有以下几点。

1. 存储器容量

在微型计算机中，存储器以字节为单元。每个单元包含 8 位二进制数，也就是一个字节。由于存储容量一般都很大，因此常以 KB (2^{10}字节)，MB (2^{20}字节)，GB (2^{30}字节)或 TB(2^{40}字节)为单位。一般存储器容量越大，存储的信息量也就越大，计算机运行的速度也就越快。

存储一位二进制信息的单元称为一个基本单元。对于 32 MB 的存储器，其内部有 32 M×8 个基本单元。

2. 存取周期

存储器从接收到地址，到完成读出或者写入数据的时间称为存取周期。计算机的运行速度与存储器的存取周期有着直接的关系，因此它是存储器的一项重要参数。在一般情况下，存取周期越短，计算机运行的速度越快。半导体双极型存储器的存取周期一般为几至几十纳秒，MOS 型存储器的存取周期一般为几十至几百纳秒。例如常用的 HM62256 (32K×8)的存取周期为 120～200 ns。

一个存储器系统的存取周期不仅与存储器芯片的存取周期有关，还与存取路径中的缓冲器以及地址/数据线的延时有关，往往是四者之和。

3. 功耗

半导体存储器属于大规模集成电路，集成度高，体积小，但是散热不容易，因此在保证速度的前提下应尽量减小功耗。一般而言，MOS 型存储器的功耗小于相同容量的双极型存储器。例如上述 HM62256 的功耗为 40～200 mW。

4. 可靠性

可靠性是指存储器对电磁场、温度变化等因素造成干扰的抵抗能力，以及在高速使用时也能正确地存取。半导体存储器采用大规模集成电路工艺制造，内部连线少，体积小，易于采取保护措施。与相同容量的其他类型存储器相比，半导体存储器抗干扰能力强。

5. 集成度

存储器由若干存储器芯片组成。存储器芯片的集成度越高，构成相同容量的存储器的芯片数就越少。半导体存储器的集成度是指在一块数平方毫米芯片上所制作的基本存储单元数，常以“位/片”表示，也可以用“字节/片”表示。目前 MOS 型存储器的集成度高于双极型存储器，动态存储器的集成度高于静态存储器，这也是动态存储器普遍用于微型计算机的原因。

6. 其他

还应考虑输入/输出电平是否与外电路兼容，对 CPU 总线负载能力的要求，使用是否方便灵活以及价格等。

5.2　存储器的扩展设计

5.2.1　存储器的构成原理

如图 5-2 所示，半导体存储器由存储体、地址寄存器、地址译码驱动电路、读/写控制逻辑、数据寄存器、读/写驱动器等 6 个部分组成，通过系统数据总线、地址总线和控制总线与 CPU 相连。

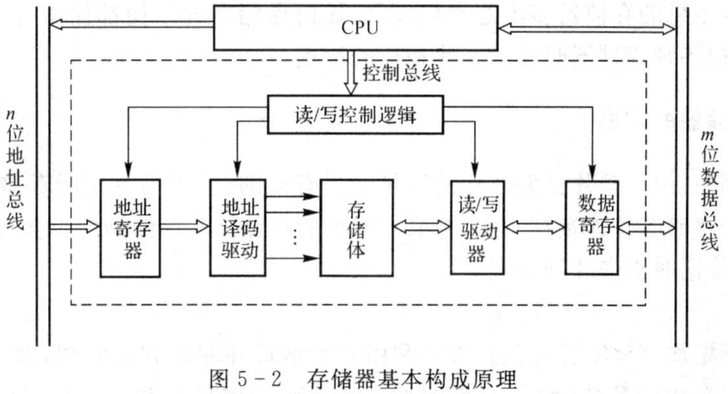

图 5-2　存储器基本构成原理

1. 存储体

存储体是存储器的核心，是存储单元的集合体。它由若干个存储单元组成，每个存储单元又由若干个基本存储电路(或称存储元)组成，每个存储单元可存放一位二进制数。通常，一个存储单元为一个字节，存放 8 位二进制数，即以字节形式来组织。为了区分不同的存储单元和便于读/写操作，每个存储单元有一个地址(称为存储单元地址)，CPU 访问时按地址访问。

存储器的最大存储容量取决于 CPU 本身提供的地址线条数，这些地址线的每一位编码对应一个存储单元的地址。因此，当 CPU 的地址线为 n 条时，可生成的编码状态有 2^n 个，也就是说 CPU 可寻址的存储单元的个数为 2^n。若采用字节编址，那么存储器的最大容量为 $2^n \times 8b$。例如，80486 CPU 的地址线为 32 条，可寻址的最大存储空间为 $2^{32}\ B = 2^{32} \times 8b = 4GB$。

2. 地址寄存器

地址寄存器用于存放 CPU 访问存储单元的地址，经译码驱动后指向相应的存储单元。

通常,在微型计算机中,访问地址由地址锁存器提供,存储单元地址由地址锁存器输出后,经地址总线送到存储器芯片内直接译码。

3. 地址译码驱动电路

译码器将地址总线输入的地址码转换成与其对应的译码输出线上的高电平或低电平信号,以表示选中了某一单元,并由驱动器提供驱动电流去驱动相应的读/写电路,完成对被选中单元的读/写操作。该电路实际上包含译码器和驱动器两部分。

4. 读/写驱动器

读/写驱动器用以完成对被选中单元中各位的读/写操作,包括读出放大器、写入电路和读/写控制电路。存储器的读/写操作是在 CPU 的控制下进行的,只有当接收到来自 CPU 的读/写命令$\overline{RD}$和$\overline{WR}$时,才能实现正确的读/写操作。

5. 数据寄存器

数据寄存器用于暂时存放从存储单元读出的数据,或从 CPU 输出 I/O 端口输入的要写入存储器的数据。暂存的目的是为了协调 CPU 与存储器之间在速度上的差异,故又称之为存储器数据缓冲器。

6. 读/写控制逻辑

读/写控制逻辑接收来自 CPU 的启动、片选、读/写及清除命令,经控制电路综合处理后,发出一组时序信号来控制存储器的读/写操作。

虽然现在微型机的存储器多由芯片构成,但任何存储器的结构都保留着这 6 个基本组成部分,只是在组成各种存储器时作了一些相应的调整。

5.2.2 存储器的扩展

在实际应用中,由于单片存储芯片的容量总是有限的,很难满足实际存储容量的要求,因此需要将若干个存储芯片连接在一起,构成大容量的存储器。存储器的扩展通常有位扩展、字扩展,以及字和位同时扩展 3 种方式。

1. 位扩展

位扩展是指增加存储字长。位扩展可利用芯片地址并联的方式实现,即将各芯片的数据线分别接到数据总线的各位,而各芯片的地址线、读/写信号线和片选信号线对应地并联在一起。

例 5.1 用两片 1K×4b 的 SRAM 芯片 2114,组成 1K×8b 的存储器。

解 Intel 2114 芯片的引脚信号如图 5-3 所示,它的操作方式见表 5-1。

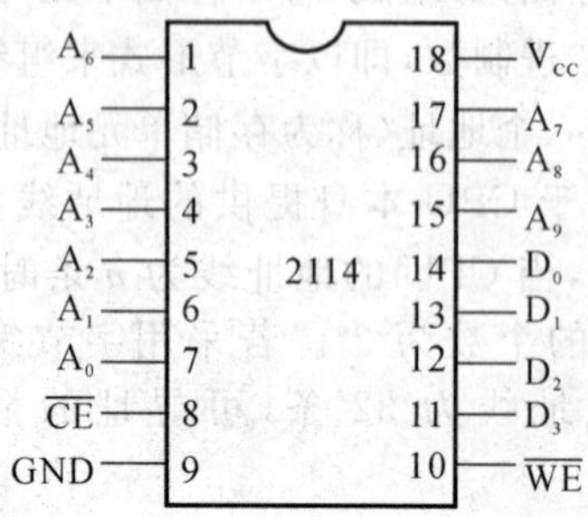

图 5-3 2114 引脚信号

表 5-1　2114 操作方式

操作方式	$\overline{CE}$	$\overline{WE}$	$D_3 \sim D_0$
未选中	1	×	高阻
读出	0	1	数据输出
写入	0	0	数据输入

存储器位扩展设计如图 5-4 所示。图中两片 2114 的地址线和各控制线分别并联在一起，而其中 1# 芯片的数据线接数据总线的低 4 位，2# 芯片的数据线接数据总线的高 4 位。硬件连接之后便可确定存储单元的地址，即 $A_9 \sim A_0$ 的编码状态 000H～3FFH 就是 1KB 存储单元的地址。地址分配情况见表 5-2。

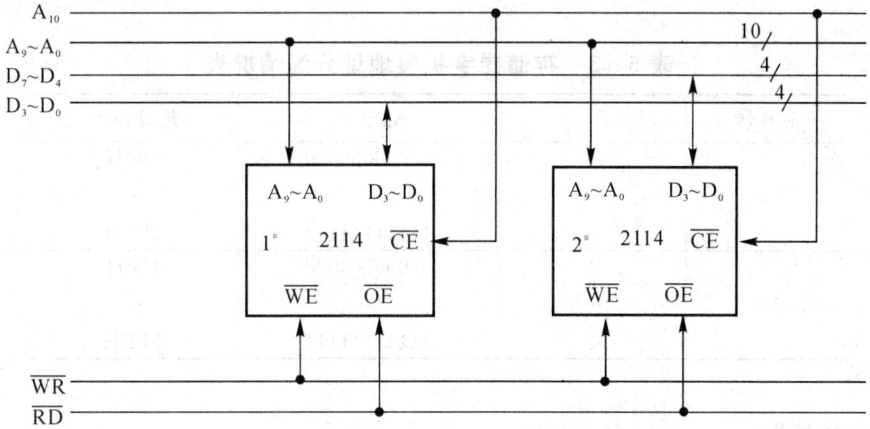

图 5-4　存储器位扩展设计

表 5-2　存储器位扩展地址分配情况表

A_{10}	$A_9 \sim A_0$	地址范围
0	0000000000	000H
…	…	…
0	1111111111	3FFH

2. 字扩展

字扩展是指增加存储器字的数量，字扩展可利用芯片地址串联的方式实现。

例 5.2　用两片 2K×8b 的 RAM 芯片 6116 组成 4K×8b 的存储器。

解　字扩展设计如图 5-5 所示。图中两片 6116 的片内信号线 $A_{10} \sim A_0$，$D_7 \sim D_0$，$\overline{OE}$，$\overline{WE}$分别与系统的地址线 $A_{10} \sim A_0$、数据线 $D_7 \sim D_0$ 和读/写控制线$\overline{RD}$，$\overline{WR}$连接。1#芯片的片选信号线与 A_{11} 连接，2#芯片的片选信号线与 A_{11} 反相之后连接。当 A_{11} 为低电平时，选择 1#芯片读/写；当 A_{11} 为高电平时，选择 2#芯片读/写。由图可见，1#芯片的地址范围是 000H～7FFH，2#芯片的地址范围是 800H～FFFH。地址分配情况见表 5-3。

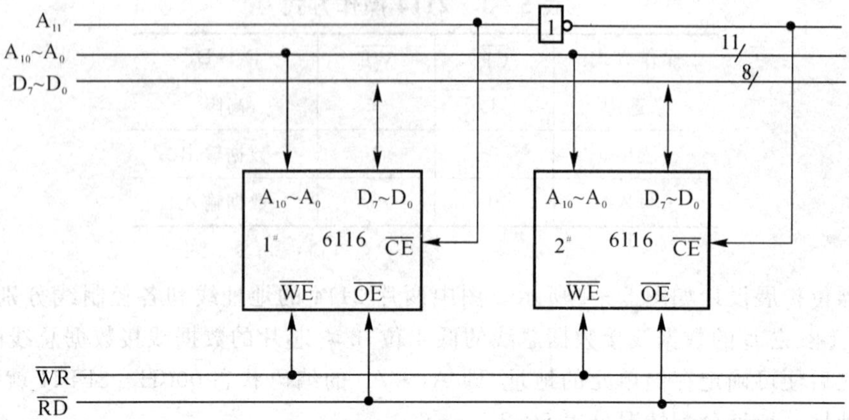

图 5-5 存储器字扩展设计

表 5-3 存储器字扩展地址分配情况表

芯片号	A_{11}	$A_{10}\sim A_0$	地址范围
1#	0	00000000000	000H
	…	…	…
	0	11111111111	7FFH
2#	1	00000000000	800H
	…	…	…
	1	11111111111	FFFH

3. 字和位扩展

字和位扩展是字扩展和位扩展的组合。

例 5.3 用 4 片 1K×4b 的 RAM 芯片 2114，组成 2K×8b 的存储器。

解 字和位扩展设计如图 5-6 所示。

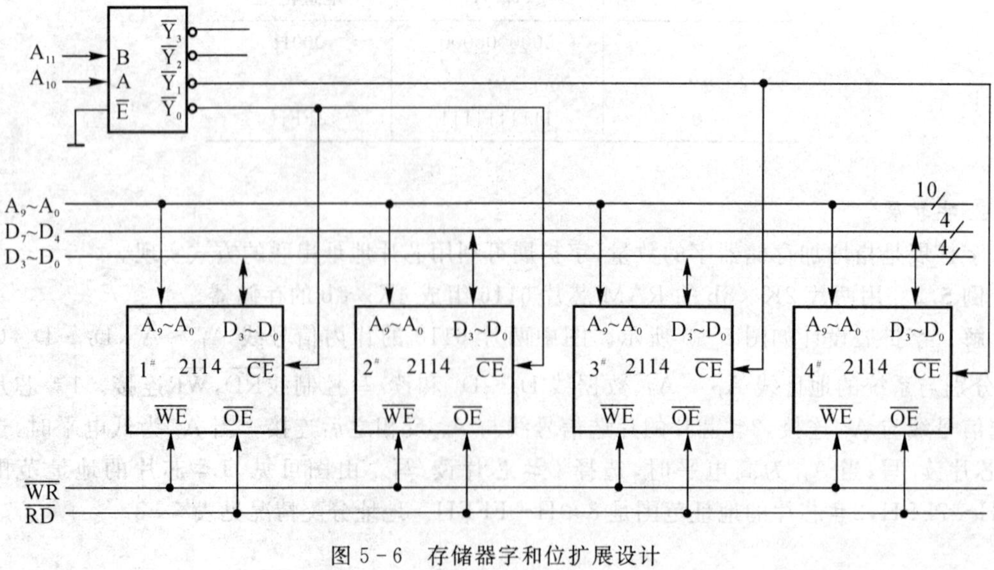

图 5-6 存储器字和位扩展设计

图中，1＃和 2＃芯片为一组，3＃和 4＃芯片为一组，片内 $A_9 \sim A_0$，$\overline{OE}$和$\overline{WE}$与系统地址线 $A_9 \sim A_0$、读/写控制线$\overline{RD}$和$\overline{WR}$对应连接。1＃和 3＃芯片的数据线 $D_3 \sim D_0$ 作为低 4 位，与系统数据线 $D_3 \sim D_0$ 连接；2＃和 4＃芯片的数据线作为高 4 位，与系统数据线 $D_7 \sim D_4$ 连接；1＃和 2＃芯片的$\overline{CE}$连在一起，与 2－4 线译码器输出端$\overline{Y_0}$连接；3＃和 4＃芯片的$\overline{CE}$连在一起，与 2－4 线译码器输出端 $\overline{Y_1}$ 接；系统的高位地址线 A_{11} 和 A_{10} 作为 2－4 线译码器的输入。当 A_{11} A_{10}＝00 时，选择 1＃和 2＃芯片读/写；当 A_{11} A_{10}＝01 时，选择 3＃和 4＃芯片读/写。地址分配情况见表 5－4。

表 5－4　存储器字和位扩展地址分配情况表

芯片号	A_{11} A_{10}	$A_9 \sim A_0$	地址范围
1＃和 2＃	00	0000000000	000H
	…	…	…
	00	1111111111	3FFH
3＃和 4＃	01	0000000000	400H
	…	…	…
	01	1111111111	7FFH

可见，无论需要多大容量的存储器系统，均可利用有限的存储器芯片，通过字和位的扩展来构成。

5.2.3　存储器的地址译码

1. 存储器与微处理器的接口电路设计

存储器同微处理器相连接时，通常按以下思路考虑电路的设计：

(1)数据线的连接。存储器的数据线同微处理器的数据总线相连，如果总线的数据宽度大于芯片的数据宽度，则要考虑使用多片并联。

(2)地址线的连接。存储器的地址线同微处理器的地址总线相连，例如 8K×8b 的存储器有 $A_{12} \sim A_0$ 共 13 条地址线，将两者同名的地址引脚对应相连，实现片内 8KB 单元的寻址。总线上多余的高位地址线都要参与译码，译码器可以选用 74LS138 等地址译码器、各类门电路或者两者的结合。当地址线较多时译码电路就会变得很复杂，此时最好选用 PLD 器件制作可编程译码器。

在微机系统中，常采用集成电路芯片 74LS138 作为地址译码器，其引脚信号如图 5－7 所示，功能见表 5－5。

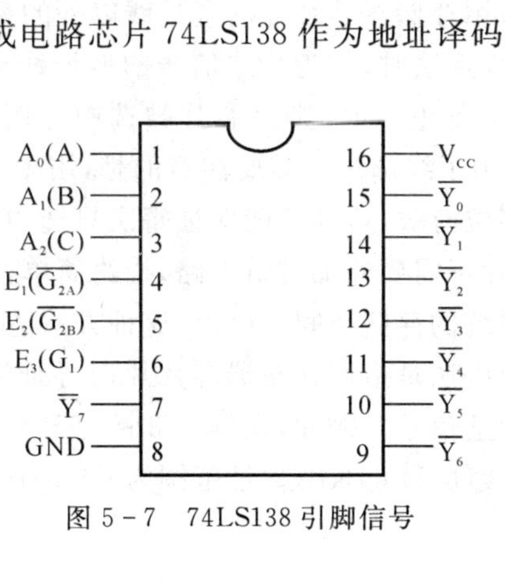

图 5－7　74LS138 引脚信号

表 5-5　74LS138 功能表

输入						输出							
使能			选择										
G_1	$\overline{G_{2A}}$	$\overline{G_{2B}}$	C	B	A	$\overline{Y_7}$	$\overline{Y_6}$	$\overline{Y_5}$	$\overline{Y_4}$	$\overline{Y_3}$	$\overline{Y_2}$	$\overline{Y_1}$	$\overline{Y_0}$
0	×	×	×	×	×	1	1	1	1	1	1	1	1
×	1	×	×	×	×	1	1	1	1	1	1	1	1
×	×	1	×	×	×	1	1	1	1	1	1	1	1
1	0	0	0	0	0	1	1	1	1	1	1	1	0
1	0	0	0	0	1	1	1	1	1	1	1	0	1
1	0	0	0	1	0	1	1	1	1	1	0	1	1
1	0	0	0	1	1	1	1	1	1	0	1	1	1
1	0	0	1	0	0	1	1	1	0	1	1	1	1
1	0	0	1	0	1	1	1	0	1	1	1	1	1
1	0	0	1	1	0	1	0	1	1	1	1	1	1
1	0	0	1	1	1	0	1	1	1	1	1	1	1

(3)控制线的连接。同名的控制命令线一般都互连，否则应进行逻辑转换或组合处理后再连接。对于 32 位或 64 位宽的外部数据总线，存储器接口的附加控制信号较多，电路趋于复杂化，幸而任何一台 32 位的 PC 都不需要用户考虑这个接口，当感觉内存不够大时，只需增加内存条数量或更换大容量的内存条即可。

当遇到存储器扩展需要设计存储器接口电路时，关键问题之一是地址译码电路的设计。在通常情况下，考虑地址译码电路时应该顾及总线上的全部地址线，如果忽略高端的地址线，那么实际效果就等于没有这些地址线，结果是 CPU 的有效存储器空间被压缩。当然，如果系统只需要一个较小的存储器空间，那么丢弃高位地址线反而是一个经济实用的设计方案。

2. 存储器片选信号的产生方法

一个存储体通常由多个存储器芯片组成，CPU 要实现对存储单元的访问，首先要选择存储器芯片，然后再从选中的芯片中依照地址码选择相应的存储单元读/写数据。通常，芯片内部存储单元的地址由 CPU 输出的 n(n 由片内存储容量 2^n决定)条低位地址线完成选择，而芯片选择信号则是通过 CPU 的高位地址线得到的。由此可见，存储单元的地址由片内地址信号线和片选信号线的状态共同决定。下面介绍 3 种片选信号的产生方法。

(1)线选法。线选法是指用存储器芯片片内寻址线以外的系统高位地址线，作为存储器芯片的片选控制信号。当采用线选法时，作为片选信号的地址线分别连至各芯片(或芯片组)的片选端$\overline{CE}$，当某个芯片的$\overline{CE}$为低电平时，则该芯片被选中。例如，在例 5.1 中的位扩展和例 5.2 中的字扩展设计中，就采用了线选法。需要注意的是，用于片选的地址线每次寻址时只能有一位有效，不允许同时有多位有效，这样才能保证每次只选中一个芯片或芯片组。

线选法的优点是选择芯片不需要外加逻辑电路，线路简单；缺点是把地址空间分成了相互隔离的区域，不能充分利用系统的存储空间。所以，这种方法适用于扩展容量较小的系统。

(2)部分译码法。部分译码法是指用存储器芯片片内寻址以外的系统高位地址的一部分地址线，经过译码电路产生片选信号。例如，在例 5.3 的字和位扩展设计中，假设系统地址线为 A_{15}～A_0，可扩展最大存储容量为 64KB，地址范围为 0000H～FFFFH。在本例中只扩展了由 4 个 1K×4b 的存储器芯片组成 2K×8b 的存储器，1Kb 容量的片内地址线 $A_9 \sim A_0$ 与系统低位地址线 $A_9 \sim A_0$ 对应连接，选择剩余的高位系统地址线中的 A_{11} 和 A_{10} 作为 2－4 线译码器的输入，译码器输出 $\overline{Y}_0$ 接至第一组芯片的片选输入端 $\overline{CE}$，$\overline{Y}_1$ 接至第二组芯片的片选输入端 $\overline{CE}$。在确定芯片地址时，未连接的高位地址线 $A_{15} \sim A_{12}$ 中每一条地址线的状态原则上可以任意选择"0"或"1"，不会影响芯片内部的地址编码。

由于未连接的地址线 $A_{15} \sim A_{12}$ 的状态既可以设为"0"也可以设为"1"，因而使得每组芯片的地址不唯一，可以确定出多组地址，存在地址重叠现象。通常把 $A_{15} \sim A_{12}$ 设为"全 0"所确定的一组地址称为基本地址。因此，例 5.3 中图 5－6 所示第一组芯片的基本地址为 0000H～03FFH，第二芯片的基本地址为 0400H～07FFH。

(3)全译码法。全译码法是使存储器芯片片内寻址以外的系统的全部高位地址线都参与地址译码，经译码电路全译码后输出，作为各存储器芯片的片选信号，以实现对存储器芯片的读/写操作。

全译码法的优点是可以使每片(或组)芯片的地址范围不仅是唯一确定的，而且也是连续的，不会产生地址重叠现象，但对译码电路要求较高。

3 种译码法的选择：在系统中如果不要求提供 CPU 可直接寻址的全部存储单元，则可采用线选法或部分译码法，否则采用全译码法。

5.2.4　存储器的扩展设计举例

进行存储器扩展设计时，通常按下列步骤进行：

(1)根据系统实际装机存储容量，确定存储器在整个存储空间中的位置。

(2)选择合适的存储器芯片，列出地址分配表。

(3)按照地址分配表选用译码器件，画出相应的地址位图，依次确定片选和片内单元的地址线，进而画出片选译码电路。

(4)画出存储器与 CPU 系统总线的连接图。

例 5.4　为某 8 位机(地址总线为 16 位)设计一个 32KB 容量的存储器。要求采用 2732 芯片构成 8KB EPROM 区，地址从 0000H 开始；采用 6264 芯片构成 24KB RAM 区，地址从 2000H 开始。片选信号采用全译码法。

解　第一步，确定实现 24KB RAM 存储体所需要的 RAM 芯片的数量。

因为每片 6264 提供 $2^{13} \times 8$ 位的存储容量，所以实现 24KB 存储容量所需要的 RAM 芯片数量是 $\frac{24\times 8}{8\times 8}=3$ 片。

第二步，确定实现 8KB ROM 存储体所需要的 EPROM 芯片数量。

由于每片 2732 提供 $2^{12} \times 8$ 位的存储容量，所以实现 8KB 存储容量所需要的 EPROM 芯片数量是 $\frac{8\times 8}{4\times 8}=2$ 片。

第三步，存储器芯片片选择信号的产生及电路设计。

采用 74LS138 译码器全译码的方法产生片选信号。存储器地址分配情况如图 5－8 所示。

	片选译码	片内译码		
芯片	A_{15}~A_{13}	A_{12}	A_{11}~A_0	地址范围
1#	000	0	00…0 … 11…1	0000H~0FFFH
2#	000	1		1000H~1FFFH
3#	001	00…0 … 11…1		2000H~3FFFH
4#	010			4000H~5FFFH
5#	011			6000H~7FFFH

图 5-8　存储器地址分配情况

由图 5-8 地址分配情况可知，A_{12}～A_0 作为片内地址线，A_{15}～A_{13} 作为 3-8 译码器 74LS138 的输入，产生的译码输出 000～011 作为芯片的片选信号。存储器扩展电路如图 5-9 所示。两片 2732 的片内地址 A_{11}～A_0 与系统地址线 A_{11}～A_0 连接，译码器输出端$\overline{Y_0}$和 A_{12} 经“或门”输出与 1＃2732 的$\overline{CE}$连接，A_{12}反相后和译码器输出端$\overline{Y_0}$经“或门”输出与 2＃2732 的$\overline{CE}$连接。3 片 6264 的片内地址 A_{12}～A_0 与系统地址线 A_{12}～A_0 连接，它们的片选$\overline{CE}$分别连接译码器的输出端$\overline{Y_1}$，$\overline{Y_2}$，$\overline{Y_3}$，系统地址线 A_{15}～A_{13}连接译码器 74LS138 的输入端 C，B，A。

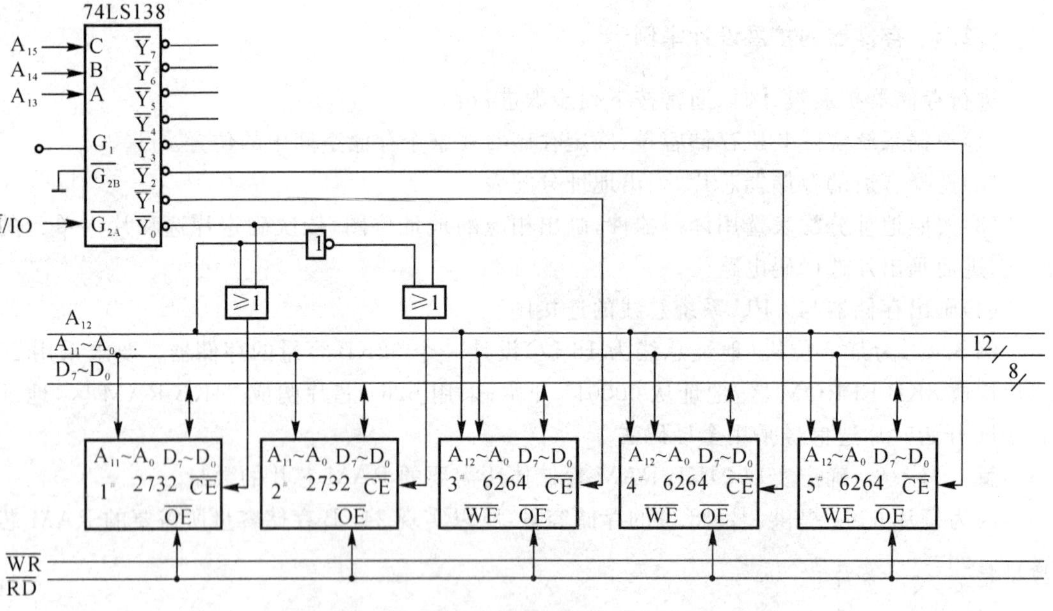

图 5-9　存储器扩展电路

5.3　80486 存储器管理模式

5.3.1　80486 保护模式存储管理

80486 微处理器工作在保护模式时对存储器的管理有两个特点：一是引入了分段分页虚

拟存储器地址转换机制，二是引入了对存储器的保护机制。地址转换机制使操作系统可以灵活地把存储区域分配给各个任务，而保护机制用来避免系统中的一个任务越权访问属于另一个任务的存储区域或属于操作系统的存储区域。

80486 微处理器有 3 种存储器地址空间：虚拟地址（逻辑地址）空间、线性地址空间和物理地址空间。

80486 CPU 工作在保护模式时，使用 46 位虚拟地址，虚拟地址空间最大可达 64TB（2^{46}字节），采用分段分页管理机制；线性地址空间是一个不分段的、连续的地址空间，线性地址为 32 位，所以线性地址空间（即段的最大长度）可达 4GB（2^{32}字节），段数最多可达 2^{14}个，页面大小固定在 4KB；物理地址空间的大小同线性地址空间。用户在程序中所使用的地址都是由"段选择符"和"偏移量"组成的逻辑地址，程序在系统中运行时，由存储管理机制把逻辑地址转换成物理地址。

在 80486 微处理器中集成有存储管理部件 MMU，MMU 采用了分段机制和分页机制以实现两级"虚拟-物理"地址的转换，如图 5－10 所示。

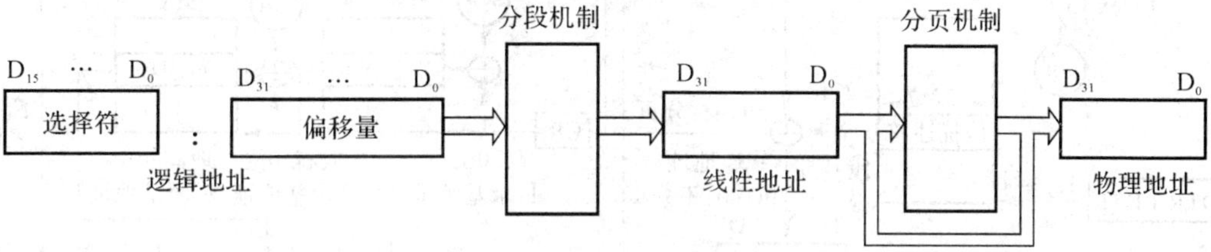

图 5－10　两级"虚拟-物理"地址转换

1. 分段分页存储管理

80486 微处理器的分段分页存储器工作原理：首先将虚拟地址空间分成若干大小不等的逻辑段，逻辑地址由间接指向段基址的 16 位段选择符和 32 位段内偏移量两部分组成，并由分段机制将 48 位逻辑地址转换为 32 位线性地址，然后再将线性地址空间等分为固定大小的若干页，将线性地址用页基址和页内偏移量表示，以页为单位进行地址映射，并由分页机制将 32 位线性地址转换为 32 位物理地址。

虚拟地址、线性地址和物理地址的关系如图 5－11 所示。

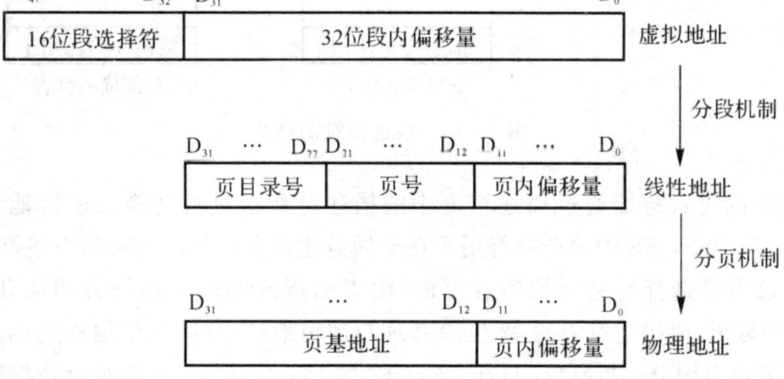

图 5－11　虚拟地址、线性地址和物理地址的关系

2. 分段方式中的地址转换

分段机制实现逻辑地址到线性地址的转换。它把用户程序中的64TB的虚拟地址空间分成1～4 GB大小不等的存储分段，并且有实施段间隔离与保护的硬件机构。

分段方式中的地址转换原理如图5-12虚线左侧部分所示。程序中的逻辑地址由16位段选择符（通过段选择符可获得32位段基址）和32位段内偏移量构成。段选择符的格式如图5-13所示。逻辑地址中的16位段选择符在程序执行时装载到相应的段寄存器CS，DS，SS，ES，GS，FS中，用来选择逻辑地址空间中的一个特定段，32位偏移量由指令中的寻址方式给出。段选择符长16位：13位索引（Index）、1位表选择位（TI）和2位请求特权级（RPL）位。其中，请求特权级不用于段选择，即16位中只有14位用于段选择，可寻址2^{14}个逻辑段，加上每个段最大可达4GB，使32位微处理器的虚拟存储空间可达64TB。

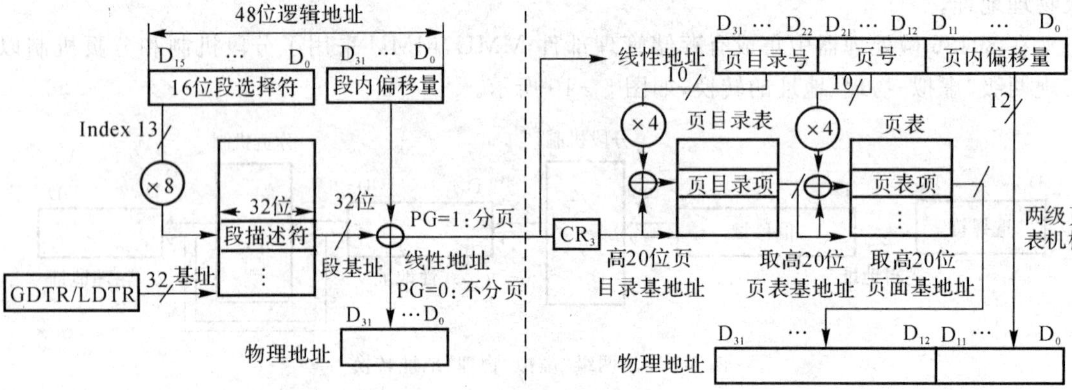

图5-12　地址空间转换

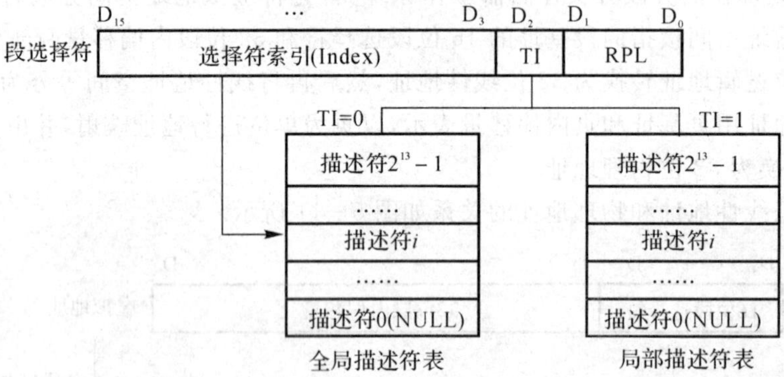

图5-13　段选择符的格式

由程序给出的逻辑地址通过描述符表中的描述符数组进行转换。逻辑地址在段寄存器CS，DS，SS，ES，GS，FS中的选择符用于在全局描述符表（GDT）或局部描述符表（LDT）中索引段描述符。每当段选择符装入段寄存器时，由索引指向的段描述符自动从TI位所选定的GDT或LDT中取出，段描述符中的32位段基址与逻辑地址中的32位偏移量相加即可得到32位线性地址。若不启用分页机制（控制寄存器CR_0的PG=0）时，线性地址就是物理地址。

Index：13位长的选择符变址（索引）值，据此值到GDT/LDT中查找对应的描述符。

TI(Table Index):1 位长的表指示符。

当 TI=1 时,在 LDT 中;当 TI=0 时,在 GDT 中。

RPL(Request Privilege Level):段选择符的 2 位长的请求特权级位。

在保护模式下,80486 微处理器常用 3 类描述符,分别是全局描述符、局部描述符和中断描述符,用来描述程序中所使用的各种存储段的特性。这些描述符分别存放在 3 种段描述符表中,分别是全局描述符表、局部描述符表和中断描述符表。它们的格式在此不再详述。

3. 分页方式中的地址转换

分页机制实现了线性地址到物理地址的转换。它把用户的线性地址空间等分为固定大小的块,每一块称为一页,线性地址以"页号-页内地址"对表示。系统也把存储器物理空间等分为同样大小、位置固定的块,每一物理存储块称为"页面",存储空间的物理地址也以"页面号—页内地址"对表示。为实现页面管理,系统为每个页面建立一张页面对照表——页表,页表内记录了每个线性地址块的页号和为其分配的物理存储块的页面号,当控制寄存器 CR_0 的 PG 位置 1 时,就启用了分页存储器管理机制,它自动地把线性地址空间中的任何一页映射到物理空间的一页,将线性地址转换成物理地址。

(1) 页表、页目录表。分页部件用来将分段部件或指令预取部件产生的线性地址转换成物理地址。

存储器分页管理是通过内部寄存器和两级页表来实现的。如上所述这种管理方式,将内存按每 4 KB 划分为一页 (称为一个页面),每 1 024 页为一个低级管理单位。每页有一个起始地址 (低 12 位全为 0),1 024 个页地址集中排列存放,构成页表。页表中的每一项称为一个页表项,每个页表项占 4 个字节,整个页表占 4 KB 空间 (一页),由 10 位地址表示。在低级管理单位的上面是高级管理单位,对 1 024 个低级管理单位 (页表)实施管理。每一个页表也有一个地址,即页表的起始地址 (低 12 位全为 0),这 1 024 个页表地址集中排列存放,构成页目录表。页目录表中的每一项称为一个页目录项,也占 4 个字节,整个页目录占 4 KB 空间 (一页),也由 10 位地址表示。页目录表的首地址存放于 CPU 内控制寄存器组的 CR_3 寄存器中。

这样两级管理共可管理 4GB 内存。

(2) 页部件的地址转换。分段部件提供的 32 位线性地址中,高 10 位作为偏移量与控制寄存器 CR_3 中的 20 位项目录表基址相加 (最低 2 位为 0,共 32 位),指示页目录表中的某一目录项。该目录项中的 20 位地址作为页表基址与线性地址中的中间 10 位 (作为偏移量)相加 (最低 2 位为 0,共 32 位),指示某一页表中的某一项。该项中的 20 位地址再作为页基址与线性地址中的低 12 位偏移量相加,生成指向某一存储单元的 32 位物理地址,其过程如图 5-14(a)所示。

生成的物理地址送总线接口部件,以访问存储器或某一 I/O 设备。

由上述过程可知,页转换只是对线性地址高 20 位进行转换,即把线性页号转换成物理页号,页内偏移量对两者都是相同的。在线性空间内,相邻页经过页转换后可能分散在物理空间不同区域,而线性空间不相邻页也可能成为物理空间相邻页。

(3) 页目录项/页表项。页目录表和页表中每一项的格式如图 5-14 (b)所示,其中高 20 位给出页表或页面的高 20 位地址,其余 12 位是标志位或保护信息。

(4)页描述符高速缓冲存储器。采用两级页表转换技术固然具有节省内存的优点,但多访问一级页表会使地址转换速度降低。为此,在 32 位 CPU 的分页部件中,设置了一个转换后援缓冲器 TLB。TLB 是一个四路组相连高速缓冲存储器，其间保存了当前最可能访问的 32 个页表项，构成一个内存页表的局部副本。这种分页存储管理机制有效地加速了从线性地址到物理地址的转换过程。

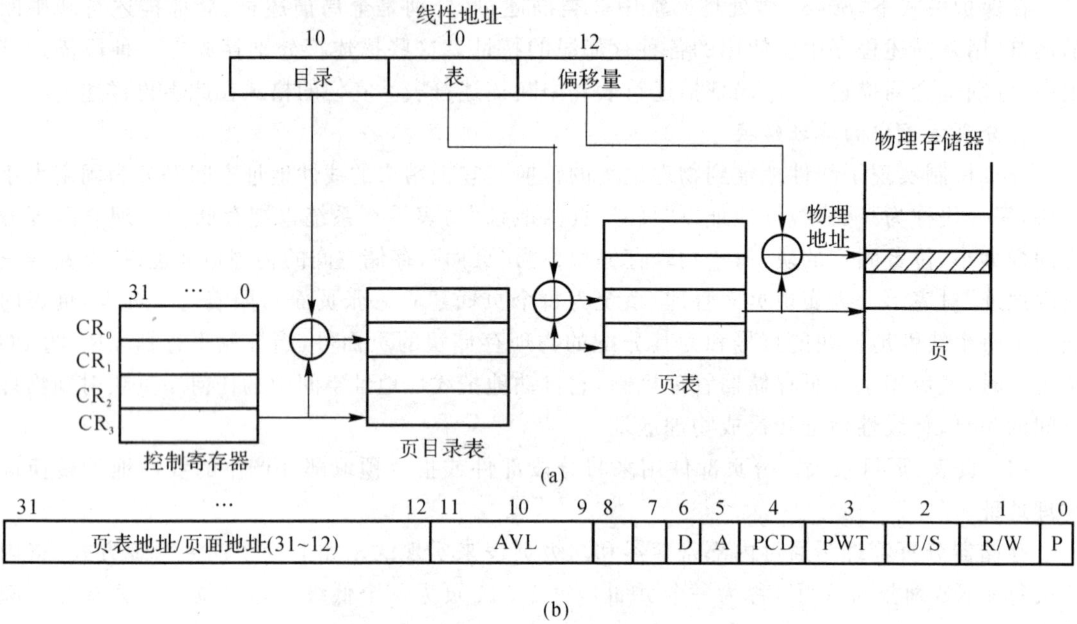

图 5 - 14　分页部件工作过程与表项格式

(a)线性地址转换成物理地址；(b)页目录项/页表项格式

TLB 的结构及地址变换原理如图 5 - 15 所示。TLB 由两个字段组成：页表数据字段，存放页表项；标记字段，存放与其页表项对应的线性地址的高 20 位(位 31～12，线性页号)。TLB 中共可保存 32 个页表项。当页部件将线性地址变换为物理地址时，先用 TLB 的标记字段来搜索线性地址位 31～12。若搜索到，说明 TLB 命中，则使用 TLB 中对应的页表数据字段作为页物理地址位 31～12(物理页号)；若未搜索到，说明 TLB 未命中，这时才经内存的二级页表结构去寻找物理页号(页表项)，同时将它复制到 TLB 中。如果复制时 TLB 已满，则按某种算法进行置换。

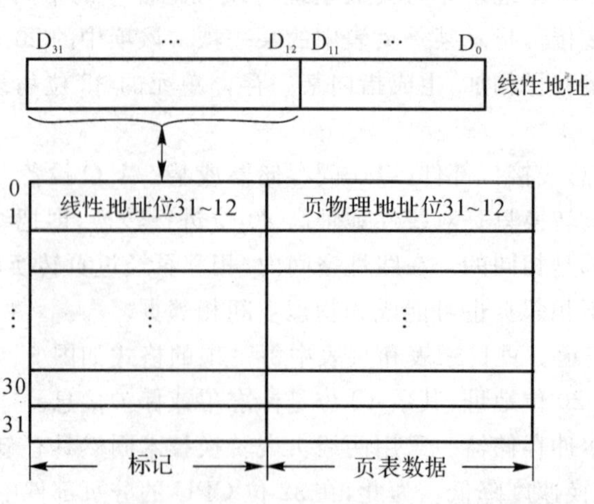

图 5 - 15　TLB 的结构及地址变换原理

32 位微处理器的分页机制和分段机制都使用驻留在内存中的各种表格固定各自的转换函数，这些表格具有彼此独立的表结构，段表存储在线性地址空间，页表存储在物理地址空间。这些存储在存储器中的表格只允许由操作系统进行访问，应用程序不能对其进行修改。操作系统为每一任务维护一个不同的转换表格集，使每个任务可使用的地址跨越整个虚拟地址空间，这样不仅使每个任务具有不同的虚拟地址空间，并且使任务之间可以彼此隔离。

4. 地址变换过程小结

地址变换过程也称地址流水线，是指由用户使用的逻辑地址转换成存储器物理地址的过程。在程序中，存储器地址往往是以逻辑地址的形式给出的，即一个段寄存器和一个由寻址方式确定的 32 位偏移量。在段寄存器中存放的是选择符（也称为索引码），以其高 13 位选择段描述符表中的某一项，送段描述符寄存器。在段描述符中包含有 32 位段基址、20 位界限值和 12 位属性说明。32 位段基址与逻辑地址中的偏移量相加，产生线性地址。这时如果分页禁止，那么产生的线性地址就是存储器物理地址。如果分页，首先根据线性地址的高 20 位查页描述符高速缓冲存储器 TLB，以获取物理地址。如果不能命中，则由分页部件再将线性地址转换成物理地址。其地址流水线如图 5－16 所示。

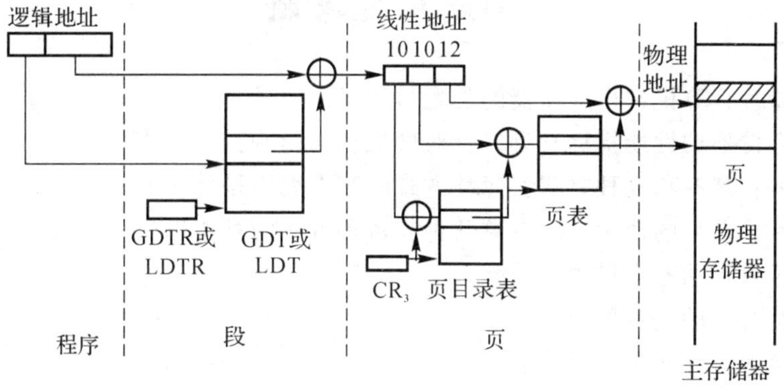

图 5－16　地址变换过程

5.3.2　虚拟 8086 模式存储管理

1. 段式存储管理的特点

在虚拟 8086 模式下，80486 微处理器不是用选择符查询描述符去装入 CPU 内描述符寄存器，而是按段基址（段寄存器值）乘以 16，段限长为 FFFFH 的规定装入，所以不存在虚拟 8086 模式的描述符。

2. 页式存储管理的特点

系统中存在多个虚拟 8086 任务时，一般采用页式管理。

（1）当系统中存在多个虚拟 8086 任务时，可由系统自动将各个任务的 1MB 线性地址空间映射到物理空间的不同区域。

（2）页式管理可以产生大于实际物理空间的虚拟存储空间，构成页请求虚拟存储系统，可容纳所有程序和数据。页请求虚拟存储系统利用 14 号异常（页 fault）在虚拟地址空间的内存和外存之间实现页的调度，调入要访问的程序或数据所在的缺页，换出近期最少使用的页到外存。

(3) 多个虚拟 8086 任务共享 8086 操作系统或 ROM 代码。

(4) 由存储器映射 I/O 设备,可使端口地址对应于不同的线性地址。

3. 虚拟 8086 模式与实地址模式的比较

(1)共享。两者都是为了兼容 8086/8088/80186/80188 而设置的 16 位操作方式,它们的段首址都为段寄存器值乘以 16,最大段容量均为 64KB,最大寻址空间为 1MB。

(2)区别。两者的区别主要表现在以下两个方面:

1)实地址模式是整个 CPU 的工作模式,是实实在在的 8086 模式,此时的 CPU 相当于一个快速的 8086,只能运行 8086 程序的任务。而虚拟 8086 模式是一种模拟(仿真)8086 模式,是在虚拟存储器、保护和多任务操作等环境支持下的工作模式。所以,在一个多任务操作系统环境中,既可在虚拟 8086 这种仿真模式下创建和运行 8086 程序的任务,又可在保护虚地址模式下创建和运行 80286 程序的任务和 80386/80486 程序的任务。

2)在实地址模式下,各个段的特权级都为 0 级(最高级);而在虚拟 8086 模式下,各个段的特权级都为 3 级(最低级)。这样,在虚拟 8086 模式下,就限制了一些特权指令的执行。

习题与思考题

1. 试说明微型计算机常用存储器的类型与特点。
2. 半导体存储器的性能指标有哪些?对微机有何影响?
3. 存储器的扩展有哪几种方式?每种方式的基本思想是什么?
4. 存储器片选信号的产生方法有哪几种?每种方法的基本思想是什么?
5. 简述分段管理的基本思想。
6. 简述分页管理的基本思想。
7. 什么是页表?什么是页目录表?
8. 简述 32 位微机的地址变换过程。
9. 简述虚拟 8086 模式存储管理的基本思想。
10. 简述虚拟 8086 模式与实地址模式的区别。

第6章 输入/输出接口技术

＊学习基本要求

通过本章的学习，需要掌握输入/输出(I/O)接口的有关概念，重点掌握I/O数据传送有哪些方式以及这些方式适应的场合与优缺点，掌握同步与异步传送方式下的接口技术，了解DMA方式下的接口技术。

＊内容要点

本章必须要理解的知识点：接口的基本功能、I/O端口的寻址方式、I/O端口的地址形成；CPU与外设通信时的输入/输出传送方式以及各方式的优缺点；同步方式和异步查询方式下的接口技术。

＊知识结构框图

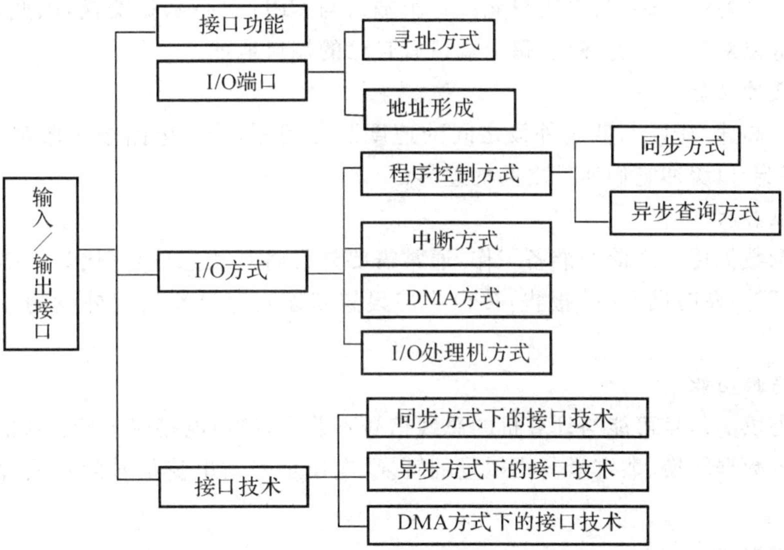

6.1 输入/输出接口概述

6.1.1 CPU与外设通信的特点

存储器与CPU交换信息，它们在数据格式、存取速度等方面基本是匹配的，也就是说CPU要从存储器读入指令、数据或向存储器写入新的结果和数据，只要一条存储器访问指令就可完成，在硬件连接方面是芯片与芯片之间的管脚连接。

而CPU要与外部设备通信时，由于计算机的外部设备品种繁多，几乎都采用了机电传动设备，因此，CPU在与I/O设备进行数据交换时存在以下问题：

(1)速度不匹配：I/O设备的工作速度要比CPU慢许多，而且由于种类的不同，它们之间的速度差异也很大，例如硬盘的传输速度就要比打印机快很多。

(2)时序不匹配：各个I/O设备都有自己的定时控制电路，以自己的速度传输数据，无法与CPU的时序取得统一。

(3)信息格式不匹配：不同的I/O设备存储和处理信息的格式不同，例如可以分为串行和并行两种，也可以分为二进制格式、ACSII编码和BCD编码等。

(4)信息类型不匹配：不同I/O设备采用的信号类型不同，有些是数字信号，而有些是模拟信号，因此所采用的处理方式也不同。

基于以上原因，CPU与外设之间的数据交换必须通过接口来完成。

6.1.2 接口的基本功能

CPU与外设之间的接口应具有以下基本功能。

1. 端口选择功能

计算机系统中往往挂接有多个外设，每个外设与CPU传递多种信息，如数据信息、状态信息、控制信息，这些信息分别存放在外设接口不同类型的寄存器中。CPU同外设之间的信息传送实际上是对这些寄存器进行读或写操作，接口中这些可以由CPU进行读或写的寄存器被称为端口。在同一时刻，总线只允许一个端口与CPU进行数据交换，因此需要通过接口的地址译码电路对端口进行寻址，每个端口有自己的端口地址。

2. 数据缓冲功能

为了解决高速CPU与低速外设之间的速度匹配问题，接口电路中一般都设置有数据输入/输出寄存器，以缓冲它们速度之间的差异。

3. 状态应答功能

为了协调数据传送之前的准备工作，通常需要外设将其状态信号(比如，“准备就绪”“忙”“空闲”“出错”等)及时向CPU报告，接口中应设置状态寄存器来监视外设的工作状态，并供CPU查询。

3. 信号转换功能

外设所提供的信号可能与计算机的总线信号不兼容，接口电路应进行相应的信号转换，包括串行与并行数据转换、数字量与模拟量的转换、电压信号与电流信号的转换、高低电平的转换等。

4. 中断管理功能

当外设需要及时得到CPU的服务，特别是出现故障需要CPU立即处理时，就要求接口中设置中断管理器，处理中断过程。

5. 时序控制功能

提供实时时钟信号，统一数据的传输速度。

6.1.3 I/O接口与CPU、外设之间交换的信号

I/O接口作为CPU与外设通信的桥梁，三者之间信息交换的关系如图6-1所示。

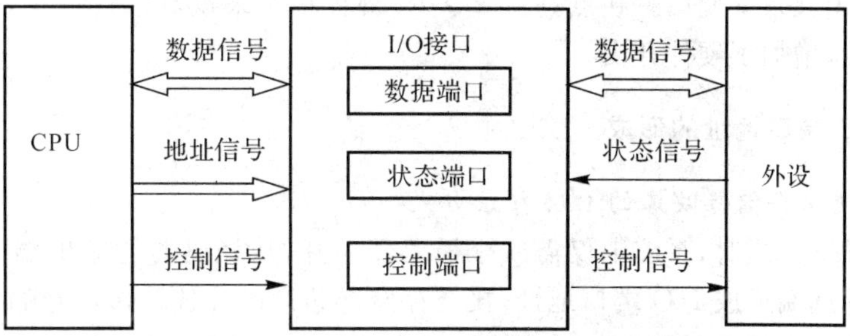

图 6-1　I/O 接口与 CPU、外设之间的信号

CPU 与 I/O 接口之间的信号包括数据信号、地址信号和控制信号。数据信号传递 CPU 与 I/O 接口之间要传送的数据，双向的；地址信号用来选择 I/O 接口的端口地址；控制信号用于读/写控制等。

I/O 接口与外设之间的信号通常包括数据信号、控制信号与状态信号。数据信号传递 I/O接口与外设之间要传送的数据，可见，外设与 CPU 之间通过接口进行数据传送；控制信号由 I/O 接口发往外设，控制外设的启动与停止等；状态信号是外设提供给 I/O 接口的状态信息，比如“忙”“准备就绪”等状态。

6.1.4　I/O 端口的寻址方式

在微机系统中，存储器的每个单元都分配有一个唯一的物理地址，对存储器的访问必须直接或间接地提供被访问的存储单元的地址。

同理，CPU 要与外部设备通信，必须使每个设备具备有地址，为与存储单元地址区别，称为端口地址。一个外部设备可能分配一个以上的端口地址，输入和输出端口是通过不可编程或可编程的芯片与 CPU 的有关管脚连接而形成的，因而产生端口地址的方式与产生存储单元地址的方式类似。

在一个微机系统中既有存储单元地址又有 I/O 端口地址，根据两者地址的不同安排可分为以下两种方式。

1. 存储器映像的 I/O 寻址

在系统中若把 I/O 端口的地址和存储单元统一编址，即采用同一译码器进行编址，此时，一个 I/O 口地址就是一个存储单元地址。对 I/O 端口的访问只能用存储器访问指令，这种方式称为存储器映像的 I/O。

2. I/O 映像的 I/O 寻址

若在系统中 I/O 端口地址与存储单元地址分开编址，即采用不同的译码器进行编址，它们各自有自己的地址，可以使用不同的指令，对外设通信用 IN 或 OUT 指令，对存储单元用存储器访问指令，这称为 I/O 映像的 I/O 寻址。

以上这两种 I/O 寻址方式各有优缺点。使用存储器映像的 I/O 寻址其优点是：指令丰富，编程方便，硬件节省，适合于较小系统使用。缺点是：程序阅读不方便，因为对外设的访问与对存储器访问指令一样，程序中不易看出对外设的执行情况；由于 I/O 端口地址占用存储单元地址，因而使存储器地址范围减小。I/O 映像的 I/O 寻址其优点是：程序阅读方便，有 IN 或 OUT 指令处一定是对外设的通信；由于 I/O 端口有自己的地址，因而使系统存储器地址范围大，适合于大系统使用。缺点是：指令少，编程相对来说灵活性减少，硬件上需要 I/O 端口的译码芯片，增加了硬件开支。

6.1.5 I/O 端口地址的形成

1. 系统中使用存储器映像的 I/O 寻址方式

使用这种寻址方式时，系统中仅需一个译码器芯片，从译码器的输出端接至 I/O 接口芯片的控制端或片选端形成 I/O 端口地址，接至存储器芯片的片选端形成存储单元地址，此时，译码器的控制输入端要接 CPU 的 $M/\overline{IO}$线，且在该线上产生高电平时有效，其原因是在执行存储器访问指令时，CPU 的 $M/\overline{IO}$管脚输出高电平有效信号。

在图 6-2 中，形成了一个 2KB 的存储单元地址和一个 2KB 的 I/O 端口地址，根据其硬件连接可知，存储单元地址范围为 00000H～007FFH，I/O 端口地址为 00800H～00FFFH。

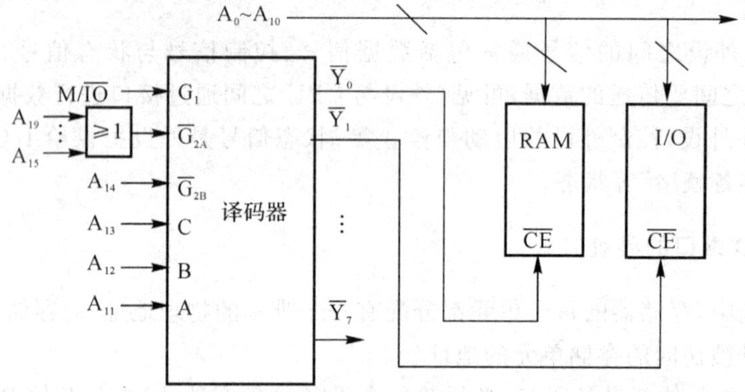

图 6-2 存储器映像 I/O 端口地址形成

2. 系统中使用 I/O 映像的 I/O 寻址方式

使用这种寻址方式时，系统中的 I/O 端口地址需要单独的一个译码器芯片，译码器的输出端仅允许接 I/O 接口芯片的控制端或片选端，此时，译码器的控制输入端要接 CPU 的 $M/\overline{IO}$线，且在该线上产生低电平时有效，其原因是在执行 IN 或 OUT 指令时，CPU 的 $M/\overline{IO}$管脚输出低电平有效信号。使用 I/O 映像的 I/O 寻址时，端口地址仅需要 A_0～A_{15}这 16 根地址线或 A_0～A_7 低 8 位的 8 根地址线。图 6-3 中，形成了 2 位十六进制的端口地址，第一片 I/O 芯片端口地址为 80H～87H，第二片 I/O 芯片端口地址为 88H～8FH。

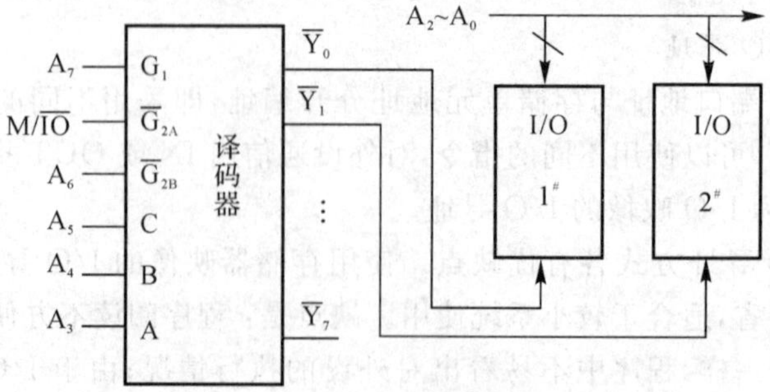

图 6-3 I/O 映像 I/O 端口地址形成

6.2 输入/输出方式

从 CPU 与外设通信的特点可知,在数据的传送过程中,关键问题是控制交换过程。数据传送的控制方式有:程序控制传送方式,中断控制传送方式,直接存储器存取方式,I/O 处理机方式。

6.2.1 程序控制传送方式

这种方式是指其状态和数据的传送是由 CPU 执行一系列指令完成的,这种方式又可分为以下两种。

1. 同步传送方式(又称无条件传送方式)

在这种方式下,CPU 直接与外设传送数据而不必预先检查外设状态,因为这种外设的时序是已知的及固定的。然而,适合于这种传送方式的外设很少,如钮子开关、发光二极管等。

2. 异步查询方式(又称条件传送方式)

当慢速的外设与 CPU 交换数据时,常用这种方式。

在这种方式下,CPU 与外设传送数据之前,先检查外设状态,只有在状态满足条件的情况下才可以传送数据。状态的检查是 CPU 执行一段程序完成的。

6.2.2 中断控制传送方式

使用异步查询方式时,CPU 要用大量时间去执行状态查询程序,使 CPU 的效率大大降低。如果不需 CPU 主动去查询外设的状态,而是让外设在准备好之后通知 CPU,显然,CPU 在没接到外设通知前只管运行自己的程序,只有接到通知时才执行与外设的数据传送工作。这样,可大大提高 CPU 的利用率,这种方式称中断方式。此方式将在第 7 章讨论。但对快速的外设,要不断请求中断,CPU 同样也要用大量时间去响应它。

6.2.3 直接存储器存取方式

直接存储器存取方式(Direct Memory Access),又称为 DMA 传送方式。对于高速的外设,以及大批量数据传送的应用场合,例如,外存储器与内存之间交换信息,用程序或中断控制传送数据的方法显然速度太慢并且占用 CPU 大量时间。

采用 DMA 方式是用一个硬件 DMAC(称 DMA 控制器)芯片来完成软件的工作。比如,内存地址的修改,字节长度的控制等,在这种方式下,CPU 放弃数据总线、地址总线及控制总线的控制权,交给 DMAC 管理,使得外设和内存的信息直接快速传送。但这种方式要求设置 DMA 控制器,电路结构复杂,硬件开销大。

6.2.4 I/O 处理机方式

引入 DMA 方式之后,数据的传送,尤其是控制数据的输入/输出,数据的传送速度和响应时间均有很大提高,特别是 DMA 控制器分担了数据输入/输出过程的部分操作,但是数据输入之后或输出之前,有时要对数据进行运算和处理。如数据的交换、装配、拆卸和数码的校验等,都要由 CPU 来完成。为了使 CPU 完全摆脱管理和控制输入/输出设备的负担,又提出了

I/O 处理机的方式。由 I/O 处理机承担输入/输出信息的操作与处理。I/O 处理机可以是与主 CPU 不同的微处理器，它有自己的指令系统，可以执行程序来实现对数据的处理。

6.3 CPU 与外设通信的接口

CPU 与外设通信时采用的传送方式不同，则它们之间接口的工作原理、复杂程度也不相同，下面分别讨论。

6.3.1 同步传送方式的接口

这种方式是所有传送方式中最简单的一种，所需的硬件和软件也最少，但使用的前提是外设具有固定的时序或已知的定时。

1. 同步输入方式

(1)同步输入过程：提供端口地址，以便 CPU 从指定的外设中取入数据；执行读指令；地址译码器输出，同时产生 $M/\overline{IO}$和$\overline{RD}$控制信号；数据从端口中输入至 CPU 寄存器。

(2)接口电路。为防止 CPU 在取外设数据时，数据发生变化，往往在硬件上采用缓冲器把外设数据先缓存起来，CPU 取数时打开缓冲器即可。图 6-4 所示是一个同步输入的硬件接口电路。

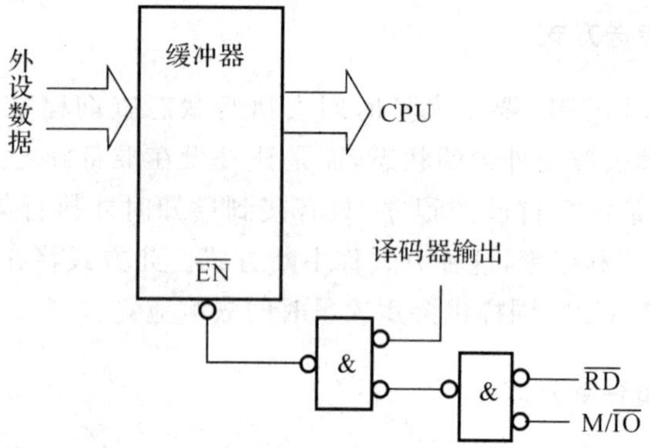

图 6-4 同步输入接口电路

软件中执行一条 IN 指令实现数据输入：

IN AL, PORT ;PORT 为输入端口地址

(3)不可编程缓冲器芯片 74LS244。74LS244 是一个具有 20 个管脚的双列直插式 TTL 芯片，图 6-5 (a)是其管脚图。它有 2 个低电平有效的片选端$\overline{CE}_1$ 和$\overline{CE}_2$，8 个输入端 D_0～D_7，8 个输出端 Q_0～Q_7。由两个片选端信号控制可作为两个 4 位的缓冲器使用，也可作为一个 8 位的缓冲器使用。其内部结构实质上是 8 个带“允许输出”的三态器件，它仅能用于输入接口。图 6-5(b)是它作为一个 8 位输入接口的电路图，输入外设为按键开关。

2. 同步输出方式

(1) 同步输出过程：提供端口地址，以便 CPU 将数据送到指定的外设；执行写指令；地址译码器输出，同时产生 $M/\overline{IO}$和$\overline{WR}$信号；CPU 将数据输出到端口。

(2)接口电路。由于 CPU 数据线上挂接的负载很多，为了将 CPU 数据线上的信息准确

传送，除了正确提供端口地址外，还需将数据锁存或驱动后提供给外设。图 6-6 所示是一个同步输出的硬件接口电路。

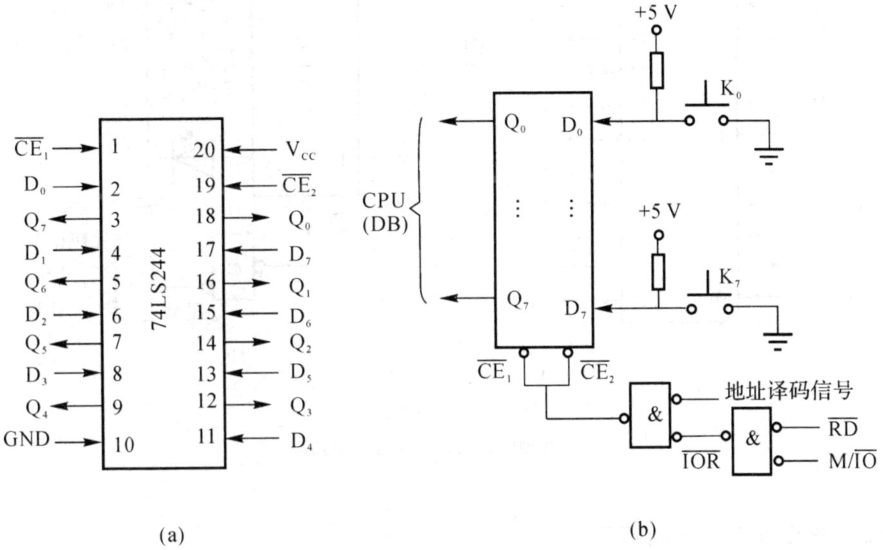

图 6-5　74LS244 图

(a)管脚图；(b)输入接口电路图

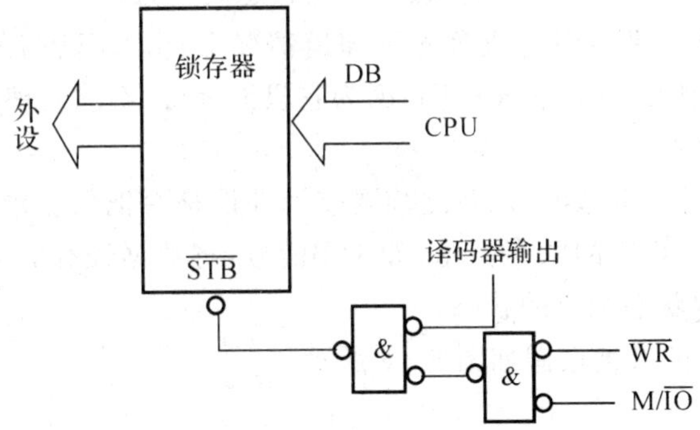

图 6-6　同步输出接口电路

软件中执行一条 OUT 指令实现数据输出：

OUT PORT，AL　　;PORT 为输出端口地址

(3)不可编程锁存器芯片 74LS273。74LS273 是一个具有 20 个管脚的双列直插式 TTL 芯片，图 6-7 (a)是其管脚图。它具有清零端 CLR 和锁存控制端 $\overline{CP}$，仅当 $\overline{CP}$ 端具有低电平有效信号时，$D_0 \sim D_7$ 输入端上的信号才会被锁存在 74LS273 内，并在 $Q_0 \sim Q_7$ 的输出端上输出；当 $\overline{CP}$ 上信号无效时，原被锁存的信号不会因 $D_0 \sim D_7$ 上信号的变化而改变。其内部结构是 8 位的 D 锁存器，它适合于作输出接口。图 6-7(b)是它作为一输出接口的电路图，输出外设为发光二极管。

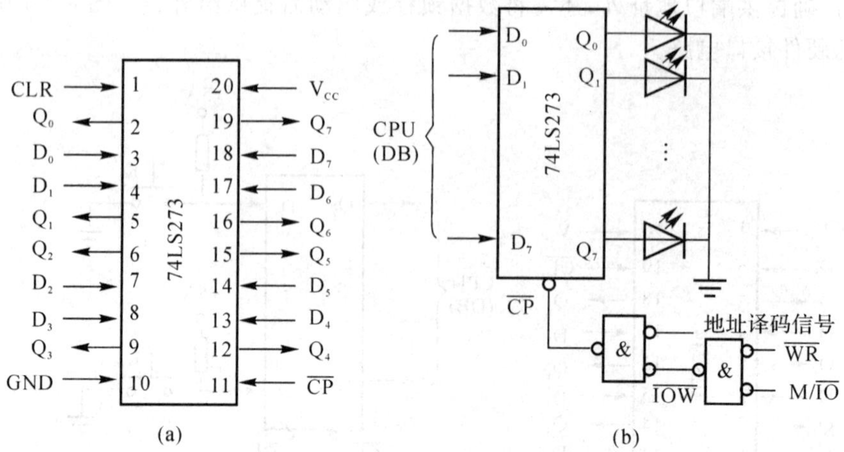

图 6-7 74LS273 图

(a)管脚图； (b)输出接口电路图

6.3.2 异步查询方式的接口

当 CPU 与外设用异步查询方式通信时，要求外部设备能提供状态信息，状态信息是通过状态端口检测的。当状态满足条件时，CPU 则从数据端口与外设交换数据；当状态不满足条件时，CPU 则要不断地从状态端口检测状态，直至状态满足为止。

这种方式是在外设时序不固定或事先不知道情况下，由 CPU 与外设协调工作。但当程序不断循环检测时，将浪费 CPU 很多时间，因为它只能等待，不能处理其他任务。

1. 异步查询输入方式

当 CPU 从慢速的外设取数时，取数之前要查询外设是否把数据准备好，也就是说当外设的数据准备好时，应发出相应的状态信息，如$\overline{STB}$信号，将数据锁存起来。CPU 用 IN 指令取数据之前，用 IN 指令取状态端口的状态。

异步查询输入方式的查询框图如图 6-8 所示。

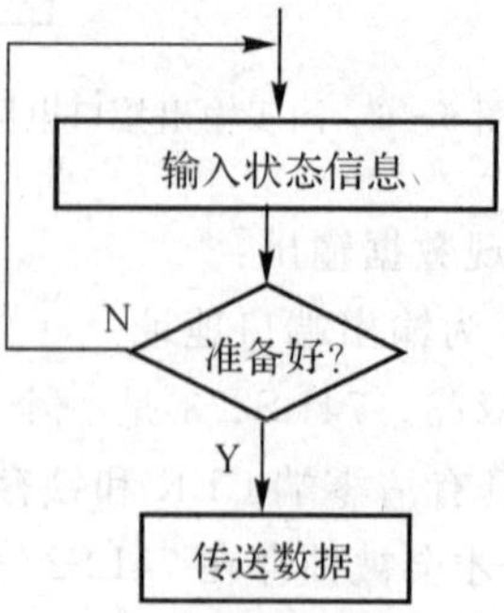

图 6-8 异步输入查询框图

异步查询输入设备的状态端口和数据端口电路如图 6-9 所示。

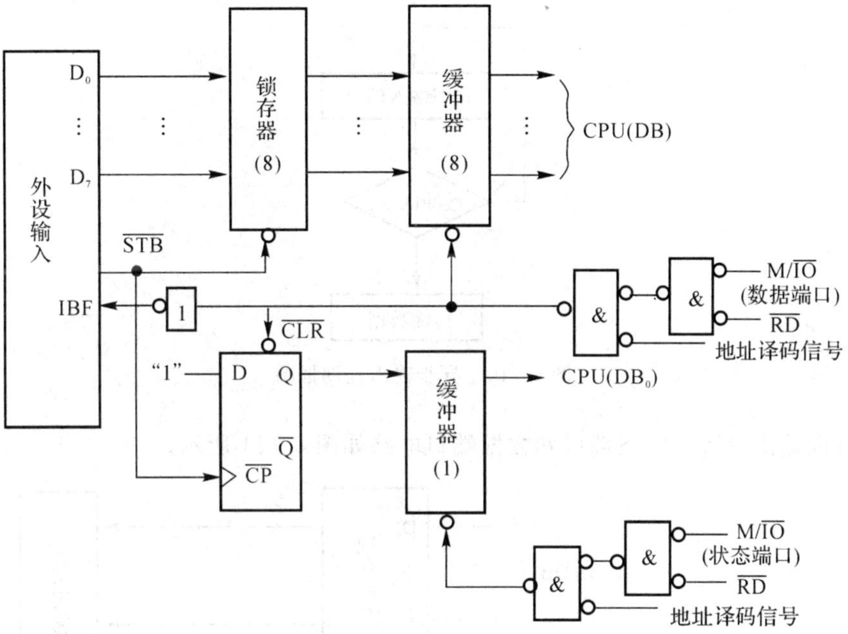

图 6-9　异步查询输入接口电路

下面讨论图 6-9 电路的工作原理。当外设数据准备好时则发出低电平有效的状态信号 $\overline{STB}$,该信号有两个作用:其一,作为 8 位锁存器的控制信号,当$\overline{STB}$在低电平时,外设准备好的数据被锁存起来,且锁存器的输出为缓冲器的输入信息;其二,$\overline{STB}$信号使 D 触发器的输出端 Q 变成高电平,该高电平为缓冲器 (1)的输入信号。至此,外设输出的$\overline{STB}$信号使数据锁存,使状态信号保存于缓冲器 (1)中,若该缓冲器的输出接于 CPU 数据线 D_0 上,执行一条 IN 指令,从状态端口取状态信息,测试其 D_0 位是否为"1",若 $D_0=1$,表明状态满足条件,从而可执行从数据端口取数指令。CPU 将数据从缓冲器(8)取走的同时,将 D 触发器 Q 端清 0,使外设状态条件不满足,又送给外设一个 IBF 信号 (输入缓冲器满)表示数据已被输入,把$\overline{STB}$置为高电平。仅当外设再次发出低电平$\overline{STB}$信号时,将准备好的数据锁存,状态信号又使 D 触发器 Q 端变"1",CPU 检查状态满足后,进行下一个数据的获取。

与图 6-9 相应的软件查询程序如下:

```
TEST1: IN AL,SPORT          ;取状态信息
       TEST AL,01H          ;检查 D0 位
       JZ TEST1             ;D0≠"1",则等待
       IN AL,DPORT          ;D0="1",取数据
         ⋮
```

2. 异步查询输出方式的接口

当 CPU 将数据送到外部设备时,由于 CPU 执行速度很快,外设不一定能及时地把数据取走。若外设没有取走前一个数据,则 CPU 不能立即再输出下一个数据,否则,数据就会被覆盖而丢失。因此,外设取走一个数据就要发出一个状态信息,告诉 CPU 现在缓冲区的数据取走了,缓冲区内空着,可以再输出下一个数据。

异步查询输出方式的查询框图如图 6-10 所示。

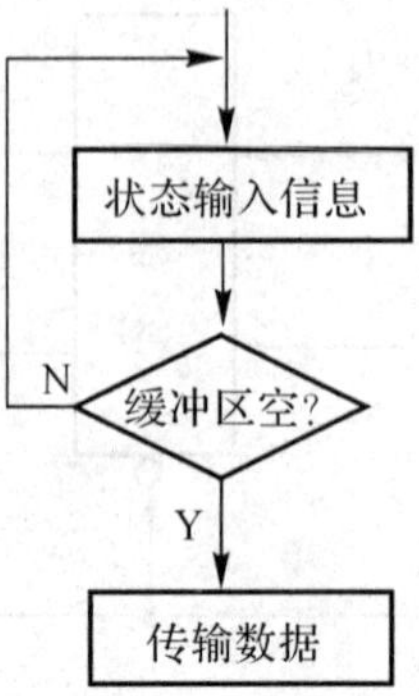

图 6-10　异步输出查询框图

异步查询输出设置的状态端口和数据端口电路如图 6-11 所示。

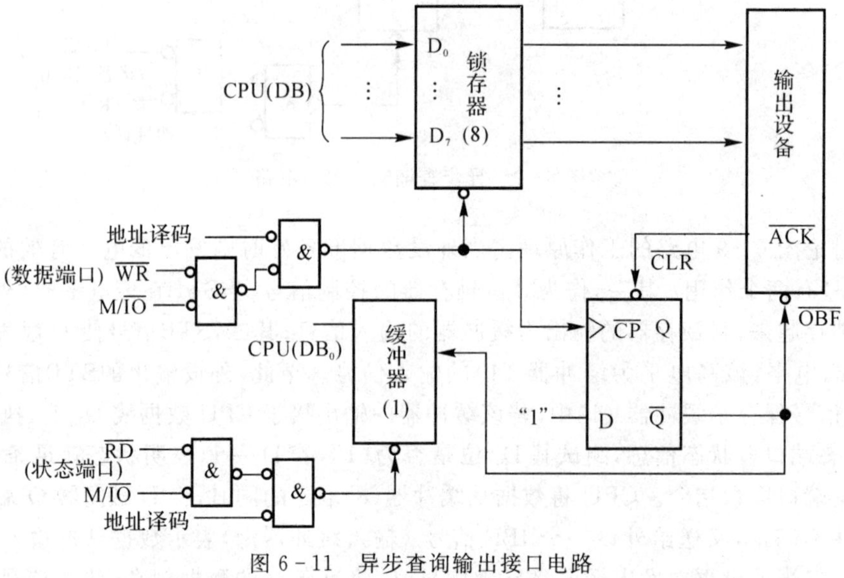

图 6-11　异步查询输出接口电路

下面讨论图 6-11 电路的工作原理。当 CPU 执行一条 OUT 指令时，将数据输出到锁存器 (8)锁存，同时会使 D 触发器的 $\overline{Q}$ 端输出低电平有效信号$\overline{OBF}$，表示输出缓冲区"满"，通知外设可以取数。外设取走数据，发出一个回答信号$\overline{ACK}$，这个低电平有效的$\overline{ACK}$信号，使 D 触发器 Q 端输出为 0，$\overline{Q}$ 端输出为 1，也使得状态缓冲器 (1)的输出为 1。若状态信号接到 CPU 的数据总线 D_0 上，CPU 执行一条取状态指令，测试其 D_0 位，若 $D_0=1$，则表明缓冲区空，外设已将前一个数据取走，CPU 可输出下一个数据；否则，CPU 要一直测试状态信息 D_0 位，当 $D_0=0$ 时，CPU 不能送下一个数，以免前面的数据被覆盖而丢失。

与图 6-11 电路相应的软件查询程序如下：

```
TEST2:IN AL,SPORT            ;取状态信息
      TEST AL, 01H           ;检查 D0 位
      JZ TEST2               ;D0="0",则等待
      MOV AL,[BX]            ;假设在内存的输出数据由 BX 间接寻址
```

```
INC BX
OUT DPORT,AL                ;D0≠"0",输出数据
  ⋮
```

例 6.1　假设某微型打印机使用标准的并行接口，其接口包括单向接收数据线 DB_0～DB_7，联络信号 $\overline{STB}$，BUSY 和 $\overline{ACK}$ 等。该微型打印机通过 20 芯扁平电缆与主机连接，打印机引脚信号如图 6－12 所示。

2	4	6	8	10	12	14	16	18	20
GND	GND	GND	GND	GND	GND	GND	GND	$\overline{ACK}$	$\overline{ERR}$
$\overline{STB}$	DB_0	DB_1	DB_2	DB_3	DB_4	DB_5	DB_6	DB_7	BUSY
1	3	5	7	9	11	13	15	17	19

图 6.12　打印机引脚信号分配

DB_0～DB_7：数据传送线，单向，由计算机输入打印机。

$\overline{STB}$：数据选通信号，输入，在此信号上升沿，数据线上 8 位数据被打印机读入机内锁存。

BUSY："忙"信号，输出，该信号由打印机输出，当此信号有效（高电平）时，表示打印机正忙于处理上一个数据。此时，主计算机不得使用 $\overline{STB}$ 信号线向打印机送入新的数据字节。

$\overline{ACK}$："应答"信号，输出。此信号为打印机另一输出信号，此信号有效（低电平）时，即打印机已取走数据线上的数据。

$\overline{ERR}$："出错"信号，输出。当送入打印机的命令格式有错时，打印机将立即打印出一行出错信息，以提示操作者注意打印命令出错。在打印机打印出错信息之前，此信号线出现一负脉冲。

图 6－13 所示为微型计算机通过输出接口与打印机连接的电路，在计算机输出数据打印之前，通过状态端口检测 BUSY，$\overline{ACK}$ 及 $\overline{ERR}$ 信号。

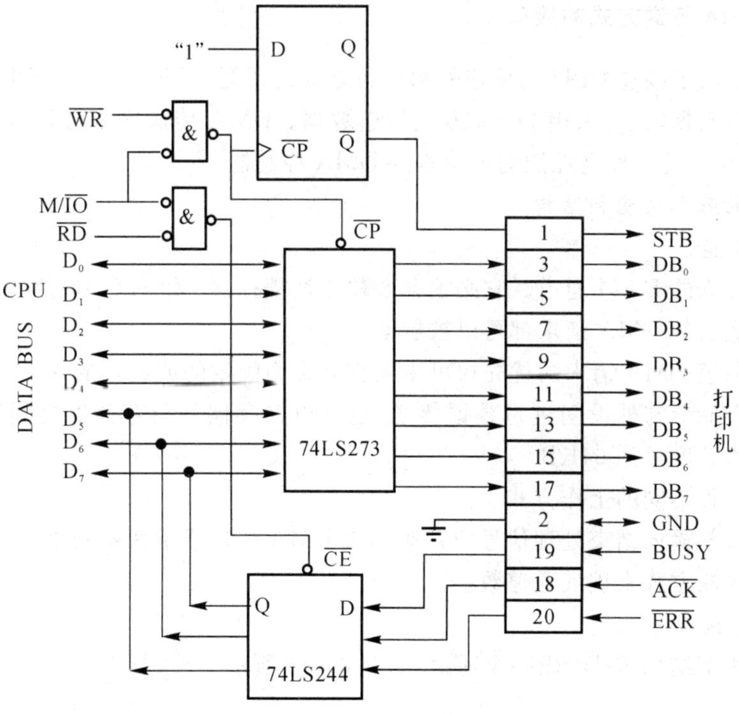

图 6－13　打印机接口电路

从图 6-13 可知，这是一个异步查询方式下 CPU 与输出设备的通信，其查询参考程序如下：

```
WAIT1：IN AL，SPORT
       TEST AL,80H          ;测试 BUSY,假设 BUSY 接在 74LS244 的 D7 上
       JNZ WAIT1            ;打印机"忙"则等待
WAIT2：IN AL,SPORT          ;测试 ACK,若 ACK 接在 74LS244 的 D6 上
       TEST AL,40H
       JNZ WAIT2            ;等待 ACK 变低
       MOV AL，[BX]
       OUT DPORT,AL         ;输出数据
          ⋮
```

6.3.3 中断方式的接口

在中断方式下，CPU 不再被动等待，而是可以执行其他程序，一旦外设为数据交换准备就绪，就可以向 CPU 提出服务请求，CPU 如果响应该请求，便暂时停止当前程序的执行，转去执行与该请求对应的服务程序，完成后，再继续执行原来被中断的程序。

中断处理方式的优点是显而易见的，它不但为 CPU 省去了查询外设状态和等待外设就绪所花费的时间，提高了 CPU 的工作效率，还满足了外设的实时要求。

中断方式中，需要为每个 I/O 设备分配一个中断请求号，此号称作中断类型码，需要编写相应的中断服务程序，此外还需要一个中断控制器来管理 I/O 设备提出的中断请求，例如设置中断屏蔽、中断请求优先级等。常用 I/O 接口芯片 8259A 作为中断控制器。

中断系统的概念及中断控制器芯片 8259A 将在第 7 章详细介绍，这里不再赘述。

6.3.4 DMA 传送方式的接口

中断技术解决了高速 CPU 与低速外部设备之间的矛盾，从而提高了 CPU 的效率。但为了快速传输大量数据，就要采用 DMA 方式传送数据。DMA 传送方式必须由 DMAC 硬件完成。Intel 8237A 就是一种高性能的可编程的 DMA 控制器。

1. 8237A 的基本功能和结构

(1) 基本功能。

· 有 4 个独立的 DAM 通道。它必须和 8 位地址锁存器（如 8282）联用。

· 每一个通道的 DMA 请求都可以被屏蔽。

· 每一个通道 DMA 请求的优先权可由编程规定为固定的或循环的。

· 可以在存储器与外设间进行数据传送，也可以在存储器与存储器之间进行数据传送。每次传送的最大长度可达 64KB。

· 可以有 4 种不同的工作方式。

· 可以由外部输入结束处理信号 $\overline{EOP}$ 来结束 DMA 传送或重新初始化。

· 可以由级联方式来扩展通道数。

(2) 内部结构。

8237A 的内部结构（只给出一个通道）如图 6-14 所示。

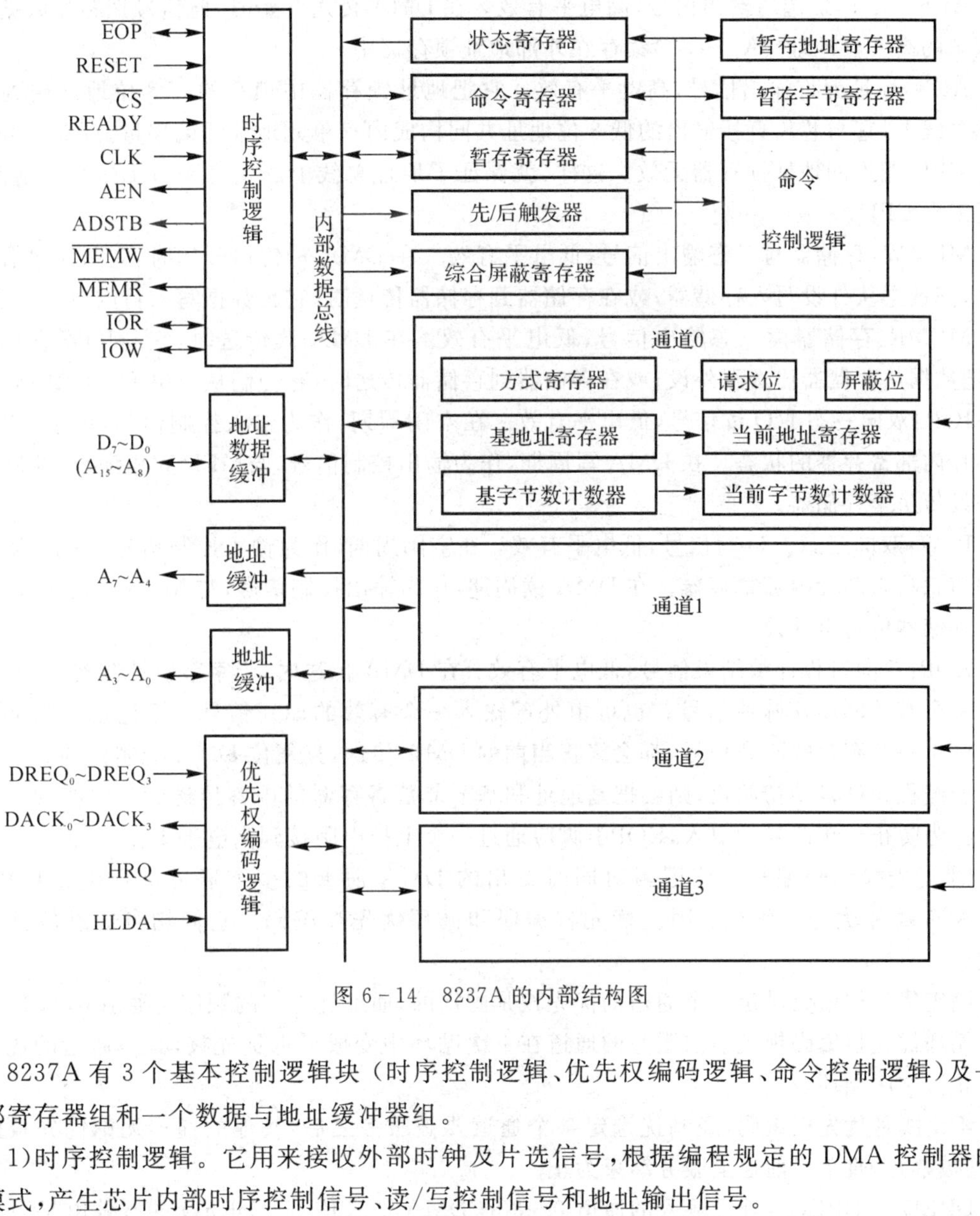

图 6-14　8237A 的内部结构图

8237A 有 3 个基本控制逻辑块（时序控制逻辑、优先权编码逻辑、命令控制逻辑）及一个内部寄存器组和一个数据与地址缓冲器组。

1)时序控制逻辑。它用来接收外部时钟及片选信号，根据编程规定的 DMA 控制器的工作模式，产生芯片内部时序控制信号、读/写控制信号和地址输出信号。

CLK：时钟输入，用于控制芯片内部的操作和数据的传送率。8237A 的时钟频率为 3 MHz，8237A-5 为 5 MHz。

$\overline{CS}$：片选输入信号，低电平有效。在 8237A 空闲周期，CPU 利用该信号对芯片进行寻址。

RESET：复位输入信号，高电平有效。芯片被复位时，除屏蔽寄存器被置位外，其他命令、状态、请求、暂存寄存器和先/后触发器都被复位。复位期间，芯片处于空闲状态。

READY：准备好输入信号。这是外设输入的高电平有效信号。当 DMA 控制工作期间所用的存储器或 I/O 设备的速度比较慢时，需要延长总线传输周期，此时，使 READY 为低电平，就使 DMA 控制器在传送过程中插入时钟周期 S_W，直至 READY 为高电平才进入下一状态，完成数据传送。

ADSTB：地址选通输出信号，高电平有效。在 DMA 传送开始时，此信号把芯片数据缓冲器送出的高 8 位地址（A_{15}～A_8）锁存在外部地址锁存器中。

AEN：地址允许输出信号，高电平有效。它把地址锁存器中锁存的高 8 位地址送到系统地址总线上，它与芯片直接输出的低 8 位地址共同构成内存单元地址的偏移量。AEN 信号也使与 CPU 相连的地址锁存器无效。这样，就保证了地址总线上的信号来自 DMA 控制器，而不是来自 CPU。

$\overline{\text{MEMW}}$：存储器写三态输出信号，低电平有效。在 DMA 写传送开始时，它与$\overline{\text{IOR}}$信号相配合，把数据从外设写入存储器；或在存储器到存储器传送时，它把数据写入目的单元中去。

$\overline{\text{MEMR}}$：存储器读三态输出信号，低电平有效。在 DMA 读传送时，它与$\overline{\text{IOW}}$信号相配合，把数据从存储器传送至外设；或在存储器到存储器传送时，它控制从源单元读出数据。

$\overline{\text{IOR}}$：双向三态 I/O 读信号，低电平有效。在空闲周期，作为输入控制信号，用于 CPU 读取芯片内部寄存器的状态。在 DMA 写周期，作为输出控制信号，与$\overline{\text{MEMW}}$相配合，控制数据由外设传送至存储器。

$\overline{\text{IOW}}$：双向三态 I/O 写信号，低电平有效。在空闲周期，作为输入控制信号，用于 CPU 把编程信息写入芯片内部寄存器。在 DMA 读周期，作为输出控制信号，与 MEMR 相配合，把数据从存储器传送至外设。

$\overline{\text{EOP}}$：双向过程计数结束信号，低电平有效。在 DMA 传送时，当字节数计数器减到零时，产生一个有效的$\overline{\text{EOP}}$脉冲信号。也可由外部输入一个有效的$\overline{\text{EOP}}$信号。不论是由内部还是外部产生一个有效的$\overline{\text{EOP}}$信号，都会终止当前的 DMA 传送，且复位 DMA 控制器的内部寄存器。若编程允许自动初始化，则会把基地址和基字节数寄存器的内容传送到相应的现行寄存器中。为防止干扰信号的引入，$\overline{\text{EOP}}$引脚应通过一个上拉电阻接到高电平上。

2）优先权编码编辑。该逻辑对同时提出的 DMA 请求的多个通道进行优先权排队。8237A 有两种优先权编码：固定优先权编码和循环优先权编码。它们均可通过软件编程选定。

固定优先权编码设定 4 个通道的优先权是固定的，通道优先权的顺序是通道 0，1，2，3。

循环优先权编码规定当前服务的通道在下次循环中变成最低优先权，其他通道的优先权依次轮流顺序循环。

不论哪种优先权编码，经判优选定某个通道要被服务之后，其他的通道无论优先权的高低，均被禁止，直至当前通道服务结束为止。

$DREQ_0$～$DREQ_3$：外设输入的通道 0～3 的 DMA 请求信号。DREQ 的有效电平可由编程设定。当外设要求服务时，应将相应的 DREQ 信号置成有效电平，直至相应的 DMA 请求响应信号 DACK 变为有效时为止。芯片复位后，DREQ 规定为高电平有效，4 个请求输入线均处于低电平。

HRQ：总线请求输出信号，高电平有效。当外设的 I/O 接口要求 DMA 传送时，往 DMA 控制器发送 DREQ 有效电平，如果相应通道的屏蔽位为 0，则 DMA 控制器的 HRQ 端输出高电平，从而向 CPU 发出总线请求。

HLDA：总线保持响应输入信号，高电平有效。这是 CPU 对 8237A 的 HRQ 信号的响应，CPU 在接收到 HRQ 信号后，在现行机器周期结束后，释放总线，并使 HLDA 信号有效，由

8237A 接管总线，开始 DMA 传送。

$DACK_0$～$DACK_3$：通道 0～3 对外设 DMA 请求的响应信号。DACK 的有效电平可由编程设定。芯片一旦接收到 CPU 的 HLDA 有效信号，相应通道的 DACK 信号输出有效。芯片复位后，DACK 规定为低电平有效，4 个通道的 DACK 响应信号均处于高电平。

3)命令控制逻辑。该逻辑对 CPU 送来的编程命令进行译码。在芯片处于空闲周期时，通过 I/O 地址缓冲器输出的地址 A_3～A_0 分别对内部寄存器进行预置。在芯片有效周期，对方式控制字的 D_1D_0 进行译码，以确定 DMA 的操作类型。

4)数据、地址缓冲器组。D_7～D_0 为双向数据线。在芯片空闲周期，CPU 通过 $\overline{IOW}$ 命令对 8237A 内部寄存器进行编程；而通过 $\overline{IOR}$ 命令将内部寄存器的值读到 CPU。在芯片有效周期，作为高 8 位地址信号经数据缓冲器输出到系统总线，并由 ADSTB 信号选通到外部的地址锁存器，与 A_7～A_0 配合组成 16 位地址。在存储器至存储器传送期间，存储器的读出数据经数据总线送入数据缓冲器，在存储器写周期，此数据经数据总线装入存储器的单元内。

A_3～A_0：双向三态地址线。在芯片空闲周期，作为输入地址，用以对芯片内部寄存器的寻址，由 CPU 输入或输出数据；而在芯片有效周期，则作为低 4 位的地址输出线。

A_7～A_4：三态地址线。在芯片有效周期，作为高 4 位的地址输出线，与 A_3～A_0 共同组成地址输出的低 8 位。

5)内部寄存器组。8237A 内部共有 12 种寄存器，它们的名称、容量和数量如表 6-1 所示。

表 6-1　8237A 内部寄存器

寄存器名	容量/位	数量/个
基地址寄存器	16	4
基字节数计数器	16	4
当前地址寄存器	16	4
当前字节数计数器	16	4
地址暂存寄存器	16	1
字节数暂存寄存器	16	1
方式寄存器	6	4
命令寄存器	8	1
请求寄存器	4	1
屏蔽寄存器	4	1
状态寄存器	8	1
暂存寄存器	8	1

2.8237A 的工作方式

8237A 的内部操作可分为 7 个状态：S_I，S_0，S_1，S_2，S_3，S_4 和等待状态 S_W。这 7 个状态可分为 4 类：空闲状态 S_I、请求应答状态 S_0、数据传送状态 S_1～S_4 以及等待状态 S_W。它们的功能如下：

(1) 空闲状态 S_I。DMA 控制器在 DMA 传送之前，处于连续的空闲状态。此时，DMA 控制器如同普通的 I/O 接口芯片一样而处于总线从属地位，CPU 可在此状态对其进行初始化编程。在此状态，DMA 控制器测试 DREQ 信号，若有一个或几个有效 DREQ 信号，则内部经判优及屏蔽，选择当前最高优先级的 DMA 请求，产生总线请求输出信号 HRQ，从 S_I 状态进入 S_0 状态。

(2) 请求应答状态 S_0。DMA 控制器发出总线请求输出信号 HRQ 之后，重复执行 S_0 状态，直至收到 CPU 的总线响应 HLDA 有效信号，从 S_0 状态进入 S_1 状态，开始进行 DMA 传送。

(3) 数据传送状态 $S_1 \sim S_4$。

S_1：开始输出地址允许输出信号 AEN，但仅当低 8 位地址 $A_7 \sim A_0$ 向高位有进位或借位需要更新高 8 位地址 $A_{15} \sim A_8$ 时，才执行 S_1 状态，即在较长字节数的传送过程中，每隔 256 次传送才执行一次 S_1 状态。

S_2：输出 16 位地址到存储器，其中低 8 位由地址线 $A_7 \sim A_0$ 输出，高 8 位由数据线 $D_7 \sim D_0$ 输出。若有 S_1 状态，则同时输出 ADSTB 地址选通信号。否则，高 8 位地址不变。与此同时，向提出 DMA 请求并获得响应的 I/O 接口发出 DMA 请求的响应信号 DACK。

S_3：输出读周期。此时，$\overline{MEMR}$(DMA 读)或$\overline{IOR}$(DMA 写)信号有效。若采取超前写，则与读信号同时输出写信号：$\overline{MEMW}$(DMA 写)或$\overline{IOW}$(DMA 读)有效。若选用慢速的存储器或 I/O 接口，则在 S_3 状态之后可插入一个或多个等待状态 S_W，直至 DMA 控制器收到有效的准备好信号 RDY。若采用压缩时序，可不要 S_3 状态，即读周期与写周期同为 S_4。

S_4：输出写周期，此时，$\overline{IOW}$(DMA 读)或$\overline{MEMW}$(DMA 写)信号有效。到此为止，一个字节的数据在 I/O 接口与存储器之间完成交换。

8237A 有两个工作周期：空闲周期和有效周期。

(1)空闲周期。当 8237A 的 4 个通道均无请求时，就进入空闲周期。在此周期，8237A 在每一时钟周期都采样通道的请求输入线 DREQ，只要无通道请求，8237A 就处于空闲状态 S_I。此时，CPU 可对 8237A 进行编程或从其读取状态。

(2)有效周期（工作周期）。当处于空闲状态的 8237A 采样到某一通道有 DMA 请求时，就脱离空闲周期，于是向 CPU 发出 DMA 请求信号 HRQ。在还没有收到 CPU 的响应信号 HLDA 时，8237A 处于 DMA 服务的第一个状态，即请求应答状态 S_0。在经过若干个 S_0 状态以后，当 8237A 收到 CPU 发出的 HLDA 信号时，8237A 就进入了有效周期，开始 DMA 传送。

在 8237 处于有效周期时，可在以下 4 种方式下工作：

(1)单字节传送方式。这种方式使 DMA 每次只传送一个字节。传送后，字节数计数器减 1，地址寄存器相应增 1 或减 1。每个字节传送时，DREQ 必须保持有效。传送完后，DREQ 变为无效，致使 HRQ 无效，DMA 控制器释放系统总线，由 CPU 接管总线至少执行一个机器周期，然后产生下一个 DREQ 信号，完成下一个字节的传送，使得 CPU 和 DMA 控制器轮流控制系统总线。

(2)块传送方式。在这种方式下，8237A 由 DREQ 启动后，就连续传送数据，每传送一个字节，就自动修改地址，且使传送的字节数减 1，直至将数据块传送完为止，或由外部输入有效的$\overline{EOP}$信号来终止 DMA 传送。外设的 DREQ 信号只需保持到 DACK 有效为止。在对 8237A 进行块传送编程后，当传送结束时可自动初始化。

(3)请求传送方式。在这种传送方式下，8237A 可以连续地传送数据，而当出现以下 3 种情况之一时，停止传送：

- 字节计数器减到 0。

· 由外界送入一个有效的$\overline{EOP}$信号。

· 当外设的数据已传送完时，DREQ 信号变为无效。

这种传送方式停止时，8237A 释放总线，其地址和字节数的中间值保存在相应通道的现行地址和字节数寄存器中，只要外设的 DREQ 再次有效，就可继续传送下去。

(4) 级联方式。8237A 可以进行级联而构成主从式 DMA 系统。级联方法是把从片的 HRQ 和 HLDA 端分别连到主片相应通道的 DREQ 和 DACK 端上，而主片的 HRQ 和 HLDA 连到系统总线上，如图 6－15 所示。

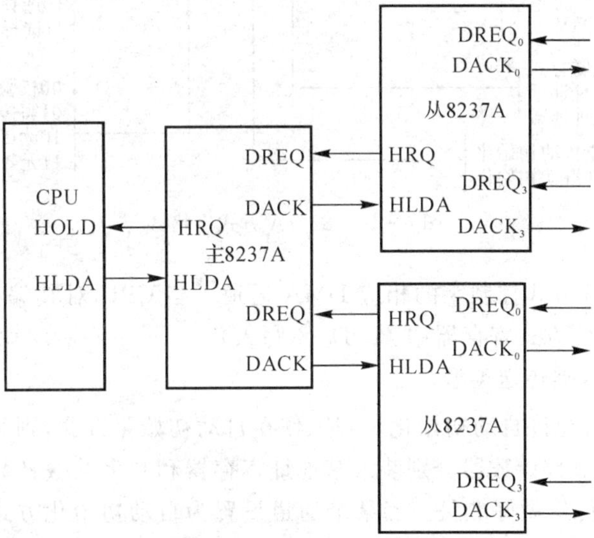

图 6－15　8237A 的级联

级联时，主片的方式寄存器设置为级联方式，而从片可设置为其他 3 种方式之一。在这种方式下，当主片某个级联通道被响应时，由相应的从片来控制外设与存储器数据的传送。而主片仅对从片的 DREQ 请求作出 DACK 响应，故除了 HRQ 外，主片的其他输出均被禁止。

3. 8237A 的寄存器组与编程

(1)8237A 的寄存器组。

1)基地址寄存器。该寄存器寄存相应通道当前地址寄存器的初始值。它是 CPU 对 8237A 编程时与当前地址寄存器同时被写入的，即它和当前地址寄存器有相同的写入端口地址，但它不能被 CPU 读出。在自动初始化情况下，使当前地址寄存器恢复到初始值。

2)基字节数计数器。该计数器寄存相应通道当前字节数寄存器的初始值（初始值比实际传送的字节数少 1)。它是 CPU 对 8237A 编程时与当前字节数寄存器同时被写入的，即它和当前字节数计数器有相同的写入端口地址，但它不能被 CPU 读出。在自动初始化情况下，使当前字节数计数器恢复到初始值。

3)当前地址寄存器。该寄存器寄存在 DMA 传送期间的地址值。在每次传送后，地址值自动增 1 或减 1。CPU 可连续两次对该寄存器进行写入或读出。若编程为自动初始化，则在$\overline{EOP}$有效时，当前地址寄存器恢复到初始值。

4)当前字节数计数器。该计数器寄存当前字节数。每传送一个字节后自动减 1。当该计数器的值减到零时，产生计数结束信号$\overline{EOP}$。它也可由 CPU 连续两次对该计数器进行写入或读出。若编程为自动初始化，则在$\overline{EOP}$有效时，计数器恢复到初始值。

5)方式寄存器。该寄存器寄存相应通道的方式控制字，它规定了相应通道的操作方式。其写入格式如图 6-16 所示。

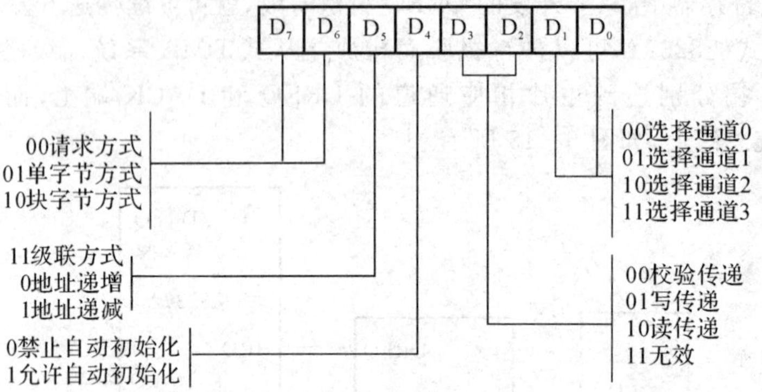

图 6-16　8237A 方式字格式

D_1D_0：用于选择该方式控制字的相应 DMA 通道。当 CPU 对其编程时，根据 D_1D_0 的值写入到相应通道的 6 位方式寄存器中（D_1D_0 不写入）。

D_3D_2：用来设置数据传送类型。

D_4：用来设置是否允许自动初始化。若工作在自动初始化方式，则每当产生$\overline{EOP}$信号时，当前地址寄存器和字节数计数器分别装入基地址寄存器和基字节数计数器的初始值，为通道进行再一次的 DMA 传送做好准备。当某个通道设置为自动初始化方式时，其相应的屏蔽位不能置位。

D_5：用于规定地址是递增或递减。

D_7D_6：用于规定 DMA 操作类型。

6)命令寄存器。该寄存器用来控制 8237A 的工作方式。其写入格式如图 6-17 所示。

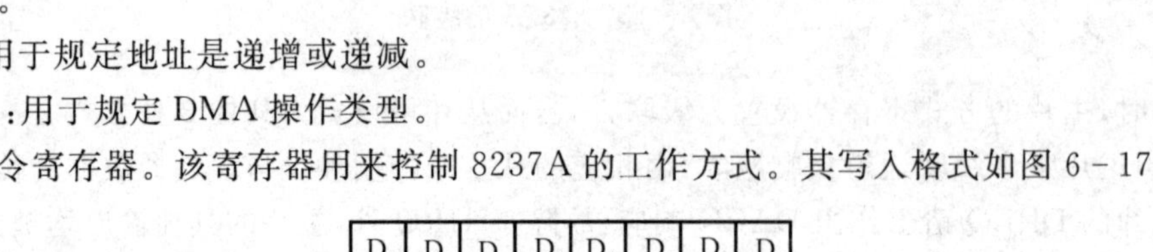

图 6-17　8237A 命令字格式

D_0：$D_0=1$ 时，为存储器到存储器的传送。为了实现把一个数据块从内存一个区域传送到另一个区域，就要把源区的数据先送到 8237A 的暂存寄存器，然后再将它送到目的区。用通道 0 的地址寄存器存放源地址，而用通道 1 的地址寄存器和字节数计数器存放目的地址和计数值。

D_1:$D_1=0$ 时,源地址寄存器作增量或减量变化;$D_1=1$ 时,源地址寄存器保持不变,这样,就可以使同一数据传送到某内存区域。

D_2:$D_2=0$ 时,启动 8237A 工作;$D_2=1$ 时,停止 8237A 工作。

D_3:$D_3=0$ 时,正常时序。每进行一次 DMA 传送,一般用 3 个时钟周期 (S_2,S_3,S_4),如果外设速度较慢,则由硬件通过 READY 信号插入 S_W 状态。$D_3=1$ 时,压缩时序。每进行一次 DMA 传送,只用 2 个时钟周期 (S_2,S_4)。如果系统各部分的速度较高,便可用压缩时序,以提高 DMA 传送时的数据吞吐量。

D_4:$D_4=0$ 时,固定优先级,通道 0 最高,通道 3 最低;$D_4=1$ 时,循环优先级,使各通道优先级依次循环。

D_5:$D_5=0$ 时,不扩展写信号;$D_5=1$ 时,扩展写信号。在 $D_3=0$,处在正常时序时,且外设速度较慢时,有些外设是用 8237A 送出的$\overline{IOW}$和$\overline{MEMW}$信号的下降沿产生 READY 信号的。为提高传送速度,将$\overline{IOW}$或$\overline{MEMW}$信号加宽。通过使 $D_5=1$,对$\overline{IOW}$或$\overline{MEMW}$信号扩展 2 个时钟周期,使 READY 信号提早到来。

D_6:选择 DREQ 的有效电平。

D_7:选择 DACK 的有效电平。

通常,D_6,D_7 的取值取决于外设接口对 DREQ 和 DACK 信号的极性要求。

7)请求寄存器。8237A 有一个 4 位请求寄存器,其中每一位对应一个通道的请求位。因此,除由外设通过硬件由引脚 DREQ 产生外,也可以通过软件直接对请求寄存器编程而产生,其写入格式如图 6-18 所示。

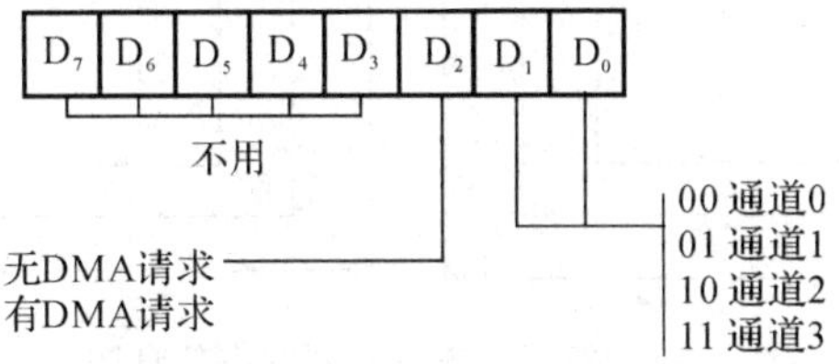

图 6-18　软件请求写入格式

D_1D_0:选择相应的通道。

D_2:决定该通道是否有 DMA 请求。

应注意的是:这种软件 DMA 请求只能工作在块传送方式下,且在 DMA 传送结束,产生$\overline{EOP}$有效信号的同时,相应通道的请求位被复位,即每执行一次软件 DMA 请求块传送操作,都要对该通道请求编程一次。软件 DMA 请求的通道是不可屏蔽的。当用于存储器到存储器块传送时,则通道 0 必须用软件请求以启动 DMA 传送过程。RESET 信号使请求寄存器复位。

8)屏蔽寄存器。8237A 有一个 4 位屏蔽寄存器,其中每一位对应一个通道的 DMA 请求屏蔽标志位。DMA 屏蔽标志可通过屏蔽寄存器编程来设定,其写入格式如图 6-19 所示。

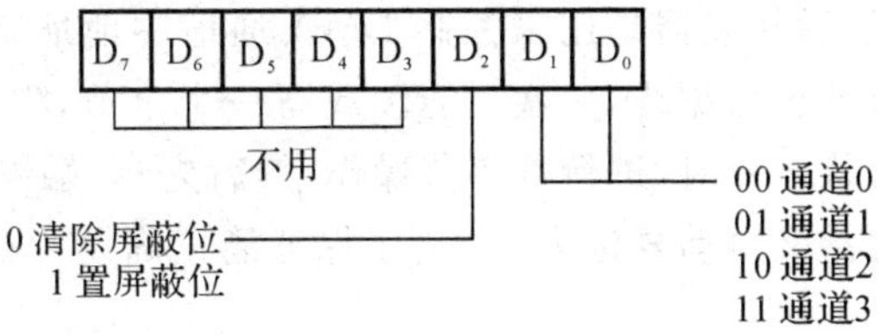

图 6-19　屏蔽字格式

D_1D_0：选择相应的通道，故也可把该屏蔽字称为单个通道屏蔽字。

D_2：对该通道的屏蔽设置。

也可以对综合屏蔽寄存器编程，对4个通道一起复位或置位屏蔽位，其写入格式如图6-20所示。

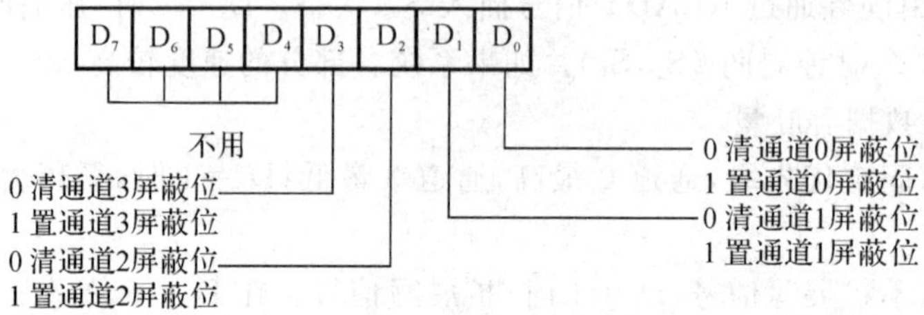

图6-20 屏蔽寄存器置位/复位格式

$D_3 \sim D_0$ 位若置1，表示相应通道屏蔽DMA请求；若置0，表示相应通道开放DMA请求。

系统复位后，4个通道全处于屏蔽状态，因此，必须根据需要对相应通道编程进行屏蔽位复位。当某一通道工作在非自动初始化方式时，则在一次DMA传送结束时，这一通道的屏蔽位置位，必须再次编程复位屏蔽位，才能进行下一次DMA传送。

9）状态寄存器。它是一个8位寄存器，该寄存器的状态信息（见图6-21）可由CPU读出检测。

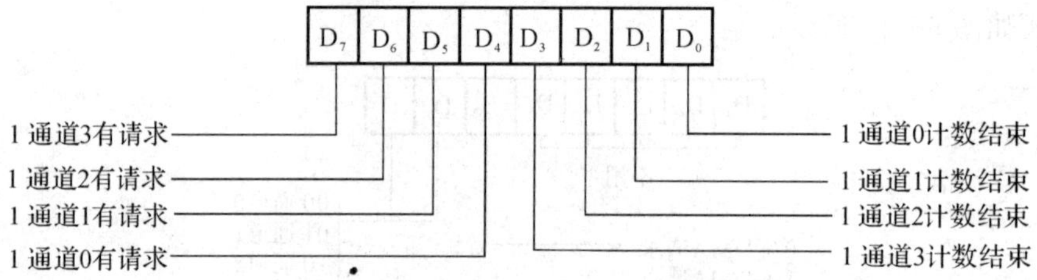

图6-21 状态寄存器状态信息图

其中，低4位表示每个通道是否到达计数终点，即通道的字节数是否已减到零；高4位表示每个通道是否还有未处理的DMA请求。

这些状态位在系统复位或被读出后，均被复位。

10）暂存寄存器。该寄存器为8位，用于在进行存储器到存储器的数据传送时，暂存从源单元读出的数据，又从它写入到目的单元。在传送完成时，它暂存传送的最后一个数据字节。该数据字节可由CPU读取，在芯片复位时被清除。

11）地址暂存寄存器和字节数暂存寄存器。这是两个16位的暂存当前地址的地址暂存寄存器和暂存当前字节数计数器值的字节数暂存寄存器。它们不能被CPU读取，仅供芯片内部使用。

12）先/后触发器。先/后触发器是用来控制DMA通道中地址寄存器和字节数计数器的初值设置的。8237A只有8位数据线，一次只能读或写一个字节，先低字节后高字节，所以要利用先/后触发器，当其为状态0时，进行低字节操作，然后先/后触发器会自动置1，又进行高字节操作，然后先/后触发器又自动复位为0。为了保证能正确设置初值，应预先发出清除先/

后触发器命令。

(2)8237A 各寄存器的端口地址。

8237A 的编程命令是通过对内部寄存器的写操作来进行的,而状态寄存器中的状态字和暂存器中的内容是通过读操作来进行的。

8237A 的寄存器分为两大类:

第一类是每个通道独立使用的寄存器,它们是方式字寄存器、基地址寄存器和当前地址寄存器、基字节数计数器和当前字节数计数器。

第二类是 4 个通道共用的寄存器,它们是命令寄存器、状态寄存器、请求寄存器、屏蔽寄存器、暂存寄存器、地址暂存寄存器和字节数暂存寄存器。

这些寄存器的端口寻址如表 6-2 和表 6-3 所示。

表 6-2　8237A 各通道寄存器的寻址

通道	寄存器	先/后触发器	$\overline{CS}$	$\overline{IOR}$	$\overline{IOW}$	A_3	A_2	A_1	A_0	端口地址
0	基和当前地址	0 1	0	1	0	0	0	0	0	DMA+0
	当前地址	0 1	0	0	1	0	0	0	0	DMA+0
	基和当前字节数	0 1	0	1	0	0	0	0	1	DMA+1
	当前字节数	0 1	0	0	1	0	0	0	1	DMA+1
1	基和当前地址	0 1	0	1	0	0	0	1	0	DMA+2
	当前地址	0 1	0	0	1	0	0	1	0	DMA+2
	基和当前字节数	0 1	0	1	0	0	0	1	1	DMA+3
	当前字节数	0 1	0	0	1	0	0	1	1	DMA+3
2	基和当前地址	0 1	0	1	0	0	1	0	0	DMA+4
	当前地址	0 1	0	0	1	0	1	0	0	DMA+4
	基和当前字节数	0 1	0	1	0	0	1	0	1	DMA+5
	当前字节数	0 1	0	0	1	0	1	0	1	DMA+5
3	基和当前地址	0 1	0	1	0	0	1	1	0	DMA+6
	当前地址	0 1	0	0	1	0	1	1	0	DMA+6
	基和当前字节数	0 1	0	1	0	0	1	1	1	DMA+7
	当前字节数	0 1	0	0	1	0	1	1	1	DMA+7

表 6-3　控制和状态寄存器的寻址

$\overline{CS}$	$\overline{IOR}$	$\overline{IOW}$	A_3	A_2	A_1	A_0	功能	端口地址
0	0	1	1	0	0	0	读状态寄存器	DMA+8
0	1	0	1	0	0	0	写命令寄存器	DMA+8
0	1	0	1	0	0	1	写请求寄存器	DMA+9
0	1	0	1	0	1	0	写屏蔽寄存器	DMA+A
0	1	0	1	0	1	1	写方式寄存器	DMA+B
0	1	0	1	1	0	0	清先/后触发器	DMA+C
0	0	1	1	1	0	1	读暂存寄存器	DMA+D
0	1	0	1	1	0	1	复位命令	DMA+D
0	1	0	1	1	1	0	清屏蔽寄存器	DMA+E
0	1	0	1	1	1	1	写综合屏蔽寄存器	DMA+F

从表 6-2 可以看到各通道的寄存器通过$\overline{CS}$和地址线 $A_3 \sim A_0$ 规定不同的地址，高低字节由先/后触发器来决定。其中有的寄存器是可写可读的，而有的寄存器是只写的。

表 6-3 中，由$\overline{CS}$和 $A_3 \sim A_0$ 确定寄存器的地址，而利用$\overline{IOW}$或$\overline{IOR}$有效来对其进行写或读。其中，每个通道都有一个 6 位方式寄存器，而写方式寄存器只有一个地址，通过其 D_1 和 D_0 的编码来选定相应通道的方式寄存器。

(3)页面寄存器的使用。8237A 的地址线为 16 位，每个通道传送的最大字节数为 64KB。为了能对系统地址空间进行寻址，16 位 CPU 中设有 DMA 页面寄存器（4 组 4 位的寄存器电路 74LS670），存放 4 个 DMA 通道操作的高 4 位地址 $A_{19} \sim A_{16}$。当其控制端 WRITE 为低电平时，数据写入由 WB，WA 的编码所指定的某组寄存器中；而当控制端 READ 为低电平时，数据从由 RB，RA 的编码所指定的寄存器组中读出，如表 6-4 所示。

表 6-4　读/写操作

WRITE	WB	WA	功能	READ	RB	RA	功能
0	0	0	写入 0 组寄存器	0	0	0	读出 0 组寄存器
0	0	1	写入 1 组寄存器	0	0	1	读出 1 组寄存器
0	1	0	写入 2 组寄存器	0	1	0	读出 2 组寄存器
0	1	1	写入 3 组寄存器	0	1	1	读出 3 组寄存器

当进行 DMA 传送时，相应的页面寄存器的内容就放到系统的地址总线上，以形成对存储器进行存取的高 4 位地址，它和 8237A 送出的 16 位地址一起形成了 20 位地址，因此可在 1MB 空间的任一 64KB 空间进行 DMA 传送。

系统中通道 1 用 3 组寄存器，通道 2 用 1 组寄存器，通道 3 用 2 组寄存器，而通道 0 用于动态 RAM 刷新，不用页面寄存器。页面寄存器的写入内容由数据总线 $D_3 \sim D_0$ 供给。寄存器组写入选择端 WA 接地址总线 A_0，WB 接 A_1。读出页面寄存器内容的选择端 RB 接 $DACK_2$，RA 接 $DACK_3$。在 DMA 操作时，当既不是通道 2 工作，也不是通道 3 工作时，就允许通道 1 的页面寄存器的内容送至系统地址总线。

(4)8237A 初始化编程。编程步骤如下：

1)利用硬件产生 RESET 信号，或用软件复位命令对 8237A 复位，使 8237A 进入空闲状态（使屏蔽寄存器置位，并清除其他寄存器）。

2)写入基和当前地址寄存器。

3)写入基和当前字节数寄存器。

4)写入方式寄存器。

5)写入屏蔽寄存器。

6)写入命令寄存器。

7)写入请求寄存器（块传送方式），若无软件请求，则由通道的 DREQ 启动 DMA 传送。

例 6.2　对 8237A 的 4 个通道的基和当前地址寄存器、基和当前字节数寄存器进行测试检查，先写入 FFFFH 再读出比较看读/写操作是否正确。若正确，再写入 0000H 同样读出检验，若仍正确，则认为 8237A 工作正常，就可以开始对其初始化；若有错，则执行暂停指令。

程序中用标号 DMA 表示首地址 0000H。程序如下：

```
     MOV AL, 04H
     OUT DMA+08H,AL          ;禁止 DMAC 工作
     OUT DMA+0DH,AL          ;送复位命令
     MOV AL,0FFH
C16: MOV BL,AL
     MOV BH,AL
     MOV CX,8
     MOV DX,DMA
C17: OUT DX,AL               ;写入低字节
     OUT DX,AL               ;写入高字节
     IN AL,DX                ;读出低字节
     MOV AH,AL
     IN AL,DX                ;读出高字节
     CMP BX,AX
     JE C18
     HLT
C18: INC DX                  ;端口地址加 1,指向下一寄存器
     LOOP C17
     INC AL                  ;使 AL=0,再一次循环
     JZ C16
```

习题与思考题

1. CPU 与外部设备通信为什么要使用接口？
2. I/O 接口一般应具备哪些功能？
3. I/O 端口有哪两种寻址方式？各有何优缺点？

4. 在某微机系统中有一外设，使用 I/O 映像的 I/O 寻址，要求该外设端口地址为 38H，试画出其译码器的连接电路，使其译码器输出满足上述地址要求，译码器使用 74LS138 芯片。

5. 设计一个 I/O 接口芯片的端口地址译码电路，使其端口地址为 70H～73H。

6. 微机系统的输入/输出是指什么？输入和输出有什么不同？

7. 输入/输出有哪几种方式？各有何优缺点？

8. 在输入/输出的电路中为什么常常要用锁存器和缓冲器？

9. 采用异步查询方式时，输入查询和输出查询有什么不同？

10. 某输出设备的 I/O 端口地址为 80H（数据端口）和 81H（状态端口），其中状态信息 $D_0=1$ 表示外设没有准备就绪，试编写异步查询方式下数据输出的程序。

11. 请简述 8237A 的基本功能。

第7章 中断系统

* **学习基本要求**

通过本章的学习，需要掌握中断系统的基本概念，掌握中断控制器芯片 8259A 的基本结构、功能与应用。

* **内容要点**

本章必须要理解的知识点：中断的有关概念，包括中断源、中断类型、中断优先顺序、中断类型码的分配、中断向量表和中断描述符表的功能和结构、中断处理过程、中断向量表的建立方法，可编程中断控制器芯片 8259A 的功能、结构、管理方式、初始化编程及应用。

* **知识结构框图**

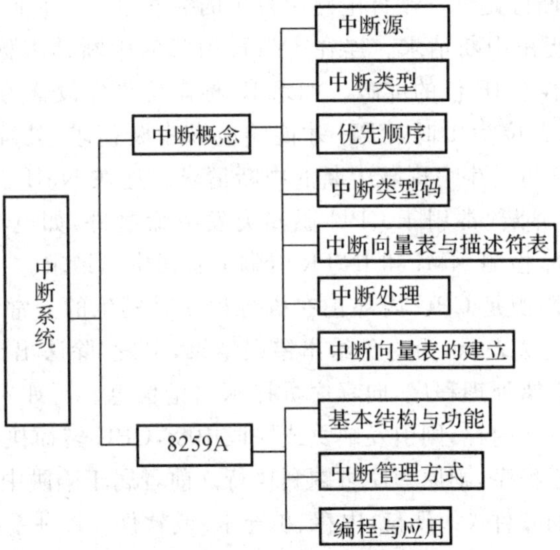

7.1 中断的有关概念

7.1.1 中断的基本概念

中断是指由于某件事件的发生，计算机暂停执行当前的程序，转而执行另一程序，以处理发生的事件，处理完毕后又回到被中止的程序继续执行的过程。

需 CPU 立即处理的事件发生时，中断源向 CPU 提出中断请求，如果 CPU 受理这次请求，则 CPU 首先把当前程序的工作状态、地址等许多信息推入内存堆栈保护起来，然后寻找到解决这个中断问题的程序——中断处理程序，也可称为中断服务程序，把这个服务程序的入口地址送入相关寄存器，为执行这个程序做好准备，这个过程称为中断响应。中断响应完成后，CPU 执行中断服务程序，直至问题解决，这时 CPU 遇到中断返回指令，这个过程称为中断处理。接着 CPU 执行中断返回指令，从内存堆栈中恢复在中断响应过程中保存的信息，并继续执行被中止的程序，好像原程序的执行并不曾被打断，这个过程称为中断返回。

7.1.2 中断源与中断分类

提出中断请求的事件称为中断源，即能够向 CPU 发出中断请求的中断来源。微机系统中，中断源有两种，即外部中断源和内部中断源。

常见的外部中断源：

(1)I/O 设备，如键盘、打印机等。

(2)故障信号，如电源掉电、存储器出错等。

(3)实时时钟，如外部硬件定时时钟电路等。

常见的内部中断源：

(1)执行了软中断指令。

(2)内部出现了异常，如除法出错、溢出等。

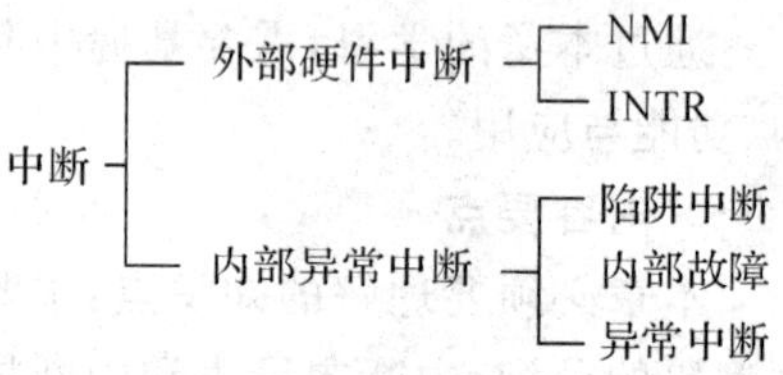

图 7-1 中断类型

按中断源的性质可以把中断分类，如图 7-1 所示。

外部硬件中断：中断源是外部硬件电路中发生的突发事件。它们通过 CPU 的 NMI 引脚或 INTR 引脚向 CPU 提出中断请求。连在 INTR 引脚的中断请求称为可屏蔽中断，它们可受 CPU 内部标志寄存器中 IF 位的屏蔽。如果 IF 标志位事先设置为 0，则 CPU 不能响应该中断请求；只有当 IF 标志位为 1 时，CPU 才能响应该中断请求、处理该外部事件。键盘、鼠标、打印机等很多设备均可产生可屏蔽中断的中断请求。连在 NMI 引脚的中断，称为非屏蔽中断，它们不受 IF 位的屏蔽，常用于 CPU 感知突发致命事件，如电源掉电、存储器出错等。CPU 每执行完一条指令，检测 NMI 和 INTR 引脚上有无中断请求。

内部异常中断：中断源是 CPU 内部正在执行程序时发生的异常情况。如除法操作时结果太大，所得商值机器无法表示，为避免给出错误结果，引发“除法出错中断”，CPU 暂停执行原程序，转而执行除法出错处理程序，向程序员提示出错信息。再如，当前程序须访问某个页或段时，该页或段正好不在内存，则引发缺页或缺段中断，CPU 转而执行处理程序完成页调度或段调度，然后再执行原程序，则原程序可顺利执行。前者属于陷阱中断，后者属于内部故障。另外当 CPU 发现系统的硬件（如硬盘、内存、扩充卡）或软件（各种系统用表）发生错误、损坏和混乱时，则引发异常中断。

7.1.3 CPU 的中断优先顺序

为了使系统能及时响应并处理发生的所有中断，系统根据引起中断事件的重要性和紧迫程度，将中断源分为若干个级别，称作中断优先级。当系统中有多个中断源同时发出中断请求时，CPU 应根据中断优先级别来判断到底先响应哪个中断请求。CPU 的中断优先权排列从高到低为内部异常中断，NMI，INTR，单步中断。

其中，内部异常是自动被测试的，不受标志状态 IF 的影响，异常处理功能也是约定好的。异常来源主要有：

(1)处理器检测到的程序错误产生的异常。处理器在执行应用程序或操作系统期间检测到程序错误，会产生一个或多个异常。

(2)软件产生的异常。INTO，INT3 和 BOUND 等指令允许在软件中产生异常。这些指令允许在指令流的某些点上检测异常情况的执行。

INTO 是溢出异常指令，如果标志寄存器中 OF=1，同时又执行 INTO 指令，则将产生异常中断。

INT3 是断点异常指令，它是一条单字节指令，常被放在需要放置断点的指令前面。比如，当用 DEBUG 调试程序的时候，就可以将 INT3 嵌入到指定断点处指令的第一个字节位置上（原字节予以保存），当程序执行到 INT3 指令处即发生异常中断。我们可以在该异常处理程序中，显示当前寄存器内容，以及指定存储器位置的内容后，取回保存的原字节，恢复原指令流的执行。实际上，很多调试程序都是利用 INT3 指令来完成断点跟踪功能的。

BOUND 指令是边界检查指令，它具有两个操作数：第一个操作数用来指定存放数组索引的寄存器；第二个操作数必须是存储器操作数，其第一个字是数组下标的下限，第二个字是数组下标的上限。BOUND 指令执行时将检查数组的索引值，若小于下限或大于上限，则将发生异常中断。

（3）机器检测异常。Intel 处理器提供了内部和外部机器检测机制用于检查内部芯片硬件和总线事务的操作。当发生机器检测错误时，处理器发出一个机器检测异常并返回一个错误号。

7.1.4　中断类型码

中断管理系统给每个中断源编号，称为中断类型码。根据中断类型码能找到相应的中断服务程序的入口地址。Intel 80×86 系列 CPU 及 Pentium 系列 CPU 都拥有 256 个中断类型码，从 0 号编到 255 号。

中断类型码是连接中断源与中断处理程序的唯一桥梁。谁定义的中断源，谁就要编制相应的处理程序。CPU 生产厂商为保证 CPU 正常工作需要占用一些中断类型码，操作系统制作公司为保证操作系统完成管理功能也要占用中断类型码，各外设、各软件商、游戏商及用户都可能要占用中断类型码。显然，有些中断类型码不允许改变用途，比如操作系统占用的，如果随便占用就会导致系统崩溃。因此用户在构建自己的中断系统时，必须先查清中断类型码的使用情况。一般讲，这是一件复杂的工作，但是考虑到系统的向上兼容性，任何公司的 CPU 或操作系统都会保持已占有的中断类型码不变，尽量不占用新码，并保证留给用户的码不变。例如，Intel 公司主要占用了以下中断类型码：

中断 0——除法错误。DIV 或 IDIV 指令除数为 0 时产生除法错误。

中断 1——调试异常。无论异常属于故障还是陷阱，产生调试异常的条件为：指令地址断点故障，数据地址断点陷阱，通用保护故障，单步陷阱和任务转换断点陷阱。处理机不把错误码推入栈，异常处理可以通过检测调试寄存器来确定异常情况。

中断 2——NMI 中断。非屏蔽的硬中断。

中断 3——断点。INT3 指令产生断点陷阱。

中断 4——溢出。OF 标志置 1 时，执行 INTO 指令导致溢出陷阱。

中断 5——边界检查中断。80486 微处理机执行 BOUND 指令发出操作数越过某特定的界限时产生边界检查故障。程序可以使用 BOUND 指令检查数组索引的越界情况。

中断 6——操作码无定义中断。执行单元检测到无定义操作码时产生无定义操作码故障。

中断 7——数据处理器无效中断。以下两种状态发生时产生此类中断，即处理机执行 ESC 指令，但 CR_0 寄存器的 EM 位已置位和微处理机执行 WAIT 或 ESC 指令，但 CR_0 寄存器的 MP 与 TS 位已置位。

中断 8——双重故障。因违反段规则产生异常中断（中断 10～中断 13）之后，在执行中断处理程序的过程中，又发生页故障以外的异常中断时，则产生此类中断。

中断 9——数值处理器段超越中断。

中断 10——无效的 TSS 中断。任务转换时，因任务的 TSS 不正确而发生的中断。

中断 11——缺段中断。检测出段描述符中的 P 位为 0 时发生中断。缺段故障可能由下述原因产生：试图装入 CS，DS，ES 和 GS 寄存器，装入 SS 寄存器导致栈故障；试图使用 LIDT 指令装入 LDT 寄存器，在任务转换中装入 LDT 寄存器导致不可用 TSS 异常；试图使用门描述符，而该描述符标明缺段。

该故障可重启动。异常处理程序装入所缺段并返回后，被中断的程序可恢复运行。

中断 12——堆栈异常中断。在以下两条件下产生堆栈异常中断：有关 SS 寄存器的操作超过限长；试图由描述符装入 SS 寄存器时，该描述符虽然可用，但标记为缺段。

CPU 检测栈异常时，将错码推入异常处理程序的栈中。

中断 13——一般保护异常中断。CPU 检测出违反保护规则的操作时而产生的中断。这些操作有：使用 CS，DS，ES，FS 或 GS 段时超越段限长；访问描述符表时超越限长；运行转移至不可运行段；对只读数据段或代码段进行写操作；读取只运行代码段；将只读段选择器装入 SS 寄存器；将系统段的选择符装入 SS，DS，ES，FS 或 GS 寄存器；将只运行段选择符装入 DS，ES，FS 或 GS；当 DS，ES，FS 和 GS 包含空选择器时，利用它存取内存；转换至忙任务；违背特权级规则；等等。

中断 14——页故障中断。页功能有效，而检测到页不存在时而发生的中断。这时，把发生异常中断的 32 位线性地址装入 CR_2 寄存器，异常处理程序利用该地址确定相应的页目录与页表项。如果执行页故障处理程序时又出现页故障，处理程序应把 CR_2 寄存器内容推入堆栈。

中断 16——数据处理器错中断。CR_0 寄存器的 NE 位置位，执行 CPU 指令时发生的中断。

中断 17——对准检查中断。访问错误的对准操作数时而发生的对准检查中断。例如，字数据时访问奇数地址，或双字数据时访问非 4 的倍数的地址。

中断 18——机器检查错中断。总线周期不能成功完成或读数出现奇偶错。

中断 19～中断 31——保留。

中断 32～中断 255——用户中断。

7.1.5 中断处理过程

对于不同的微型计算机系统，其中断处理的具体过程是不完全相同的。即使是同一台微机，对于不同的中断源，其中断处理过程也会有差异，但中断处理的基本过程如图 7-2 所示。

CPU 每当执行完现行指令时，按照中断优先顺序来判断是否有中断产生，若有中断，开始中断处理，若中断处理完或者无中断，继续执行下一条指令。

对于内部软件中断，中断类型码是规定好的，可以自动形成，如除法错误的中断类型码为

0,调试异常的中断类型码为 1,产生溢出的中断类型码为 4 等。对于软件中断指令 INT *n* 产生的中断,中断类型码由 *n* 指定。

对于 NMI 非屏蔽中断,中断类型码为 2。

对于 INTR 可屏蔽中断,由于很多外部设备均可产生该中断请求,但 CPU 只有一根 INTR 引脚接收这种外部硬件中断,因此,需要使用一个中断控制器(如可编程中断控制器 8259A)对多个外部设备同时或先后产生的中断请求按优先级排队,选取一个当前具有最高优先级的中断请求送往 INTR 引脚。若 CPU 响应该中断,该中断的中断类型码从中断控制器获取。

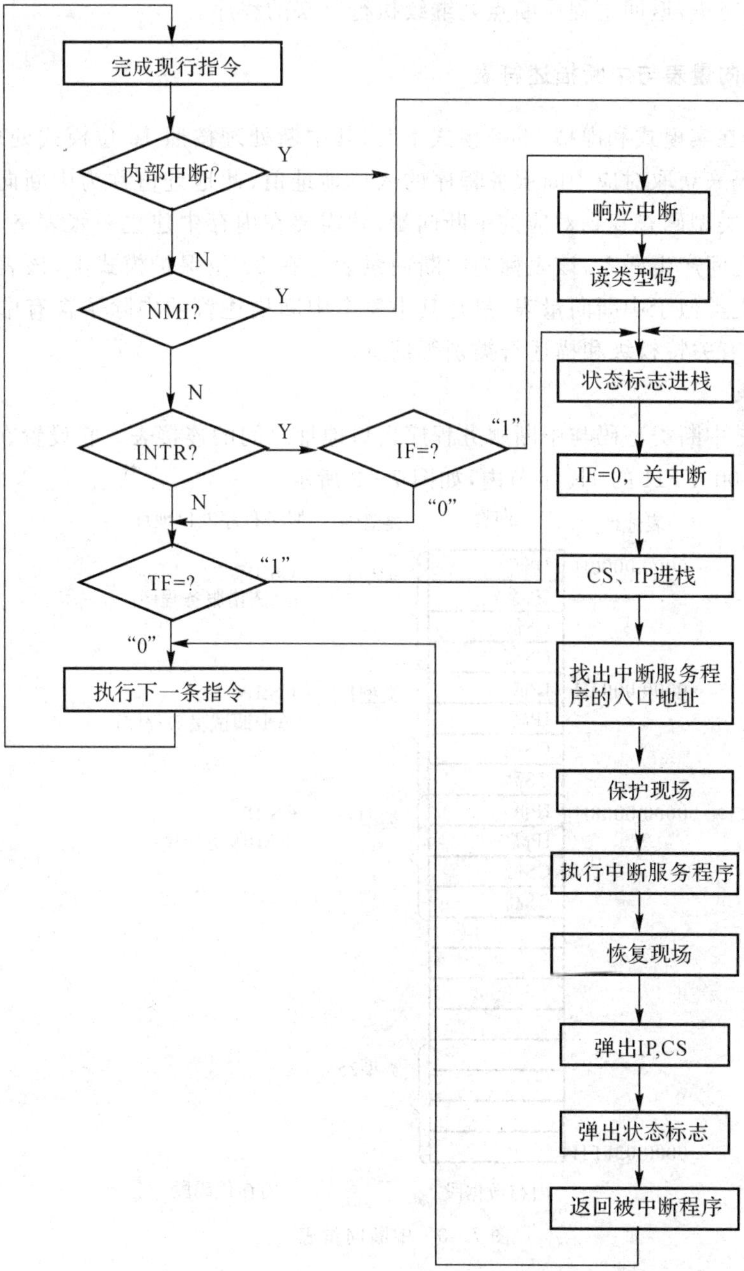

图 7-2　中断处理的基本过程

在获取了中断类型码之后,处理过程是相同的,其顺序为:

(1)把 CPU 的标志寄存器入栈保护;

(2)关中断,屏蔽新的 INTR 可屏蔽中断;

(3)把主程序断点处的 CS 和 IP 值入栈保护;

(4)根据中断类型码找到中断服务程序入口地址的相应值;

(5)转入中断服务程序,在中断服务程序中,通常要保护 CPU 内部相关寄存器的值,即保护现场;

(6)执行中断服务程序;

(7)中断处理完毕,返回主程序断点处继续执行原来的程序。

7.1.6 中断向量表与中断描述符表

当 CPU 工作在实模式和虚拟 8086 模式下时,其中断处理按照 16 位模式处理,处理方式是根据中断类型码来获取对应中断服务程序的入口地址值,此地址值称为中断向量。因此为了让 CPU 由中断类型码查找到对应的中断向量,就需要在内存中建立一张表格,使得中断类型码与中断向量之间产生联系,该表称为中断向量表。在 32 位保护模式下,该表称为中断描述符表。其作用也类似于中断向量表,只是其中每个中断描述符项中除了含有中断服务程序地址以外,还包含有关特权级和描述符类别等信息。

1. 中断向量表

中断向量表是中断类型码与中断服务程序入口地址之间的连接表。它设置在系统内存的最低端 00000H～003FFFH 的 1K 字节内,如图 7－3 所示。

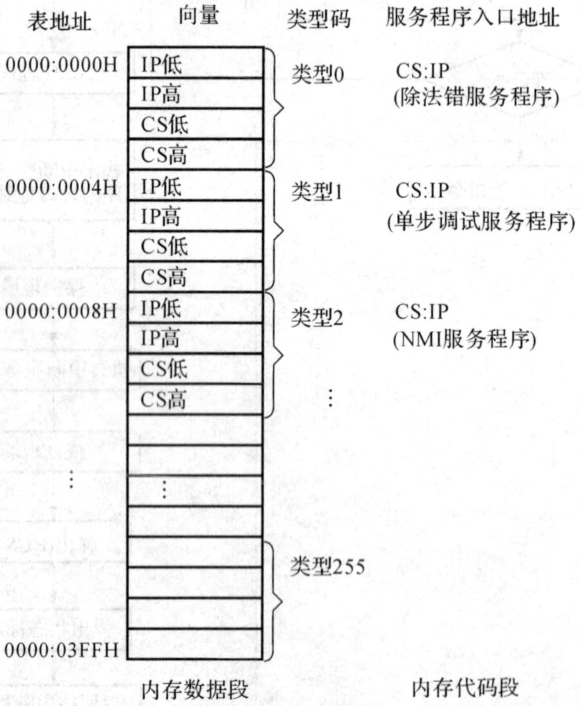

图 7－3 中断向量表

中断管理系统把所有中断服务程序的入口地址集中存放在中断向量表中。表中每个单元都有一个自身的地址，连续 4 个单元中存放着一个中断服务程序的入口地址，其中低地址 2 个单元内存放中断服务程序入口地址的偏移地址，高地址 2 个单元内存放中断服务程序入口地址的段基址。习惯上称这 4 个连续单元为一个向量，这几个单元的地址中的最小地址为向量地址；向量中存入的服务程序入口地址称为向量值，但有时也把向量值简称为向量。

只有当一个中断的服务程序准备好，并将其入口地址放入向量表，该中断的请求才能被服务，即 CPU 可以为哪些中断源服务是预知的。中断管理系统根据中断类型码能唯一地确定中断向量。Intel 80×86 系列 CPU 及 Pentium 系列 CPU 都拥有 256 个中断类型码，从 0 号编到 255 号，并且都规定中断向量表中各向量等长，服务程序入口地址在向量表中按中断源的类型码排序。因此，向量表中共有 256 个向量，而且任一个类型码乘上向量单元数 4 再加上向量表的首地址 (0 号向量的地址)得到向量地址，从中取得处理程序入口地址。

比如，已知某中断源的中断类型码为 20H，如何得到中断服务程序的入口地址呢？

第一步，先计算出中断向量地址 20H×4＝80H，即向量地址为 0000:0080H，换算成物理地址为 00080H；第二步，取出以 00080H 为首地址的连续 4 个单元的向量值，假设(00080H)＝00H，(00081H)＝20H，(00082H)＝00H，(00083H)＝30H，则中断服务程序的入口地址的逻辑地址为 3000H:2000H，转换为物理地址为 32000H。

再比如，已知某中断服务程序的入口地址为符号地址 INTPROG，中断类型码为 15，如何将此地址装入中断向量表呢？

第一步，先将中断服务程序的入口地址的段基址和偏移地址分离，可以分别用伪指令 SEG INTPROG 和 OFFSET INTPROG 来分离，分别获得 INTPROG 的段基址和偏移地址，假设段基址和偏移地址分别为 4030H 和 2010H。第二步，计算出中断向量地址 15×4＝60＝3CH(即 0000:003CH)。第三步，将 10H，20H，30H，40H 分别存入 003CH，003DH，003EH，003FH 4 个单元中。

2. 中断描述符表

在 32 位保护方式下的中断几乎和 16 位方式下的中断完全相同，但用来联系中断类型码与中断服务程序入口地址的连接表是中断描述符表(IDT)。

访问一个中断服务程序与访问一般程序并无区别。在 32 位机中实现分段、分页管理以及特权保护，仅知道中断服务程序的入口地址是不够的，正式访问前还必须知道该服务程序的特权级及存在性等属性。32 位机把这些属性与入口地址组织在一起构成中断描述符或称为“门”描述符，取代上述的中断向量。中断描述符的格式与段描述符类似，其分为中断门和陷阱门。中断门与陷阱门的格式如图 7－4 所示，它由 8 个字节组成。其中包括 32 位偏移量、16 位中断/异常中断处理程序代码段描述符的选择符，以及保护特权属性字节。在保护特权字节中，第 0 位 (即 *)为 0，表示中断门；第 0 位为 1，表示陷阱门。在进入中断服务程序时，如果由中断门进入，状态标志寄存器 EFLAGS 中的 IF 清 0，即禁止可屏蔽的中断 INTR；如果由陷阱门进入，IF 保持不变。

中断管理系统把中断描述符按对应中断源的类型码排列在一起，构成中断描述符表(IDT)。显然 IDT 取代了上述的中断向量表。IDT 常驻内存，其在内存中的首地址保存在 CPU 内部的 IDTR 系统寄存器中。二者的关系如图 7－5 所示。

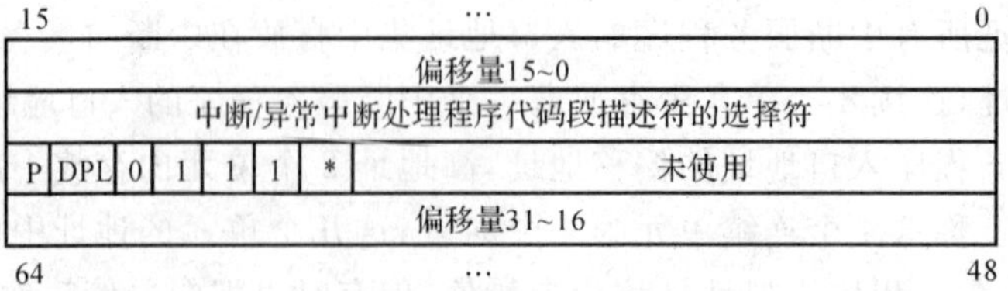

图 7-4　中断门/陷阱门描述符

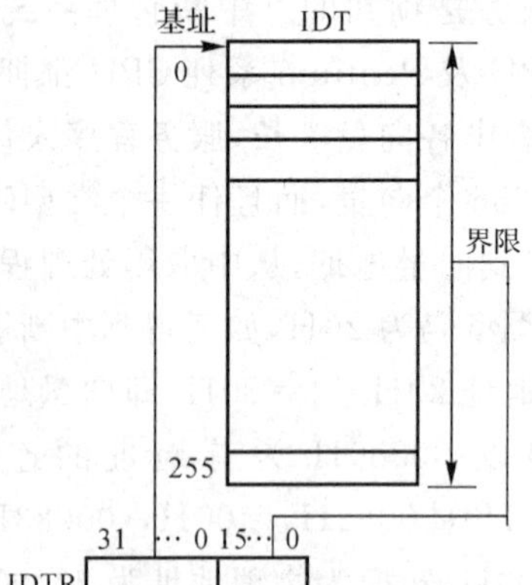

图 7-5　IDT 与 IDTR 的关系

CPU 响应中断过程中,CPU 把中断源或中断指令提供的中断类型码,乘以 8,与 IDTR 中的基地址相加,指示中断描述符表中的某一中断门或陷阱门。CPU 将门描述符中的选择符送 CS 寄存器,并根据选择符中 TI 位是 0 或 1,从 GDT 或 LDT 中选择一个段描述符,送 CS 的段描述符寄存器中。这时,由段描述符中的基地址确定中断服务程序所在位置的起始地址,由门描述符中的偏移量确定中断服务程序的入口地址。全部过程如图 7-6 所示。此外,还可通过任务门进行中断处理,这里不再一一介绍。

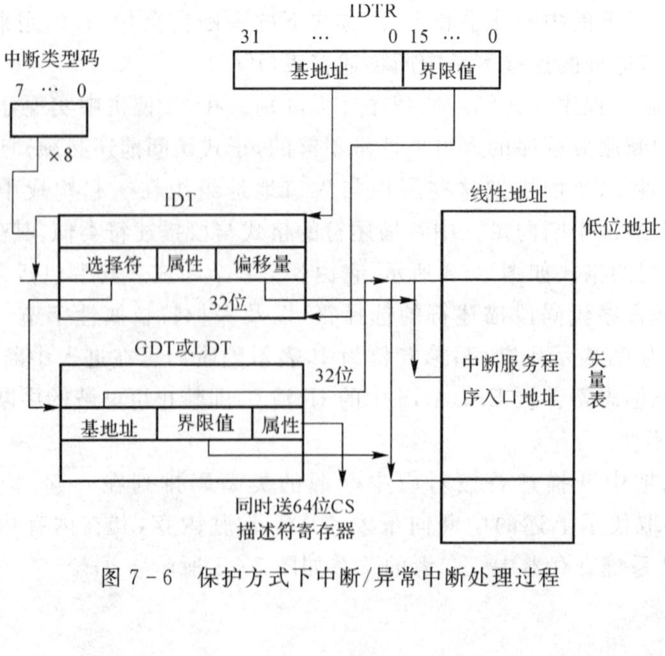

图 7-6　保护方式下中断/异常中断处理过程

7.1.7　中断向量表的建立方法

8086 利用向量中断的方法,一旦响应中断可方便地找到中断服务程序的地址。它是在规定的内存区中,每 4 个连续字节存放一个中断服务程序首地址,可建立一个 1KB 大小的表格。尽管表格规定了内存区域,但表中的内容,即中断服务程序地址是用户任选的。为了让 CPU 响应中断后正确转入中断服务,中断向量表的建立是非常重要的,下面介绍 4 种建立这个表格的方法。

1. 绝对地址置入法

伪指令 AT 和 ORG 可以指定存储单元的绝对地址。AT 可指定段地址(16 位),但不能指定代码段,而 ORG 可指定偏移地址。中断向量表 TABLE 的段地址,可以用指令 TABLE SEGMENT AT 0 设定。中断类型号 n 乘以 4 为该段的偏移地址,可用 ORG n＊4 设定。然后可用 DD 伪指令将中断服务程序的首地址装入。

```
TABLE SEGMENT AT 0              ;建立中断向量表
        ORG n*4
        DD INTPROG
TABLE ENDS
        ⋮
MAINPROG SEGMENT                ;主程序 MAINPROG
        ⋮
INTPROG PROC FAR                ;中断服务程序 INTPROG
        ⋮
      IRET
        ⋮
```

2. 使用串指令装入法

在用绝对地址方法确定向量表地址和偏移地址时,用伪指令 AT 和 ORG。此处我们使用串指令 STOSW。该指令是将 AX 寄存器内容写入附加数据段由 DI 所指向的目标偏移地址单元中。只要将 ES 设定为 0,DI 中设定为 n＊4,使用 STOSW 指令,即可完成中断服务程序 INTPROG 首地址的装入。

```
        ⋮
MOV AX,0
MOV ES,AX                       ;置向量表段地址
MOV DI,n*4H                     ;置向量表偏移地址
MOV AX,OFFSET INTPROG           ;中断服务程序偏移地址
CLD
STOSW
MOV AX,SEG INTPROG              ;中断服务程序段地址
STOSW
        ⋮
```

3. 使用 DOS 调用法

利用 DOS 中断 21H 以及专门为更新中断服务程序地址的 25H 号功能可以设置中断地址。使用 25H 功能时要求：AL＝中断类型号，DS：DX＝中断服务程序首地址的段、偏移地址。下面程序完成中断类型号 n(假设 n＝60H)的中断地址置入。

```
PUSH DS                     ;保存当前数据段
MOV DX,SEG INTPROG          ;中断服务程序 INTPROG 的段基址装入 DS
MOV DS,DX
MOV DX,OFFSET INTPROG       ;中断服务程序 INTPROG 的偏移地址装入 DX
MOV AL,60H                  ;中断类型码装入 AL
MOV AH,25H
INT 21H
POP DS
```

由于系统的中断类型号 0～255 中，有许多类型号已由系统使用，因而如果用户企图修改某一中断服务程序的首地址，应将原有的中断服务程序地址用 DOS 调用的功能 35H 保存起来，以便从用户程序中退出来时，再用 25H 功能恢复，而不影响系统的正常工作。

DOS 调用 21H 中断的 35H 功能是：对指定的机器中断，得到当前中断处理程序的地址。AL＝中断类型号，返回时，默认 ES 中有段地址，而 BX 中有偏移地址。

下面例子是对机器的中断类型 5 号，将其当前中断服务程序的段基址和偏移地址取出，并保存到变量 INTSEG 和 INTOFF 中。

```
        ⋮
INTSEG DW ?
INTOFF DW ?
        ⋮
MOV AH,35H                  ;功能号置 AH 中
MOV AL,5                    ;中断类型号置 AL 中
INT 21H
MOV INTSEG,ES               ;保存原中断服务程序段地址
MOV INTOFF,BX               ;保存原中断服务程序偏移地址
        ⋮                   ;可用 25H 重新设中断服务程序地址
```

下面是用户更改系统中断类型 1CH，而写入新的中断服务程序的例子。

```
.MODEL SMALL
.DATA
 INTSEG DW 0
 INTOFF DW 0
.CODE
.STARTUP
 MOV AL,1CH                 ;保存旧的中断地址
 MOV AH,35H
 INT 21H
```

```
MOV INTSEG,ES                        ;保存旧中断地址
MOV INTOFF,BX
PUSH DS
MOV AX,0
MOV DS,AX
MOV DX,OFFSET INTPROG                ;建立新中断地址
MOV AX,SEG INTPROG
MOV DS,AX
MOV AL,1CH
MOV AH,25H
INT 21H
POP DS
   ⋮
INTPROG PROC NEAR                    ;新的中断服务程序
PUSH DS
PUSH BX
   ⋮
INTPROG ENDP
·EXIT
END
```

4. 直接接入法

若外设的中断类型码 n 为 6BH,则此中断类型号对应的中断向量表地址为从 001ACH 开始的 4 个存储单元。设中断服务程序 INTPROG。可用传送指令将已知的中断服务程序首地址置入中断向量表中。

```
   ⋮
PUSH DS
XOR AX,AX
MOV DS,AX                        ;指向 0 段
MOV AX,OFFSET INTPROG            ;中断服务程序偏移地址
MOV [01ACH],AX                   ;置偏移地址
MOV AX,SEG INTPROG               ;中断服务程序段基址
MOV [01ACH+2],AX                 ;置段地址
```

7.2　可编程中断控制器 8259A

80×86 系统 CPU 只有一个 INTR 输入接口,如果有多个中断源,其中断请求信号如何与 INTR 连接?中断向量如何区分?它们的中断优先级别又怎样来判断?可编程中断控制器 8259A 就是为解决这类问题而设计的。

8259A 可以接受多个外部中断源的中断请求,并根据判优电路将这些中断请求进行排队

判优，裁决出最高优先权的中断请求，同时将这个请求送到 CPU 的 INTR 端。CPU 进入中断服务程序，8259A 仍然管理外部中断请求，可以利用其实现中断嵌套，优先权方式在执行主程序的任何时间里能够动态地改变。

单片 8259A 可为 CPU 处理 8 级中断，可与其他 8259A 芯片级联来扩大中断功能，最多可以管理 64 级中断。

7.2.1 8259A 的内部结构及管脚分配

1. 内部结构

8259A 的内部结构框图如 7－7 所示，它由以下几个部分组成：

(1)中断请求寄存器(IRR)。IRR 是具有锁存功能的 8 位寄存器，该寄存器的 $D_0 \sim D_7$ 位分别对应外部输入的中断请求信号 $IR_0 \sim IR_7$，当某个输入端有中断请求信号时，该寄存器的相应位置“1”。

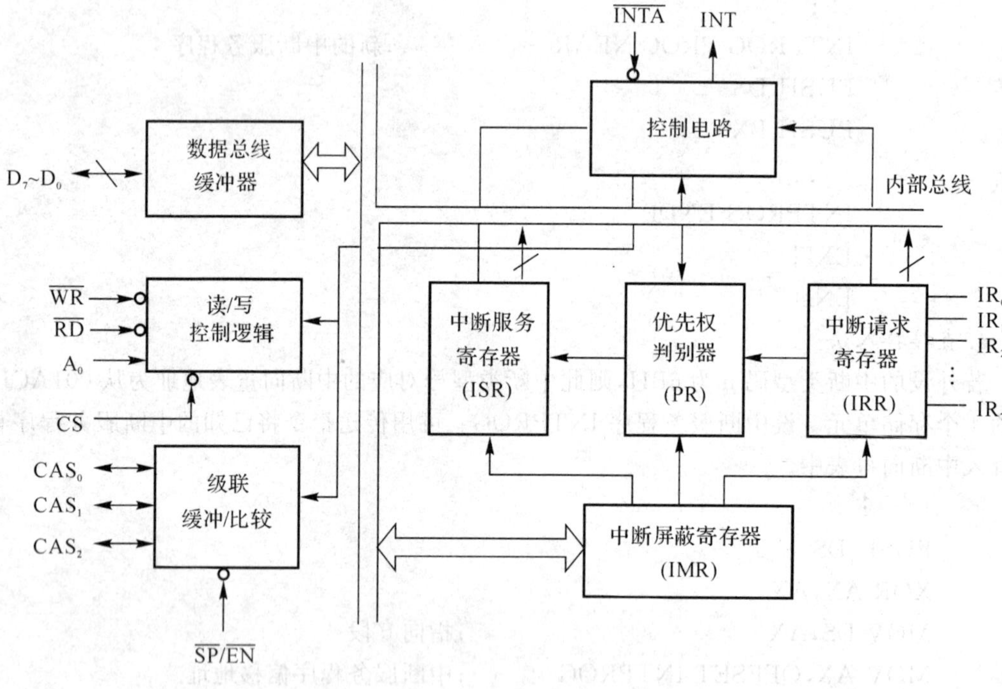

图 7－7 8259A 的内部结构框图

(2)中断服务寄存器(ISR)。ISR 也是 8 位寄存器，用于保存所有正在被服务的中断请求。它记录正在处理中的中断请求，当任何一级中断被响应，CPU 正在执行它的中断服务程序时，ISR 寄存器中的相应位置“1”，一直保持到该级中断处理过程结束为止。在中断嵌套的情况下，ISR 寄存器中可有多位被同时置“1”。

(3)优先权判别器(PR)。当输入端 $IR_0 \sim IR_7$ 中有多个中断请求信号同时产生时，由 PR 判定哪个中断请求具有最高优先权，并在 $\overline{INTA}$ 脉冲期间把它置入中断服务寄存器 ISR 的相应位。

(4)中断屏蔽寄存器(IMR)。IMR 是 8 位寄存器，用于保存需要屏蔽的中断。该寄存器中存放有关被屏蔽的中断线上的信息，表示禁止这一级中断请求进入系统，通过 IMR 寄存器可实现对各级中断有选择地屏蔽。若想屏蔽某中断级，则把 IMR 中相应位置“1”。

(5)级联缓冲/比较器。一片 8259A 只能接收 8 级中断，当超过 8 级时，可用多片 8259A 级联使用，构成主从关系。对于主 8259A，其级联信号 CAS_0～CAS_2 是输出信号，而对于从 8259A，级联信号 CAS_0～CAS_2 是输入信号。

此时，主 8259A 的 SP 端为“1”，从 8259A 的 SP 端为“0”，且从 8259A 的 INT 输出接到主 8259A 的中断输入端 IR 上，因而可把中断扩展到 64 级。图 7－8 为 3 片 8259A 级联的连接图。

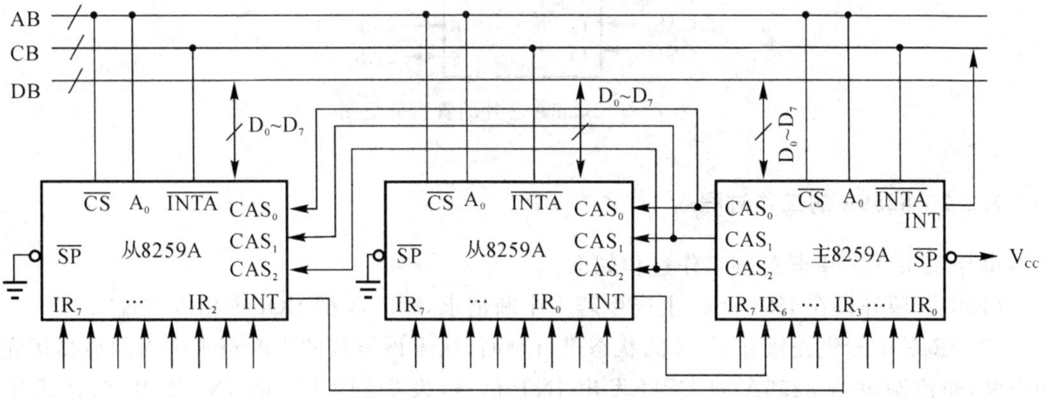

图 7－8　8259A 级联的连接图

(6)控制电路。根据中断请求寄存器 IRR 的置位情况和优先权判别器 PR 的判定结果，8259A 内部的控制电路向 8259A 内部其他部件发出控制信号，并向 CPU 发出中断请求信号 INT 和接收来自 CPU 的中断响应信号$\overline{INTA}$，控制 8259A 进入中断服务状态。

(7)读/写控制逻辑。因 1 片 8259A 只占两个 I/O 端口地址，用 A_0 来选端口，端口地址的其他高位由片选信号端$\overline{CS}$输入。由读信号$\overline{RD}$和写信号$\overline{WR}$控制可将信号写入有关的控制寄存器，或读出内部寄存器的内容。

(8)数据总线缓冲器。它是 1 个双向 8 位三态缓冲器，由它构成 8259A 与 CPU 之间的数据接口。

2. 8259A 的管脚分配

前面介绍了 8259A 芯片的内部结构，这些结构的功能由外部管脚的正确连接来实现。8259A 芯片的管脚可分为如下 4 类：

(1)与外部设备连接的中断请求输入管脚 IR_0～IR_7；

(2)与 CPU 连接的数据通路和控制信号：D_0～D_7，$\overline{WR}$，$\overline{RD}$，$\overline{INTA}$，INT；

(3)用于 8259A 级联的管脚 CAS_0～CAS_2，$\overline{SP}/\overline{EN}$；

(4)端口地址选择信号$\overline{CS}$，A_0。

8259A 芯片的管脚分配如图 7－9 所示。

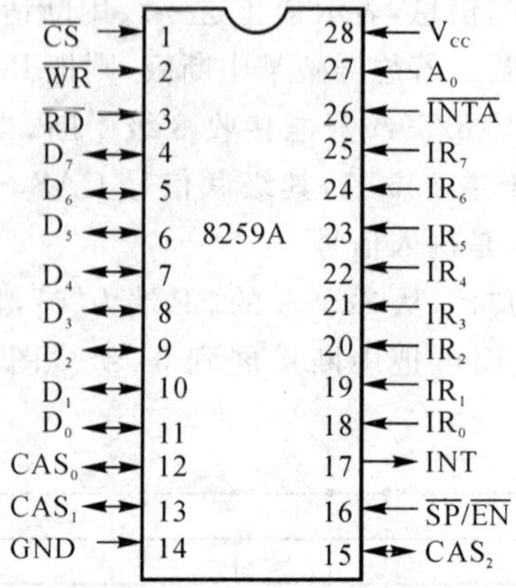

图 7-9　8259A 芯片的管脚分配图

7.2.2　8259A 的工作过程

单片 8259A 的中断处理工作过程如下：

(1)中断源外设在 $IR_0 \sim IR_7$ 上产生若干中断请求，8259A 把 IRR 中相应位置“1”。

(2)PR 对中断优先级和 IMR 的状态进行判断，从未被屏蔽的中断请求中得到最高优先级的中断，经控制电路 8259A 向 CPU 发出 INT 信号，发送到 CPU 的 INTR 引脚，请求中断服务。

(3)CPU 收到中断请求，若允许响应中断，CPU 随后连续发出两个总线周期的 $\overline{INTA}$ 信号。8259A 收到第一个 $\overline{INTA}$，完成下列动作：

1)使 IRR 锁存功能失效。这样，在 $IR_0 \sim IR_7$ 线上的中断请求信号不予接收；

2)使当前 ISR 相应位置“1”，以便为 PR 下一次判优提供依据；

3)使 IRR 相应位复位。

第二个 $\overline{INTA}$ 信号到来时，完成下列动作：

1)使 IRR 的锁存功能有效；

2)将中断源的中断类型码送到数据总线上，供 CPU 读取；

3)若 8259A 处于自动结束中断方式，则在该信号结束时，把 ISR 的相应位复位。如果中断结束时 8259A 处于非自动结束方式，那么只有收到中断结束命令 EOI，ISR 的相应位才能复位。

(4)CPU 收到中断类型码，查找中断服务程序的入口地址，转去执行中断服务程序。

7.2.3　8259A 的中断管理方式

8259A 进行中断管理时有多种工作方式供用户选择，用户可以通过编程来设定。8259A 的工作方式可分为中断触发方式、中断优先级管理方式、中断屏蔽方式、中断结束方式等几方面来讨论。

1. 中断触发方式

(1) 电平触发方式。用高电平向 9259A 请求中断，但在响应中断后应及时清除高电平，以免产生多次中断。

(2)边沿触发方式。用上升沿向 9259A 请求中断,上升后保持高电平,就不会再产生中断。

2. 中断优先级管理方式

8259A 对中断优先级的管理可分为 4 种情况:完全嵌套方式、自动循环方式、特殊完全嵌套方式和特殊循环方式。下面来讨论这 4 种方式。

(1)完全嵌套方式。在此种方式下,8259A 的中断请求输入端引入的中断具有固定的优先级排队顺序,IR_0 为最高优先级,IR_1 为次高优先级,依次类推,IR_7 为最低优先级。此时,8259A 禁止同优先级和低优先级的中断请求。

(2)自动循环方式。在完全嵌套方式下,中断请求 IR_0～IR_7 的优先级别是固定不变的,使得从 IR_0 引入的中断总是具有最高优先权,在某些情况下,我们需要能改变这种优先级别。这时,可采用自动循环方式,在这种方式下,从 IR_0～IR_7 引入的中断轮流具有最高优先权。这是因为,当任何一级中断被处理完时,它的优先级别就被改变为最低,而最高优先级分配给该中断的下一级中断。例如:现正为 IR_3 引入的中断服务,若服务完毕,IR_3 为最低优先级,IR_4 有最高优先级,IR_5 有次高优先级,依次排列。

(3)特殊完全嵌套方式。特殊完全嵌套方式用在 8259A 有级联的情况。基本上与完全嵌套方式相同,不同的是 CPU 处理某优先级的中断请求时,不仅允许优先级比它高的中断请求进入,而且允许同级的中断请求进入。比如当一个 8259A 从片接收到一个中断请求时,经本 8259A 判别确定为当前最高优先级,则响应这一中断,通过 INT 端向 8259A 主片相应的 IR 端提出中断请求。如果这时 8259A 主片中 ISR 相应位已置"1",则说明该 8259A 从片的其他输入端已提出过申请,且正在服务。8259A 从片的判优电路判别到刚申请的中断优先级最高,故应停止现行中断服务转去为刚申请的中断服务。其他情况和完全嵌套一样,显然,接在主片 IR_3 上的从片比接在 IR_4 上的从片具有高的优先权,而主片上 IR_0,IR_1,IR_2 上的中断比从片具有高优先权。

(4) 特殊循环方式。通过命令指定优先级,使用比较灵活。例如指定 IR_2 的优先级最低,则优先级顺序为 IR_3,IR_4,IR_5,IR_6,IR_7,IR_0,IR_1,IR_2。

3. 中断屏蔽方式

(1)普通屏蔽方式。这种方式是在中断屏蔽寄存器 IRM 中,将某一位或几位置"1"来屏蔽掉相应级别的中断请求,CPU 在执行主程序时将 IMR 寄存器的相应位置"1",也可在 CPU 执行某级的中断服务中,禁止比它高的中断进入,在服务程序中将 IMR 寄存器的相应位置"1"屏蔽。

(2)特殊屏蔽方式。在某些场合下,执行某一中断服务程序时,要求允许中断优先级比它低的中断能被响应,这时,需要采用特殊屏蔽方式。这种方式,可用命令字来屏蔽当前高优先级的中断服务,从而使低优先级别的中断进入正在服务的高优先级别中。

4. 中断结束方式

当 8259A 响应某一级中断而为其服务时,中断服务寄存器 ISR 的相应位置"1",当有更高级的中断申请进入时,ISR 的相应位又要置"1",因而 ISR 寄存器中可有多位同时置"1",在中断服务结束时,ISR 中相应位应清"0",以便再次接收同级别的中断。中断结束的管理就是用不同的方式使 ISR 的相应位清"0",并确定下面的优先排队。8259A 中断结束的管理分 3 种情况来讨论:

(1)完全嵌套情况。采用完全嵌套方式,中断嵌套过程中,中断服务寄存器 ISR 的内容在不断变化。例如:8259A 正在为 IR7 的中断请求服务时,ISR 中的 D_7 位置"1",此时,有高级中断 IR_6 请求服务,若准许为其服务,ISR 中的 D_6 位又置"1",假如又有更高级的中断,且为其服务,ISR 中将有对应位置"1"。总之,在完全嵌套方式下,最多可达 8 级中断嵌套,在中断服务结束时,也应按从高到低的次序结束,每个中断结束,使 ISR 中相应位清"0",待全部嵌套中断均结束,则 ISR 中每位均为"0"。

8259A 在完全嵌套方式下,可采用 3 种中断结束方式:

1)一般 EOI 方式。当任何一级中断服务程序结束时,给 8259A 传送一个 EOI 命令,8259A 将 ISR 寄存器中级别最高的置"1"位清"0"。只有在当前结束的中断总是尚未处理完的级别最高的中断时,才能使用这种结束方式。如果在中断服务中修改过中断级别,就不能采用这种方式。

2)特殊 EOI 方式。在一般 EOI 方式的基础上,在中断服务程序结束给 8259A 发出 EOI 命令的同时,将当前结束的中断级别也传送给 8259A,这就被称作特殊 EOI 方式。在这种情况下,8259A 将 ISR 寄存器中指定级别的相应置"1"位清"0"。这种方式适合于任何情况下使用。

3)自动 EOI 方式。CPU 进入中断响应总线周期的第二个中断响应信号 $\overline{INTA}$ 结束时,自动将 ISR 寄存器相应置"1"位清"0"。中断结束时,不需要向 8259A 送 EOI 命令,这是一种最简单的结束方式。但是存在一个明显的缺点,任何一级中断在执行中断服务程序期间,在 8259A 中没有留下任何标志,如果在此过程中,出现了新的中断请求,则只要 CPU 允许中断,不管出现的中断级别如何,都将打断正在执行的中断服务而被优先执行,这显然是不合理的。因此,只有在一些以预定速率发生中断,且不会发生同级中断互相打断或低级中断打断高级中断的情况下,才使用自动 EOI 结束方式。

(2)自动循环情况。在这种情况下,也可采用 3 种中断结束方式,和前面完全嵌套的情况相同,分一般 EOI、特殊 EOI 和自动 EOI,但结束后的优先权处理有所不同。

1)一般 EOI 方式。当任何一级中断服务处理完毕时,给 8259A 送一个一般 EOI 结束命令,8259A 将 ISR 寄存器中级别最高的置"1"位清"0",同时赋给它最低优先级,将最高优先级赋给原来比它低一级的中断请求,其他中断请求的优先级别以循环方式类推。

2) 特殊 EOI 方式。这种方式主要用在自动循环优先权管理方式下又有嵌套的情况。在一般 EOI 方式下,结束一个中断就将它置为最低优先级,若在服务程序中安排了一条优先权置位指令,使得优先权次序发生了变化,就必须使用特殊 EOI 方式,在向 8259A 发结束命令的同时,将其中断优先级别也传送给 8259A。这样,8259A 可根据用户要求将最低优先级别给指定的中断源,其余中断源的优先级别按自动循环方式类推。

3)自动 EOI 方式。在 CPU 响应中断的第二个 $\overline{INTA}$ 结束时,自动将 ISR 寄存器中相应位清"0",并立即按自动循环方式改变各级中断的优先级别。

(3) 特殊完全嵌套情况。这种情况是因为 8259A 有级联,因而 CPU 应发出两个中断结束命令 EOI:一个送主 8259A,用来将其主 8259A 的 ISR 寄存器相应位清"0";另一个送从 8259A,用来将其从 8259A 中的 ISR 寄存器相应位清"0"。

7.2.4 8259A 的编程

8259A 是一个可编程的芯片,通过编程来规定其工作方式。对 8259A 的编程是通过编写命令字来实现的，总共有 7 个命令字，分为初始化命令字和操作命令字。初始化命令字用于对 8259A 初始化，设置其工作方式和工作条件；操作命令字用于对 8259A 中断处理过程实现动态控制的操作。

8259A 的初始化命令字有 4 个，称为 ICW_1～ICW_4。不是任何情况下都需要设置 4 个命令字，可根据 8259A 的使用情况而定。初始化命令字是要按规定顺序写入 8259A 中的，其顺序可用图 7-10 的流程来表示。

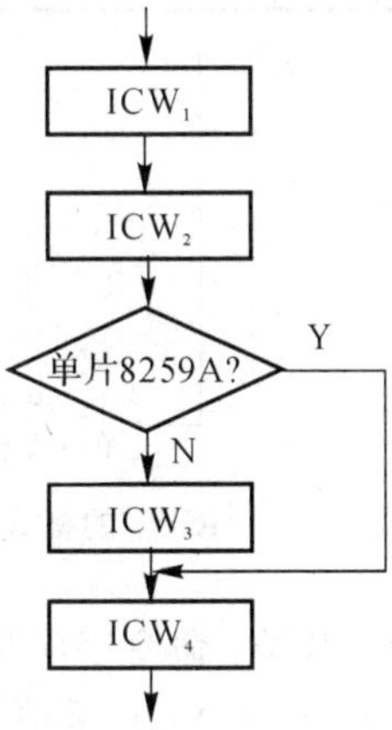

图 7-10　8259A 初始化顺序

初始化命令字可以完成以下功能：

(1)按 8259A 的选用情况规定是单片式还是主从级联式，中断请求是电平触发方式还是边沿触发方式；

(2)可设置 8 个中断请求设备的中断类型码；

(3)若为主从级联式，除了规定则规定主 8259A 中每个 IR 端是否带从 8259A，还要规定从 8259A 是从主 8259A 的哪个 IR 端引入；

(4)完成中断管理方式的设定。

第二部分称操作命令字，8259A 通过 ICW 命令字初始化后，将自动进入操作模式。在操作过程中可通过操作命令字来定义 8259A 的操作方式，并允许重置操作命令字改变操作方式。操作命令字有 3 个，称为 OCW_1～OCW_3，它们无须按顺序写入。

操作命令字可以完成的功能有：

(1)设置中断源的屏蔽状态；

(2)调整中断优先级的循环方式(优先级循环/取消循环)，设置非自动中断结束方式中的中断结束命令（EOI)；

(3)设置特殊屏蔽和查询 IRR，ISR 的方式。

8259A 占两个端口地址，用 A_0 的两种状态选择，而命令字有多个，每个命令字写入 8259A 应存入相应的寄存器中。为此，对某些命令字设置了标志，用以表明其命令字进入端口地址后再正确存入寄存器中，有些命令字无法给出标志或特征，它仅是按写入顺序决定存入某寄存器。例如：8259A 的初始化命令字，ICW_1 写入 $A_0=0$ 的端口，而 ICW_2～ICW_4 写入 $A_0=1$的端口，因为它们必须按顺序写入，所以以顺序为标志存入各自的寄存器中。

下面具体讨论 8259A 的命令字。

1. 预置命令字

(1)ICW_1 的格式。ICW_1 主要用于设置 IR_i 端中断请求方式是高电平触发还是上升沿触发，是单片还是多片级联，以及是否需要 ICW_4。格式如图 7-11 所示。

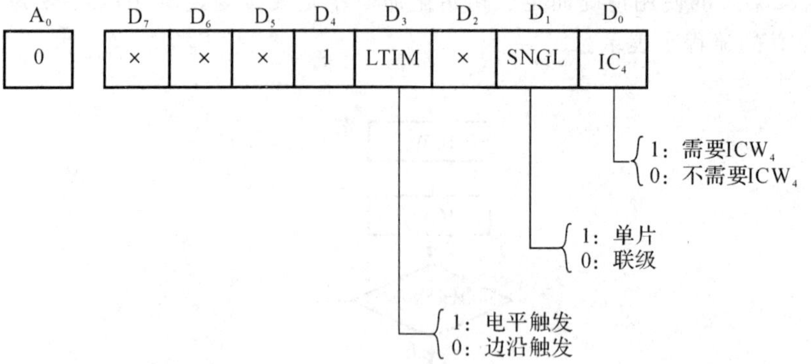

图 7-11 ICW_1 的格式

图 7-11 中，“×”表示可选 0 或 1。ICW_1 命令字应写入 $A_0=0$ 的端口地址。

例 7.1 某微机系统中，使用单片 8259A，中断请求信号为边沿触发方式，需要设置 ICW_4，8259A 的端口地址为 20H，21H，请编程设置 ICW_1。

解 根据系统要求以及 ICW_1 的格式，初始化命令字 ICW_1 应为 00010011B。写 ICW_1 的指令如下：

```
MOV AL,13H
OUT 20H,AL                ；写入 A0=0 的地址
```

(2)ICW_2 的格式。ICW_2 用来提供中断类型码，格式如图 7-12 所示。ICW_2 写入 $A_0=1$ 的端口地址。

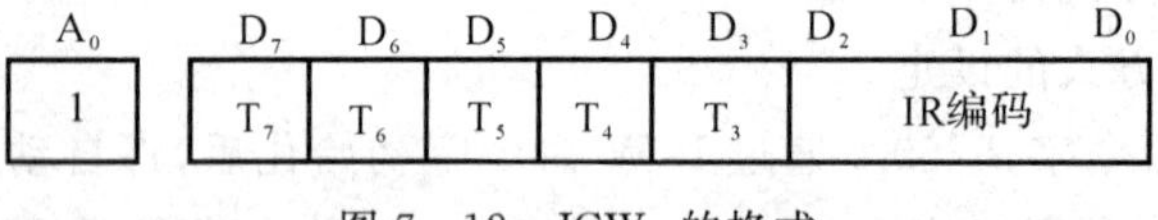

图 7-12 ICW_2 的格式

在设置 ICW_2 时，高 5 位 $D_7 \sim D_3$ 由用户指定，低 3 位可任意设置为 0 或 1。中断类型码的高 5 位是用户指定的，$D_2 \sim D_0$ 由 8259A 的中断请求输入端 $IR_7 \sim IR_0$ 的编码决定，例如：IR_0 的编码为 000，IR_1 的编码为 001，依次类推，IR_7 的编码为 111。由此可见 ICW_2 为 8259A 芯片提供的中断类型码是连续的。在 ICW_2 中，用户指定高 5 位后，当 8259A 的某个 IR 端有中断请求时，就自动填入相应 IR 的编码到 ICW_2 的低 3 位。

例 7.2 假设 8259A 的 $IR_0 \sim IR_7$ 的中断类型码为 70H～77H，8259A 的端口地址为 20H，21H，请编程设置 ICW_2。

解 根据要求以及 ICW_2 的格式，初始化命令字 ICW_2 应为 01110000B(其实，01110000B～01110111B 均可)。写 ICW_2 的指令如下：

```
MOV AL,70H
OUT 21H,AL                ；写入 A0=1 的地址
```

(3) ICW_3 的格式。ICW_3 只在 8259A 有级联的情况下使用，主片和从片的 ICW_3 格式不同。主片的 ICW_3 表明主 8259A 的哪个 IR 端接有从 8259A，从片的 ICW_3 表明它接在主 8259A 的哪个 IR 端。ICW_3 写入 $A_0=1$ 的端口地址。

主 8259A 的 ICW_3 格式如图 7－13 所示。

A_0	D_7	D_6	D_5	D_4	D_3	D_2	D_1	D_0
1	S_7	S_6	S_5	S_4	S_3	S_2	S_1	S_0

图 7－13　主片的 ICW_3 格式

主 8259A 的 ICW_3 每位对应一个相应的 IR 端，D_0 对应 IR_0，依次类推，D_7 对应 IR_7，若某个 IR 上接有从 8259A，则该位为 1，否则为 0。

从 8259A 的 ICW_3 格式如图 7－14 所示。

A_0	D_7	D_6	D_5	D_4	D_3	D_2	D_1	D_0
1	×	×	×	×	×	ID_2	ID_1	ID_0

图 7－14　从片的 ICW_3 格式

图 7－14 中，"×"表示可选 0 或 1，ID_2～ID_0 为该从 8259A 接入主 8259A 的 IR 端的编码。如：从 8259A 接在主 8259A 的 IR_5 端，则 $ID_2, ID_1, ID_0=101$。

(4) ICW_4 的格式。若系统为 80×86 CPU，则必须设置 ICW_4 命令，写入 $A_0=1$ 的端口地址，其格式如图 7－15 所示。

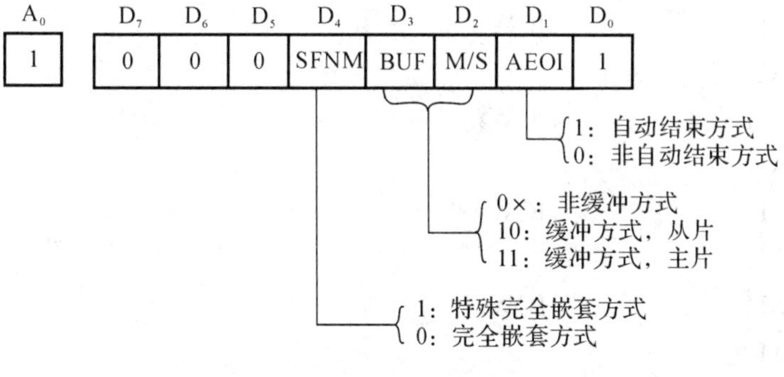

图 7－15　ICW_4 的格式

D_1 位 AEOI 用来定义该 8259A 是否采用自动中断结束方式，$D_1=1$ 为自动 EOI，$D_1=0$ 为非自动 EOI。

D_2 位和 D_3 位的选用是相关的，D_3 位将指定 CPU 的数据总线是否进行缓冲。在 $D_3=1$ 时，指定为缓冲方式，8259A 的 $\overline{SP}/\overline{EN}$ 端是输出端，同时，主/从 8259A 的识别在 D_2 位 M/S 上进行。当 $D_3=0$ 时，指定为非缓冲方式，$\overline{SP}/\overline{EN}$ 为输入端，此时，主/从 8259A 的识别在 $\overline{SP}/\overline{EN}$ 管脚上进行。

D_4 位专为 8259A 有级联时定义，用来指定级联方式下是否采用特殊完全嵌套方式来管理中断，$D_4=1$ 为特殊完全嵌套方式，$D_4=0$ 为非特殊完全嵌套方式。

8259A 在任何情况下从 $A_0=0$ 的端口中接收到一个 D_4 位为 1 的命令就是 ICW_1 命令字，紧接着的命令字为 ICW_2～ICW_4 进入初始化状态，可接收来自 IR 端的中断请求并准备接收 CPU 写入的操作命令字 OCW。

例 7.3 某 80×86 微机系统中有 8259A，满足下列条件：处于单片、中断请求信号为电平触发方式，中断类型码为 40H～47H，中断优先级采用完全嵌套方式，中断结束采用自动 EOI 方式，系统中未使用数据缓冲器。假设系统分配给 8259A 的端口地址为 20H 和 21H，试对该 8259A 编程。

解 初始化程序如下：

```
MOV AL,00011011B            ;写 ICW1
OUT 20H,AL
MOV AL,01000000B            ;写 ICW2
OUT 21H,AL
MOV AL,00000011B            ;写 ICW4
OUT 21H,AL
```

例 7.4 若 8259A 以两片级联方式管理 15 级中断，从片 INT 接到主片的 IR_2 上，主、从片的中断请求采用边沿触发方式，选用完全嵌套、非缓冲方式。主片的中断类型码为 08H～0FH，从片的中断类型码为 70H～77H，设主片的地址为 20H，21H；从片的地址为 22H，23H。请初始化 8259A。

解 系统中每一片 8259A 都需要分别初始化，这里主片和从片的 ICW_1～ICW_4 都得设置。

```
;初始化主片
MOV AL,11H          ;ICW1
OUT 20H,AL
MOV AL,08H          ;ICW2
OUT 21H,AL
MOV AL,04H          ;ICW3
OUT 21H,AL
MOV AL,03H          ;ICW4
OUT 21H,AL
;初始化从片
MOV AL,11H          ;ICW1
OUT 22H,AL
MOV AL,70H          ;ICW2
OUT 23H,AL
MOV AL,02H          ;ICW3
OUT 23H,AL
MOV AL,03H          ;ICW4
OUT 23H,AL
```

8259A 可接收的操作命令字有 3 个，分别为 OCW_1，OCW_2 和 OCW_3，命令字不像 ICW

命令字，它们可以随时动态地写入，无须按顺序写入，因为这些命令字均有各自的标志来引导进入相应的寄存器。OCW_1 必须写入 $A_0=1$ 的端口，OCW_2，OCW_3 均写入 $A_0=0$ 的端口，但 OCW_2 的标志为 $D_4D_3=00$，而 OCW_3 的标志为 $D_4D_3=01$。

2. 操作命令字

(1)OCW_1 的格式。OCW_1 用来实现屏蔽功能，OCW_1 的内容被置入中断屏蔽寄存器 IMR 中，IMR 中相应为"1"的位禁止该位对应的 IR 端的中断请求进入，OCW_1 的格式如图 7-16 所示。

A_0	D_7	D_6	D_5	D_4	D_3	D_2	D_1	D_0
1	M_7	M_6	M_5	M_4	M_3	M_2	M_1	M_0

图 7-16　OCW_1 的格式

(2)OCW_2 的格式。OCW_2 用于控制中断结束、优先权循环等操作，与这些操作有关的命令和控制大都以组合格式使用 OCW_2。OCW_2 的格式如图 7-17 所示。

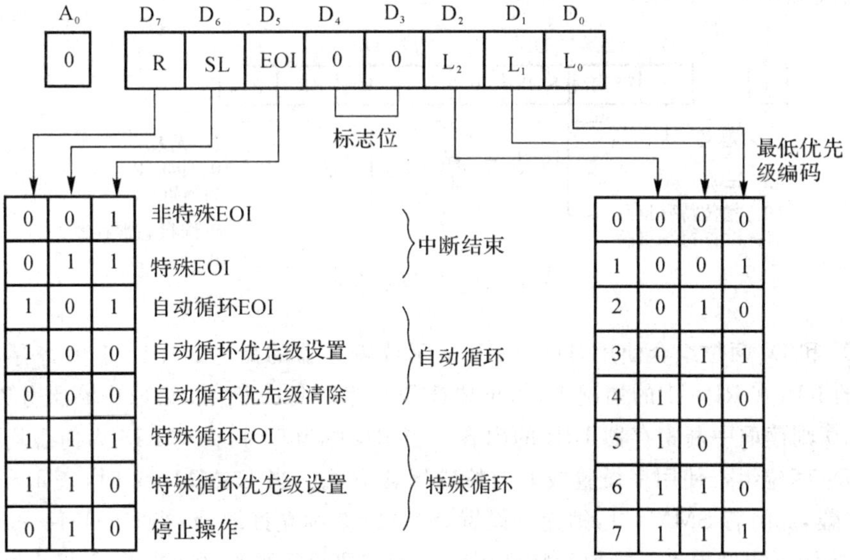

图 7-17　OCW_2 的格式

D_7 为 R 位，用于优先权控制，R=1 为循环优先权，R=0 为固定优先权(IR_0 最高，IR_7 最低)。D_6 为 SL 位，在中断结束时若使用特殊 EOI 方式，总是将当前结束中断的级别同时通知 8259A。当 SL=1 时，则由 $L_2 \sim L_0$ 位的编码指定相应的 IR 端为当前结束中断。当 SL=0 时，则 $L_2 \sim L_0$ 三位无效。D5 为 EOI 位，用来在非自动 EOI 方式下回送给 8259A 的中断结束命令。当 ICW_4 预置命令中 AEOI=0 时，表明中断结束是非自动的，要将 OCW_2 的 EOI 置 1，以便使中断服务寄存器 ISR 中最高优先权位或指定优先权位清 0。EOI=0，则不起作用。OCW_2 的组合控制功能如表 7-1 所示。

表 7-1 OCW_2 的组合控制功能

R	SL	EOI	功 能
0	0	1	一般 EOI 命令
0	1	1	特殊 EOI 命令
1	0	1	自动循环的一般 EOI 命令
1	0	0	设置自动循环的 AEOI 方式
0	0	0	清除自动循环的 AEOI 方式
1	1	1	自动循环特殊 EOI 命令
1	1	0	置位优先权命令
0	1	0	无效

(3)OCW_3 的格式。OCW_3 主要用来控制 8259A 的中断屏蔽和读取寄存器的状态。OCW_3 的格式如图 7-18 所示。

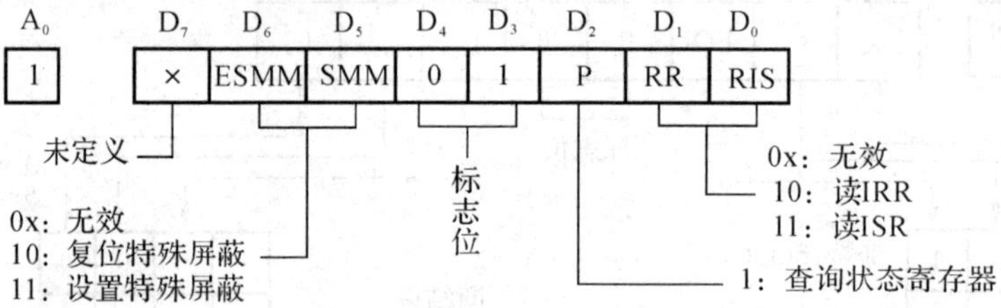

图 7-18 OCW_3 的格式

其中 D_1 和 D_0 两位组合使用，D_1 的 RR 表示读寄存器的命令。RR=1 读寄存器，RR=0 不读。D_0 的 RIS 在 RR=1 的情况下，指出要读的寄存器名；RIS=1 读取中断服务寄存器 ISR 内容，RIS=0 则读取中断寄存器 IRR 的内容。当 RR 位为 0 时，无论 RIS 为何态均无意义。

D_6 和 D_5 两位组合使用来设置或取消特殊屏蔽方式。当 ESMM=1 时，表示允许设置或取消特殊屏蔽，此时若 SMM=1，则允许设置，SMM=0 则允许取消；当 ESMM=0 时，则无论 SMM 为何态均不能设置也不能取消特殊屏蔽。当需要设置低级中断打断高级中断特殊屏蔽时，将这两位置成“11”。

D_2 位称查询位 P，将 P 置“1”后，表示向 8259A 发出查询命令，查询当前是否有中断请求正在被处理，如果有，则给出当前处理的最高优先级是哪一级，可查询的中断状态字格式如图 7-19 所示。

D_7	D_6	D_5	D_4	D_3	D_2	D_1	D_0
I	×	×	×	×	W_2	W_1	W_0

图 7-19 查询的中断状态字格式

编码在状态字中 D_2～D_0 位给出当前处理的具有最高优先级的 IR 编码，D_7 位有两种情况，当 $D_7=0$ 时，表明无中断请求，当 $D_7=1$ 时，则有中断请求。

比如，某系统中8259A采用完全嵌套方式，已知当前ISR寄存器中第2位和第5位置“1”，即第2级中断打断了第5级中断，当前执行的应该是第2级中断服务程序，若在第2级的中断服务程序中将OCW_3的P位置“1”后，执行一条IN AL，PORT指令，则AL中的内容为1××××010B，

假设8259A的两个端口地址为20H和21H，OCW_3，ISR和IRR共用一个地址20H。

读取ISR内容的程序段为：

```
MOV     AL, 00001011B
OUT     20H, AL             ;读ISR命令写入OCW3
IN      AL, 20H             ;读ISR内容至AL中
```

读取IRR内容的程序段为：

```
MOV     AL, 00001010B
OUT     20H, AL             ;读IRR命令写入OCW3
IN      AL, 20H             ;读IRR内容至AL中
```

7.2.5　8259A的应用举例

例7.5　在Intel 80486 CPU系统中，使用2片8259A管理中断，采用级联方式。主片中的8个中断请求IR_7～IR_0除IR_2扩展从片以外，其他均为系统使用，从片中的8个中断请求IR_7～IR_0供用户使用。硬件连接如图7-20所示。

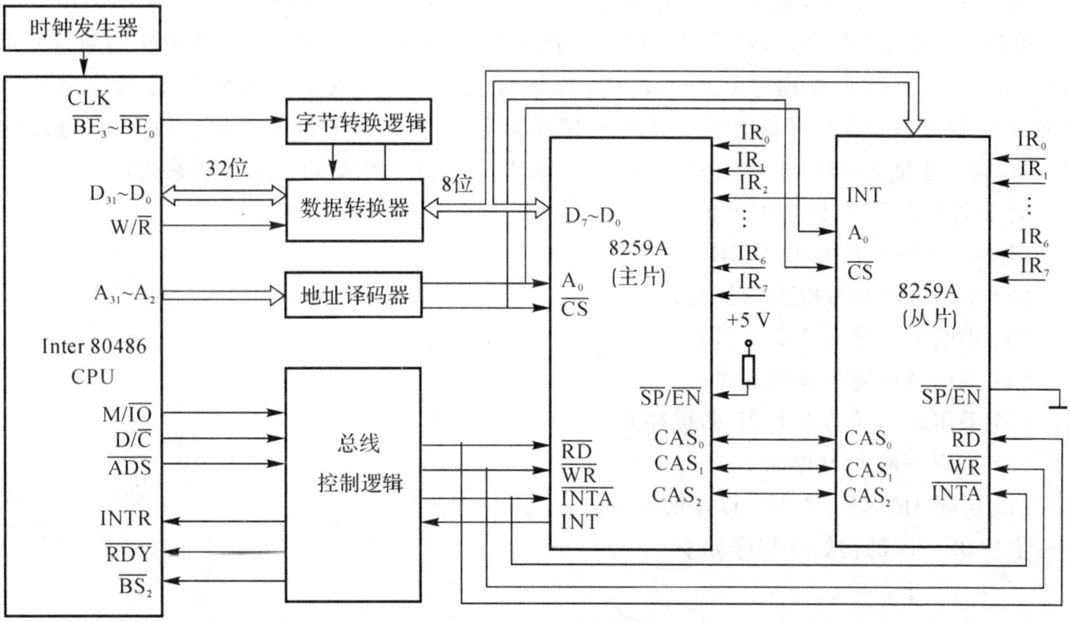

图7-20　硬件连接图

8259A的硬件连接比较简单，不需要附加其他电路就可以与CPU直接连接。

系统的工作过程是：当80486 CPU响应8259A的中断请求INT时，向8259A回送中断响应信号$\overline{INTA}$，自动进入中断响应总线周期，进行中断处理。

$\overline{\text{INTA}}$时序如图 7-21 所示。

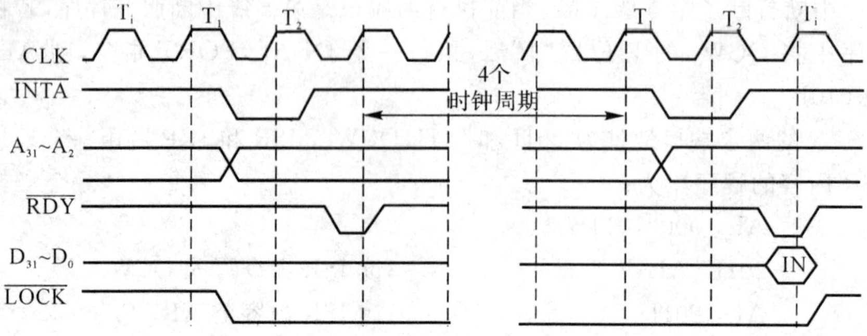

图 7-21 $\overline{\text{INTA}}$时序图

在第一个$\overline{\text{INTA}}$周期，CPU 向 8259A 发送第一个$\overline{\text{INTA}}$脉冲，表示响应 INT 请求，并利用这个信号将 8259A 的请求信号 IR_i 复位，同时使总线锁存信号 IR_i 有效，以禁止其他总线主控设备争用总线。

在第二个$\overline{\text{INTA}}$周期，8259A 将中断类型号 n 通过数据总线送至 CPU，由 CPU 自动完成向量表地址 4 * n 运算后，从中断向量表中取出相应的中断向量送入 CS:IP 中，继而转去执行中断服务子程序。同时，还利用第二个$\overline{\text{INTA}}$周期的后沿将 INT 复位。在自动结束方式中，也是利用这个后沿，将 ISR 中的中断服务标志位清除。

例 7.6 8259A 的级联使用。某系统有两片 8259A，从片 8259A 接主片的 IR_4，主片的 IR_2 和 IR_5 有外部中断引入，从片 IR_0 和 IR_3 上也分别有外设中断引入。主片中断类型号分别为 62H，65H，中断服务程序在同一段中，段地址为 2000H，两个中断服务的偏移地址为 2500H 和 2600H。从片中断类型号分别为 40H，43H，中断服务程序也在同一段中，段地址为 4000H，偏移地址为 2640H 和 4620H，试分别写出主 8259A 和从 8259A 的初始化程序。

对于主片 8259A，设定如下要求：

(1) 主 8259A 有级联，从 IR_4 引入；

(2) 中断请求信号以边沿触发；

(3) 中断类型号为 60H～67H；

(4) 采用特殊完全嵌套方式；

(5) 采用非自动结束 EOI，非缓冲方式，SP=1；

(6) 采用一般 EOI 结束方式；

(7) 屏蔽 IR_2，IR_4 和 IR_5 以外的中断源。

主片 8259A 的初始化程序如下：

```
        ⋮
MOV AL,11H              ;ICW1,A0=0
MOV DX,MPORT0
OUT DX,AL
MOV AL,62H              ;ICW2,A0=1
MOV DX,MPORT1
OUT DX,AL
```

```
MOV AL,10H              ;ICW3,A0=1
OUT DX,AL
MOV AL,11H              ;ICW4,A0=1
OUT DX,AL
MOV AL,0CBH             ;OCW1,A1=1
OUT DX,AL
MOV AL,20H              ;OCW2,A0=0
MOV DX,MPORT0
OUT DX,AL
    ⋮
```

对于从片 8259A 的要求为:

(1) 从片 8259A 接在主片 IR_4 上;

(2) 中断请求信号为边沿触发;

(3) 中断类型号分别为 40H~47H;

(4) 采用特殊完全嵌套方式;

(5) 采用非自动结束 EOI,非缓冲方式,SP=0;

(6) 采用一般 EOI 结束;

(7) 屏蔽掉 IR_0 和 IR_3 以外的中断源。

从片 8259A 的初始化程序为:

```
      ⋮
MOV AL,11H              ;ICW1,A0=0
MOV DX,SPORT0
OUT DX,AL
MOV AL,40H              ;ICW2,A0=1
MOV DX,SPORT1
OUT DX,AL
MOV AL,04               ;ICW3,A0=1
OUT DX,AL
MOV AL,11H              ;ICW4,A0=1
OUT DX,AL
MOV AL,0F6H             ;OCW1,A0=1
OUT DX,AL
MOV AL,20H              ;OCW2,A0=0
MOV DX,SPORT0
OUT DX,AL
    ⋮
```

将中断服务程序地址置入中断地址入口表中:

```
        SEGMENT AT 0
        ORG 40H * 4
```

```
SINTR0  DW 2640H              ;从片 IR0 中断服务地址
        DW 4000H
        ORG 43H * 4
SINTR3  DW 4620H              ;从片 IR3 中断服务地址
        DW 4000H
        ORG 62H * 4
MINTR2  DW 2500H              ;主片 IR2 中断服务地址
        DW 2000H
MINTR5  ORG 65H * 4           ;主片 IR5 中断服务地址
        DW 2600H
        DW 2000H
```

例 7.7 系统正在处理由 8259A 的 IR_3 引入的中断,而临时有一个低优先级别的中断要紧急处理,一般情况下是不允许的,但 8259A 利用设置操作命令字(OCW_3)可以做到这点,对 8259A 设置特殊屏蔽方式(SMM 位)使运行的中断暂时停止,一直维持到 SMM 复位。

IR_3服务程序如下:

```
  ⋮
CLI                     ;关中断
MOV AL,08H              ;屏蔽 IR3,OCW1
MOV DX,PORT1
OUT DX,AL
MOV AL,68H              ;OCW3,SMM 位置"1"
MOV DX,PORT0
OUT DX,AL
STI                     ;开中断
  ⋮                     ;低优先级中断处理
  ⋮
CLI                     ;关中断
MOV AL,48H              ;OCW3,SMM 复位
MOV DX,PORT0
OUT DX,AL
MOV AL,00H              ;OCW1,开放 IR3
MOV DX,PORT1
OUT DX,AL
STI                     ;开中断
  ⋮
```

例 7.8 设计一个中断处理程序。要求中断请求信号以边沿触发方式由 IR_2 引入,当 CPU 响应 IR_2 请求时,输出字符串"Hello,good morning!",中断 10 次,程序退出,假设 8259A 的端口地址为 20H 和 21H,中断类型号为 42H。

中断处理程序如下:

```
        .MODEL SMALL
        .DATA
HELLO   DB  'Hello,good morning!', 0AH, 0DH, '$'
COUNT   DB  10                          ；计数值为10
        .STACK
BUFF    DB  100H DUP(?)
TOP     EQU  LENGTH BUFF
        .CODE
        .STARTUP
        CLI
        MOV SP, TOP
        MOV AL, 13H                     ；8259A初始化
        OUT 20H, AL                     ；单片，边沿触发
        MOV AL, 40H                     ；中断类型号设置
        OUT 21H, AL
        MOV AL, 01H                     ；非自动结束
        OUT 21H, AL
        MOV AX, SEG INTPROG             ；设置中断向量
        MOV DS, AX                      ；中断服务子程序入口段基址送DS
        MOV DX, OFFSET INTPROG          ；中断服务子程序入口偏移地址送DX
        MOV AL, 42H                     ；IR2的中断类型号42H送AL
        MOV AH, 25H                     ；25H功能调用
        INT 21H
        IN AL, 21H                      ；读IMR
        AND AL, 0FBH                    ；允许IR2请求中断
        OUT 21H, AL                     ；写中断屏蔽字OCW1
WAIT1:  STI                             ；开中断
        CMP COUNT,0                     ；判断10次中断是否结束
        JNZ WAIT1                       ；未结束，等待
        MOV AX, 4C00H                   ；结束，返回DOS
        INT 21H
INTPROG PROC                            ；中断服务子程序
        PUSH DS                         ；保护现场
        PUSH AX
        PUSH DX
        STI                             ；开中断
        MOV DS, AX
        MOV DX, OFFSETHELLO
        MOV AH, 09H
```

```
        INT 21H
        DEC COUNT                       ；控制 10 次循环
        JNZ NEXT
        IN  AL，21H                     ；读 IMR
        OR  AL，04H                     ；屏蔽 IR2 请求
        OUT 21H，AL
NEXT：  CLI                             ；关中断
        MOV AL，20H                     ；写 OCW2，送中断结束命令 EOI
        OUT 20H，AL
        POP DX                          ；恢复现场
        POP AX
        POP DS
        IRET                            ；中断返回
       ·EXIT
        END
```

习题与思考题

1. 什么是中断？什么是中断源？

2. 中断是如何分类的？各有何特点？

3. 可屏蔽中断与非屏蔽中断有何不同？

4. 什么是中断向量？什么是中断向量表？什么是中断描述符表？

5. 简述中断的一般过程。

6. 8259A 具有哪些工作方式？如何对单片的 8259A 进行初始化编程？多片 8259A 又该如何初始化编程？

7. 已知一个只有单片 8259A 的系统中，IR_3 的中断类型码为 5BH，请问该 8259A 的 ICW_2 的值如何设置？

8. 请计算中断类型码为 43 的中断服务程序入口地址存放在中断向量表的什么逻辑地址内。

第 8 章　可编程接口芯片

＊**学习基本要求**

通过本章的学习，需要掌握 3 个常用的可编程接口芯片的结构及其与微处理器的接口方式，包括常用的并行接口芯片 8255A，计数器/定时器 8254，串行接口芯片 8251A，掌握其编程特性，通过编程进行初始化以及操作控制。

＊**内容要点**

本章必须要理解的知识点：并行接口芯片 8255A，定时器/计数器芯片 8254，串行接口芯片 8251A 的组成、结构、功能及应用。

＊**知识结构框图**

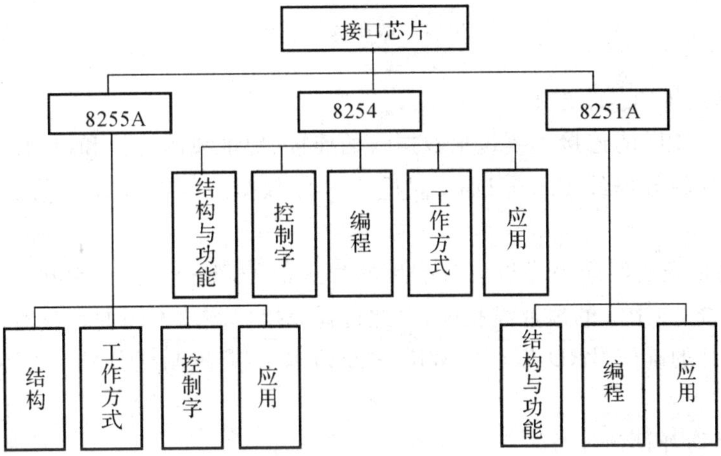

8.1　概　　述

CPU 要同外设交换信息，必须通过接口电路，在接口电路中多数具有如下电路单元：

(1)输入/输出数据锁存器和缓冲器，用以解决 CPU 与外设之间速度不匹配的矛盾，起着隔离和缓冲的作用。

(2)控制命令和状态寄存器，以存放 CPU 对外设的控制命令，以及外设的状态信息。

(3)地址译码器。用来选择接口电路中的不同端口寄存器的地址。

(4)读/写控制逻辑，用于接收 CPU 的读/写命令。

(5)中断控制逻辑，用于实现中断控制的功能。

接口电路基本上是以大规模集成电路芯片为主的接口芯片，用于微机输入/输出的接口芯片种类极多，功能各异。

按功能选择的灵活性来分，可分为可编程接口芯片和不可编程接口芯片，可编程接口芯片如 8259A，8255A，8254，8251A 等，不可编程接口芯片如三态门、CMOS 锁存器、缓冲器电路等。

按接口的通用性来分，可分为通用接口芯片和专用接口芯片，通用接口芯片如 8255A，8251A 等，专用接口芯片如键盘接口、显示器接口等。

接口芯片是 CPU 与外设之间的“桥梁”，它一方面要与 CPU 打交道，要接收 CPU 进行输入/输出所发出的一系列信息，另一方面又要与外设打交道，要向外设收发数据及一些联络信号等，因此通用的接口芯片大致包括如图 8-1 所示的引脚。

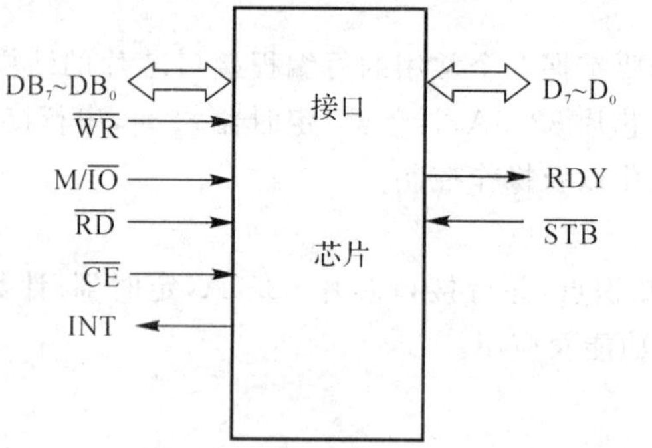

图 8-1　通用接口芯片引脚

1. 接口芯片与 CPU 的连接

接口芯片与 CPU 的连接主要包括数据线的连接、地址线的连接和控制线的连接。

(1)接口芯片的数据线 $DB_7 \sim DB_0$(假设为 8 位数据线)与 CPU 的数据线 $D_7 \sim D_0$ 直接相连。

(2)CPU 的地址线经译码器与接口芯片的片选信号 $\overline{CE}$ 相连。如果接口芯片有片内端口地址线，一般直接与 CPU 的地址线相连，以此选择该接口芯片不同的端口地址。

(3)接口芯片的读信号 $\overline{RD}$、写信号 $\overline{WR}$、中断请求 INT 控制线分别与 CPU 对应的控制线相连。

2. 接口芯片与外设的连接

接口芯片与外设的连接主要包括数据线的连接和联络信号的连接。

(1)接口芯片的数据线 $D_7 \sim D_0$ 与外设的数据线 $D_7 \sim D_0$ 直接相连。

(2)RDY 和 $\overline{STB}$ 作为联络信号与外设相连。当接口芯片作为输入接口时，RDY 若有效，表示可接收外部数据，外设向接口发出 $\overline{STB}$ 选通信号，将数据存入接口芯片的输入寄存器。当接口芯片作为输出接口时，RDY 若有效，表示接口寄存器已有数据，通知外设取数据，在外设取走数据后发出 $\overline{STB}$ 信号，表示 CPU 可以再次送新的数据到接口寄存器。

8.2　可编程并行接口芯片 8255A

微机与 I/O 设备的接口按照数据传送方式的不同，可分为并行接口与串行接口两种。

由于现在常用的微机系统均以并行方式处理数据，所以，并行接口比较常用。并行接口有以下几方面的特点：

(1)并行接口是在多根数据线上，以数据字节(字)为单位与输入/输出设备或被控对象传送信息的，如打印机接口，A/D 和 D/A 转换器接口，IEEE－488 接口，开关量接口，控制设备接口等。在实际应用中，凡在 CPU 与外设之间同时需要两位以上信息传送时，就要采用并行口。并行接口的优点是传输速率高，但由于需要多根数据线，不适合长距离数据传输，一般用于近距离传送的场合。由于各种 I/O 设备和被控对象多为并行数据线连接，CPU 用并行口来组成应用系统很方便，故使用十分普遍。

(2)并行传送的信息，不要求固定的格式，这与串行传送的信息有数据格式的要求不同。例如，异步串行通信的格式是一个数据，它包括起始位、数据位、校验位和停止位。相对来说，串行数据格式要求复杂。

(3)从并行接口的电路结构来看，并行口有硬线连接接口和可编程接口之分。硬线连接接口的工作方式及功能用硬线连接来设定，用软件编程的方法不能加以改变；如果接口的工作方式及功能可以用软件编程的方法加以改变，就叫可编程接口。

8255A 是 Intel 公司生产的一种可编程的并行输入/输出接口芯片，可以通过编程设定其工作方式，因而使用灵活、通用性强，可作为 CPU 与多种外设连接时的接口电路。

8.2.1　8255A 的内部结构

8255A 内部结构框图如图 8－2 所示，它由以下 4 部分组成。

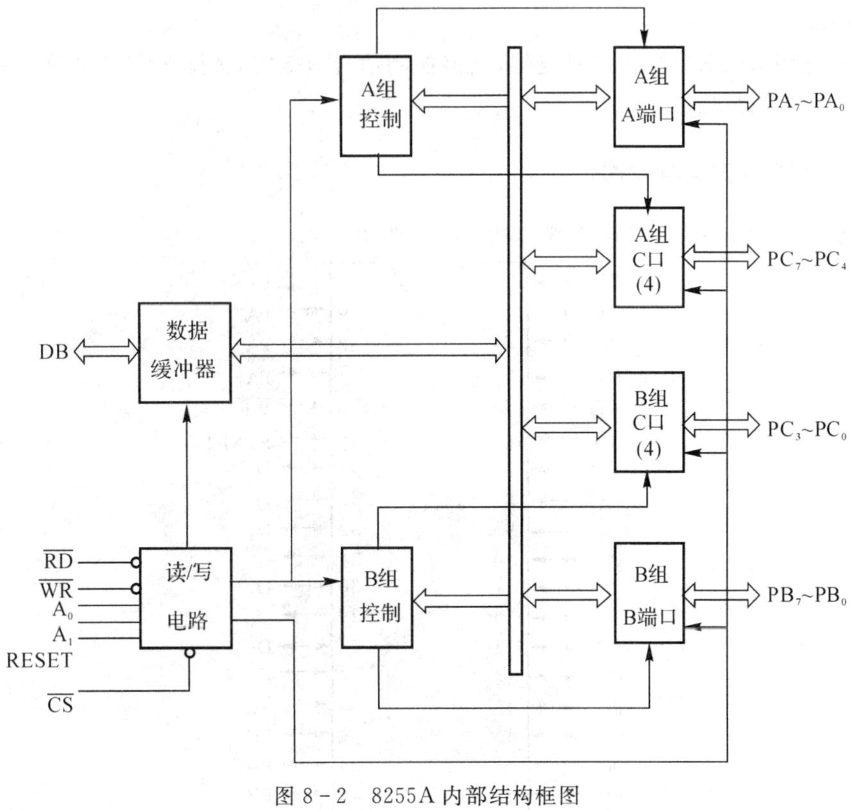

图 8－2　8255A 内部结构框图

1. 三个数据端口

8255A 芯片内包含有 3 个 8 位的端口，它们是 A 口、B 口和 C 口。这 3 个端口均可作为

CPU与外设通信时的缓冲器或锁存器，通过各自的输入/输出线与外设联系。当需要"状态"或"联络"信号时，可以由C口的某些位来提供，C口的8条线可独立进行置"1"或清"0"操作。

2. A组和B组控制

8255A内部的3个端口分为两组。A组端口由A口和C口高4位组成，B组端口由B口和C口低4位组成。A组和B组分别有自己的控制部件，可接收来自读/写控制电路的命令和CPU送来的控制字，并根据它们来定义各个端口的操作方式。

3. 数据总线缓冲器

这是一个双向三态的8位数据缓冲器，它是8255A和CPU之间的数据接口。CPU执行输出指令时，可将控制字或数据通过该缓冲器传送给8255A。CPU执行输入指令时，8255A可将状态信息或数据通过它传送给CPU。因此，数据总线缓冲器是CPU与8255A交换信息的必经之路。

4. 读/写控制电路

8255A的读/写控制电路能接收CPU的控制命令，并根据命令向片内各功能部件发出操作命令。例如当$\overline{CS}$信号为低电平时，表示8255A芯片被选中，该片选信号则由CPU的地址线通过译码产生，$\overline{RD}$,$\overline{WR}$信号控制8255A中数据或信息的传送方向。端口选择控制则由A_1和A_0的组合状态提供，由这两个控制信号可提供4个端口地址，即A,B,C三个端口地址及一个控制端口地址。

8255A可用RESET控制信号复位，当该控制信号有效时，清除8255A中所有控制寄存器内容，并将各端口置成输入方式。

8.2.2 8255A的引脚分配

8255A的功能由40个引脚体现，如图8-3所示。

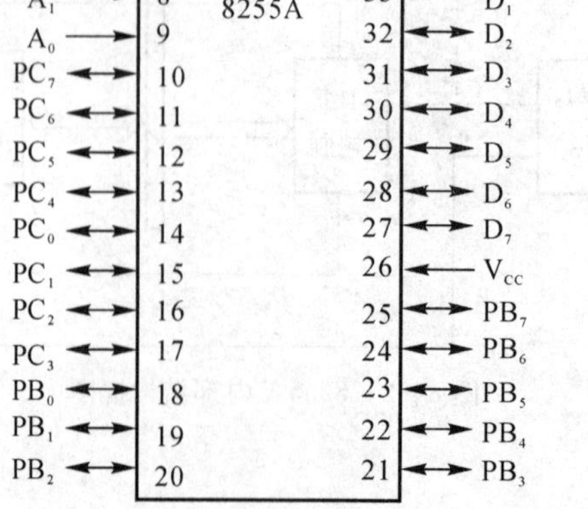

图8-3 8255A的封装外型及引脚分配

现将这些引脚分成以下两部分介绍。

1. 与外设联系的引脚

$PA_7 \sim PA_0$ 为端口 A 的输入/输出线，$PB_7 \sim PB_0$ 为端口 B 的输入/输出线，$PC_7 \sim PC_0$ 为端口 C 的输入/输出线。这些线均可用来连接 I/O 设备和传送信息。其中，A 口和 B 口通常只作为输入/输出的数据口，8 位一起操作。

C 口的作用与 8255A 的工作方式有关，它除了可作为数据口外，还有其他用途，故 C 口的用法比较特殊，单独介绍如下：

(1)作为数据口。C 口作为数据口时和 A 口、B 口不一样，它既可以是一个 8 位的数据口，也可以是两个 4 位的数据口。$PC_7 \sim PC_4$ 为 C 口的高 4 位，$PC_3 \sim PC_0$ 为 C 口的低 4 位。

(2)作为状态口。8255A 在方式 1 和方式 2 下，有固定的状态字，是从 C 口读入的。

(3)作为联络信号。8255A 工作在方式 1 和方式 2 下时，需要在传送过程中进行应答的联络信号，而 C 口的大部分引脚此时就被分配为固定的联络信号线。

(4)作为控制用。C 口的 8 个引脚可以通过执行控制命令字单独从 1 个引脚输出高/低电平。此时，C 口用作按位控制，而不是用作数据输出。

2. 与 CPU 联系的引脚

$D_7 \sim D_0$：双向数据线，与 CPU 系统数据总线相连，用于 CPU 向 8255A 发送命令或数据，以及 8255A 向 CPU 回送状态或数据。

$\overline{CS}$：片选信号，由系统的高位地址线经 I/O 端口地址译码器电路产生，用来决定 8255A 是否被选中。

A_1 和 A_0：芯片内部端口地址信号，一般与系统地址的低位线相连，用来寻址 8255A 内部寄存器。两位地址形成片内 4 个端口地址。

$\overline{RD}$和$\overline{WR}$：读/写信号，CPU 通过执行 IN 指令使$\overline{RD}$有效，即发读信号将数据或状态信息从 8255A 读至 CPU；CPU 通过执行 OUT 指令使$\overline{WR}$有效，即发写信号将数据或命令字从 CPU 写入 8255A。

RESET：复位信号，用来清除 8255A 的控制寄存器，并将 8255A 的 A，B，C 3 个端口均置为输入方式，输出寄存器和状态寄存器被复位，并且屏蔽中断请求，24 条面向外设的信号线呈现高阻态，这种状态一直维持到工作方式控制字被设置，使得 8255A 进入用户所需的工作方式。

注意：8255A 的地址选择线 A_1 和 A_0 原则上可由 CPU 地址线的任何两条线控制。8255A 的 A_1 和 A_0 不是地址线的 A_1 和 A_0，它们不一定非要接在地址线的 A_1 和 A_0 上。$\overline{CS}$是由地址译码器的一根输出线来控制的。

8255A 的 M/$\overline{IO}$可以控制地址译码器的输出允许；$\overline{RD}$和$\overline{WR}$可与 CPU 的$\overline{RD}$和$\overline{WR}$直接相连，也可以采取如图 8-4 所示的外接方式。

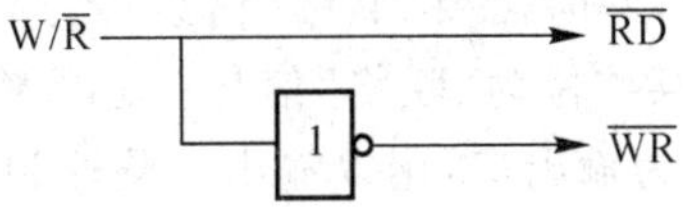

图 8-4　外接方式

8255A 复位信号 RESET 可直接接在 CPU 的复位信号 RESET 上。

3. 端口地址控制引脚

$\overline{CS}$,A_1 和 A_0,这 3 个引脚的组合状态可分配 4 个端口地址。

$\overline{CS}$	A_1	A_0	端口
0	0	0	A 口地址
0	0	1	B 口地址
0	1	0	C 口地址
0	1	1	控制端口地址

4. 读/写控制基本操作

由端口地址 A_1,A_0 和相应控制信号组合起来可定义各端口的操作方式,如表 8－1 所示。

表 8－1　8255A 的基本操作

$\overline{CS}$	$\overline{RD}$	$\overline{WR}$	A_1	A_0	执行的操作
0	0	1	0	0	读端口 A(A 口内容送数据总线)
0	1	0	0	0	写端口 A(数据总线数据送 A 口)
0	0	1	0	1	读端口 B(B 口内容送数据总线)
0	1	0	0	1	写端口 B(数据总线数据送 B 口)
0	0	1	1	0	读端口 C(C 口内容送数据总线)
0	1	0	1	0	写端口 C(数据总线数据送 C 口)
0	1	0	1	1	D_7＝1 时,写方式控制字 D_7＝0 时,C 口置位/复位
0	0	1	1	1	非法信号组合
0	1	1	×	×	数据线进入高阻状态
1	×	×	×	×	未选择

8.2.3　8255A 的工作方式

8255A 有 3 种工作方式,它们分别是方式 0(基本输入/输出方式)、方式 1(选通输入/输出方式)和方式 2(双向传送方式)。

1. 方式 0

方式 0 可称为同步或无条件的输入/输出方式,可以不需要"联络"信号。在这种方式下,C 口的高 4 位和低 4 位可由用户定义为输入/输出。8255A 的 3 个端口均可工作在这种方式,它们分别定义为输入或输出端口,即 2 个 8 位口(A 和 B)和 2 个 4 位口(PC_7～PC_4 和 PC_3～PC_0),所以可有 16 种组合,CPU 与端口之间交换数据可直接由 CPU 执行 IN 或 OUT 指令来完成,不用提供"联络"信息,适用于各种同步并行传送的情况。

方式 0 也可用作查询式传送,此时需要"联络"信息,当选用 8255A 方式 0 作为查询式接口电路时,可由用户定义 C 口的某些位为"联络"信号。通常将 A 口和 B 口作为数据口,把 C 口的 4 位(高 4 位或低 4 位)规定为输出口,用以输出一些控制信号,把 C 口的另 4 位规定为输入口,用以读入外设的状态。

2. 方式 1

方式 1 又称异步或有条件传送方式。此时,仅有 A 口和B 口可工作在方式 1,A 口的状态信息由 C 口的 PC_7～PC_3 提供；B 口的状态信息由 C 口的 PC_2～PC_0 提供。

工作方式 1 被称作选通输入/输出方式，在这种工作方式下，数据输入/输出操作要在选通信号控制下完成。A 口和 B 口可工作在此种方式，这时 C 口的某些位就用来作为选通信号。工作在方式 1 的 A 口和 B 口可作为输入接口，也可作为输出接口，由于输入接口和输出接口所需的选通控制不同，因而有必要分别加以介绍。

(1) 选通输入方式。当 8255A 工作在选通输入方式时，外设准备好数据就发出 $\overline{STB}$ 信号，该信号作为 8255A 的选通信号，将数据通过 PA_7～PA_0 或 PB_7～PB_0 锁存到 8255A 的数据输入寄存器等待 CPU 来取走；同时，8255A 发出缓冲器"满"的信号 IBF，禁止外设将下一个数据输入。此时，有两种方式通知 CPU 取数。其一，用中断方式，当允许 8255A 中断，即用控制字置 A 口或 B 口的 INTE 位为"1"时，外设的选通信号 $\overline{STB}$ 的上升沿使 8255A 发出中断请求 INTR。CPU 若允许中断，当它转去中断服务时，将 8255A 缓冲器的数据取走，缓冲器空使 IBF 变低，通知外设可送下一个数据到 8255A。外设准备好数据又发出 $\overline{STB}$ 信号将数据锁入 8255A，发出 IBF 信号，禁止外设送下一个数，同时，通知 CPU 取数，即发出中断请求，如此循环。CPU 取数的第 2 种方式是用软件查询，通过查询缓冲器是否"满"，即 IBF 是否为高电平来取数。

INTE：中断允许信号，其中 $INTE_A$ 由 PC_4 的置位/复位来控制；$INTE_B$ 由 PC_2 的置位/复位来控制。这些软操作不影响 PC_4 和 PC_2 的外部状态。

8255A 工作在选通输入方式下，C 口"联络"信号的定义如图 8－5 所示。

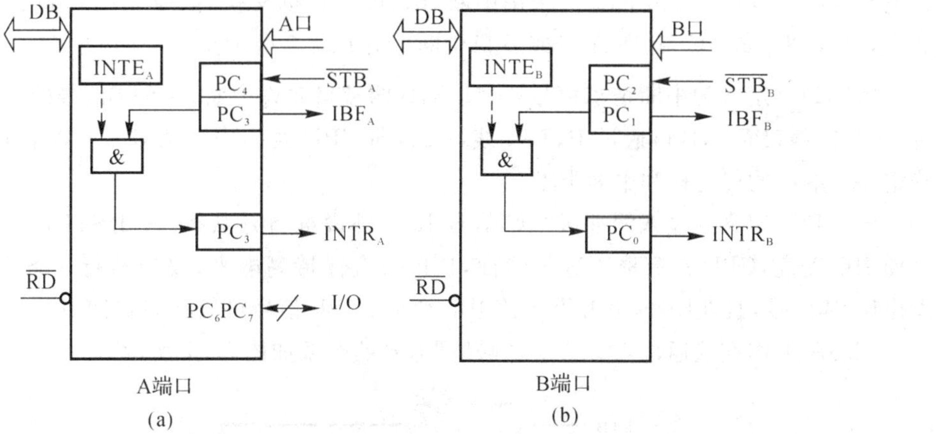

图 8－5　8255A 工作在选通输入方式时

(a)选通输入方式；(b)选通输出方式

(2)选通输出方式。8255A 工作在选通输出方式时，CPU 执行一条 OUT 指令，将累加器的数据通过数据总线锁存到 8255A 的数据输出寄存器。此时，8255A 的 A 口或 B 口发出输出缓冲器"满"的低电平有效 $\overline{OBF_A}$ 或 $\overline{OBF_B}$，通知外设取数。外设如果接收了数据，则回答一个 $\overline{ACK}$ 信号，如果缓冲器内数据取走则 $\overline{OBF}$ 信号变为高电平，CPU 可以输出下一个数据到 8255A。如此循环，完成 CPU 与外设之间的数据传送，同样可用中断方式或软件查询方式进行。$INTE_A$ 由 PC_6 置位/复位来控制；$INTE_B$ 还由 PC_2 置位/复位来控制。同样，它们不影响 PC_6 或 PC_2 的外部状态。

8255A 工作在选通输出方式下,C 口“联络”信号的定义如图 8-6 所示。

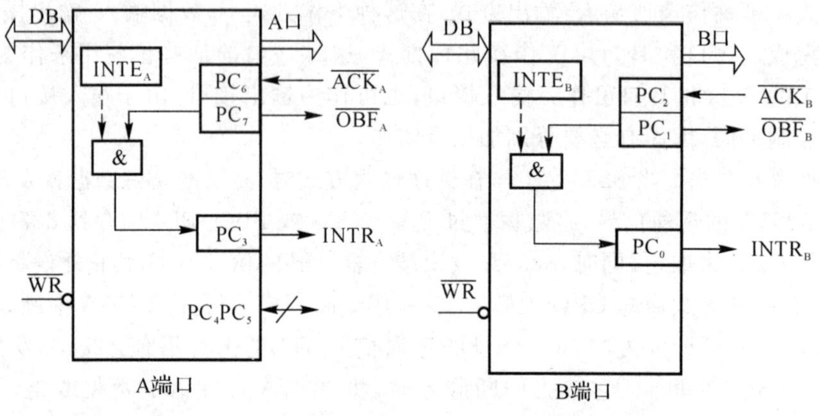

图 8-6 8255A 工作在选通输出方式时 C 口“联络”信号的定义

(3)8255A 工作在方式 1 时,C 口“联络”信号的说明。8255A 工作在方式 1 作为输入接口时,C 口的低 3 位即 PC_2,PC_1 和 PC_0 为 B 端口的“联络”信号;C 口的次高 3 位即 PC_5,PC_4,PC_3 为 A 端口的“联络”信号;C 口剩余的 PC_7 和 PC_6 此时可为一般的 I/O 线,可由用户任意设定为输入/输出。

PC_4,PC_2 定义为$\overline{STB}_A$ 和$\overline{STB}_B$ 信号,该信号是由外设提供的低电平有效信号,且该信号低电平宽度不能小于 500 ns。当采用中断方式进行数据交换时,应先用 C 口置“1”/清“0”控制字,通过 PC_4 或 PC_2 允许 A 口或 B 口中断,如图 8-5 所示。

PC_3,PC_0 定义为中断请求信号,一旦 A,B 两端口允许中断,在$\overline{STB}$信号的上升沿,A 口通过 $INTR_A$ 线(PC_3),B 口通过 $INTR_B$ 线(PC_0)向 CPU 发出中断请求。中断管理可由 8259A 确定每个端口的优先权和中断类型。

PC_5,PC_1 定义为输入缓冲区“满”信号 IBF,外设准备好数据,发出$\overline{STB}$信号,$\overline{STB}$的下降沿使 IBF 变高,CPU 没有取走数据之前,IBF 一直保持高电平,仅当执行一条 IN 指令,CPU 发出$\overline{RD}$读信号,且在$\overline{RD}$的上升沿才使 IBF 变低。IBF 信号可供状态查询用。

8255A 工作在选通输入方式下,“联络”信号的关系如图 8-7 所示。

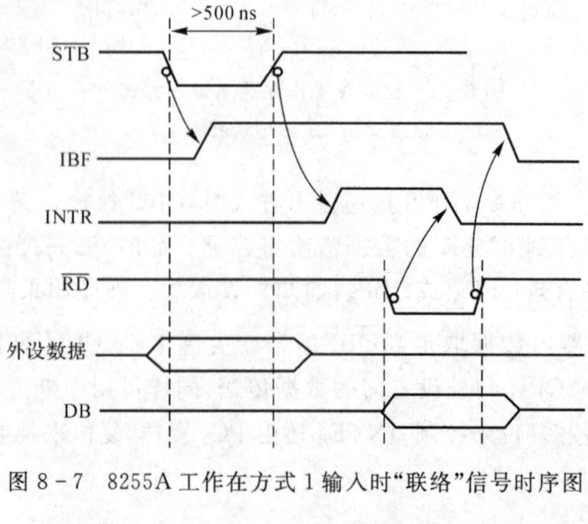

图 8-7 8255A 工作在方式 1 输入时“联络”信号时序图

8255A 工作在方式 1 作为输出接口时，C 口的低 3 位，即 PC_2，PC_1 和 PC_0 为 B 端口“联络”线，而 PC_7，PC_6 和 PC_3 为 A 端口“联络”线，其余 PC_5，PC_4 作一般 I/O 线使用。

PC_7 和 PC_1 定义为 A 口和 B 口的输出缓冲区“满”信号，$\overline{OBF}$为低电平有效，CPU 执行一条 OUT 指令，发出$\overline{WR}$信号，当$\overline{WR}$变高时，使$\overline{OBF}$信号有效，通知外设 CPU 已经把数据输出给了指定的端口，外设接到该信号可把数据取走。数据取走后 8255A 的输出缓冲区变“空”，$\overline{OBF}$变为高电平无效信号，CPU 可查询$\overline{OBF}$信号是否变高或者用中断方式，输出下一个数据至 8255A 的端口。

PC_6 和 PC_2 定义为外设取数的回答信号，$\overline{ACK_A}$ 和$\overline{ACK_B}$ 低电平有效，这是由外设提供的响应信号，指示 CPU 输出给 8255A 的数据已由外设接收。

PC_3 和 PC_0 定义为 A 端口和 B 端口的中断请求信号，用 C 口置“1”/清“0”控制字分别对 PC_6 和 PC_2 置“1”，允许 A 口和 B 口中断，如图 8－6 所示，又当$\overline{ACK}$变高电平时，$INTR_A$(PC_3)和 $INTR_B$(PC_0)发出高电平的中断请求信号。

8255A 工作在选通输出方式，“联络”信号的关系如图 8－8 所示。

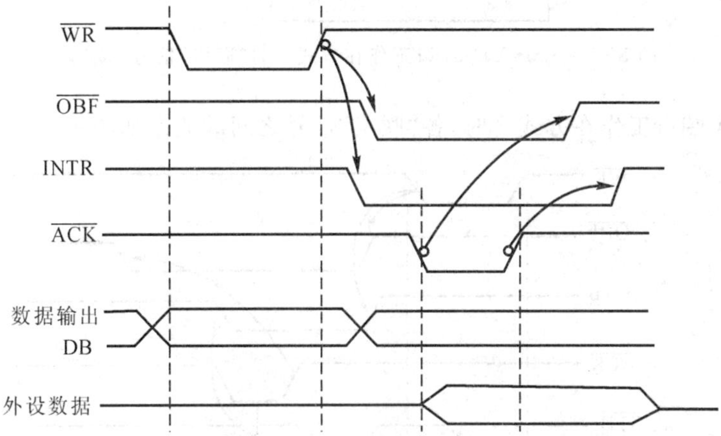

图 8－8　8255A 工作在方式 1 输出时“联络”信号时序图

3. 方式 2

8255A 只允许 A 端口工作在方式 2，可用来在两台处理机之间实现双向并行通信。外设可在单一的 8 位总线上，既能发送，也能接收数据。工作时可用软件查询方式，也可用中断方式。当 A 端口工作于方式 2 时，C 口的“联络”线既要提供 A 口的输入“联络”，又要提供 A 口的输出“联络”，而 B 端口可工作于方式 0 或方式 1。

8255A 的 A 口工作在方式 2 时，“联络”信号的定义如图 8－9 所示。

从图 8－9 可看出，8255A 的 A 口工作在方式 2 时，要求 C 口提供 5 个控制“联络”信号，PC_7 和 PC_6 提供 A 口在输出时的“联络”，PC_5 和 PC_4 提供 A 口在输入时的“联络”，其“联络”信号的功能和前面介绍的一样，在此不再叙述。

当 8255A 的 A 口工作在方式 2，且使用中断方式传送数据时，输入和输出共用同一个中断请求信号线 PC_3，可以用 C 口置“1”/清“0”控制字来分别允许输入时中断($INTE_2$)或输出时中断($INTE_1$)，这是通过分别置 PC_4 或 PC_6 为“1”来实现的。

8255A 的 A 端口工作在方式 2 时，使用 C 口的 5 个“联络”控制线 PC_7～PC_3。此时，B 口

还可利用 PC_2，PC_1 和 PC_0 作为工作在选通输入/输出方式下的"联络"控制，其"联络"线的定义和方式 1 相同。

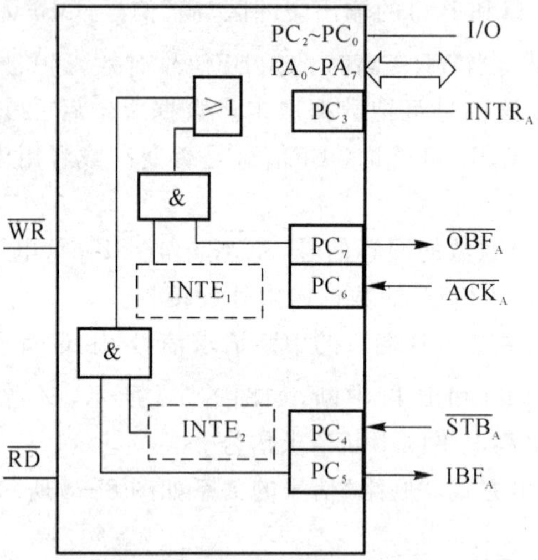

图 8-9　8255A 的 A 口工作在方式 2 时"联络"信号的定义

8255A 的 A 端口工作在方式 2 时，各"联络"信号之间的关系如图 8-10 所示。

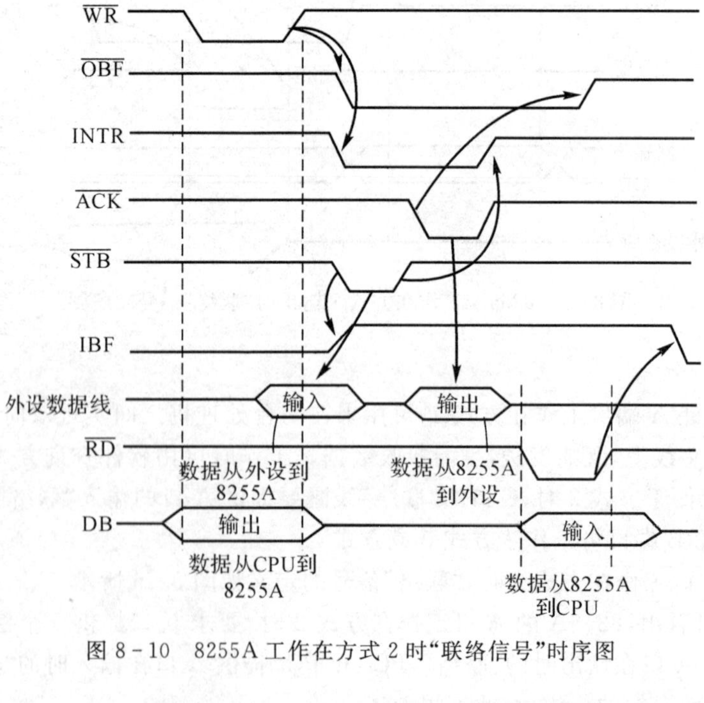

图 8-10　8255A 工作在方式 2 时"联络信号"时序图

8.2.4　8255A 的控制字和状态字

8255A 是一种可编程的 I/O 接口，在使用之前，用户可用软件来定义端口的工作方式，定义其"联络"信号或中断控制信号等。为此，必须了解 8255A 的控制命令。控制命令字包括方式控制字和 C 口置“1”/清“0”控制字。另外，还可以通过读入状态字来检测外部设备的状态。

1. 方式控制字

方式控制字用于指定 3 个并行端口（A，B，C 口）是用作输入还是输出端口以及选择 8255A 的工作方式。这是一个 8 位的控制字，分别控制 A 组端口和 B 组端口，A 组用来控制 A 口和 C 口的高半字节，B 组用来控制 B 口和 C 口的低半字节。其格式及每位的定义如图 8－11 所示。

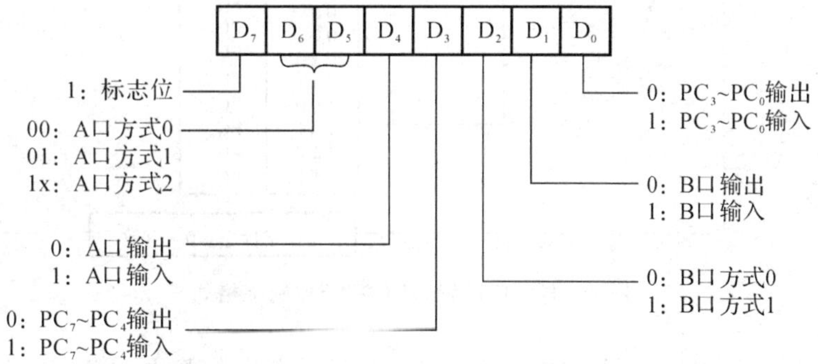

图 8－11　8255A 方式控制字格式

比如，要把 A 口指定为方式 1，输入；C 口上半部定为输出；B 口指定为方式 0，输出；C 口下半部定为输入。于是，方式控制字是：10110001B 或 B1H。

若将此控制字的内容写到 8255A 的控制寄存器，就实现了对 8255A 工作方式的指定，或叫作完成了对 8255A 的初始化。

例 8.1　设 8255A 的控制端口地址为 00E0H，要把 A 口指定为方式 1 输入，C 口上半部定为输出，B 口指定为方式 0 输出，C 口下半部定为输入，请对该 8255A 初始化。

解　根据前面分析，该 8255A 的方式控制字为 10110001B 或 B1H。

初始化的程序段为：

```
MOV DX, 00E0H          ;控制端口地址 00E0H
MOV AL, 0B1H           ;方式控制字
OUT DX, AL             ;送控制端口
```

2. C 口置“1”/清“0”控制字

该控制字用来指定 PC 口的某一位输出高电平还是低电平。通过对 C 口的各位置“1”或清“0”来实现，因而仅对 C 口有效。注意，该控制字是写入 8255A 的控制端口的。由于与方式控制字一样，这两个命令字都是送到 8255A 的同一个控制端口，为了让 8255A 能识别是哪个命令，故采用特征位的方法。若写入的控制字的最高位 $D_7=1$，则是方式控制字；若写入的控制字的最高位 $D_7=0$，则是 C 口置“1”/清“0”控制字，其格式如图 8－12 所示。

例如，若要把 C 口的 PC_2 引脚置高电平（置位），则命令字应该为 00000101B 或 05H。将该命令字的内容写入 8255A 的控制寄存器，就实现了将 PC 口的 PC_2 引脚置位的操作。程序段如下：

```
MOV DX,00E0H           ;假设 00E0H 为 8255A 控制口地址
MOV AL, 05H            ;使 PC2=1 的控制字
OUT DX, AL             ;送到控制口
```

C 口置“1”/清“0”控制字按位置位/复位命令产生的输出信号，可作为控制开关的通/断、继电路的吸合/释放、马达的启/停等操作的选通信号。

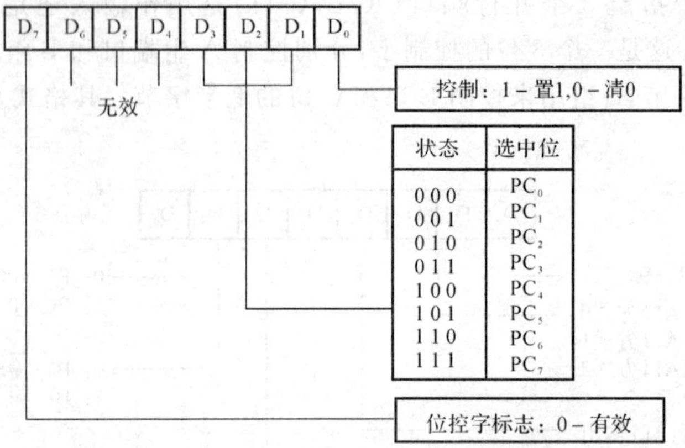

图 8－12 C 口置“1”/清“0”控制字格式

例 8.2 假设在某炉温控制系统中用 8255A 的 PC_7 控制电炉电源开关，当温度数字量 BL 小于 80H 时，送出接通温控开关的高电平信号，当 BL 大于或等于 0FFH 时，发出切断温控开关的低电平信号。假设 8255A 的控制端口地址为 83H，请编写程序。

解 根据要求，程序段如下：

```
AGAIN:CMP BL, 80H
      JL ON
      CMP BL, 0FFH
      JGE OFF
        …
ON:   MOVAL,0FH
      OUT 83H,AL
      JMP AGAIN
OFF:  MOVAL,0EH
      OUT 83H,AL
      JMP AGAIN
```

另外，8255A 的状态字中的中断允许位 INTE 的置位和复位，即允许 8255A 提出中断与禁止 8255A 提出中断，也是采用这个按位控制的命令字来实现的。

3. 读入状态字

当 8255A 由程序设定在方式 1 或方式 2 工作时，C 口便根据不同的情况，产生或接收“联络”信号。读取 C 口的内容可以使程序员测试或检查外部设备的状态，并相应地改变程序流程。下面给出 3 个状态字的格式。

(1)方式 1 的输入状态字。

D_7	D_6	D_5	D_4	D_3	D_2	D_1	D_0
I/O	I/O	IBF_A	$INTE_A$	$INTR_A$	$INTE_B$	IBF_B	$INTR_B$

其中：$D_5 \sim D_3$ 为端口 A 的状态字，$D_2 \sim D_0$ 为端口 B 的状态字。它们反映了相应联络信号的当前状态。

(2)方式 1 的输出状态字。

D_7	D_6	D_5	D_4	D_3	D_2	D_1	D_0
$\overline{OBF_A}$	$INTE_A$	I/O	I/O	$INTR_A$	$INTE_B$	$\overline{OBF_B}$	$INTR_B$

其中：D_7，D_6，D_3 为端口 A 的状态字，$D_2 \sim D_0$ 为端口 B 的状态字。同样，它们反映了相应联络信号的当前状态。

(3)方式 2 的状态字。

D_7	D_6	D_5	D_4	D_3	D_2	D_1	D_0
$\overline{OBF_A}$	$INTE_1$	IBF_A	$INTE_2$	$INTR_A$	×	×	×

因为只有 A 口能工作于方式 2，且此时 A 口既可以输入也可以输出。$D_7 \sim D_3$ 为 A 口状态字，当 B 口工作于方式 1 时，$D_2 \sim D_0$ 为端口 B 的状态字，当 B 口工作于方式 0 时，$D_2 \sim D_0$ 可以用作输入也可以用作输出。

8.2.5 8255A 的应用举例

1. 方式 0 同步举例

例 8.3 8255A 的 A 口和 B 口工作在方式 0，A 口为输入端口，接有 4 个开关；B 口为输出端口，接有 1 个 7 段发光二极管，其硬件连接电路如图 8-13 所示。试编一程序表现 7 段发光二极管显示开关所拨通的数字。

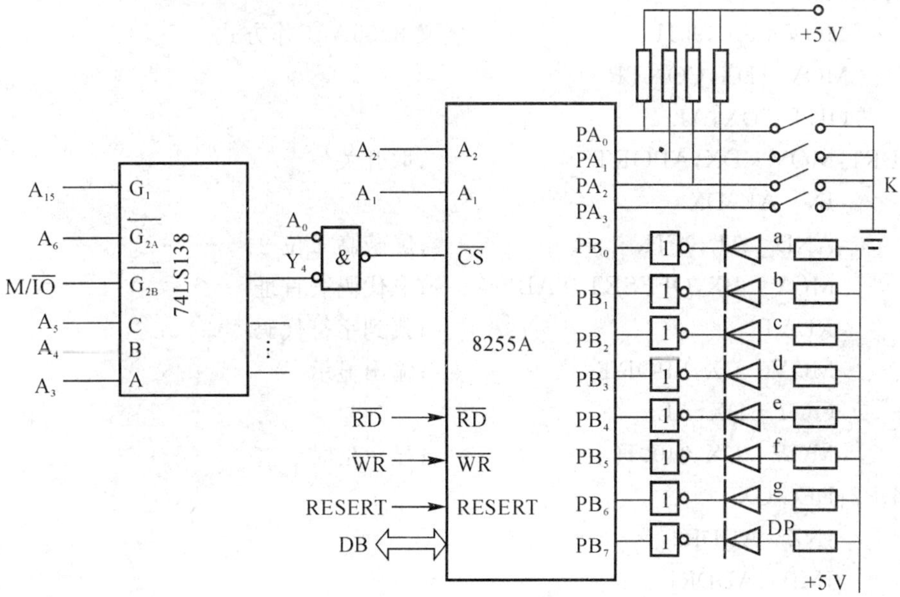

图 8-13 8255A 工作在方式 0 的硬件连接电路

该例中 8255A 的端口地址由两部分电路形成，由 CPU 地址线 $A_{15}\sim A_3$ 通过 74LS138 译码器产生片选信号，CPU 的地址线 A_2，A_1 分别组合成 4 个端口地址，而 CPU 的 A_0 与译码器输出端 $\overline{Y}_4$ 通过逻辑组合，这样，8255A 的 4 个端口地址为偶地址。由于 $A_{14}\sim A_7$ 没有参与译码，对应这 8 位地址共 256 个组合，这里选这 8 位全 0 的那组地址，具体端口地址分配为 A 口地址 8020H，B 口地址 8022H，C 口地址 8024H，控制口地址 8026H。

从图 8－13 可知，7 段发光二极管为共阳极 LED 器件，要让 a 段点亮，要求从 PB_0 输出高电平"1"，要使 b 段熄灭，要求从 PB_1 输出低电平"0"，其余各段依次类推。8255A 的 A 口接有开关，4 位开关的组合可为 0～FH。为此，可将在 LED 上显示 0～FH 的各字符代码列表如表 8－2 所示。

表 8－2　字符代码表

显示字符	0	1	2	3	4	5	6	7	8	9	A	b	c	d	E	F
7 段代码(H)	3F	06	5B	4F	66	6D	7D	07	7F	6F	77	7C	39	5E	79	31

源程序如下：

```
·MODEL SMALL
 APORT   EQU   8020H
 BPORT   EQU   8022H
 CONTR   EQU   8026H
·DATA
 TAB1   DB 3FH,06H,5BH,4FH,
      ⋮
·CODE
·STARTUP
        MOV   AL,90H                 ;定义 8255A 工作方式
        MOV   DX,CONTR
        OUT   DX,AL
ADDR1:MOV   DX,APORT                 ;取开关值
        IN   AL,DX
        AND   AL,0FH                 ;屏蔽高 4 位
        MOV   BX,OFFSET TAB1         ;取代码表首址
        XLAT                         ;找到字符代码
        MOV   DX,BPORT               ;输出显示
        OUT   DX,AL
        MOV   CX,0400H               ;显示延时
ADDR2:DEC CX
        JNZ   ADDR2
        JMP   ADDR1
      ·EXIT
        END
```

2. 方式 0 异步查询举例

例 8.4　如图 8－14 所示。假设 8255A 端口 A,B,C 及控制口的地址分别为 80H,81H,82H 和 83H;打印机的选通信号为 $\overline{STB}$,数据端口 A 将数据传送到打印机的数据端口,利用一个负脉冲 $\overline{STB}$ 打入锁存。输入机的驱动信号为 $\overline{DRV}$,低电平有效。输入机和打印机的工作过程分别如图 8－14(a)(b)所示。请写出打印机和输入机的驱动程序。

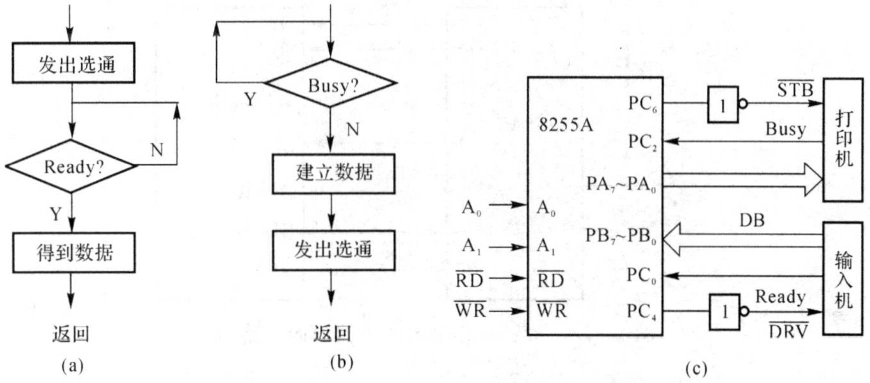

图 8－14　8255A 方式 0 的接口示意图

(a)输入方式；(b) 输出方式；(c)结构框图

程序段如下:

```
MOVAL,83H              ;8255A 初始化
OUT 83H,AL
;打印机驱动程序
PST: IN   AL,82H
     TEST AL,04H
     JNZ PST
     MOV AL,BL          ;若打印数据在 BL 中
     OUT 80H,AL
     MOV AL, 0DH
     OUT 83H,AL         ;选通打印机
     DEC AL
     OUT 83H,AL         ;断开打印机
;输入机驱动程序
     MOV AL,09H
     OUT 83H,AL         ;启动输入机
PRT:IN AL,82H
     TEST AL,01H
     JZ PRT             ;未准备好,循环
     IN AL,81H          ;准备好,读入数据
     MOV BL, AL
     MOV AL,08H
```

```
        OUT 83H,AL                     ;断开输入机
```

3. 方式 1 异步查询举例

例 8.5 在某一系统中接有一个微型打印机，8255A 作为输出接口，工作在方式 1，试编一程序将缓冲区 BUFF 内的 400H 个字节的 ASCII 码送打印机打印，其接口硬件电路如图 8-15所示。

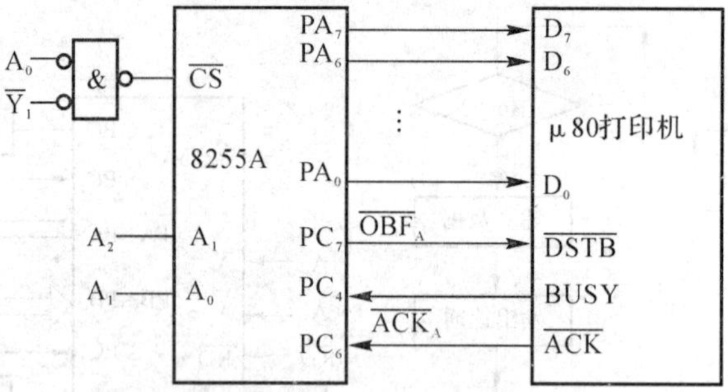

图 8-15　8255A 作为打印机接口的电路图

当打印机的$\overline{DSTB}$信号为低电平有效信号时，数据线 $D_7 \sim D_0$ 上的数据被锁入打印机内待打印，同时，打印机输出$\overline{ACK}$低电平信号通知 8255A 数据已取走。由于打印机的速度大大低于 CPU 的执行速度，因此，打印机在打印某数据时，会发出 BUSY“忙”信号。此时，CPU 不能向 8255A 输出数据，一定要等待 BUSY 信号为低电平无效信号时，CPU 才能再次输出数据到 8255A。在此例中，利用查询 BUSY 信号完成 CPU 与打印机的数据交换。

源程序如下：

```
.MODEL SMALL
 APORT   EQU 0FFF8H
 CPORT   EQU 0FFFCH
 CONTR   EQU 0FFFEH
.DATA
 BUFF  DB 400H DUP (?)
.CODE
.STARTUP
        MOV     CX, 400H               ;字节长度
        MOV     AL,0A8H                ;8255A 控制字
        MOV     DX,CONTR
        OUT     DX,AL
        MOV     DI,OFFSET BUFF
ABC1:   MOV     AL,[DI]                ;ASCII 码输出
        MOV     DX,APORT
        OUT     DX,AL
        MOV     DX,CPORT
ABC2:   IN   AL,DX                     ;查OBF_A 信号
```

```
        AND   AL,80H              ;OBF_A 变高了吗?
        JZ   ABC2                 ;否,再查
ABC3:   IN AL,DX                  ;查 BUSY 信号
        AND   AL,10H              ;BUSY 变低了吗?
        JNZ   ABC3                ;否,再查
        INC   DI                  ;是,传送下一个数
        LOOP   ABC1
      · EXTI
        END
```

4. 方式 1 中断举例

例 8.6　8255A 工作方式 1 时,打印控制电路如图 8-16 所示。PC_7 作为 $\overline{OBF_A}$ 输出端,PC_6 作为 $\overline{ACK_A}$ 输入端,PC_3 作为 $INTR_A$ 输出端。设中断类型码为 0BH,中断服务程序首地址为 PRINTER。利用 8255A 工作方式 1 实现打印控制,打印 BL 中的数据。

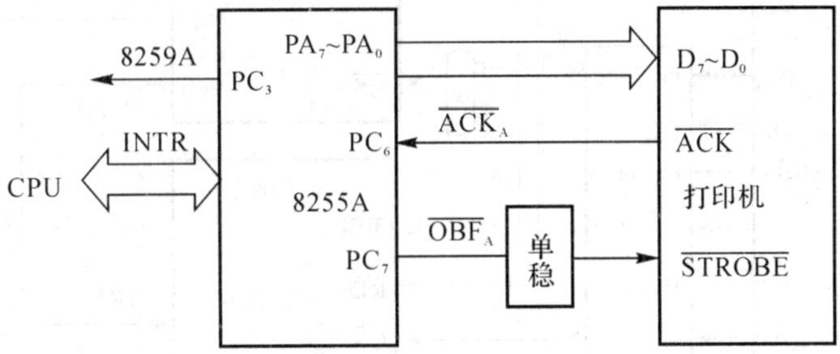

图 8-16　8255A 工作方式 1 的打印控制电路

程序段设计如下:

```
;8255A 初始化
MOV   AL,10100000B
OUT   8CH,AL   ;初始化
MOV   AL,00001101B
OUT   8CH,AL   ;INTE_A 置 1
;设置中断向量表
MOV   AH,25H   ;设置 DOS 调用功能号
MOV   AL,0BH   ;设置类型码
LEA   DX,PRINTER   ;设置中断服务程序偏移地址
MOV   BX,SEG PRINTER   ;设置中断服务程序段地址
MOV   DS,BX
INT   21H   ;DOS 功能调用,设置中断向量
STI   ;开中断
   ⋮
;中断服务程序
PRINTER   PROC FAR
```

```
        MOV    AL,BL
        OUT    80H,AL    ;输出打印
        IRET
PRINTER ENDP
```

例 8.7 接口图如图 8-17 所示,设 8259A 边沿触发,8 个中断类型码为 60H～67H。写出对以内存 DSR 开始连续 10 个字节数进行打印的汇编程序片段。注:未用的地址线可设为 0。

根据接口图,8255A 的 A,B,C,控制口地址分别为 8000H,8002H,8004H,8006H,B 口工作在方式 1。8259A 的地址为 8028H 和 802AH。

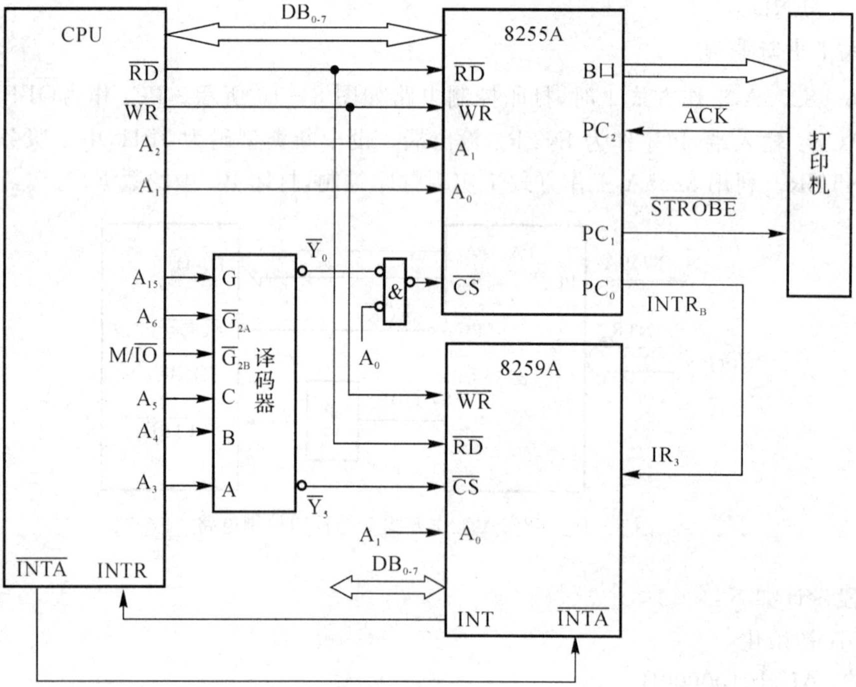

图 8-17 接口图

程序段如下:

```
;初始化 8259A
  MOV DX,8028H
  MOV AL,13H
  OUT DX,AL          ;ICW1
  MOC DX,802AH
  MOV AL,60H
  OUT DX,AL          ;ICW2
  MOV AL,03H
  OUT DA,AL          ;ICW4
;建立中断向量表
  PUSH DS
```

```
    MOV AX,0
    MOV DS,AX
    MOV SI,OFFSET XY
    MOV DI,SEG XY
    MOV [018CH],SI        ;由于中断源 IR3,故中断类型码为 63H,63H×4=018CH
    MOV [018EH],DI
    POP DS
  ;初始化 8255A
    MOV DX,8006H
    MOV AL,84H
    OUT DX,AL
    MOV AL,05H
    OUT DX,AL              ;INTE 置 1
  ;主程序,循环 10 次
    MOV CX,10
    LEA BX,DSR
  W:HLT
    LOOP W
    ……
  ;中断服务程序
 XY:MOV AL,[BX]
    MOV DX,8002H
    OUT DX,AL
    INC BX
    IRET
```

8.2.6　8255A 的特性总结

(1)8255A 是一个具有 3 个 8 位数据口(即 A 口、B 口、C 口,其中 C 口还可作为两个 4 位口来使用)的并行输入/输出端口的接口芯片,它为 Intel 系列的 CPU 与外部设备提供了 TTL 电平兼容并行接口。3 个数据口均可用软件来设置成输入口或输出口,与外设相连。C 口具有按位置位/复位的功能,为按位控制提供了强有力的支持。

(2)8255A 具有 3 种工作方式,即方式 0、方式 1、方式 2,可适应 CPU 与外设间的多种数据传送方式,如查询方式和中断方式等,以满足用户的各种应用要求。

(3) 8255A 具有两条功能强、内容丰富的控制命令,即方式控制字和 C 口置“1”/清“0”控制字,为用户根据外界条件(比如 I/O 设备需要哪些信号线以及它能提供哪些状态线)来使用 8255A 构成多种接口电路和提供灵活方便的编程环境。8255A 执行命令过程中和执行命令完毕之后,所产生的状态可保留在状态字中以便查询。

(4)8255A 的 C 口是一个特殊的端口,除作数据口外,当工作在方式 1 和方式 2 时,利用对 C 口的按位控制可为 A,B 口提供专门的联络控制信号;在 CPU 读取 8255A 状态时,C 口可作为方式 1 和方式 2 的状态字。

(5) 8255A 芯片内部主要由控制寄存器、状态寄存器和数据寄存器组成,因此 8255A 的编程主要是对这三类寄存器进行访问。

8.3 可编程计数器/定时器 8254

微机系统在实时控制及数据采集中,都可以使用计数器/定时器器件,它可以作为计数器对外部事件计数,也可以作为实时时钟对各种设备实现定时控制。比如:计数器用于对零件和产品的计数,对大桥和高速公路上车流量的统计等;定时器用于微机监测系统中对被测点的定时取样,在微机控制系统中控制某工序定时启动等。

定时和计数在本质上是一样的,只不过计数是计外部进来的脉冲个数,而定时是根据时间单位来计数,根据定时时间与脉冲频率可以计算出需要计数的脉冲个数。

可编程计数器/定时器 8254 就是一种可以实现定时和计数控制的接口芯片,定时时间和计数次数由用户事先编程设定。

8254 具有以下基本功能:

(1)有 3 个独立的 16 位计数器,每个计数器均以减法计数。

(2) 每个计数器都可按二进制计数或十进制(BCD 码)计数。

(3)有读回命令,除了可以读出当前计数单元的内容外,还可以读出状态寄存器的内容。

(4)每个计数器都可由程序设置 6 种工作方式。

(5)每个计数器的最高计数频率为 10 MHz。

(6)所有 I/O 都可与 TTL 兼容。

(7)单一的+5V 电源。

8.3.1 8254 的结构

8254 的内部结构及引脚图如图 8-18 所示。

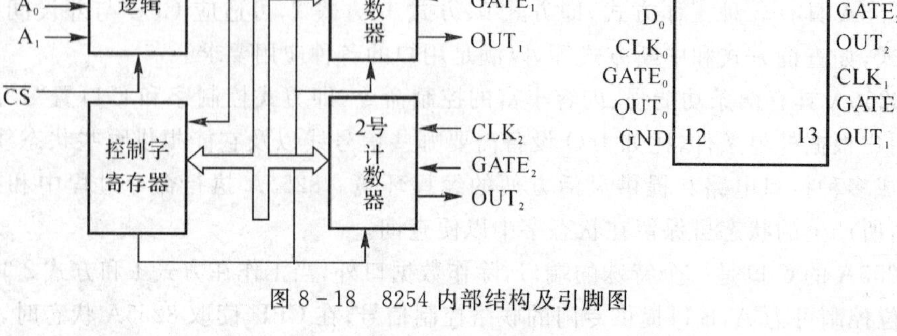

图 8-18 8254 内部结构及引脚图

1. 内部结构

(1)数据总线缓冲器。数据总线缓冲器是一个三态、双向的 8 位寄存器,8 位数据线 D_7～D_0 与 CPU 的系统数据总线连接,构成 CPU 和 8254 之间信息传送的通道,CPU 通过数据总线缓冲器向 8254 写入控制命令、计数初始值或读取计数值。

(2)读/写控制逻辑。读/写控制逻辑用来接收 CPU 系统总线的读、写控制信号和端口选择信号,用于控制 8254 内部寄存器的读/写操作。

(3)控制字寄存器。它用来寄存来自 CPU 的控制字。当 A_1A_0=11 时,选中控制字寄存器。每个计数器都有一个独立的控制字寄存器,存放本计数器的控制信息,以控制计数器的工作方式。因此,不同计数器的控制字必须分别设置。控制字寄存器只能写入,不能读出。

(4)计数器 0,1,2。这 3 个计数器是完全相同的。每个计数器的内部结构如图 8-19 所示。

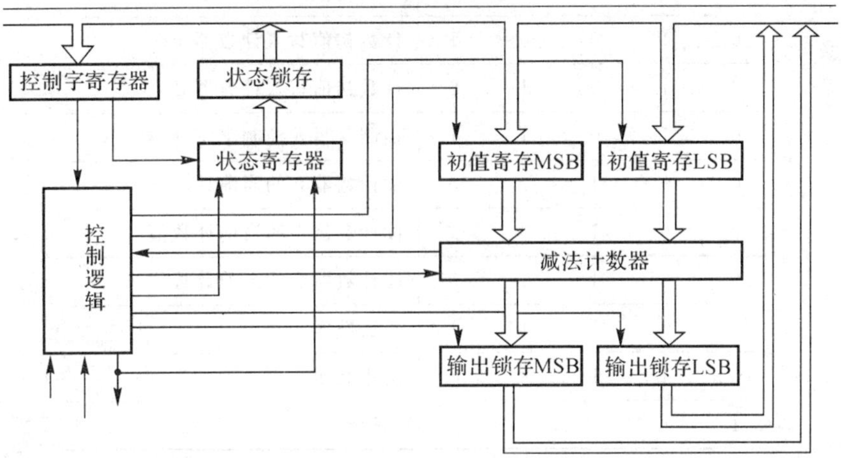

图 8-19　8254 计数器内部结构

8254 内部有 3 个结构完全相同而又相互独立的 16 位减"1"计数器,每个计数器有 6 种工作方式,分别为方式 0～方式 5。各自可按照编程设定的方式工作。

计数器的逻辑结构如图 8-19 所示,包括一个 16 位初值寄存器、一个减法计数器和一个 16 位输出锁存寄存器。另外,还配有控制逻辑电路、控制寄存器和状态寄存器。

CPU 访问 8254 时,3 个计数器共用一个控制寄存器和状态寄存器地址。计数器工作时,可以设定为 16 位,也可以设定为 8 位。设置初始值时,16 位计数初始值需要分两次写入。

初始值一旦写入初值寄存器,则自动送入减法计数器。当门控信号 GATE 有效时,减法计数器按时钟信号 CLK 减"1"计数。减为 0 时,由 OUT 引脚输出计数回零信号。在计数过程中,输出锁存寄存器跟随减法计数器的变化。当 CPU 向某一计数器写入锁存命令时,输出锁存器锁存当前计数值,直至 CPU 读取计数值之后,输出锁存器再继续跟随减法计数器的值。

2. 外部引脚

D_7～D_0:8 位双向数据线,与 CPU 的系统数据总线连接。

CLK:计数脉冲输入信号,用来输入定时基准脉冲或计数脉冲。

GATE:门控输入信号,用来控制计数器的启动或停止。

OUT：计数器输出信号，对于 6 种不同的工作方式，OUT 输出波形不同。

$\overline{RD}$：读输入信号，低电平有效。CPU 通过此信号读取 8254 某计数器的计数值。

$\overline{WR}$：写输入信号，低电平有效。CPU 通过此信号向 8254 送控制字或计数值。

A_1，A_0：地址输入线，由 8254 片内译码，用来选择 3 个计数器和控制寄存器中的一个。

$\overline{CS}$：片选信号，低电平有效。通常由端口地址的高位地址（如 $A_7 \sim A_2$）译码产生，用来选通 8254。当$\overline{CS}$为高电平时，读/写逻辑不起作用，但不影响计数器现行的计数工作。

8254 的端口地址分配及读/写功能见表 8-3。8254 共有 4 个端口地址，对应分配给计数器 0、计数器 1、计数器 2 和控制寄存器，用这些地址可以写入或读出计数值。

表 8-3　8254 的端口地址分配及读/写功能操作

$\overline{CS}$	$\overline{RD}$	$\overline{WR}$	A_1	A_0	操　作
0	1	0	0	0	计数初值写入计数器 0
0	1	0	0	1	计数初值写入计数器 1
0	1	0	1	0	计数初值写入计数器 2
0	1	0	1	1	控制字写入控制字寄存器
0	0	1	0	0	读计数器 0 的当前计数值
0	0	1	0	1	读计数器 1 的当前计数值
0	0	1	1	0	读计数器 2 的当前计数值
0	0	1	1	1	非法操作
0	1	1	×	×	禁止操作
1	×	×	×	×	无操作

VCC：+5V 供电电源。

GND：电源地。

8.3.2　8254 的功能

8254 与系统的连接如图 8-20 所示。它可以像其他接口器件一样与微型计算机接口，CPU 将其作为一个外部设置的 I/O 端口阵列来处理。

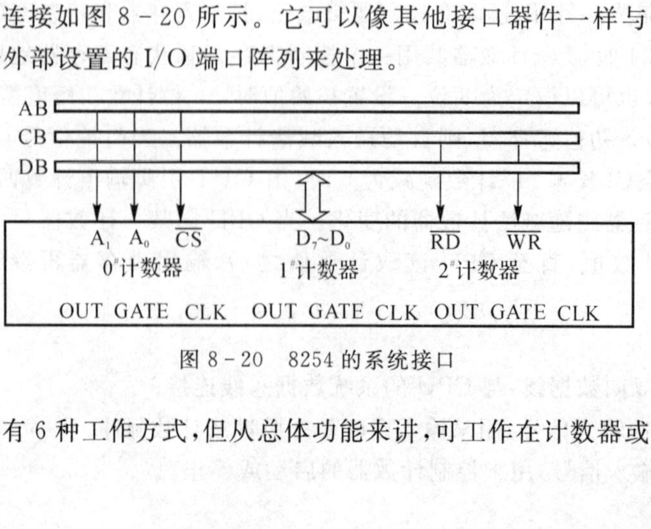

图 8-20　8254 的系统接口

8254 计数器共有 6 种工作方式，但从总体功能来讲，可工作在计数器或定时器工作方式。

1. 计数器方式

在 CPU 给计数器装入计数初值后，当 GATE 端变为高电平或者给一触发脉冲时，可由外部事件作为 CLK 脉冲对计数值进行减 1 计数，当计数器减至 0 时，在 OUT 端得到输出信号。CLK 可以是均匀的、连续的，周期精确的，也可以不是。它只是脉冲数量问题，不是脉冲的时间间隔。

2. 定时器方式

在 CPU 给计数器送入计数初值后，当 GATE 端变为高电平时，由 CLK 脉冲触发定时器开始工作，定时器产生 CLK 时钟整数倍的定时时间间隔。CLK 是连续的、周期精确的时钟脉冲。

计数器和定时器就其内部操作而言，都是利用一个减法计数器来完成的，所不同的是前者与计数脉冲周期无关，而后者与计数脉冲周期有关。也就是说，计数仅仅是数脉冲的个数，而定时是用户把计数值与计数脉冲周期联系起来，即

$$T = nT_c$$

式中　T—— 计时时间；

n—— 计数值；

T_c—— 计数脉冲周期。

8.3.3　8254 的控制字

8254 的控制字有两个：一个用来设置计数器的工作方式，称为方式控制字；另外一个用来设置读回命令，称为读出控制字。这两个控制字共用一个地址，由标识位来区分。

1. 方式控制字

方式控制字格式如图 8-21 所示。

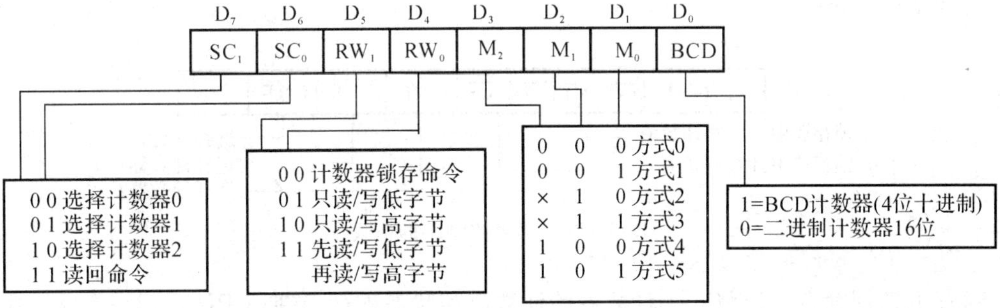

图 8-21　8254 控制字格式

(1) SC_1，SC_0（D_7D_6）为计数器选择。

0 0 表示选择计数器 0

0 1 表示选择计数器 1

1 0 表示选择计数器 2

1 1 读出控制字的标志之一

(2) RW_1，RW_0（D_5D_4）为读/写方式选择。由于每个计数器都有其相应的控制字寄存器，因而 SC_1，SC_0 这两位同时也作为控制字寄存器的选择。RW_1，RW_0 为计数器读/写操作长度

选择，以决定对计数器进行装入或读出是双字节还是单字节。另一个功能就是计数器锁存功能。

0 0 表示将某计数器中的计数值锁存到输出锁存器。在不影响当前计数过程情况下，可以从输出锁存器读取当前的计数值。先读出低字节，后读出高字节。

0 1 表示写入时，只对计数器的低 8 位进行写，高 8 位自动为 0。读出时，只读出低 8 位的当前计数值。

1 0 表示写入时，只对计数器的高 8 位进行写，低 8 位自动为 0。读出时，只读出高 8 位的当前计数值。

1 1 表示对计数器进行两次读/写操作，先读/写低 8 位，后读/写高 8 位。

(3)M_2，M_1，M_0($D_3D_2D_1$)为计数器工作方式选择。

0　0　0 计数器工作在方式 0

0　0　1 计数器工作在方式 1

×　1　0 计数器工作在方式 2

×　1　1 计数器工作在方式 3

1　0　0 计数器工作在方式 4

1　0　1 计数器工作在方式 5

(4)BCD(D_0)为计数器计数方式选择。

0 表示计数初值为二进制数，计数器按照二进制进行计数，初值范围为 0000H～0FFFFH。

1 表示计数初值为二一十进制数(即 BCD 码)，计数器按照十进制进行计数，初值范围为 0～9999。

2. 读出控制字

读出控制字的格式如图 8-22 所示。

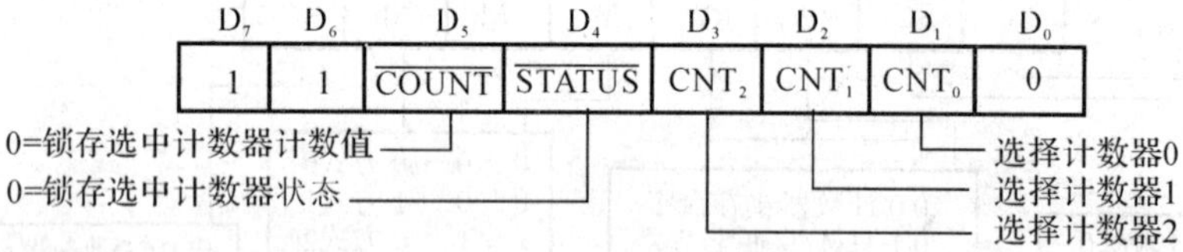

图 8-22　读出控制字的格式

8254 的读回命令可以将 3 个计数器的计数值和状态锁存，并向 CPU 返回一个状态字。

D_7D_6＝11 时，为读回命令。

D_5＝0 为锁存计数值，以便 CPU 读取当前计数值。

D_4＝0 为锁存状态信息。

D_3～D_1 是计数器选择位，一次可以锁存 1 个计数器、2 个计数器或者 3 个计数器中的计数值或状态信息。某一计数器的计数值或状态信息被 CPU 读取后，锁存失效。

读回命令写入控制端口，状态信息和计数值都通过计数器端口读取。若使读回命令的 D_5 和 D_4 位都为 0，则状态信息和计数值都要读回，读取的顺序是：先读取状态信息，后读取计数值。

3. 状态字

状态字的格式如图 8-23 所示。

$D_5 \sim D_0$ 的意义与方式控制字的对应位意义相同。

D_7 表示 OUT 引脚的输出状态，$D_7=1$ 表示 OUT 引脚为高电平，$D_7=0$ 表示 OUT 引脚为低电平。

D_6 表示计数初值是否已经装入减法计数器，$D_6=0$ 表示已装入，可以读取计数器。

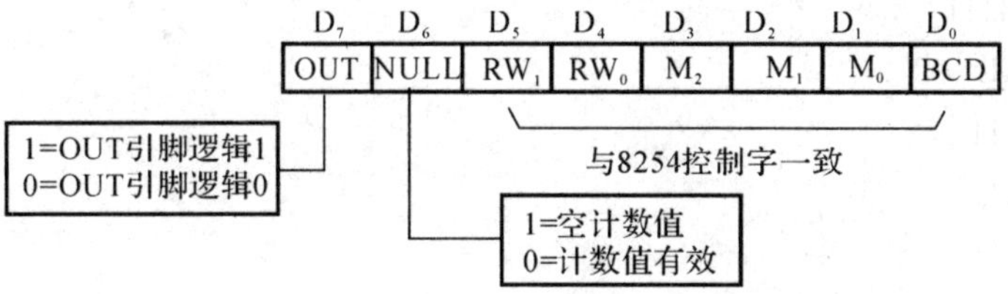

图 8-23　状态字的格式

8.3.4　8254 的编程

8254 的编程包括初始化编程和工作编程。8254 复位后，3 个计数器的状态是不定的，需要进行初始化。在 8254 工作过程中，用户可能需要了解 8254 内部各个计数器的工作情况，这就需要进行工作编程。

1. 初始化编程

对 8254 初始化编程时，首先向控制字寄存器写入控制字，以选择计数器的工作方式，然后对相应的计数器输入计数值。在计数值送到计数值寄存器后，需经一个时钟周期才能把此计数值送到递减计数器。

在编写初始化程序时，由于 8254 的 3 个计数器的控制字都是独立的，而它们的计数常数都有各自的地址单元，因此初始化编程顺序比较灵活，可以在写入一个计数器的控制字和计数常数之后，再写入另一个计数器的控制字和计数常数，也可以把所有计数器的控制字都写入之后，再写入计数常数。需要注意的是：计数器的控制字必须在其计数常数之前写入，计数常数的低 8 位须在高 8 位之前写入。

下面通过示例说明 8254 的初始化编程方法，假设 8254 端口地址为 70H～73H。

例 8.8　若要使计数器 1 工作在方式 0，仅用 8 位二进制计数，计数值为 128，试对其进行初始化编程。

初始化程序如下：

```
MOV AL,50H
OUT 73H,AL
MOV AL,80H
OUT 71H,AL
```

例 8.9　若要使计数器 0 工作在方式 1，按 BCD 码计数，计数值为 3000，试对其进行初始化编程。

初始化程序如下：

```
MOV AL,23H
```

```
OUT 73H,AL
MOV AL,30H
OUT 70H,AL
```

例 8.10 若要使计数器 2 工作在方式 2,按二进制计数,计数值为 1110H,试对其进行初始化编程。

初始化程序如下:

```
MOV AL,0B4H
OUT 73H,AL
MOV AL,10H
OUT 72H,AL
MOV AL,11H
OUT 72H,AL
```

2. 工作编程

8254 在工作过程中,用户可以对 8254 的计数器进行工作编程,比如查询各个计数器的计数值和当前状态。

例 8.11 假设 8254 端口地址为 70H～73H,试读出计数器 2 的当前计数值。

使用锁存命令的程序如下:

```
MOV AL, 10000000B       ;锁存计数器 2 的当前计数值
OUT 73H,AL
IN AL,72H               ;读计数值低 8 位
MOV AH,AL
IN AL,72H               ;读计数值高 8 位
XCHG AH,AL              ;AX 为计数器 2 当前计数值
```

也可以使用读回命令,程序如下:

```
MOV AL,11001000B        ;写读出控制字
OUT 73H,AL
IN AL,72H               ;读计数器 2 的状态
MOV DL,AL
IN AL,72H               ;读计数器 2 的当前计数值低 8 位
MOV AH,AL
IN AL,72H               ;读计数器 2 的当前计数值高 8 位
XCHG AH,AL              ;AX 为计数器 2 当前计数值
```

8.3.5 8254 的工作方式

8254 的内部操作是在 CPU 写计数器值$\overline{WR}$信号上升沿,将这个计数值送到与计数器对应的计数值寄存器,而在$\overline{WR}$信号上升沿之后的下一个 CLK 脉冲才将此计数值从计数值寄存器送到递减计数器,计数器才开始计数。

1. 方式 0(计数结束中断方式)

方式 0 的工作波形图如图 8－24 所示。

在控制字写进控制字寄存器后，计数器的输出 OUT 立即变低，在 GATE 为高电平的情况下，CPU 写计数值的$\overline{WR}$信号上升沿将这个计数值先送到计数值寄存器，在$\overline{WR}$信号上升沿之后的下一个 CLK 脉冲，才将计数值从计数值寄存器送到计数器，计数器才开始计数，直到计数到 0，OUT 才变为高电平。此高电平一直保持到 CPU 又写入一个方式 0 控制字，OUT 又立即变低，再写入计数值，计数器按照新的计数值开始计数；或者 CPU 重新写一个计数值，OUT 也立即变低，计数器按新的计数值计数，并计数到 0，OUT 又变为高电平为止。

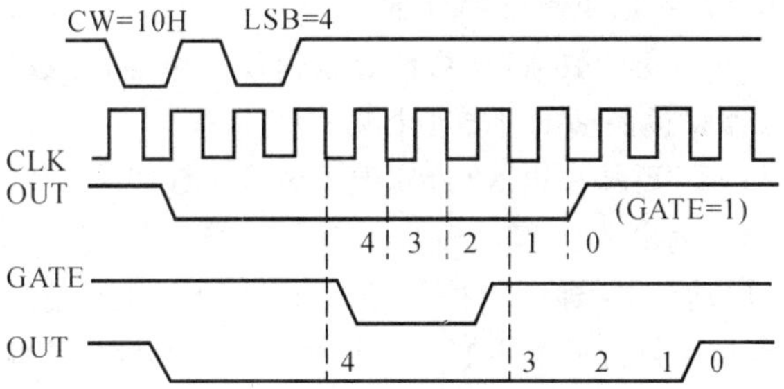

图 8-24　方式 0 的工作波形图

在计数过程中可改变计数值，若为 8 位数，则在写入新的计数值后，计数器将按新的数值重新开始计数；若为 16 位数，则在写入低字节后，计数器停止计数，而在写入高字节后，计数器才按照新的计数值开始计数。

在计数过程中，可由 GATE 为低电平来控制计算器暂停计数，直到 GATE 又变为高电平时，计数器又继续计数。但 GATE 信号的变化不影响 OUT 的状态。

方式 0 的特点：计数初始值无自动装入功能，若要继续计数，则需要重新写入计数初始值。门控信号 GATE 用来控制$\overline{CE}$，当 GATE 为高电平时，允许计数；当 GATE 为低电平时，禁止计数。当 GATE 重新为高电平时，计数器接着当前的计数值继续计数。计数期间给计数器装入新值，则会在写入计数初始值后重新开始计数过程。

由于方式 0 在计数结束后，OUT 引脚输出一个由低电平到高电平的跳变信号，因此可以用它作为计数结束的中断请求信号。

2. 方式 1(可编程单脉冲计数)

方式 1 的工作波形图如图 8-25 所示。

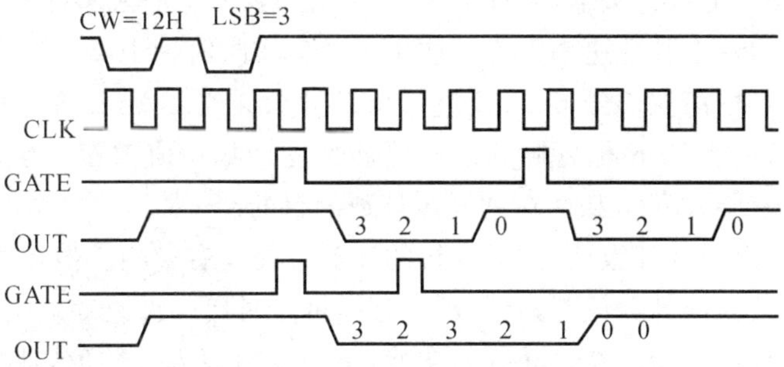

图 8-25　方式 1 的工作波形图

在控制字写进控制字寄存器后，输出 OUT 立即变高(与 GATE 的状态无关)。在 CPU

写完计数值后，计数器并不开始计数，直到GATE由低电平向高电平跳变形成一个上升沿后的下一个CLK输入脉冲，才开始计数。OUT输出由高电平向低电平跳变，形成输出单脉冲的前沿。在计数过程中，输出保持为低，直到计数到0，OUT输出由低电平向高电平跳变，形成输出单脉冲的后沿。若计数器的计数值为n，则方式1输出由低变高，这一单拍脉冲的宽度为CLK周期的n倍。

在计数器计到0之后，可用GATE脉冲再次启动，即重发单拍脉冲，而不用给计数器再送同一计数值，计数器又从原计数值重新开始计数。

在计数过程中，CPU可改变计数值，这对计数过程没有影响，计数到0后，输出变高，而在GATE再启动以后，计数器将按照新的计数值计数。

在计数过程中，可用GATE脉冲再次启动，但不改变输出低电平状态，计数器将重新开始计数，直到再次计数到0后，输出才变高。

方式1的特点：硬件启动计数，即由门控信号GATE的上升沿触发计数。在计数过程中，CPU可改变计数值，但是对计数过程没有影响。计数为“0”，OUT引脚输出高电平，若再次触发，则计数器将按新输入的计数初始值进行计数。

3. 方式2(频率发生器)

方式2的工作波形图如图8-26所示。

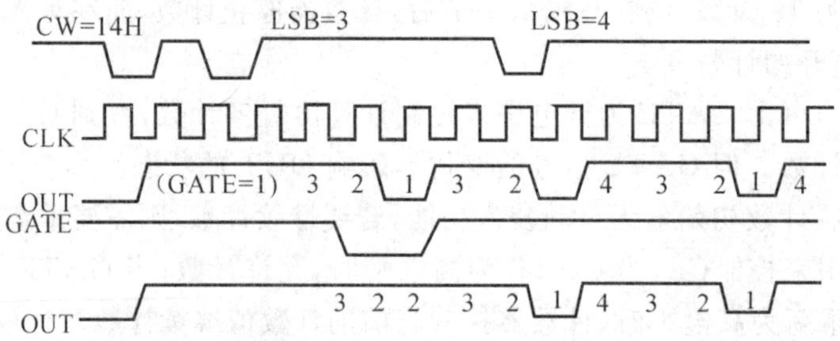

图8-26　方式2的工作波形图

在控制字写进控制字寄存器后，输出OUT立即变高，在写完计数值后(GATE＝1)，计数器自动开始对输入时钟CLK计数，计数期间输出始终保持为高电平。当计数器减到1时，输出将变低一个时钟周期的宽度，然后输出恢复为高电平，计数器又继续重新开始计数。

方式2如同一个n分频计数器，若计数值为n，则每到n个输入脉冲就输出一个脉冲。因此，这种方式可以作为一个脉冲速率发生器或用于产生实时时钟中断。

在计数过程中，可用门控信号GATE重新启动计数。当GATE变低时，现行计数暂停。在GATE变高后，下一个CLK输入脉冲使计数器恢复计数初值重新开始计数。所以可用一个外部控制逻辑来控制GATE，从而达到同步计数的目的。

在计数过程中可以改变计数值，这对现行的计数过程没有影响。但在原计数过程结束，输出变高后，计数器将按新的计数值开始计数。因此，可随时用软件改变输出的脉冲频率。

方式2的特点：计数初始值有自动装入功能，不用重新写入计数值，计数过程可由GATE信号控制。当GATE为低电平时，暂停计数；在GATE变为高电平后的下一个CLK脉冲使计数器恢复计数初始值，重新开始计数。

例8.12　某定时系统中，已知计数脉冲CLK频率为2MHz，要求每1ms产生一次中断，选用计数器 2。8254 的地址假设为 70H ～73H。请初始化 8254。

解　因为系统要求每隔一定时间产生中断,故为周期性 OUT 输出,可选用方式 2。计数初值为 $n=Tf_C=1\times10^{-3}\times2\times10^{6}=2000$,可采用 BCD 码计数方式。

8254 初始化程序如下:

```
MOV AL,0A5H
OUT 73H,AL
MOV AL,20H
OUT 72H,AL
```

该例中若要求每 10ms 产生一次中断呢? 显然计数初值变为 20000=4E20H 了,若只用一个计数器来计数,只能采用二进制计数了。

8254 初始化程序变为:

```
MOV AL,0B4H
OUT 73H,AL
MOV AL,20H
OUT 72H,AL
MOV AL,4EH
OUT 72H,AL
```

4.方式 3(方波频率发生器)

方式 3 的工作波形图如图 8-27 所示。

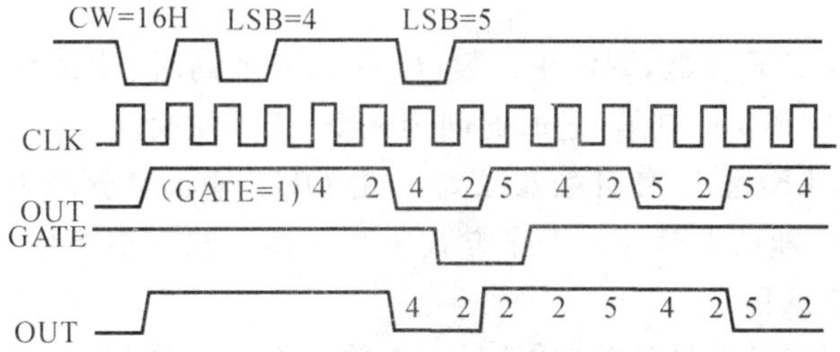

图 8-27　方式 3 的工作波形图

在控制字写进控制字寄存器后,输出变为高电平。在写完计数值后(GATE=1),计数器将自动开始对输入时钟 CLK 计数,在计数值完成一半时,计数器将改变输出的状态,使输出 OUT 变为低电平,直到计数结束,OUT 又恢复为高电平,然后重复此计数过程。

当计数值是偶数时,在写完计数值以后的每一个输入脉冲使计数器都减 2。而在计数值是奇数时,计数值写入后的第一个 CLK 脉冲使计数器减 1,其后每一个 CLK 脉冲使计数器减 2。而当计数器减到 0 以后,改变输出状态为低电平,同时重新装入计数值,但此时第一个 CLK 脉冲使计数器减 3,之后,每一个 CLK 脉冲使计数器仍减 2,直到计数再次为 0,输出又变为高电平,重复上述过程。因此,方式 3 的 OUT 输出周期为 n 个 CLK 周期。若计数值 n 是偶数,则输出 OUT 是对称方波;若计数值 n 是奇数,则输出 OUT 在 $(n+1)/2$ 计数期间保持为高电平,而在 $(n-1)/2$ 计数期间保持为低电平。

在计数过程中,可以改变计数值,在当前的计数输出发生跳变时,计数器立即按新的计数初值开始计数。

在 OUT 为高电平期间，GATE 变低，则暂停计数过程，直到 GATE 变高，计数器又重新从计数初值开始计数。而在 OUT 为低电平期间，GATE 变低，OUT 立即变为高电平。而在 GATE=1 后，计数器又重新从计数初值开始计数。

5. 方式 4(软件触发选通)

方式 4 的工作波形图如图 8-28 所示。

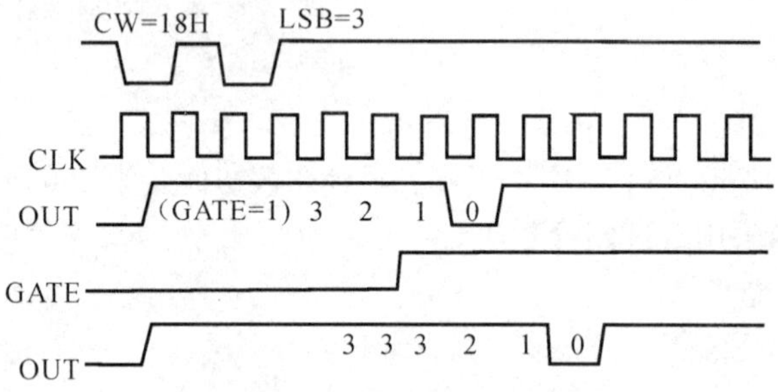

图 8-28 方式 4 的工作波形图

在控制字写进控制字寄存器后，计数器输出立即变高。在设置完计数值之后，计数器就开始计数。当计数到 0 时，输出变低一个输入时钟周期后，又恢复为高电平，计数器停止计数。计数值是一次性有效，必须重新设置计数值才能重新开始计数。

在计数过程中，改变计数值是立即有效的，它将立即按新的计数值继续重新开始计数。如果计数值是双字节，则在写入第 1 个字节时停止计数，在写入第 2 个字节以后，按照新计数值开始计数。

在计数过程中，GATE 变低，则停止计数，待 GATE 变高时，计数器又重新计数。

利用方式 4 可以完成定时功能，定时时间为 n 个 CLK 周期。这种工作方式也可完成计数功能，将计数脉冲从 CLK 输入，使计数器减到 0，由 OUT 输出负脉冲表示计数次数到。当然也可利用 OUT 作为中断请求信号。工作方式 4 与工作方式 0 很相似，只是前者输出负脉冲信号，而后者输出正阶跃信号。

方式 4 的特点：无自动重复计数功能，只有在输入新的计数值后，才能开始新的计数。若设置的计数值为 n，则在写入计数值 n 个时钟脉冲之后，才使 OUT 引脚产生一个负脉冲信号。

6. 方式 5(硬件触发选通)

方式 5 的工作波形图如图 8-29 所示。

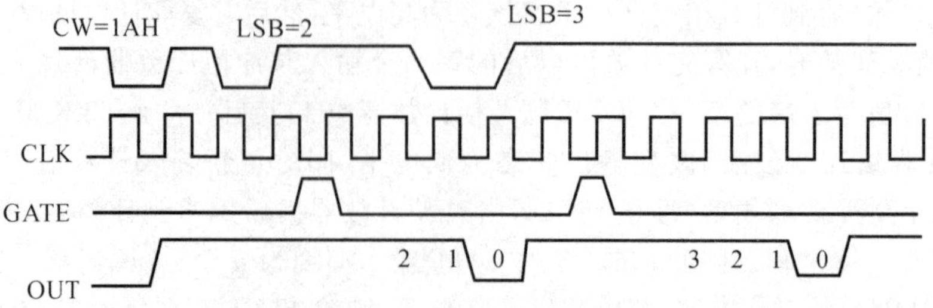

图 8-29 方式 5 的工作波形图

在控制字写进控制字寄存器后，输出变为高电平。在写入计数值之后，计数器并不立即开始计数，而要由 GATE 信号的上升沿启动计数器计数，即靠硬件触发选通计数。计数过程，输出保持为高电平。当计数到 0 时，输出变低一个时钟周期，然后恢复为高电平。只有再次出现 GATE 触发脉冲时，才能再次计数。

在计数过程中出现 GATE 脉冲，可再次重新启动计数器按计数初值重新开始计数。

在计数过程中改变计数值，只要不出现 GATE 脉冲，对当前的计数没有影响，需等到计数到 0 之后再由 GATE 启动时，才按新的计数值开始计数。但若在计数到 0 之前就出现 GATE 脉冲，则计数器立即按新计数值计数。

7.8254 几种工作方式的比较

8254 共有 6 种工作方式。

(1)方式 0 和方式 4 都是软件触发计数。无自动重装能力，除非重写初值。门控信号 GATE 用于开始计数控制，高电平时正常计数，低电平时暂停计数。

两种方式的区别主要在于 OUT 的输出波形。方式 0 的 OUT 在计数过程中输出为低电平，计数结束时变为高电平。方式 4 的 OUT 在计数过程中保持高电平，而在计数结束时输出单个 CLK 脉宽的负脉冲。

(2)方式 1 和方式 5 均是硬件触发计数。写入初值之后并不马上计数，必须在门控信号 GATE 的触发下，才开始计数。GATE 信号只是上升沿起作用。

两种方式的区别也在于 OUT 的输出波形。方式 1 在计数过程中 OUT 输出低电平并维持 n 个 CLK 脉冲，计数结束后变高。方式 5 在计数过程中 OUT 输出高电平，计数结束后输出 1 个 CLK 脉宽的负脉冲。

(3)方式 2 和方式 3 共同的特点是具有自动重装入初值的能力，即当计数结束时，计数器又继续重新开始计数。这两种方式的输出都是连续波形。

两种方式的区别在于：方式 2 每当计数器减到 1 时，输出一个 CLK 脉宽的负脉冲。方式 3 则输出方波信号。若计数初值 n 是偶数，则输出的 OUT 是对称方波；若 n 是奇数，则输出 OUT 在 $(n+1)/2$ 计数期间保持为高电平，而在 $(n-1)/2$ 计数期间保持为低电平。

8254 各种工作方式在 OUT 输出特性及 GATE 信号上的区别如表 8-4 所示。

表 8-4　各方式的主要特点

特点＼方式	OUT	GATE
方式 0	一次性负方波	电平控制
方式 1	一次性负方波	脉冲触发
方式 2	周期性负脉冲	电平控制
方式 3	周期性正方波	电平控制
方式 4	一次性负脉冲	电平控制
方式 5	一次性负脉冲	脉冲触发

8.3.6　8254 的应用举例

例 8.13　某 8086 系统中有一片 8254 芯片；利用计数器 1 完成对外部事件计数，计满 250

次向 CPU 发出中断申请；利用计数器 2 输出频率为 1 kHz 的方波，试编写 8254 的初始化程序，硬件电路如图 8-30 所示。

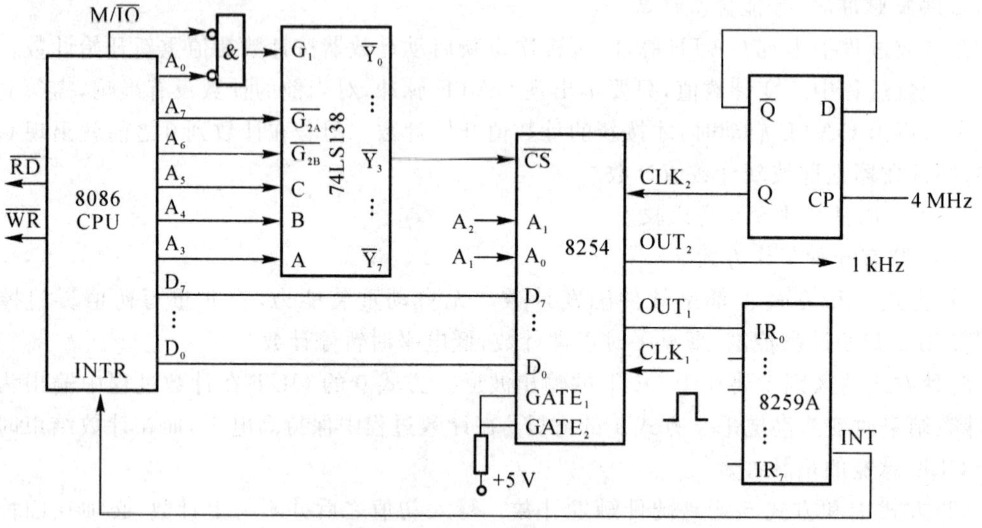

图 8-30　8254 应用实例图

解　从图 8-30 可知，8254 端口地址为偶地址，18H～1EH。外部事件由 8254 计数器 1 的 CLK_1 端输入，计数器 1 工作在方式 0，当计数次数到时，从 OUT_1 输出的正跃变信号作为向 CPU 的中断申请，由 8259A 中断控制芯片管理其中断。计数器 2 的 CLK_2 输入时钟是由 D 触发器分频 4 MHz 的信号，故 CLK_2 输入时钟频率为 2 MHz，而计数器 2 应工作在方式 3 产生 1 kHz 频率的方波，方波周期为 1 ms。因此，计数器 2 的计数值应为 1 ms÷0.5 μs＝2 000。两个计数器均用 BCD 计数制。

计数器 1 控制字：01110001B

计数器 1 计数值：250

计数器 2 控制字：10100111B

计数器 2 计数值：2000

8254 的初始化程序如下：

```
MOV AL,71H          ;计数器 1 控制字
OUT 1EH,AL
MOV AL,0A7H         ;计数器 2 控制字
OUT 1EH,AL
MOV AL,50H          ;计数器 1 计数值低 8 位
OUT 1AH,AL
MOV AL,02H          ;计数器 1 计数值高 8 位
OUT 1AH,AL
MOV AL,20H          ;计数器 2 计数值高 8 位
OUT 1CH,AL
……
```

例 8.14　8254 计数器 2 接有一发光二极管，要使发光二极管以点亮 2 s，熄灭 2 s 的间隔工作，8254 各计数器端口地址分别为 FFE9H～FFEFH。其电路硬件图如图 8-31 所示，试编程完成以上工作。

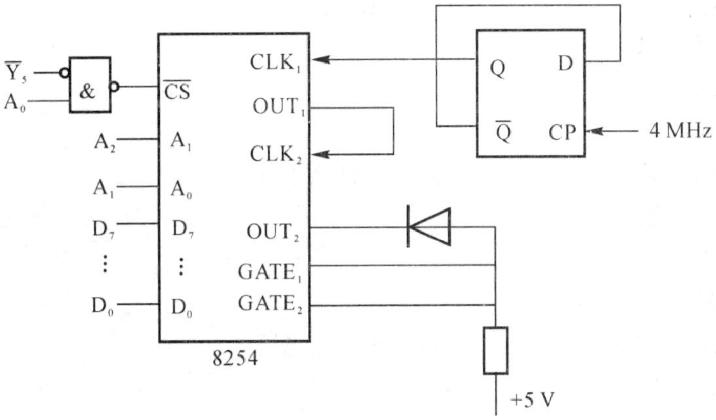

图 8-31　8254 级联定时应用

解　根据要求 8254 计数器 2 应输出一个占空比为 1∶1，周期为 4 s 的方波。从图 8-31 可知计数器 1 的 CLK_1 输入时钟周期为 1μs，若计数器 1 工作为定时，其输出最大定时时间为 1μs×65 536，仅为 65.5 ms，因而使用一个计数器达不到定时时间 4 s 的要求。此时，采用计数器级联的办法，将计数器 1 的输出 OUT_1 作为计数器 2 的输入脉冲。

若让 8254 的计数器 1 工作于速率发生器方式，其输出端 OUT_1 的输出脉冲是相对于 1 MHz频率的分频脉冲，若选定 OUT_1 输出脉冲周期为 4 ms，则计数器 1 的计数值为 4 000。周期为 4 ms 的脉冲作为计数器 2 的输入，要求输出端 OUT_2 的波形为方波且周期为 4 s，故计数器 2 的计数值选用 1 000。

计数器 1 的控制字：0110×101B

计数器 2 的控制字：1010×111B

```
MOV DX,0FFEFH          ;控制字端口地址
MOV AL,65H             ;计数器 1 控制字
OUT DX,AL
MOV AL,0A7H            ;计数器 2 控制字
OUT DX,AL
MOV DX,0FFEBH          ;计数器 1 端口地址
MOV AL,40H             ;计数器 1 计数值高 8 位
OUT DX,AL
MOV DX,0FFEDH          ;计数器 2 端口地址
MOV AL,10H             ;计数器 2 计数值高 8 位
OUT DX,AL
```

例 8.15　某接口原理图 8-32 所示。要求发光二极管 L_0 亮 5 s 后就熄灭；L_1 在 K_1 启动后亮 6 s 后就熄灭；L_2 亮 4 s 灭 4 s 交替进行。写出源程序片段。

解　由译码电路分析可知，8254 芯片计数器 1、计数器 2、计数器 3 及控制端口的地址分

别为 91H，93H，95H，97H。根据接口图及题目要求，8254 的计数器 0 应该工作在方式 0，计数初值 $N_0 = 5\ 000$；计数器 1 应工作在方式 1，$N_1 = 6\ 000$；计数器 2 应工作在方式 3，$N_2 = 8\ 000$。

```
MOV    AL,21H          ;初始化计数器 0
OUT    97H,AL
MOV    AL,50H
OUT    91H,AL
MOV    AL,63H          ;初始化计数器 1
OUT    97H,AL
MOV    AL,60H
OUT    93H,AL
MOV    AL,0A7H         ;初始化计数器 2
OUT    97H,AL
MOV    AL,80H
OUT    95H,AL
```

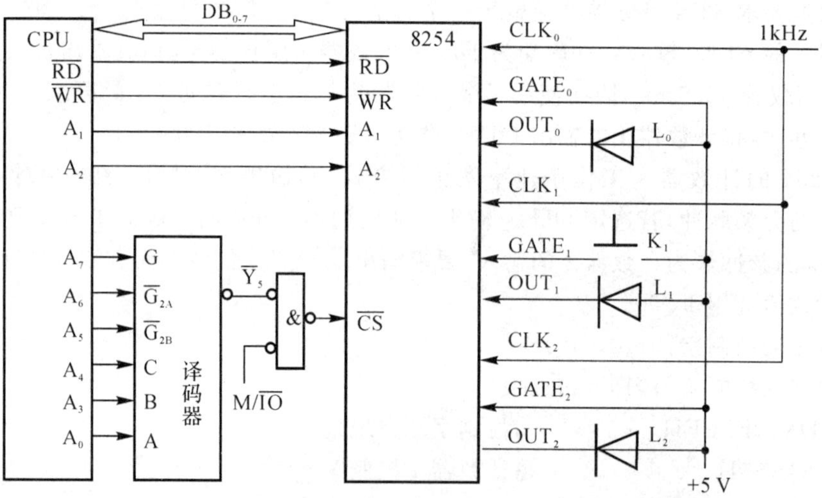

图 8-32　某接口原理图

8.4　可编程串行输入/输出接口芯片 8251A

在 CPU 与外设交换数据中，数据的传送方式有两种，当数据的各位同时传送时，称并行传送方式，前面使用的均是这种方式。当数据按一位一位顺序传送时，称串行传送方式。串行传送时，只要一条线传送数据，当数据位数较多，又是长距离传送时，串行传送方式是主要的通信方式。

简单来说，并行通信指多条并行线上一组数据同时传送，其特点：线多、距离近、速率高。而串行通信指一条线上将一组数据按位传送，其特点：线少、距离远、速率低。

8.4.1　串行通信概述

1. 串行通信分类

串行通信作为主机与外设交换信息的一种方式，广泛应用在通信及计算机网络系统中。根据通信方式的不同，可分为异步通信和同步通信两种基本方式。

(1)异步通信。异步通信中 CPU 与外设之间必须有两项规定，即字符格式的规定和波特率的规定。

字符格式：在异步通信中，任何一组数据总是以起始位(低电平)开头，停止位(高电平)结束。数据采用的编码有 ASCII 码和 EBCDIC(扩展 BCD 码)，另外是否用奇偶校验，停止位选用宽度等，这些都必须有规定。例如，用 ASCII 编码，字符为 7 位，加 1 个偶校验位、1 个起始位以及 1 个停止位，则一个字符由 10 位组成。从起始位开始到停止位结束构成一帧，字符可以一个挨着一个传送。异步通信的数据格式可由图 8－33 表示。

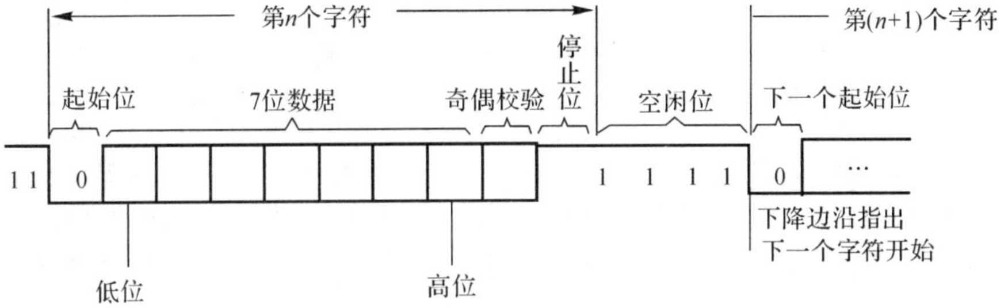

图 8－33　异步通信数据格式

如传送“C”的 ASCII 码字符，假设用偶校验，一个停止位，因“C”的 ASCII 码为 43H，则数据帧为“0110000111”。

波特率：波特率即数据传送速率的规定，对于 CPU 与外界通信是很重要的，假如数据传送的速率为 120 字符/s，而每一个字符如上规定包含 10 位，则波特率为 1 200 b/s，每一位传送时间为 0.833 ms。

每秒钟可传送数据的位数称为波特率。异步通信常用于传送速率不高，信息量不太大的场合，其传送速率一般在 50～9 600b 范围内。常用的波特率有 110，300，600，1200，2400，4800，9600 等。

在约定波特率下，发送端和接收端的时钟频率不需要严格同步，允许相对延迟误差。

在异步通信中，每一个字符要用起始位和停止位作为字符开始和结束的标志，占用了传送时间。在大量数据传送时，为了提高速度，就去掉这些标志，采用同步通信。采用同步传送，在数据块开始处要用同步字符来指示，并在发送端和接收端之间要用时钟来实现同步。

(2) 同步通信。同步通信中使用的数据格式根据所采用的控制规程而定。为了在国际上或范围广大的地区内实现数据通信，有必要对数据编码、数据传输速度、同步方式、传输控制步骤、出错控制方式、通信报文格式及控制字符的定义等问题作出统一的规定。这样，通信双方间就如何交换信息所建立的一些规定和过程称为数据通信控制规程，在计算机网络的术语中称为协定。

同步通信中使用的数据格式所采用的控制规程可分为面向字符型和面向位(比特)型

两种。

面向字符型的数据格式：面向字符型的控制规程，其特点是规定一些字符作为传输控制专用，信息长度为8的整数位，传输速率为200～4 800b/s。面向字符型的数据格式又有单同步、双同步和外同步之分，它们的数据格式如图8-34所示。

SYNC	数据字节1	数据字节2	…	数据字节n	CRC_1	CRC_2

(a)

SYNC	SYNC	数据字节1	…	数据字节n	CRC_1	CRC_2

(b)

数据字节1	数据字节2	数据字节3	…	数据字节n	CRC_1	CRC_2

(c)

图8-34　面向字符型同步通信数据格式

(a)单同步信息格式；(b)双同步信息格式；(c)外同步信息格式

单同步是指在待传送的数据块之前，安排一个同步字符SYNC，接收端检测到该同步字符后开始接收数据；双同步是指在数据块之前，必须安排两个同步字符SYNC，标志一帧数据开始；外同步格式中数据之前不含同步字符，而是用一条专用控制线来传送同步字符，以实现收、发双方的同步操作。任何一帧信息都以2个字节的循环控制码CRC为结束。

面向位型的数据格式：面向位型的控制规程，它的特点是没有采用传输控制字符，而是采用某些位组合作为控制用，其信息长度可变，传输速率在2 400 b/s以上。这一类型中最有代表性的规程是IBM的同步数据链路控制规程，简称SDLC。

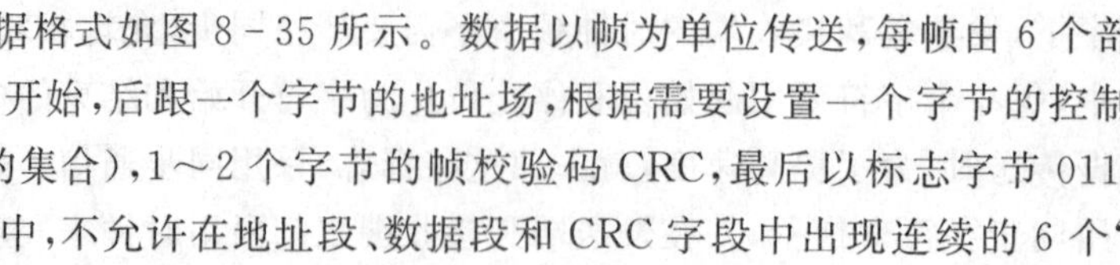

图8-35　SDLC的数据格式

SDLC的数据格式如图8-35所示。数据以帧为单位传送，每帧由6个部分组成，以标示字节01111110B开始，后跟一个字节的地址场，根据需要设置一个字节的控制场，后面是需要传送的数据(位的集合)，1～2个字节的帧校验码CRC，最后以标志字节01111110B为结束。显然在这种方式中，不允许在地址段、数据段和CRC字段中出现连续的6个“1”，否则会误认为是结束标志，因此要求在发送端查询，一旦连续出现5个“1”，则立即插入一个“0”，到接收端要将这个插入的“0”去掉，恢复为原来数据，只有这样才能保证通信的正常进行。

2. 串行通信中的数据传输方式

通常串行通信，数据在两个站之间的传输方式可分为以下3种。

(1) 单工：在一根线上传输，仅按一个方向传送。比如从A站送往B站，每个传送站只有单功能，要么发送，要么接收。

(2) 半双工：在一根线上传输，每次只能有一个站发送，即只能是由 A 站发送到 B 站，或是由 B 站发送到 A 站，A 站和 B 站不能同时发送，每个传送站具有双功能，但在某一时刻只能选择一种。

(3) 完全双工：在两根线上进行，两个站都能同时发送，数据能从 A 站发往 B 站，也能从 B 站发往 A 站，每个传送站有双功能，可同时进行传送。

数据传送方向示意图如图 8－36 所示。

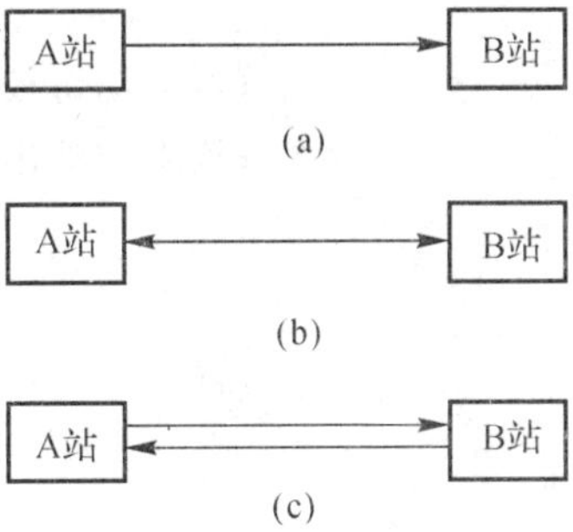

图 8－36　串行通信中数据传送方向示意图

(a)单工示意图；(b)半双工示意图；(c)完全双工示意图

3. 串行输入/输出的实现

串行传送中，数据是一位一位依次顺序传送的，而在计算机中数据是并行处理和传送的。因此，当数据由计算机送到数据终端时，要先把并行的数据转换为串行数据再传送；而计算机接收来自终端的数据时，要先把串行数据转换为并行数据才能处理。这种转换可用软件实现，也可用硬件实现。

(1) 软件实现。CPU 的数据要传送到串行打字机上打印，设每个要打印的字符用 7 位 ASCII 码，传送中加 1 位低电平起始位，数据加 1 位奇偶校验位，结束时加 2 位停止位，共 11 位。设串行打字机的速度为 110b/s，输出打印的字符在 BL 寄存器中。下面程序给待打印的字符按上述字符格式转换成串行数据并输出到串行打字机。

```
                ⋮
TTY   PROC FAR
TTYOUT:  MOV CX,11              ;输出共计 11 位
         MOV AL,BL              ;取待打印字符
         CLC                    ;清 CF,CF=0
         RCL AL,1               ;CF 移至 AL 的第 0 位,设置起始位
         MOV DX,PORTTY          ;设 TTY 端口地址
         OUT DX, AL             ;输出起始位
         CALL DELAY             ;调延时程序,使每位宽 9.1 ms
         RCR AL,1               ;恢复原字符
         MOV BH,8               ;设置奇偶位
         MOV AH,0
      W: ROR BL,1
```

```
        ADC AH,0            ;求 1 的个数之和
        DEC BH
        JNZ W
        TEST AH,01          ;判断和是偶数还是奇数
        JZ Q
        CLC                 ;若采用奇校验,设置奇偶位为 0
        JMP P
Q:      STC                 ;若采用奇校验,设置奇偶位为 1
P:      OUT DX,AL           ;从末位输出数的最低位
        CALL DELAY
        RCR AL,1
        STC                 ;置 CF=1,设置停止位
        LOOP P
        RET
TTY     ENDP
        ⋮
```

(2) 硬件实现。串行数据转换成并行数据或反之,完全可由 CPU 通过软件来实现,外部只要增加简单的电平转换电路就可以了。但这样一来,CPU 要用相当多的时间来进行并变串和串变并的转换工作,大大降低了 CPU 的利用率,且传输速度不可能太高。

硬件 UART,即异步接收/发送器,它既能发送,由并行到串行输出,又能接收,由串行到并行输入,接收和发送部分都是一个双缓冲器结构。当输入时,由接收端 RxD 接收到的串行数据先进入移位寄存器,然后并行输出给缓冲器,变为并行数据,由数据总线传输至 CPU。当发送时,从 CPU 来的并行数据被缓冲器接收,然后送到移位寄存器,由 TxD 输出端一位接一位输出,先输出最低有效位。

为了检测长距离传送中可能发生的错误,通常增加一个奇偶校验位。UART 在发送时,检查每个要传送的字符中的"1"的个数,自动在奇偶校验位上添"1"或"0",使得"1"的个数满足校验要求。在接收时,UART 检查每个字符的各位及奇偶校验位,若"1"的个数不满足校验要求,则传送过程中可能发生了错误。

为了传送过程更加可靠,在 UART 中还设立了各种出错标志。常用的有以下 3 种:

1) 奇偶错误。如上所述,在接收时,UART 检查接收到的每一个字符的"1"的个数,若不符合要求,置位这个标志,发出奇偶校验出错信息。

2) 帧错误。若接收到的字符格式不符合规定(如缺少停止位等),则置位该标志,发出帧出错信息。

3) 丢失(溢出)错误。UART 是一种双缓冲器结构。例如,在接收时,接收的数据先由移位寄存器移位,把串行数据变成并行数据,然后送到接收数据寄存器,由输入指令将数据送到 CPU 中。当数据送到接收数据寄存器,CPU 还没取走时,UART 就可以接收另一个新的字符。但若 UART 接收到第二个字符的停止位,且要把第二个字符传送到接收数据寄存器时,CPU 还没取走上一个数据,于是第一个数据会被丢失。若 UART 出现这种情况就置位丢失(溢出)标志,发出丢失出错信息。

UART 电路的结构框图如图 8－37 所示。

4. 信号的调制和解调

计算机的通信是一种以“0”“1”组成的数字信号的通信，它要求传送线的频带很宽，而在长距离通信时，通常是利用电话线传送的，不可能有这样宽的频带。若使用数字信号直接通信，经过传送线，信号会发生畸变。这样模拟信号的传输比数字信号传输更为有效。因此，可将数字信号调制成模拟信号进行传输，用解调器把接收的模拟信号再转换成数字信号。

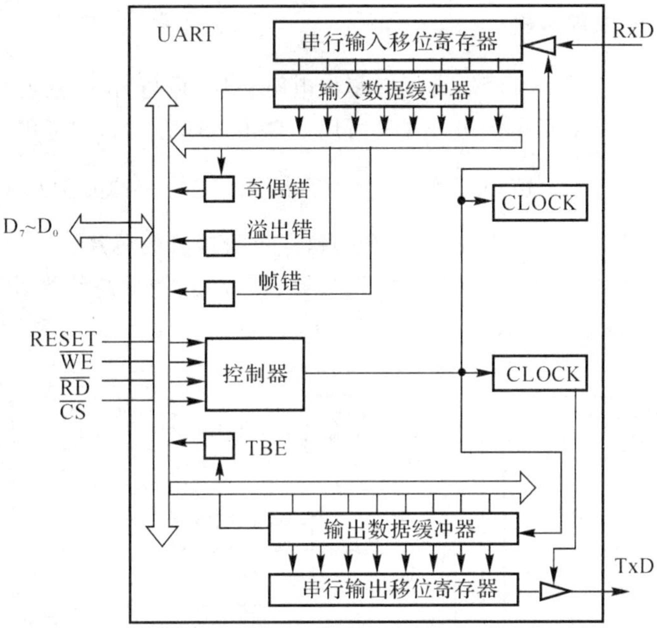

图 8－37　硬件 UART 电路框图

FSK(Frequency Shift Keying)是一种常用的调制方法，它把数字信号的“1”与“0”调制成不同频率的模拟信号，其原理如图 8－38 所示。

两个不同频率的模拟信号，分别由电子开关控制，在运算放大器的输入端相加，而电子开关由要传输的数字信号控制。当信号为“1”时，控制 1 号电子开关导通，送出一串频率较高(如 4 800Hz)的模拟信号；当信号为“0”时，控制 2 号电子开关导通，送出一串频率较低(如 2 400 Hz)的模拟信号，于是在运算放大器的输出端，就得到了调制后的信号。

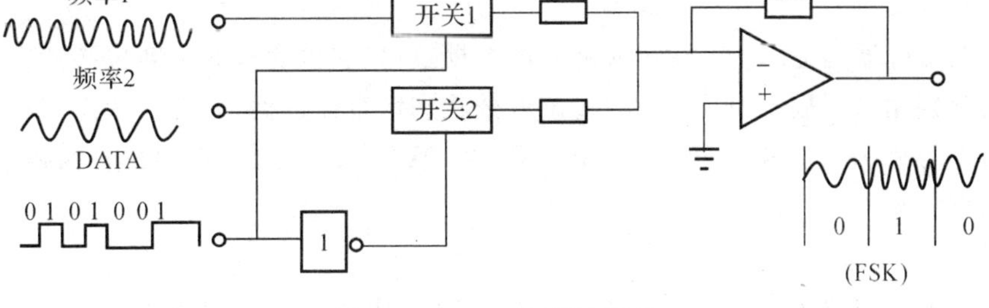

图 8－38　FSK 调制法原理

5. 串行接口应该具有的功能

(1)设置数据传送方式以及有关参数，如波特率、位数等。

(2)把并行数据转换成串行码发送出去。

(3)接收串行码，最后转换为并行码保存，供 CPU 读取。

(4)监视通信接口状态，判定错误并实现联络同步。

常用的典型串行通信接口芯片有 8251A，8250A 等，下面介绍 8251A 芯片。

8.4.2 8251A 的内部结构

8251A 芯片是 Intel 公司生产的大规模集成电路芯片，是与 Intel 系列 CPU 兼容的可编程的串行通信接口，既可用于同步传送方式又可用于异步传送方式。它可用于内同步或外同步，自动插入同步字符，可产生 1 位，$1\frac{1}{2}$ 位或 2 位停止位。它是一种完全双工，双缓冲器接收和发送，可对奇偶校验出错、溢出(丢失)出错和帧错误进行检测的芯片。

8251A 的内部结构如图 8－39 所示，由发送器、接收器、数据总线缓冲器、读/写控制电路以及调制解调控制电路等五大部分组成。

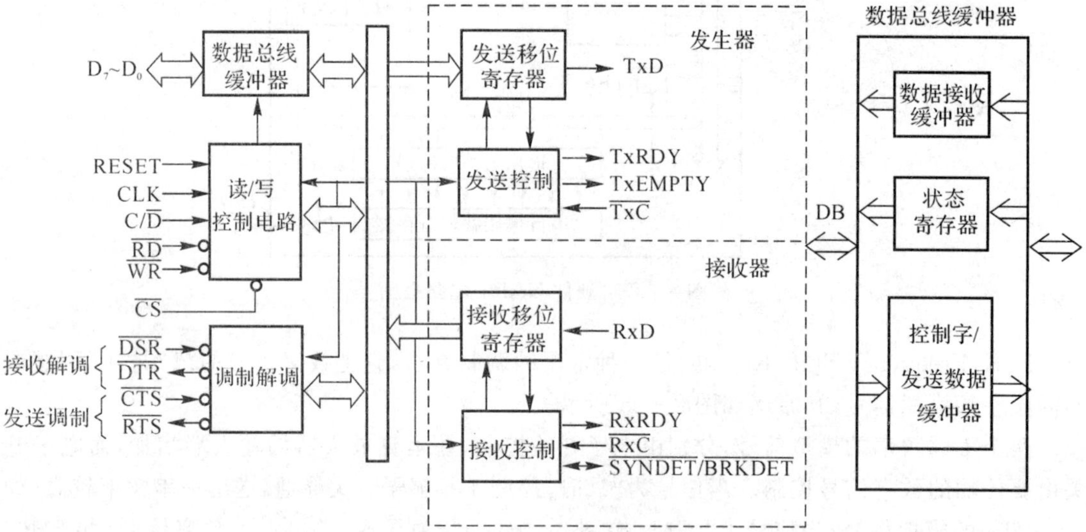

图 8－39　8251A 内部结构框图

1. 数据总线缓冲器

数据总线缓冲器是 CPU 与 8251A 之间的数据接口，它包含有 3 个 8 位缓冲寄存器，其中两个寄存器分别用来存放 CPU 从 8251A 读取的状态信息或数据(前者叫状态寄存器，后者叫接收数据缓冲器)，另一个寄存器存放 CPU 向 8251A 写入的控制字或数据(叫控制字寄存器或发送数据缓冲器)。

2. 发送器

发送器由发送移位寄存器和发送控制电路两部分组成。CPU 需要发送的数据经数据发送缓冲器并行锁入发送移位寄存器中。如果采用异步方式，则由发送控制电路在其首尾加上起始位和停止位，然后从起始位开始，经移位寄存器从数据输出线 TxD 逐位串行输出，其发送速率取决于$\overline{TxC}$端上收到的发送时钟频率。如果采用同步方式，则在发送数据之前，发送器将自动送出 1 个(单同步)或 2 个(双同步)同步字符，然后才逐位串行输出数据。当发送器做好发送数据准备时，由发送控制电路向 CPU 发出 TxRDY 有效信号，CPU 可立即向 8251A 并行输出数据。如果 8251A 和 CPU 之间采用中断方式交换信息，则 TxRDY 信号可作为向 CPU 发出的中断请求信号。待发送器中的 8 位数据串行发送完毕，由发送控制电路向 CPU 发出 TxEMPY 有效信号，表示发送器中发送移位寄存器已空。因此，发送数据缓冲器和发送移位寄存器构成发送器的双缓冲结构。

3. 接收器

接收器由接收缓冲器和控制电路组成。从外部通过数据接收端 RxD 接收的串行数据逐位进入接收移位寄存器中。如果是异步方式，则应识别并删除起始位和停止位；如果是同步方式，则要检测到同步字符，确认已达到同步。然后接收器才可以开始接收串行数据，待一组数据接收完毕，可将移位寄存器中的数据并行置入接收数据缓冲器中，同时输出 RxRDY 有效信号，表示接收数据缓冲器中已准备好数据等待向 CPU 传送。其接收数据的速率取决于$\overline{RxC}$端输入的接收时钟频率。

4. 读/写控制电路

读/写控制电路对 CPU 输出的控制信号进行译码以实现对 8251A 的读/写功能。8251A 的读/写操作控制如表 8－5 所示。

表 8－5 8251A 读/写功能表

$\overline{CS}$	$C/\overline{D}$	$\overline{RD}$	$\overline{WR}$	功 能
0	0	0	1	CPU 从 8251A 读数据
0	1	0	1	CPU 从 8251A 读状态
0	0	1	0	CPU 从 8251A 写数据
0	1	1	0	CPU 从 8251A 写命令
1	×	×	×	无操作

8251A 有两个端口地址：$C/\overline{D}=1$ 为控制/状态端口地址，$C/\overline{D}=0$ 为数据端口地址。

5. 调制解调控制电路

这部分电路的主要功能是为 8251A 与调制解调器相连而提供的接口信号。8251A 提供了 4 个作为应答的控制信号，用于实现与调制解调器的连接。

8.4.3 8251A 的引脚分配

8251A 是一具有 28 个引脚的双列直插式大规模集成电路芯片，根据其内部结构，引脚也分五部分介绍，其引脚封装外型如图 8－40 所示。

1. 数据总线

8251A 具有 8 根数据总线，它们是三态双向的与 CPU 相连的数据总线，称为 $D_7 \sim D_0$。可并行传送命令、数据及状态。

2. 控制信号引脚

CLK：8251A 从 CLK 输入时钟，产生 8251A 的内部时序。CLK 的频率在同步方式工作时，必须大于接收器和发送器输入时钟频率的 30 倍；在异步方式工作时，必须大于输入时钟的 4.5 倍。另外，规定 CLK 的周期要在 0.42~1.35 μs 范围内。

$\overline{CS}$：片选信号，它应由 CPU 的地址信号和 M/$\overline{IO}$控制信号译码后供给，由它产生 8251A 端口地址的高地址部分。

C/$\overline{D}$：控制/数据端，此引脚上为高电平，则 CPU 从数据总线读入的是状态信息；此引脚为低电平，则 CPU 读入的是数据。同样，C/$\overline{D}$ 端为高电平时，CPU 写入的是命令；C/$\overline{D}$ 为低电平时，CPU 输出数据。它产生 8251A 的端口低地址部分。

RESET：复位信号，向 8251A 输入的高电平有效信号，当 8251A 复位时，收、发线路均处于空闲状态。

$\overline{RD}$，$\overline{WR}$：读、写控制信号，低电平有效。

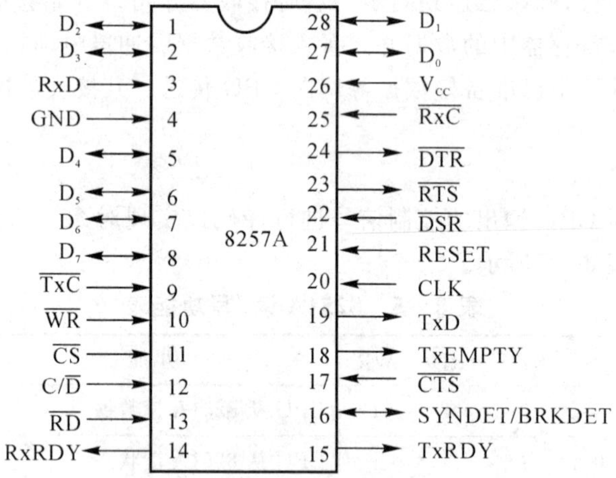

图 8-40　8251A 引脚封装图

3. 发送器部分引脚

TxD：数据发送线，8251A 将并行数据变换成串行格式后逐位由此线输出。

TxRDY：发送器准备好信号，此信号有效则 CPU 可向 8251A 写入待发送的数据，8251A 将 CPU 来的并行数据锁入发送数据缓冲器中。

TxEMPY：发送器空信号，此信号有效，表示发送移位寄存器已空，此时发送数据缓冲器的数据可送入发送移位寄存器中串行输出。

TxRDY：和 TxEMPY 的区别在于 TxRDY 有效，表示发送数据缓冲器已空，而 TxEMPY 有效表示发送移位寄存器已空。

$\overline{TxC}$：发送器时钟，由外部输入。由$\overline{TxC}$确定 8251A 的发送速率。对于同步方式，$\overline{TxC}$端输入的时钟频率应等于发送数据波特率。对于异步方式，可由软件定义发送时钟是发送数据波特率的 1 倍、16 倍或 64 倍。对于 8251A 来说，要在 1 倍情况下，$\overline{TxC}$≤64 kHz，16 倍情况下，$\overline{TxC}$≤310 kHz，64 倍情况下，$\overline{TxC}$≤615 kHz。

4. 接收器部分引脚

RxD：数据接收线，外部串行数据通过该引脚逐位移入接收移位寄存器中，变换为并行格式后便送入接收数据缓冲器，等待 CPU 取数。

RxRDY：接收数据缓冲器准备好信号，高电平有效。

接收缓冲器中收到一个数据字符，则 RxRDY 信号有效，通知 CPU 取数，若 8251A 采用中断方式与 CPU 交换数据，则 RxRDY 信号可用作向 CPU 发出的中断请求信号。CPU 取走接收缓冲器中的数据，RxRDY 变为低电平。

SYNDET/BRKDET：双功能引脚，高电平有效。

对于异步方式，这是断缺检测端 BRKDET。若在起始位之后，从 RxD 端上连续收到 8 个"0"信号，则输出端 BRKDET 为高电平，表示当前处于数据断缺状态，无数据可接收。若从 RxD 端上接收到"1"信号，BRKDET 的高电平变低。

对于同步方式，这是同步检测端 SYNDET。如果采用内同步，则 SYNDET 为输出端，高电平有效。当从 RxD 端上检测到一个（单同步）或两个（双同步）同步字符时，SYNDET 输出高电平有效信号，后面接收到的是有效数据。如果采用外同步，则 SYNDET 为输入端，外同步信号从该端输入，当 SYNDET 为高电平输入有效信号时，表示已达到同步，接收器可开始串行接收数据。

$\overline{RxC}$：接收器时钟，由外部输入。由$\overline{RxC}$上的时钟确定 8251A 的接收数据速率，采用同步方式，从$\overline{RxC}$端输入的时钟频率应等于接收数据的波特率；若采用异步方式，可由软件定义接收器时钟为接收数据波特率的 1 倍、16 倍或 64 倍。显然，接收器时钟应与对方的发送器时钟相同。

5. 调制解调接口控制引脚

$\overline{DTR}$：数据终端准备好信号，向解调器输出的低电平有效信号。CPU 准备好接收数据，$\overline{DTR}$有效，可由控制字中的 DTR 位置"1"输出该有效信号。

$\overline{DSR}$：数据装置准备好信号，由解调器输出的低电平有效信号。当解调器已做好传送数据准备时，就发出$\overline{DSR}$信号，CPU 可用 IN 指令读入 8251A 的状态寄存器，检测 DSR 位，当 DSR 位为"1"时，表示$\overline{DSR}$信号有效。该信号实际上是对$\overline{DTR}$信号的回答，通常用于接收数据。

$\overline{RTS}$：请求发送信号，向调制器输出的低电平有效信号，CPU 准备好发送数据，由软件定义，使控制字中的 RTS 位置"1"，输出$\overline{RTS}$低电平有效信号。

$\overline{CTS}$：准许发送信号，由调制器输出的低电平有效信号，这是对$\overline{RTS}$的回答信号。

8.4.4　8251A 的编程

8251A 是一个可编程的多功能串行通信接口芯片，在使用前必须对它进行初始化，以确定它的工作方式、传送速率、字符格式以及停止位长度等。8251A 有 3 个控制字，分别为方式选择控制字、操作命令控制字和状态字，下面分别加以介绍。

1. 方式选择控制字

该控制字格式如图 8-41 所示。控制字中：D_1D_0 位有 4 种组合，若 $D_1D_0=00$，则 8251A 选择为同步方式工作；若 $D_1D_0\neq00$，则 8251A 选择为异步方式工作。异步方式下的输入时钟和波特率之间的系数可由 D_1D_0 的其他 3 种组合规定。D_3D_2 位用来确定字符的长度。D_5D_4 可确定是否要奇偶检验，是奇检验还是偶检验。D_7D_6 的定义分两种情况，若 $D_1D_0=00$，则 D_7D_6 定义的是同步方式工作时，选用的内同步还是外同步以及同步字符的个数；若 $D_1D_0\neq$ 00，则 D_7D_6 为异步方式工作时，选择停止位的长度。

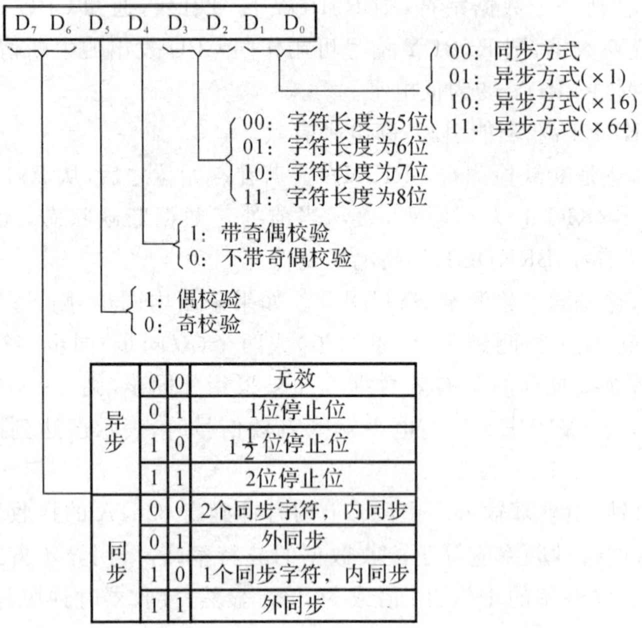

图 8-41　8251A 方式选择控制字格式

2. 操作命令控制字

操作命令字直接使 8251A 处于规定的工作状态。其控制字格式如图 8-42 所示。

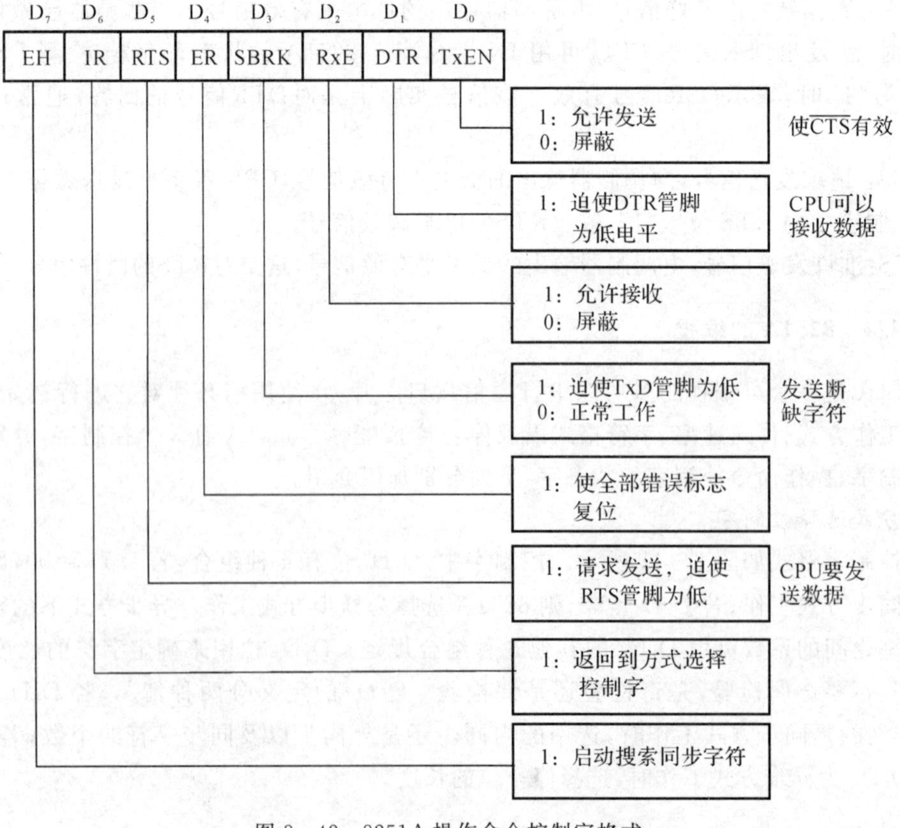

图 8-42　8251A 操作命令控制字格式

操作命令控制字中，每位都有自己的定义。其中 TxEN 位是允许发送位，TxEN=1，发送器才能通过 TxD 引脚向外部串行发送数据。

DTR 位置 1，表示 CPU 已准备好接收数据，这时 8251A 的$\overline{\text{DTR}}$引脚向解调器输出低电平有效信号。

RxE=1，接收器可通过 RxD 引脚接收外部串行数据。

SBRK 位是发送断缺字符，SBRK=1，迫使 TxD 引脚处于低电平，发送“0”信号。正常通信过程中 SBRK 应保持为 0。

ER 位为 1，则清除奇偶出错标志 PE、溢出错误标志 OE 和帧校验出错标志 FE。

RTS 位是请求发送信号，该位置 1，迫使$\overline{\text{RTS}}$引脚输出低电平，表示 CPU 已做好发送数据准备。

IR 位是内部复位信号，该位置 1，迫使 8251A 回到方式选择控制字状态。

EH 位只对同步方式有效，该位为 1，表示开始搜索同步字符。因此，对于同步方式，一旦允许接收(RxE=1)，必须同时使 EH=1，并使 ER=1，清除全部错误标志，才能开始搜索同步字符。

3. 状态字

在 8251A 工作过程中，CPU 可用 IN 指令读取当前 8251A 的状态字。状态字的格式如图 8-43 所示。

TxRDY 位是发送准备好标志，反映当前发送数据缓冲器已空，也就是说，一旦发送数据缓冲器空该位就置 1。它仅表示一种 8251A 的当前工作状态。TxRDY 引脚与它不同，TxRDY 引脚要为高电平必须有其他两个条件，即要对 8251A 发操作命令，使其允许发送，TxEN=1；同时，8251A 要从调制解调器输入一低电平使$\overline{\text{CTS}}$引脚为低电平有效。在数据发送过程中，TxRDY 状态和 TxRDY 引脚信号总是相同的，这就可以由 TxRDY 状态供 CPU 查询，TxRDY 引脚信号向 CPU 发出中断请求信号。

RxRDY，TxEMPY，SYNDET/BRKDET 这 3 位状态的定义与其相应的引脚定义相同，可供 CPU 查询。

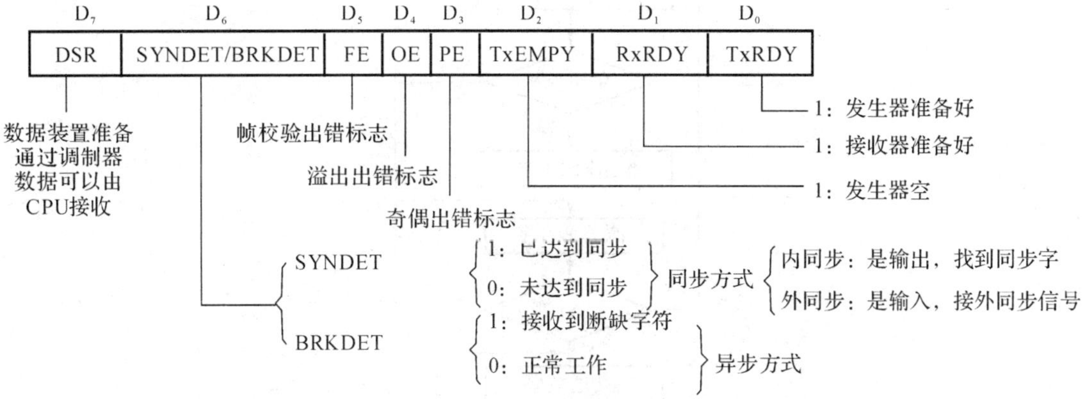

图 8-43　8251A 状态字格式

DSR 是数据装置准备好状态位。若该位为 1，则表示外设或调制解调器已做好发送数据准备，并发出低电平信号使 8251A 的$\overline{\text{DSR}}$引脚为低电平有效信号。

PE 是奇偶错标志位。PE=1 表示当前发生了奇偶错误，但 8251A 还是照样工作。

OE 是溢出错标志位。当下一个字符从 RxD 端输入，而前一个字符 CPU 还没来得及读取时，上一个字符将丢失。它不终止 8251A 的工作，但使该位置 1。

FE 是帧校验错标志。FE 只对异步方式有效，当在任意一字符的结尾没有检测到规定的停止位时，这个标志置 1。它不禁止 8251A 的工作。

PE，OE，FE 3 个标志可由操作命令控制字中的 ER 位为 1 来全部复位。

CPU 可在任意时刻用 IN 指令读 8251A 的状态字，这时 $C/\overline{D}$ 引脚端输入为“1”(取决于 8251A 的端口地址)。在 CPU 读状态期间，8251A 将自动禁止改变状态位。

对 8251A 进行初始化编程，必须在系统复位之后(因为 RESET 会使收发引脚处于空闲状态，各寄存器均处于复位状态)，先使用异步方式选择控制字。如果定义 8251A 工作在异步方式，那么必须紧跟操作命令字进行定义，然后才可以开始传送数据。在数据传送过程中，可使用操作命令字重新定义，或使用状态控制字读入 8251A 的状态，待数据传送结束，必须用操作命令控制字将 IR 位置 1，使其返回到方式选择控制字，接收新的方式选择命令，改变工作方式。

如果采用同步工作方式，在方式选择控制字之后，输出同步字符，在一个或两个同步字符之后再使用操作命令控制字，以后的过程同异步方式。

8251A 初始化编程的操作过程可用流程图 8-44 来描述。

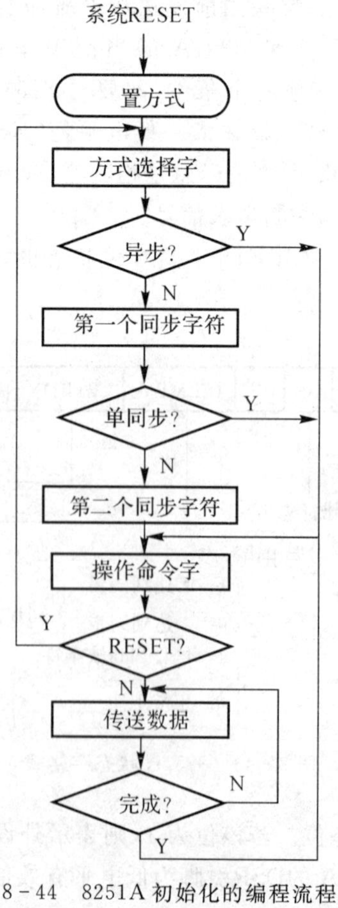

图 8-44　8251A 初始化的编程流程图

8.4.5 8251A 的接口技术与应用举例

例 8.16 利用 8251A 进行同步方式下的通信，要求两个同步字符，第一个同步字符为 A5H，第二个同步字符为 0E7H，外同步奇校验，每个字符 8 位，编写相应的程序。

解 根据要求，方式选择控制字应为 01011100B，操作命令控制字为 10110111B。程序段如下：

```
MOV AL, 40H              ;内部复位命令
OUT PORTE, AL            ;写入奇地址，使 8251A 复位
MOV AL, 5CH              ;方式选择控制字
OUT PORTE, AL
MOV AL,0A5H              ;第一个同步字符
OUT PORTE, AL
MOV AL, 0E7H             ;第二个同步字符
OUT PORTE, AL
MOV AL, 0B7H             ;命令字，设置控制源
OUT PORTE, AL            ;启动发送器和接收器
```

例 8.17 设 8086 CPU 通过 8251A 串行接口与打字机相连。要求 8251A 工作于异步方式，波特率系数为 64，字符格式为：7 位数据位，1 位偶检验，2 位停止位。8251A 的端口地址如图 8－45 所示，试编写 8251A 的初始化程序。

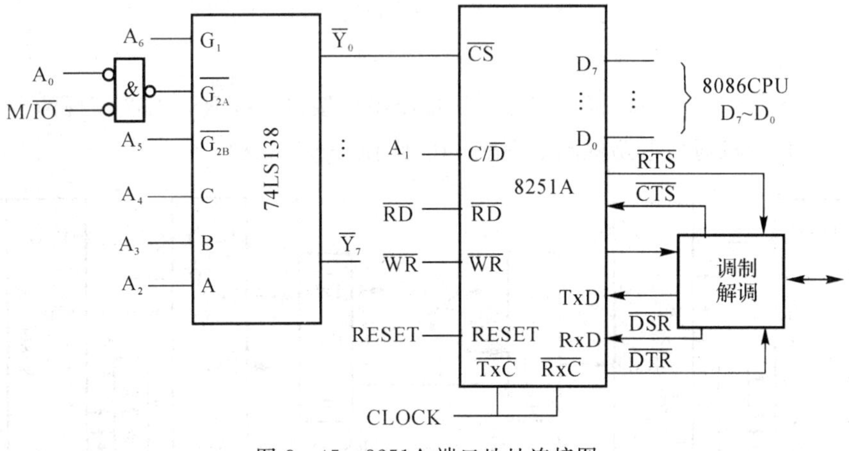

图 8－45 8251A 端口地址连接图

解 从图 8－45 可知，8251A 的端口地址为偶地址，因而 8251A 的信息可通过 8086 CPU 的低 8 位数据线 $D_7 \sim D_0$ 传送，具体端口地址为 40H 或 C0H($C/\overline{D}=0$)以及 42H 或 C2H($C/\overline{D}=1$)。

8251A 的方式选择控制字为 11111011B，操作命令控制字为 00010001B。初始化程序为：

```
· MODEL SMALL
  CONT   REQU 42H              ;A7=1，地址为 C0 和 C2H
```

```
    DPORT   EQU 40H           ;A7=0,地址为40和42H
  ·DATA
    BUFF   DB 200 DUP(?)
  ·CODE
  ·STARTUP
    MOV AL,0FBH               ;8251A方式选择字
    OUT CONTR,AL
    MOV AL,11H                ;8251A操作命令字
    OUT CONTR,AL
    MOV CX,200                ;连续发送200个数
    MOV BX,OFFSET BUFF
  W:MOV DX, CONTR
     IN AL, DX
     TEST AL, 01H
     JZ W
     MOV AL,[BX]
     INC BX
     OUT DPORT,AL
     LOOP W
  ·EXIT
    END
```

例 8.18 利用8251A串行接口芯片通过标准串行接口总线RS-232实现两台8086微机之间的串行通信，双机通信电路框图如图8-46所示。

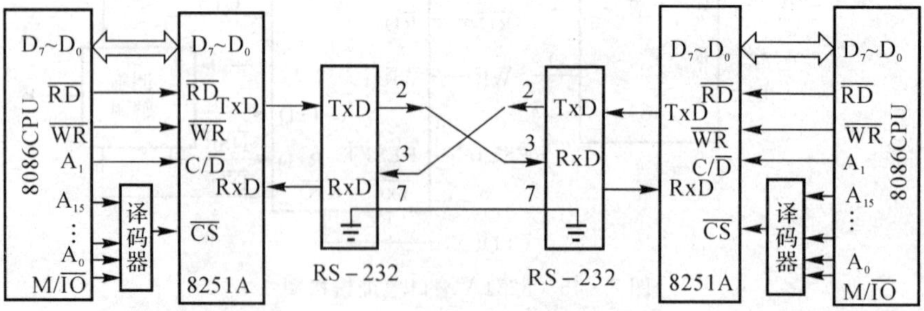

图8-46　8251A实现双机通信电路图

解 设该例中采用查询方式，异步传送，双方实现半双工通信。一方为接收器，则另一方为发送器。发送端的CPU查状态字的TxRDY位，若为高电平，则向8251A并行输出一个字节数据，该并行数据通过8251A的发送移位寄存器将其转换成所要求的串行格式数据从TxD端发送；接收端的CPU查询到状态控制字的RxRDY位(D_1位)为1，则从8251A的接收数据缓冲器中读取一个并行数据；一直进行到全部数据传送完毕。

设 8251A 工作在异步方式，8 位字符，1 位停止位，奇校验，取波特率系数为 16。发送端初始化程序与发送控制程序段如下：

```
STT:MOV DX,CPORT1               ;8251A 控制端口 C/D̄=1
    MOV AL,01011110B            ;方式选择控制字
    OUT DX,AL
    MOV AL,00010001B            ;允许发送，复位出错标志
    OUT DX,AL
    MOV DI,OFFSET BUFF1         ;置发送数据指针
    MOV CX,CONTER1              ;置数据长度计数器
NEXT:MOV DX,CPORT1              ;8251A 控制端口，C/D̄=1
    IN AL,DX                    ;取状态
    TEST AL,01H                 ;TxRDY 位为 1 吗?
    JZ NEXT                     ;否，等待 TxRDY 有效
    MOV DX,DPORT1               ;8251A 数据端口，C/D̄=0
    MOV AL,[DI]
    OUT DX, AL                  ;向 8251A 输出一个字节数据
    INC DI
    LOOP NEXT
    MOV AH, 4CH
    INT 21H                     ;返回操作系统
    ……
```

接收端初始化程序和接收控制程序段如下：

```
SRR:  MOV DX,CPORT2             ;8251A 控制端口，C/D̄=1
      MOV AL,01011110B          ;方式选择控制字
      OUT DX,AL
      MOV AL,14H                ;操作命令字，允许接收
      OUT DX,AL
      MOV SI,OFFSET BUFF2       ;置接收缓冲区指针
      MOV CX,CONTER2            ;置接收数据长度计数器
COMT:MOV DX,CPORT2
      IN AL,DX                  ;取状态
      ROR AL,1                  ;查询 D1 位，RxRDY 位
      ROR AL,1
      JNC COMT                  ;RxRDY 为 0，则等待
      ROR AL,1                  ;查询 D3 位，PE 奇偶错否?
      ROR AL,1
```

```
JC ERR              ;PE为1,则转出错处理
MOV DX,DPORT2       ;8251A数据端口,C/D̄=0
IN AL,DX            ;从8251A接收并行数据
MOV  [SI],AL        ;数据存缓冲区
INC SI              ;循环,直到全部数据接收完
LOOP COMT
MOV AX,4C00H
INT 21H
ERR:…
```

例 8.19　8251A 作为 CRT 的接口应用。

CRT 和主机之间可通过标准的 RS-232C 串行接口相连,主机和 CRT 分别为此配备了异步通信接口芯片 8251A。

主机和 CRT 之间的数据传输是双向的。一方面,主机要将需显示的字符送给 CRT;另一方面,CRT 终端由键盘接收的数据要传送到主机。

主机向 CRT 发送数据时,先查询主机串行接口中,发送缓冲区是否"空",是"空",则发送数据。在 CRT 中,主机送来的数据按照当前光标所在的地址存入显示缓冲存储器中,如果光标处已有字符,则新接收的字符覆盖掉原来的字符。所以,显示器不会出现满的情况。这样,在数据传送过程中,只要 CRT 来得及取走数据,主机就可以无条件地向 CRT 显示器发送数据。要做到这一点,只要将主机串行接口和 CRT 终端的串行接口设置成同样的波特率即可。

由 CRT 的键盘接收的数据串行发往主机时,系统按中断方式接收 CRT 键盘输入信息。每当 CRT 键盘有输入时,向主机发出中断请求,主机收到请求后,转键盘中断处理程序,读取 CRT 送来的数据,并送往键盘缓冲区。

图 8-47 所示是用 8251A 作为 CRT 接口的电路连接实例。在该例中 8251A 的主时钟 CLK 是系统主频,为 8 MHz,8251A 的发送时钟 TxC 和接收时钟 RxC 由 8254 的通道 2 的输出 OUT_2 提供。8254 的输入时钟由晶振提供,频率为 1.228 8 MHz。

主机和 CRT 之间的波特率可通过对 8254 通道 2 的时间常数设置确定。例如,串行通信的最高波特率为 19 200 b/s,取串行口波特率因子为 16,则接收和发送时钟频率为

$$19.2\ \text{kHz}\times 16=307.2\ \text{kHz}$$

又已知 8254 的时钟频率 CLK_2 为 1.228 8 MHz,选通道 2 工作在方式 3,所以 8254 通道 2 的时间常数为

$$1.228\ 8\ \text{MHz}\div 307.2\ \text{kHz}=4$$

若时间常数改为 8,则相应波特率改为 9 600 b/s。

在图 8-47 中,由于 8251A 的输出信号和输入信号都是 TTL 电平,而 CRT 的信号电平是 RS-232-C 电平,所以,要通过 1488 接口芯片将 8251A 的输出信号变为 RS-232-C 电平,再送给 CRT;反之,CRT 通过 1489 接口芯片将输出信号变为 TTL 电平,送给 8251A。

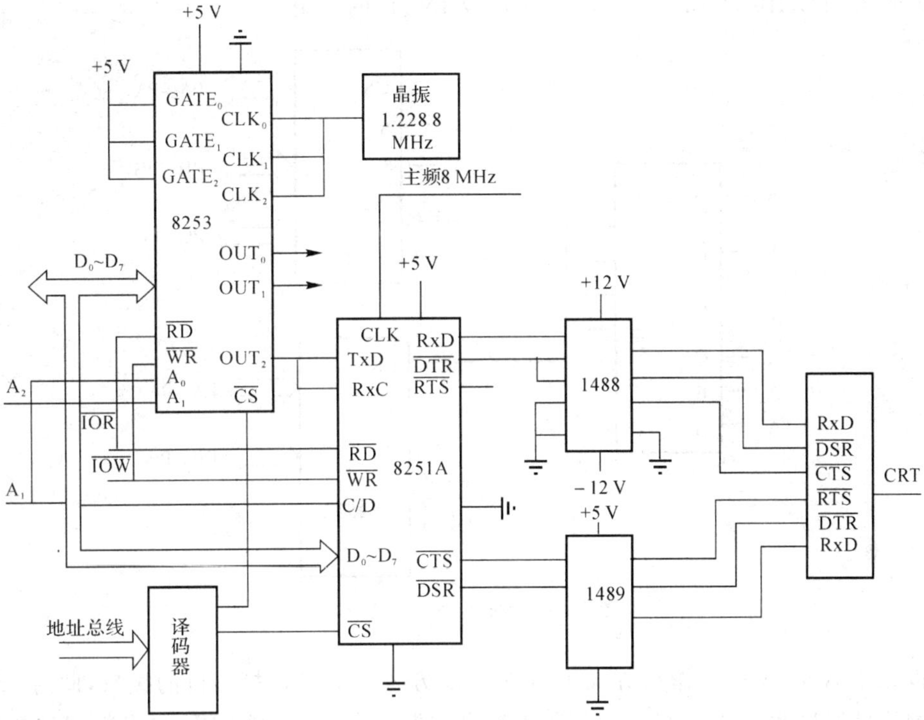

图 8 - 47　用 8251A 作为 CRT 接口的实例

习题与思考题

1. 简述并行通信和串行通信的特点。

2. 简述 8255A 的基本组成以及各部分的功能。

3. 8255A 有哪几种工作方式？各用于什么场合？端口 A,B,C 各可以工作在哪些方式？

4. 8254 有哪些工作方式？各有何特点？

5. 什么是同步通信？什么是异步通信？

6. 设某 8086 系统中有 2 片 8255A 芯片，由 74LS138 译码器产生两个芯片的片选信号，如图 8 - 48 所示。要求：第 1 片 8255A 的 A 口工作在方式 0 输出，B 口工作在方式 0 输入，C 口高 4 位为输出，低 4 位为输入。第 2 片 8255A 的 A 口为方式 0 输入，B 口为方式 1 输出，C 口高 4 位为输出，低 4 位为输入。

(1) 试指出两片 8255A 芯片各自的端口地址；

(2) 试写出两片 8255A 芯片各自的方式控制字；

(3) 试写出两片 8255A 芯片各自的初始化程序。

7. 试指出下列工作方式组合使用时，8255A 芯片 C 端口各位的作用。

(1) A 口工作在方式 2，B 口工作在方式 0，输入；

(2) A 口工作在方式 2，B 口工作在方式 1，输入；

(3) A 口工作在方式 2，B 口工作在方式 1，输出；

(4) 说明$\overline{STB}$,IBF,$\overline{OBF}$,$\overline{ACK}$,INTE 以及 INTR 的作用。

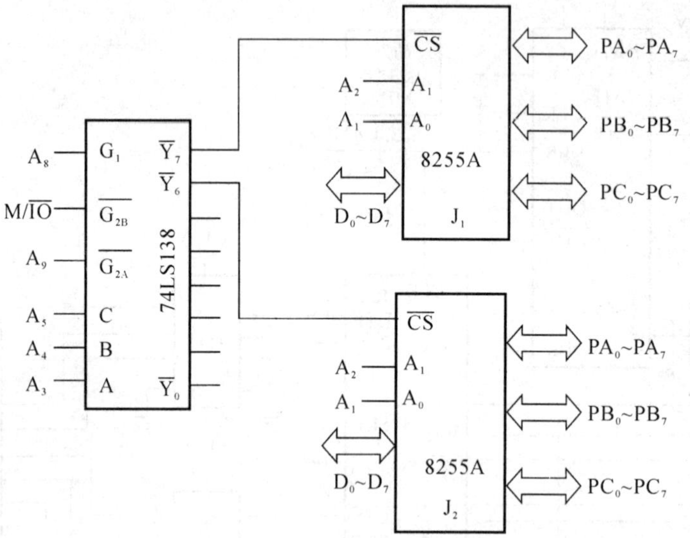

图 8-48　两片 8255A 连接图

8.设 8255A 的 A 口工作在方式 1,作为中断方式下的字符打印机的接口,此时,若 CPU 发出控制信号通过 8255A 的 C 口向打印机发出数据锁存信号,则 CPU 送来打印的数据被锁存到打印机等待打印。打印机收到打印数据后向 8255A 发出应答信号。此时 8255A 就发出中断请求,中断信号从 8259A 的 IR_3 引入,中断类型号为 5BH。设中断服务程序必须装配在 2000H:2340H 处。I/O 端口地址任选。

(1) 试写出 8255A 的初始化程序;

(2) 设 8259A 以固定优先权、完全嵌套、自动结束方式工作,试写出 8259A 的预置命令;

(3) 用直接置入法,将中断服务程序地址置入矢量表中;

(4) 写出中断服务程序;

(5) 画出连接线路图。

9.某系统中 8254 芯片的计数器 0～计数器 2 和控制端口地址分别为 FFF0H～FFF6H,定义计数器 0 工作在方式 2,CLK_0 频率为 2 MHz,要求输出 OUT_0 为 1 kHz 的速率波;定义计数器 1 工作在方式 0,其 CLK_1 输入外部计数事件,每计满 1000 个向 CPU 发出中断请求。试写出 8254 计数器 0 和计数器 1 的初始化程序。

10.设 8254 的计数器 2 工作在计数方式,外部事件从 CLK_2 引入,计数器 2 每计 500 个脉冲向 CPU 发出中断请求,CPU 响应这一中断后继续写入计数值,重新开始计数,保持每秒钟向 CPU 发出中断请求。假设条件如下:

(1) 8254 的计数器 2 工作在方式 4;

(2) 外部计数事件频率为 1 kHz;

(3) 中断类型号为 54H;

(4) 8254 各端口地址如上题。

试编写程序完成以上任务。

11.某系统采用串行异步方式与外设通信,发送字符格式由 1 位起始位、7 位数据位、1 位奇偶校验位和 2 位停止位组成，波特率为 2 200 b/s。试问，该系统每分钟发送多少个字符？若选波特率因子为 16，问发送时钟频率为多少？

12. 8251A 工作在异步方式，选波特率系数为 64，其传送字符格式为：7 位数据位，1 位奇偶校验，$1\frac{1}{2}$位停止位。其端口地址要求为 2CH，2EH，使用 74LS138 译码器产生端口地址，试编写 8251A 的初始化程序，画出端口地址形成电路。

第9章　D/A与A/D转换技术

＊学习基本要求

通过本章的学习，需要了解数/模(D/A)和模/数(A/D)转换技术的应用场合，理解其转换原理，掌握几种典型D/A和A/D转换芯片的结构和应用。

＊内容要点

本章必须要理解的知识点：D/A与A/D转换技术的概念，转换的基本原理、主要性能参数；几种典型的D/A和A/D转换芯片的结构、工作方式、与CPU的接口；在与CPU接口时应该注意的问题以及选择D/A与A/D芯片的依据。

＊知识结构框图

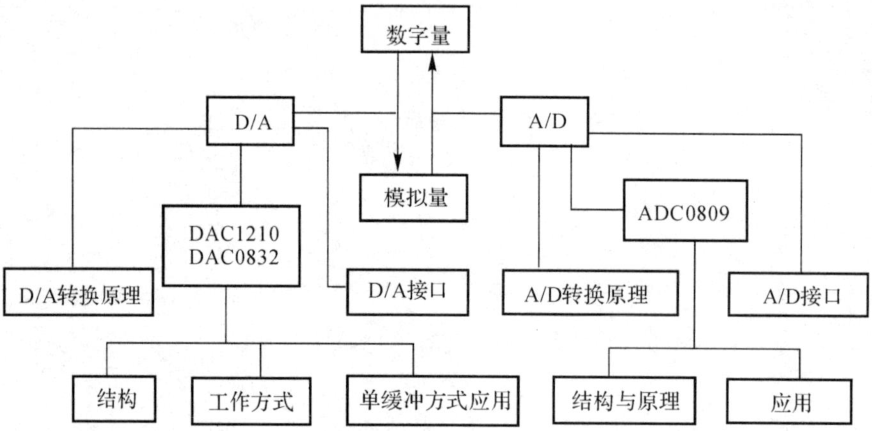

9.1　概　　述

数/模(D/A)和模/数(A/D)转换技术在自动控制、电测技术和智能仪器仪表等各种控制和测量场合有着十分广泛的应用。

在实际工程中大量遇到的是连续变化的物理量，称为模拟量。所谓模拟量是指数值随着时间连续变化的物理量，比如温度、压力、流量、位移、转速、浓度、光信号等。而微型计算机处理的是数字量，所谓数字量是指时间和数值上都离散的量。一般先利用传感器将模拟量变成模拟电信号，然后通过模/数(A/D)转换器转换为数字量。由微机加工处理了的数字量，往往也需要转换为模拟量，因为许多执行部件和某些显示器件(如示波器)需要由模拟量电信号来驱动。将数字量转换为电模拟量的过程称为数/模(D/A)转换。

图9-1给出了A/D转换器(ADC)与D/A转换器(DAC)在微机检测和控制系统中的应用实例框图。

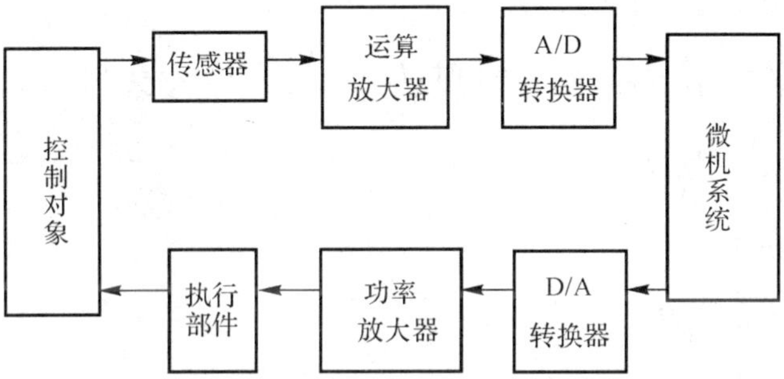

图 9-1　A/D 与 D/A 应用实例图

9.2　D/A 转换器

9.2.1　D/A 转换基本原理

D/A 转换器是将一组输入的二进制数转换成相应数量的模拟电压或电流输出的电路。因为数字量是用二进制代码按数位组合起来表示的，对于有权码，每位代码都有一定的权，所以，为了将数字量转换成模拟量，必须将每一位的代码按其权的大小转换成相应的模拟量，然后将代表各位的模拟量相加，所得的总模拟量就与数字量成正比，这样便实现了从数字量到模拟量的转换。

D/A 转换器的实现是利用电阻网络和模拟开关，将多位二进制数 D 转换为与之成比例的模拟量，因此，输入应是一个 n 位的二进制数，它可以按数码的通式，按位权展开为

$$D_n = d_{n-1} \times 2^{n-1} + d_{n-2} \times 2^{n-2} + \cdots + d_1 \times 2^1 + d_0 \times 2^0$$

而输出应当是与输入的数字量成比例的模拟量 A，即

$$A = KD_n$$

式中，K 为转换比例系数。其转换过程是把输入的二进制数中为 1 的每一位代码，按其位权的大小，转换成相应的模拟分量，然后将各位转换以后的模拟分量，经求和运算放大器相加，其和便是与被转换数字量成正比的模拟量，从而实现了数 / 模转换。

D/A 转换器根据工作原理基本上可以分为二进制权电阻网络 D/A 转换器和倒 T 形电阻网络 D/A 转换器两大类。

1. 权电阻网络

权电阻网络原理电路如图 9-2 所示，这是将 n 位二进制码转换为电压的网络。它是由权电阻网络、n 个模拟开关和 1 个求和放大器组成的。

图 9-2 中 $S_{n-1} \sim S_0$ 是 n 个电子开关，它们的状态分别受输入代码 $d_{n-1} \sim d_0$ 取值的控制，当该位的值为“1”时，开关将电阻接至标准电压源 V_{REF}；当该位为“0”时，开关接地。故 $d_i = 1$ 时有支路电流 I_i 流向求和放大器，$d_i = 0$ 时支路电流为零。

求和放大器是由一个接成负反馈的理想运算放大器组成的，工作于线性放大状态，按虚短、虚断的计算方法可以得到

$$U_0 = -R_F i_{\sum} = -R_F(I_{n-1} + I_{n-2} + \cdots + I_1 + I_0) \tag{1}$$

各个支路的电流 $I_{n-1} \sim I_0$ 分别为

$$I_{n-1}=\frac{V_{REF}}{R}d_{n-1}(d_{n-1}=1 \text{ 时}, I_{n-1}=\frac{V_{REF}}{R}, d_{n-1}=0 \text{ 时 } I_{n-1}=0)$$

$$I_{n-2}=\frac{V_{REF}}{2R}d_{n-2}$$

$$\vdots$$

$$I_1=\frac{V_{REF}}{2^{n-2}R}d_1$$

$$I_0=\frac{V_{REF}}{2^{n-1}R}d_0$$

将它们代入式(1) 并取 $R_F=R/2$，得到

$$U_0=-\frac{V_{REF}}{2^n}(d_{n-1}2^{n-1}+d_{n-2}2^{n-2}+\cdots+d_1 2^1+d_0 2^0) \tag{2}$$

上式表明，输出的模拟电压正比于输入的数字量 D_n，从而实现了数字量到模拟量的转换。

从式(2) 中还可以看到，当参考电压 V_{REF} 为正值时，输出电压 U_o 为负值，而当参考电压 V_{REF} 为负值时，输出电压为正值。

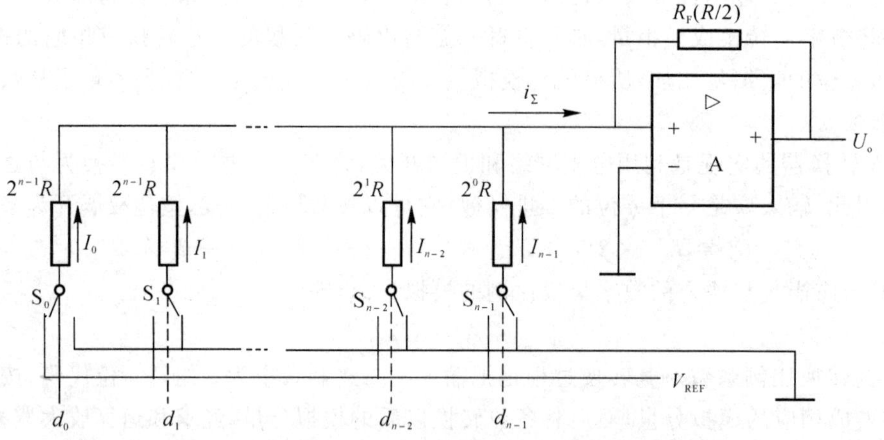

图 9-2　权电阻网络 D/A 转换器

2. 倒 T 形电阻网络

4 位倒 T 形电阻网络 D/A 转换器由倒 T 形电阻解码网络、4 个模拟开关、1 个求和运算放大器组成，其原理如图 9-3 所示。由图中可以看出，解码网络电阻只有两种，即 R 和 2R，且构成倒 T 形，故又称为 R-2R 倒 T 形电阻网络 DAC。

模拟开关 S_i 由输入数码 D_i 控制，当 $D_i=1$ 时 S_i 接运算放大器反相端，电流 I_i 流入求和电路；当 $D_i=0$ 时，S_i 则将电阻 $2R$ 接地。根据运算放大器线性运用的“虚地”的概念可知，无论模拟开关 S_i 处于何种位置，与 S_i 相连的 $2R_0$ 电阻均将接“地”(地或虚地)。这样，流经 $2R$ 电阻的电流与开关位置无关，为确定值。分析 R-2R 电阻网络可以发现，从每个节点向左看的二端网络等效电阻均为 R，流入每个 $2R$ 电阻的电流从高位到低位按 2 的整数倍递减。设基准电压源电压为 V_{REF}，则总电流为 $I=V_{REF}/R$，则流过各开关支路(从右到左) 的电流分别为 $I/2$，$I/4$，

$I/8$ 和 $I/16$。

于是可得到各支路的总电流

$$i_{\Sigma}=\frac{V_{\mathrm{REF}}}{R}\left(\frac{D_0}{2^4}+\frac{D_1}{2^3}+\frac{D_2}{2^2}+\frac{D_3}{2^1}\right)=\frac{V_{\mathrm{REF}}}{2^4\times R}\sum_{i=1}^{3}(D_i\times 2^i)$$

输出电压为

$$v_{\mathrm{o}}=-i_{\Sigma}R_{\mathrm{F}}=-\frac{R_{\mathrm{F}}}{R}\frac{V_{\mathrm{REF}}}{2^4}\sum_{i=1}^{3}(D_i\times 2^i)$$

上式表明，对于在图 9－3 电路中输入的每一个二进制数，均能在其输出端得到与之成正比的模拟电压。

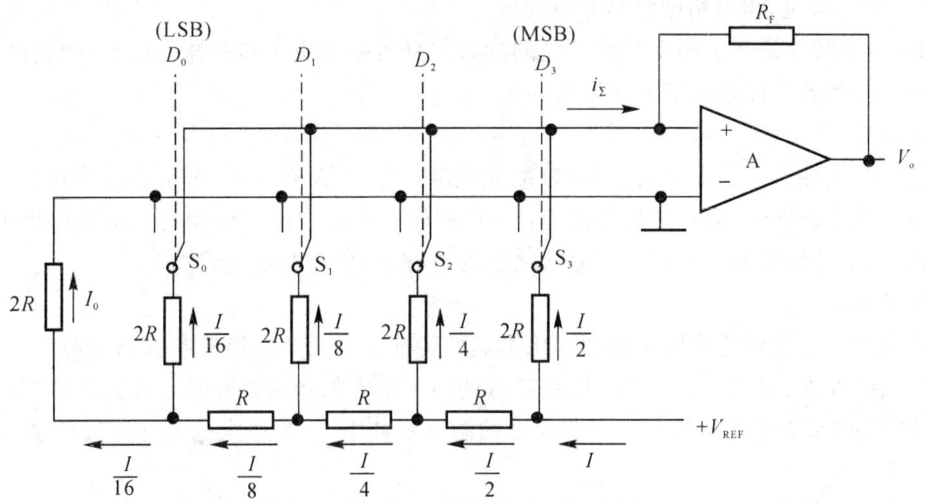

图 9－3　T 形电阻网络 D/A 转换器

若将输入数字量扩展到 n 位，可得到 n 位倒 T 形电阻网络 D/A 转换器输出模拟量与输入数字量之间的关系式

$$v_{\mathrm{O}}=-\frac{V_{\mathrm{REF}}}{2^n}\frac{R_{\mathrm{F}}}{R}\left[\sum_{i=0}^{n-1}(D_i\times 2^i)\right]$$

将式中 $\frac{V_{\mathrm{REF}}}{2}\frac{R_{\mathrm{F}}}{R}$ 用 K 表示，式中括号内的 n 位二进制数用 NB 表示，则上式可改写为

$$v_{\mathrm{O}}=-K\,\mathrm{NB}$$

权电阻网络数/模转换器的优点是电路结构简单，适用于各种有权码。缺点是电阻阻值范围太宽，品种较多。要在很宽的阻值范围内保证每个电阻都有很高的精度是极其困难的。因此，在集成数/模转换器中很少采用权电阻网络。倒 T 形电阻网络 D/A 转换器是目前使用最为广泛的一种形式。

9.2.2　DAC 的主要性能参数

1. 分辨率

这个参数表明 DAC 对模拟值的分辨能力，它是最低有效位（LSB）所对应的模拟值，它确定了能由 DAC 产生的最小模拟量的变化。分辨率通常用二进制数的位数表示，例如分辨率为 8 位、10 位、12 位等。对于一个分辨率为 n 位的 DAC 能给出满量程电压的 $\frac{1}{2^n-1}$ 的分辨能力。位数越多，分辨率越高。

2. 精度

DAC 的精度表明 D/A 转换的精确程度。它可分为绝对精度和相对精度。

(1)绝对精度。绝对精度(绝对误差)指的是在数字输入端加有给定的代码时，在输出端实际测得的模拟输出值(电压或电流)与应有的理想输出值之差。

(2)相对精度。相对精度指的是满量程值校准以后，任一数字输入的模拟输出与它的理论值之差。相对精度可以以满量程电压的百分比表示，也可以以最低有效位的分数形式表示。对于线性 DAC 来说，相对精度就是非线性度。

注意：精度和分辨率是两个截然不同的参数。分辨率取决于转换器的位数，而精度则取决于构成转换器和各个部件的精度和稳定性。

3. 线性度

通常用非线性误差的大小表示 DAC 的线性度。在 D/A 转换时，若数据连续转换，则输出的模拟量应该是线性的，即在理想情况下，DAC 的转换特性应该是线性的。实际转换中，把理想的输入/输出特性的偏差与满量程输入之比的百分数，称为非线性误差。

4. 温度系数

温度系数用于说明转换器受温度变化影响的特性。有几个转换器参数都受温度变化的影响，如增益、线性度、零点及偏移等。这些参数的温度系数都指的是在规定的温度范围内，温度每变化 1℃ 这些参数的变化量。在这些参数的温度系数中，影响最大的是增益温度系数。

5. 转换速度

转换速度指每秒钟可以转换的次数，其倒数为转换时间。

6. 电源敏感度

电源敏感度反映转换器件对电源电压变化的敏感程度。它通常被定义为，当电源电压的变化 ΔU_S 为电源电压 U_S 的 1%时，所引起的模拟值变化的百分数。

7. 输出电压一致性(顺从性)

当 DAC 只提供电流输出时，它的输出电阻应极大，这时可以直接用负载电阻把电流输出转变为电压输出，而省掉运算放大器。但是负载电阻值(输出电压值)不是可以无限增加的，当增加到一定程度时，就将使它对电流输出的影响超过一定程度，而使电流输出特性遭到破坏。在可以使 DAC 仍然提供规定的电流输出特性条件下，在电流输出端通过负载电阻能得到的电压输出的最大范围称为输出电压一致性(与电流输出特性一致)。

9.2.3 典型 DAC 芯片及接口

1. DAC1210

DAC1210 是一个分辨率为 12 位的 DAC 芯片，具有双缓冲数据锁存器，可接成双缓冲或直接数字输入。

(1)内部结构。DAC1210 内部结构如图 9-4 所示，包括两级数据锁存器和 12 位相乘型 D/A 转换器。第 1 级输入锁存器分成高 8 位和低 4 位两个锁存器，可以高 8 位和低 4 位一次输入锁存，也可以仅输入低 4 位。第 2 级是一个 12 位的 DAC 寄存器，数据输入后立即送 D/

A 转换器,转换结束后输出模拟电流信号。

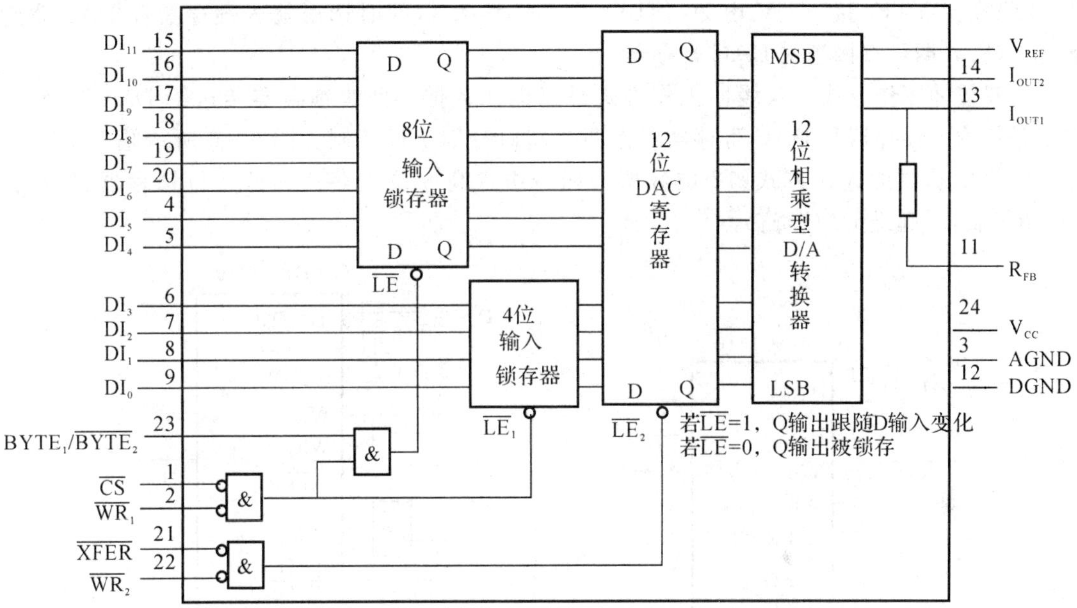

图 9-4 DAC1210 内部结构图

(2) 引脚功能。

$DI_{11} \sim DI_0$:12 位数据输入。

$\overline{CS}$:片选,低电平有效。

$\overline{WR_1}$:写入信号 1,低电平有效。

$BYTE_1/\overline{BYTE_2}$:12 位/4 位输入选择,高电平时,高 8 位和低 4 位输入锁存;低电平时,低 4 位输入锁存。

$\overline{XFER}$:传送控制,低电平有效。

$\overline{WR_2}$:写入信号 2,低电平有效,当$\overline{WR_2}$ 和$\overline{XFER}$同时为低电平有效时,第 1 级锁存器中的数据传送到第 2 级 DAC 寄存器中。

I_{OUT1}:D/A 转换电流输出 1,当 DAC 寄存器为全 1 时输出电流量大;当 DAC 寄存器为全 0 时输出电流为 0。

I_{OUT2}:D/A 转换电流输出 2,与 I_{OUT1} 配合使用。

R_{FB}:反馈电阻。

V_{REF}:参考电压。

V_{CC}:电源电压。

AGND:模拟地。

DGND:数字地。

(3) 工作过程。D/A 转换时,CPU 将数字量送 $DI_0 \sim DI_{11}$,通过控制 $BYTE_1/\overline{BYTE_2}$,$\overline{CS}$,$\overline{WR_1}$ 信号将数据锁存到输入锁存器(12 位或 4 位输入),然后通过控制$\overline{XFER}$和$\overline{WR_2}$ 信号将数据锁存到 DAC 寄存器,供 D/A 转换器转换。转换结束后,输出模拟量 I_{OUT1},I_{OUT2}。

(4) 工作方式。DAC1210 有两种工作方式,一种是单缓冲方式,另一种是双缓冲方式。

1)单缓冲工作方式。单缓冲连接方式如图 9-5 所示,使$\overline{CS}$与$\overline{XFER}$连接,$\overline{WR_1}$ 与$\overline{WR_2}$ 连接,$BYTE_1/\overline{BYTE_2}$ 接+5 V 电源,使$\overline{LE_1}$ 和$\overline{LE_2}$ 均为 1,同时选通输入锁存器和 DAC 寄存器。于是,数据可直接送入 DAC 寄存器。

2)双缓冲工作方式。双缓冲工作方式是将输入数据经两级锁存器传送给 D/A 转换器。也就是将输入锁存器和 DAC 寄存器看作两个端口分别予以控制。图 9-6 所示是 DAC1210 与 8 位数据总线的连接方式,12 位数据分两步送入高 8 位锁存器和低 4 位锁存器,然后由$\overline{XFER}$控制,一起送 DAC 寄存器。

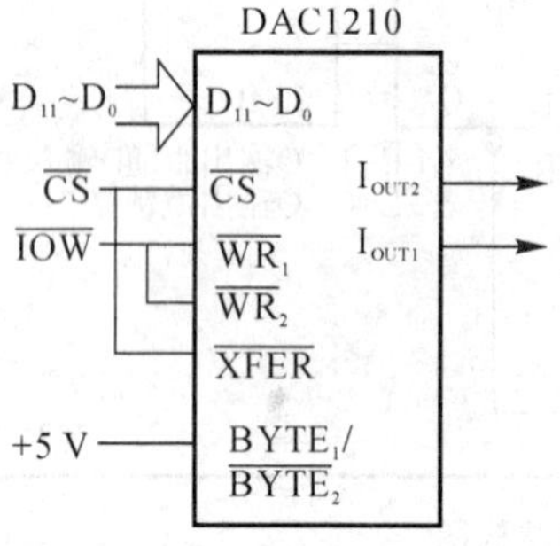

图 9-5 单缓冲工作方式

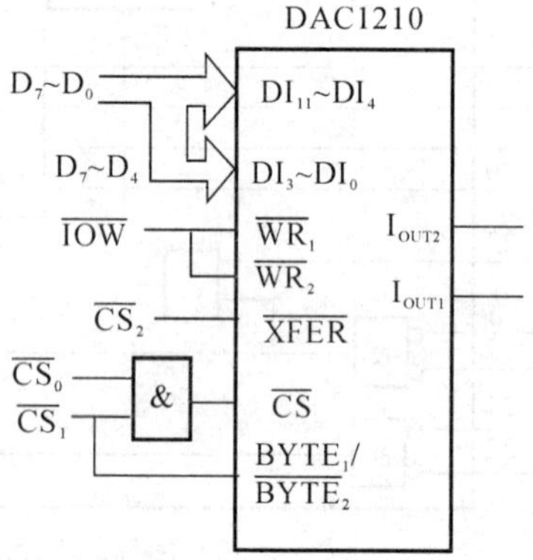

图 9-6 DAC1210 与 8 位数据总线连接方式

(5) 输出方式。在过程控制中,被检测的物理量转换后的电压或电流信号通常是单极性的。对于单极性的模拟输入信号,A/D 转换后的数字量不带符号位,其 D/A 转换器输出一般也是单极性的。但有些控制系统的模拟量是双极性的,因此也要求 D/A 转换器的输出是双极性的。

DAC1210 属于电流输出型 D/A 转换器,需用运算放大器将电流输出转换为电压输出。其中单极性输出如图 9-7 所示,双极性输出如图 9-8 所示。

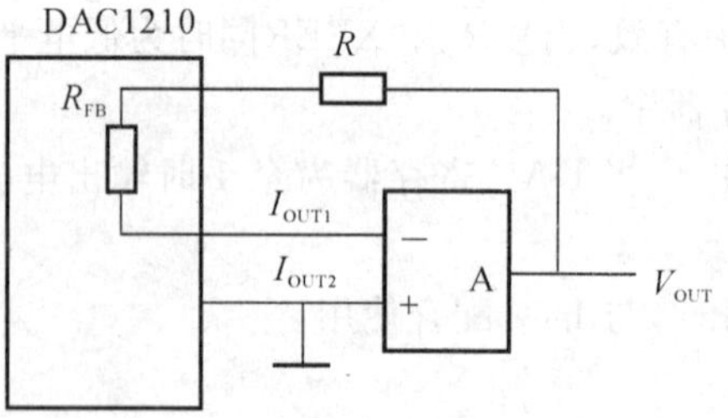

图 9-7 单极性输出方式

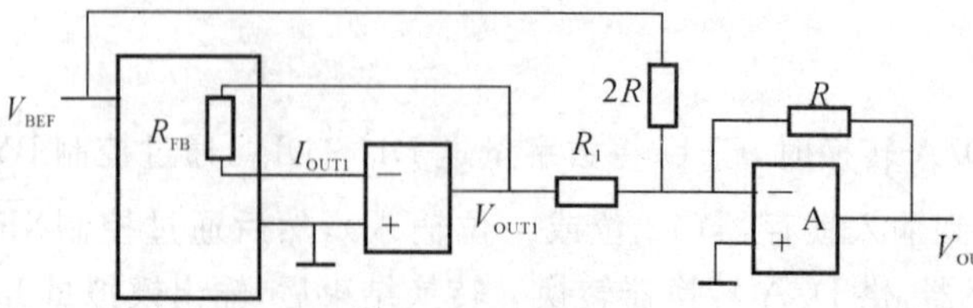

图 9-8 双极性输出方式

由图 9-8 可以推出输出电压与输入数字量的对应关系：

$$V_{out2}=-\left(\frac{V_{out1}}{R}+\frac{V_{ref}}{2R}\right)R=-\left(V_{out1}+\frac{V_{ref}}{2}\right)$$

因为

$$V_{out}=-\frac{V_{ref}}{2^n}\sum_{i=0}^{n-1}2^iD_i$$

所以

$$V_{out2}=\frac{V_{ref}}{2}\left(\frac{1}{2^n}\sum_{i=0}^{n-1}2^iD_i-1\right)$$

(6) 与 CPU 接口电路设计。

例 9.1　由于 DAC1210 的逻辑电平与 CPU 兼容，其内部的两级锁存器可视为两级外部输出端口，因此可直接与 CPU 系统总线连接，如图 9－9 所示。图中采用 16 位数据总线接口单缓冲工作方式。第 1 级运算放大器将 DAC 输出电流转换为单极性电压输出，输出幅度为－10V～0V。第 2 级运算放大器产生双极性电压输出，输出幅度为－10V～＋10V。

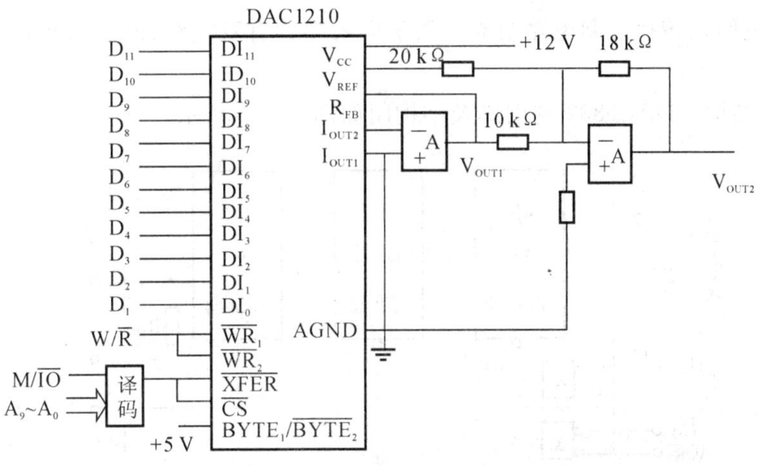

图 9-9　DAC1210 接口电路

向 DAC1210 连续不断地输出数据，即可得到相应的电压信号。设端口地址为 PORT，产生连续方波的程序如下：

```
    MOV DX,PORT
LP: MOV AX,0000H
    OUT DX,AX
    CALL   RLY              ;RLY 为延时子程序
    MOV AX,0FFFH
    OUT   DX,AX
    CALL   RLY
    JMP   LP
```

例 9.2　同上题，产生连续三角波的程序如下：

```
    MOV DX,PORT
```

```
      XOR AX,AX
W1:OUT DX,AX
      INC AX
      NOP
      CMP AX,0FFFH
      JNZ W1
W2:OUT DX,AX
      DEC AX
      NOP
      CMP AX,0
      JNZ W2
      JMP W1
```

2. DAC0832

DAC0832 是一个 8 位的数/模转换芯片，其内部由 8 位输入寄存器、8 位 DAC 寄存器、8 位 D/A 转换电路及转换控制电路组成。数字输入端具有双重缓冲功能，可以双缓冲、单缓冲或直通输入。

(1) 内部结构。DAC0832 的引脚及结构图如图 9-10 所示。

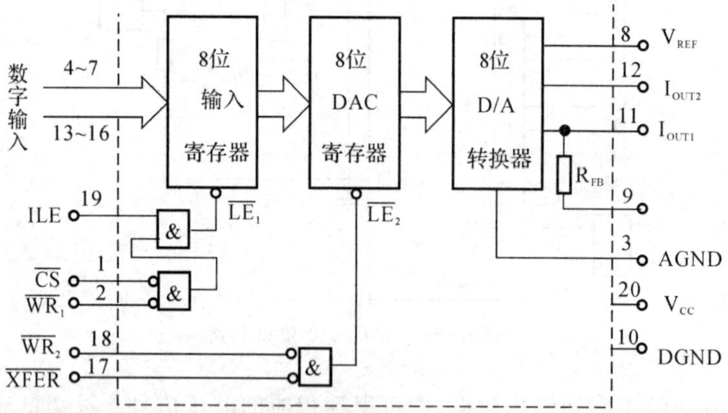

图 9-10　DAC0832 引脚及结构图

(2)功能引脚。DAC0832 引脚功能说明如下：

ILE：输入锁存允许信号，高电平有效。只有当 ILE=1 时，输入数字量才可能进入 8 位输入寄存器。

$\overline{CS}$：片选信号，它与 ILE 结合起来可以控制 $\overline{WR_1}$ 是否起作用。

$\overline{WR_1}$：写信号 1，在 $\overline{CS}$ 和 ILE 有效下，用它将数字输入并锁存于输入寄存器中。

$\overline{WR_2}$：写信号 2，在 $\overline{XFER}$ 有效下，用它将输入寄存器中的数字传送到 8 位 D/A 寄存器中。

$\overline{XFER}$：传送控制信号。用它来控制 $\overline{WR_2}$ 是否起作用。在控制多个 DAC0832 同时输出时特别有用。

DI_0～DI_7：8 位数字输入，DI_0 为最低位。

I_{OUT1}：D/A 电流输出 1，它是逻辑电平为 1 的各位输出电流之和。

I_{OUT2}：D/A 电流输出 2，它是逻辑电平为 0 的各位输出电流之和。

R_{FB}：反馈电阻，该电阻被制作在芯片内，用作运算放大器的反馈电阻。

V_{REF}：基准电压输入，可以超出±10 V 范围。芯片用于四象限乘时，为模拟电压输入。

V_{CC}：电源电压，+5 V～+15 V，最佳用+15 V。

AGND：模拟地，芯片模拟电路接地点。

DGND：数字地，芯片数字电路接地点。

(3) CPU 与 DAC0832 接口。因 DAC0832 本身有数据锁存器，所以与 CPU 的接口很简单，只需外加地址译码给出片选信号即可。如不要求几片 DAC0832 同时输出模拟数据，则可只用一级缓冲，工作在单缓冲方式。这时，可将 $\overline{CS}$ 和 $\overline{XFER}$ 接在地址译码的同一个输出端上，把 $\overline{WR_1}$ 和 $\overline{WR_2}$ 接同一个控制信号。因本例没有外界的禁止输入锁存控制，ILE 可以简单地接+5 V。整个数字接口电路如图 9-11 所示，这里转换器的地址安排为 81H。

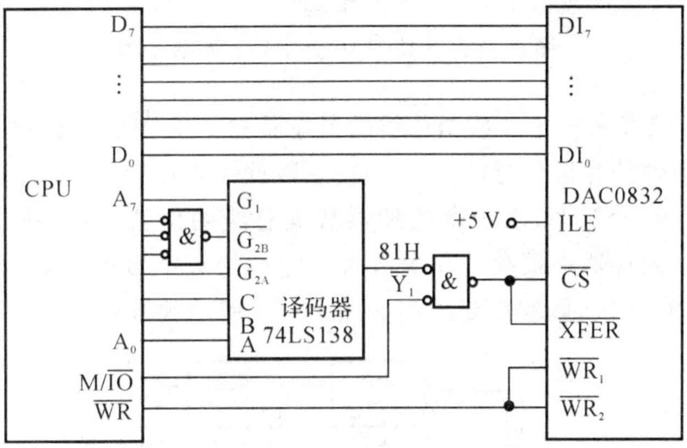

图 9-11　CPU 与 DAC0832 接口

此时，微处理器只要执行输出指令

OUT　81H，AL

即可把累加器 AL 中的数据送入 DAC0832 进行转换输出。

9.2.4　数/模转换器芯片和微处理器接口时需要注意的问题

当 D/A 转换器和微处理器进行接口时，还必须具体地了解该芯片，只有当转换装置是专门设计用于同某种特定的微处理器连用，不需任何外加器件就可以直接接到微处理器的地址、数据和控制总线，使微机可以简单地按外部设备来对待它时，才能认为真正是与该种微处理器兼容。

实际上绝大多数所谓与微处理器兼容的转换器件都还需要配用一些用于地址译码、数据锁存和信号组合等的外加部件才能与微机协同工作，因而在应用 D/A 转换器件时需要考虑它们与微处理器的接口问题。

DAC 可以看作是微处理器的一个输出设备，它与微处理器的接口问题实际上就是与微处理器的地址、数据和控制总线的接口问题。接口的目的应使微处理器简单地执行一次输出指令就能建立一个给定的电压或电流输出。

DAC 与微处理器接口除了电平匹配以外，首先要解决的是数据锁存问题。我们知道，当微处理器送出一个数字信息给 DAC 时，这个数据在数据总线上只出现很短暂的一段时间，为了保证 DAC 完成转换，并在总线上数字信息消失以后能保持有稳定的模拟输出，必须有一组锁存器保持住原输入的数字信息。实际上有的 DAC 提供数据锁存器，另一些器件则不提供。当不提供时，就要在接口设计中予以外加。可以充当外加锁存器的器件有 D 触发器、8212 芯片、PIO 芯片等。对于 8 位 DAC，外加锁存器的方法如图 9－12 所示。

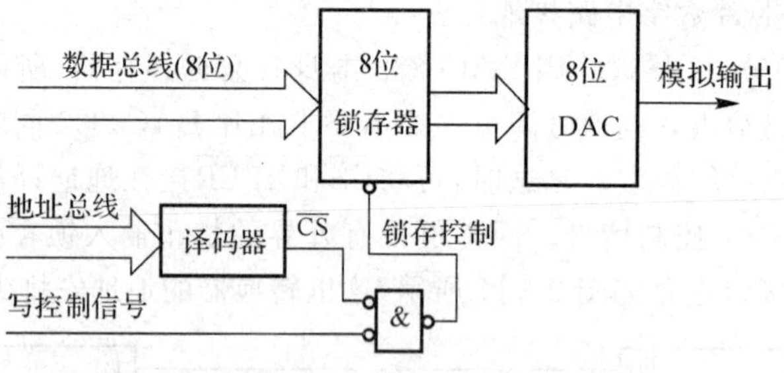

图 9－12　8 位 DAC 外加锁存器示意图

8 位锁存器用于锁存来自 8 位数据总线的数字信息。为了确定数据是加给该 DAC，需要由地址总线经译码得到的片选信号 $\overline{CS}$。为了控制数据输入锁存，需要有关的控制信号。

如果 DAC 的位数（分辨率）多于微处理器数据总线的位数，则被转换的数据必须分几次送出。这就需要多个锁存器来锁存分几次送来的完整的数字数据。例如，当微处理器数据总线为 8 位，而 DAC 为 12 位时，就需要采用如图 9－13 所示的接口。

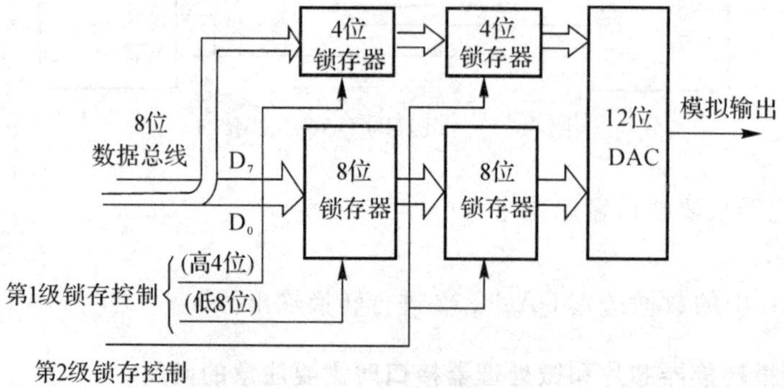

图 9－13　两级缓冲器锁存接口示意图

从图 9－13 中可见，采用了两级缓冲锁存，每一级用了两个锁存器。一个完整的 12 位数据，微处理器要分两次送出，先送低字节（8 位），再送高字节（4 位）。送完数据后，微处理器还要再进行一次输出操作（输出的数据无用），来进行第 2 级锁存，因此完整的过程需要三步才能完成。进行第 2 级锁存的目的是为避免低 8 位输入后，高 4 位未输入前这段过渡时间的过渡数据使输出端出现短暂的错误输出。

采用图 9－14 所示为简化的两级缓冲结构，可以省掉一个 4 位锁存器及有关的译码器，并使输入数据的过程由三步减为两步。如先输入高字节，后输入低字节则可由省掉一个 4 位锁存器变为省掉一个 8 位锁存器。

图 9－13 和图 9－14 所示都是为了避免 12 位数字量不能同时加入 DAC 而可能出现的干

扰信号。

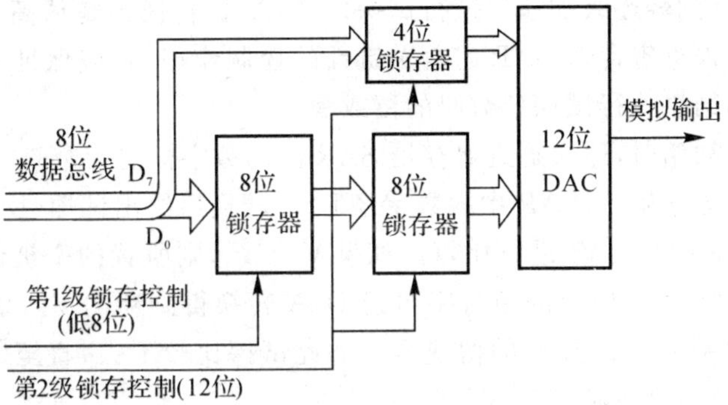

图 9-14　简化的两级缓冲锁存接口示意图

另外需要注意的问题就是 D/A 输出是电流信号还是电压信号，若是电流信号须外加负载电阻或运算放大器。比如电流输出型 D/A 转换器，需用一级运算放大器将电流输出转换为单极性电压输出，用两级运算放大器将电流输出转换为双极性电压输出。前面说明中已涉及，在此不再赘述。

9.3　A/D 转换器

A/D 转换器(ADC)的类型繁多，分类方法也五花八门，品种规格也非常复杂。A/D 转换用于实现将模拟量转换为数字量，常用的转换方法有计数法、逐次逼近法和双积分法。计数式 ADC 的转换速度慢、价格低，适用于慢速系统；双积分式 ADC 的分辨率高、转换速度快、抗干扰性好，但转换速度较慢，适用于中速系统。逐次逼近式 ADC 的精度高、转换速度快，但易受干扰。微机系统中大多数采用逐次逼近式 ADC。

9.3.1　A/D 转换基本原理

下面仅以有代表性的逐次逼近式 ADC 说明 ADC 的工作原理。

图 9-15 为逐次逼近式 ADC 原理框图。

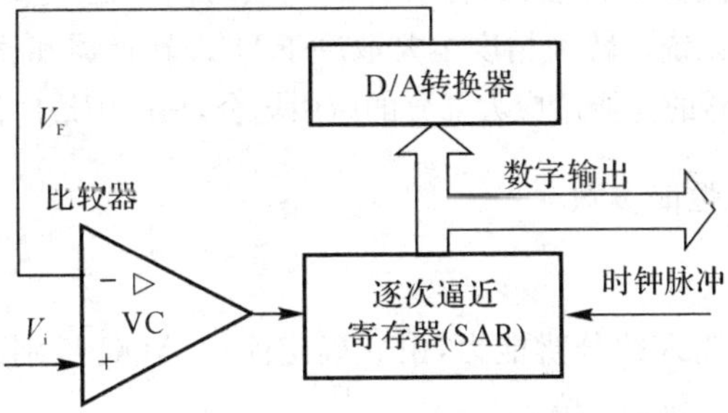

图 9-15　逐次逼近 ADC 的原理框图

这种转换器的工作原理和用天平称量重物一样。在 A/D 转换中，输入模拟电压 V_i 相当于重物，比较器相当于天平，D/A 转换器给出的反馈电压 V_F 相当于试探码的总重量，而逐次逼近寄存器 SAR 相当于称量过程中人的作用。

和在称量中从重到轻逐级加法码进行试探一样，A/D 转换中是从高位到低位依次进行试探比较。这里，逐次逼近寄存器 SAR 起着关键性的控制作用，它应保证试探从高位开始依次进行，并根据比较的结果执行试探位数码的留或舍。

转换过程如下：初始时，逐次逼近寄存器 SAR 内的数字被清为全 0。转换开始，先把 SAR 的最高位置 1（其余位仍为 0），SAR 中的数字经 D/A 转换后给出试探（反馈）电压 V_F。该电压被送入比较器中与输入电压 V_i 进行比较。如果 $V_F < F_i$，则所置的 1 被保留，否则被舍掉（复原为 0）。再置次高位为 1，构成的新数字再经 D/A 转换得到新的 V_F，该 V_F 再与 V_i 进行比较，又根据比较的结果决定次高位的留或舍。如此试探比较下去，直至定出所有各位的留或舍。最后得到转换结果数字输出。

图 9-16 为 4 位 A/D 转换过程示意图。每一次的试探量（反馈量）V_F 如图中粗线段所示，每次试探结果和数字输出如图中表所示。为了保证量化误差为 $\pm q/2$（q 为量化单位），比较器预先调整为当 $V_i = 1/2q$（这里为 1/32）时，数字输出为 1011，如图中所示。

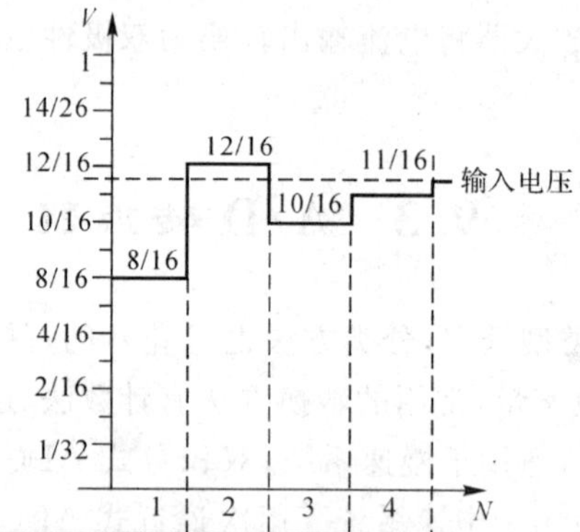

试探次序(N)	1	2	3	4
比较结果	$V_F<V_i$	$V_F>V_i$	$V_F<V_i$	$V_F<V_i$
留或舍	留	舍	留	留
数字输出	1	0	1	1

图 9-16 逐次逼近式 4 位 A/D 转换过程示意图

逐次逼近式 A/D 转换器的特点：这种转换器转换时间固定，它取决于位数和时钟周期，适用于变化过程较快的控制系统。转换精度主要取决于 D/A 转换器和比较器的精度。转换结果也可以串行输出。这种转换器的性能适应大部分的应用场合，是应用最广泛的一种 A/D 转换器。

9.3.2 ADC 的主要性能参数

1. 分辨率

它表示 ADC 对模拟输入的分辨能力，由它确定能被 ADC 辨别的最小模拟量变化。通常也用二进制位数表示，如 8 位、10 位。

2. 量化误差

它是在 A/D 转换中由于整量化所产生的固有误差，这个误差是量化过程中不可避免的。

3. 转换时间

ADC 完成一次转换所需要的时间，指从启动信号开始到转换结束，得到稳定数字量的时间。转换率是转换时间的倒数。

4. 绝对精度

绝对精度指在输出端产生给定的数字代码，实际需要的模拟输入值与理论上要求的模拟输入值之差（由于量化，在一定范围内的所有模拟值都产生相同的数字输出，所以，这里模拟值都指的是该范围内的中间模拟值）。

5. 相对精度

相对精度指的是满度值校准以后，任一数字输出所对应的实际模拟输入值（中间值）与理论值（中间值）之差。对于线性 ADC，相对精度就是非线性度。

6. 漏码

在 ADC 中，当模拟输入连续增加（或减小）时，数字输出不是连续增加（或减小）而是越过某一个数字，即是出现漏码。漏码是由于 ADC 中使用的 DAC 出现非单调性引起的。

9.3.3　典型 ADC 芯片及接口

为了适应各方面的各种要求，很多厂家生产了多种类型和不同性能的 ADC 芯片。下面仅介绍两种典型的常见的芯片 ADC0809 与 AD574A。

1. ADC0809

ADC0809 是分辨率为 8 位的、以逐次逼近原理进行模/数转换的 ADC 芯片。其内部有一个 8 通道多路开关，它可以根据地址码锁存译码后的信号，只选通 8 路模拟输入信号中的一个进行 A/D 转换。数据有三态输出能力，易于与微处理器相连，在数据采集系统中有着广泛的应用。

（1）主要特性。

1）8 路 8 位 A/D 转换器，分辨率为 8 位。

2）具有转换启停控制端。

3）转换时间为 100μs。

4）单个＋5V 电源供电。

5）模拟输入电压范围为 0～＋5V，不需零点和满刻度校准。

6）工作温度范围为－40～＋85℃。

7）低功耗，约 15mW。

（2）内部结构。ADC0809 的原理框图如图 9－17 所示。

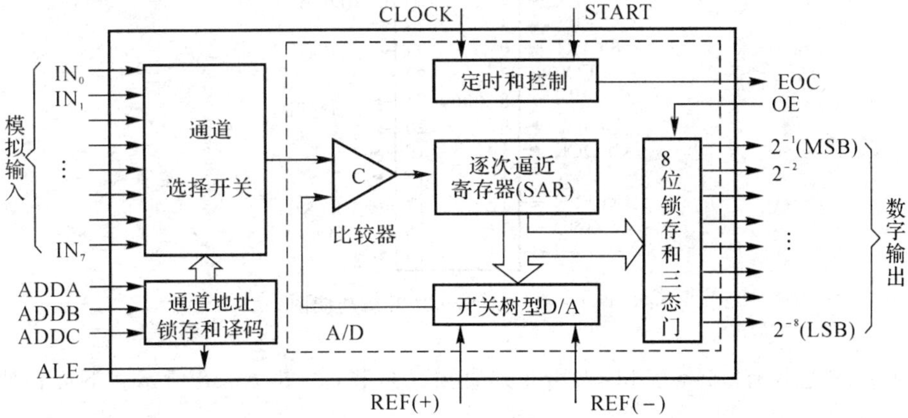

图 9－17　ADC0809 原理框图

ADC0809 芯片内部主要包括 8 路模拟通道选择开关、3 位通道地址锁存和译码、D/A 转换器和逐次逼近寄存器、三态输出锁存缓冲器。

8 路模拟通道选择开关：可连接 8 个模拟量 $IN_0 \sim IN_7$，在某一时刻选择其中一路模拟量进行转换。每个通道输入电压范围为 0～5 V。

3 位通道地址锁存和译码：当地址锁存允许信号 ALE 有效时，将 3 位地址 ADDC～ADDA 信号锁入地址锁存器中，经译码器选择 8 路模拟量 $IN_0 \sim IN_7$ 中的一路通过 8 位 A/D 转换器转换输出。

ADDC～ADDA 地址输入可直接取自地址总线或数据总线。地址与选通某通道的关系见表 9－1。

表 9－1　地址与选中某通道的关系

选中通道	ADDC	ADDB	ADDA
IN_0	0	0	0
IN1	0	0	1
IN2	0	1	0
IN3	0	1	1
IN4	1	0	0
IN5	1	0	1
IN6	1	1	0
IN7	1	1	1

D/A 转换器和逐次逼近寄存器：实现 D/A 转换的功能。

三态输出锁存缓冲器：对变换数据进行锁存，因内部有三态缓冲器，故可以直接与 CPU 系统总线相连接。

(3) 引脚功能。图 9－18 为 ADC0809 芯片的引脚功能图。

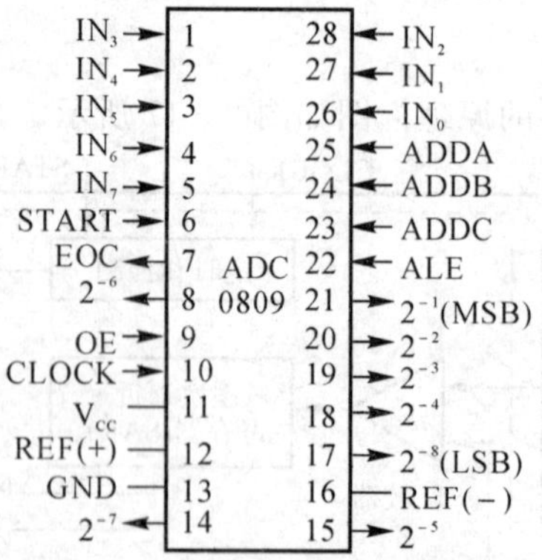

图 9－18　ADC0809 片脚功能图

ADC0809 芯片有 28 条引脚，采用双列直插式封装，如图 9－18 所示。下面说明各引脚功能。

$IN_0 \sim IN_7$:8 路模拟量输入端。

$2^{-1} \sim 2^{-8}$:8 位数字量输出端。

ADDA,ADDB,ADDC:3 位地址输入线,用于选通 8 路模拟输入中的一路。

ALE:地址锁存允许信号,输入,高电平有效。

START: A/D 转换启动脉冲输入端,输入一个正脉冲(至少 100ns 宽)使其启动,脉冲上升沿使 ADC0809 复位,下降沿启动 A/D 转换。

EOC: A/D 转换结束信号,输出,转换期间一直为低电平,当 A/D 转换结束时,此端输出一个高电平。

OE:数据输出允许信号,输入,高电平有效。当 A/D 转换结束时,此端输入一个高电平,才能打开输出三态门,输出数字量。

CLOCK:时钟脉冲输入端。要求时钟频率不高于 640 kHz。

REF(+),REF(-):基准电压。

V_{cc}:电源,+5V。

GND:地。

(4) 工作过程。ADC0809 的工作过程是:首先输入 3 位地址,并使 ALE=1,将地址存入地址锁存器中。此地址经译码选通 8 路模拟输入之一到比较器。START 上升沿将逐次逼近寄存器复位。下降沿启动 A/D 转换,之后 EOC 输出信号变低,指示转换正在进行。直到A/D 转换完成,EOC 变为高电平,指示 A/D 转换结束,结果数据已存入锁存器,这个信号可用作中断申请。当 OE 输入高电平时,输出三态门打开,转换结果的数字量输出到数据总线上。

(5) ADC0809 与 CPU 直接接口。

例 9.3　查询法

ADC0809 与 CPU 采用查询法的接口电路如图 9-19 所示(地址是假设的)。

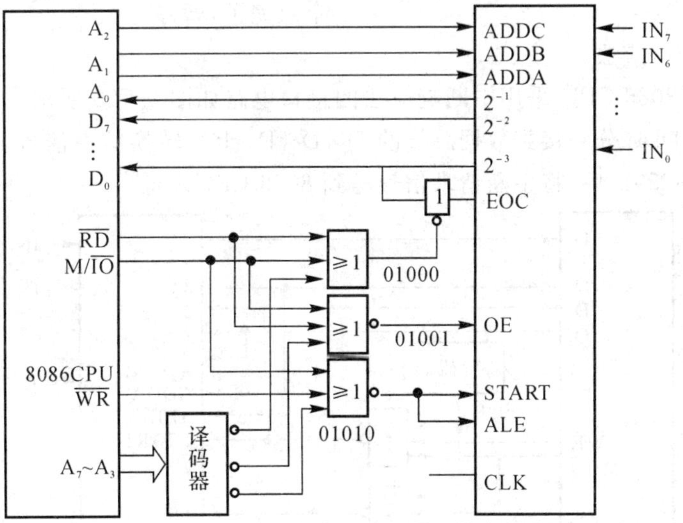

图 9-19　ADC0809 与 8086 CPU 的接口

假设仅对模拟通道 IN_0 采样一个点进行 A/D 转换,采用查询方式的程序段如下:

```
OUT   50H,AL              ;选通 IN0,启动 A/D 转换
```

```
W:IN   AL,40H              ;输入 EOC 标志
  TEST  AL,01H
  JZ W                     ;未结束,返回等待
  IN   AL,48H              ;结束,把结果送入 AL 中
```

若对 IN_0～IN_7 8 个通道的模拟量各采样 100 个点并转换成数字量,则采用查询方式的程序段如下:

```
    MOV BX,OFFSET  WP      ;设置数据存储指针
    MOV CL,100             ;设置计数初值
N:  MOV DX,0050H
P:  OUT DX,AL              ;选通一个通道,启动 A/D
    NOP
W:  IN AL,40H              ;输入 EOC 标志
    TEST AL,01H            ;测试状态
    JZ W                   ;未结束,返回等待
    IN AL,48H              ;结束,读数据
    MOV  [BX],AL           ;存数
    INC BX                 ;修改存储地址指针
    INC DX                 ;修改 A/D 通道地址
    CMP DX,0058H           ;判断 8 个通道是否转换完
    JNZ P                  ;未完,返回启动新通道
    DEC CL                 ;100 个点是否采样完了,未完返回再启动 IN0
    JNZ N
    HLT                    ;100 个点完了,暂停
```

例 9.4 中断响应法。

ADC0809 与 8086 CPU 采用中断响应法的接口电路如图 9-20 所示。图中,通道的地址 ADDA,ADDB,ADDC 分别接到数据总线的 D_0,D_1,D_2 上。转换结束信号 EOC 通过 D 触发器经中断控制器 8259A 后,将中断请求信号送到 8086 CPU。

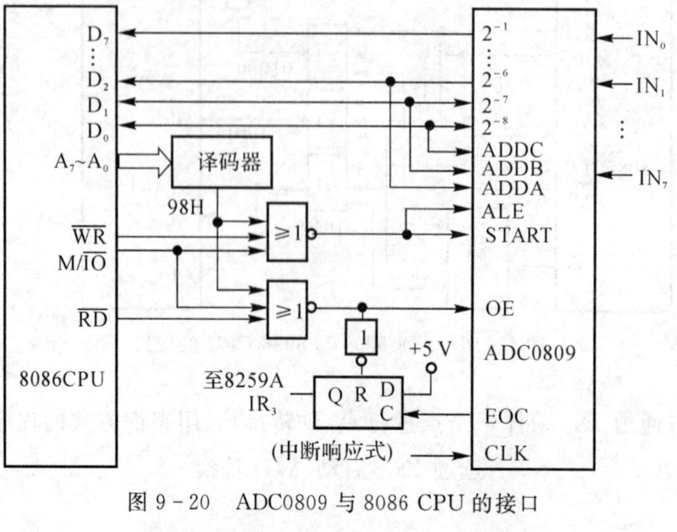

图 9-20 ADC0809 与 8086 CPU 的接口

假设 ADC0809 端口地址为 98H，仅对模拟通道 IN_3 进行 A/D 转换。采用中断响应法的程序为：

```
CLI
MOV AL,03H
OUT 98H,AL          ;选通 IN3,并启动
;A/D 转换
NOP
NOP
STI
 ⋮
```

而在中断服务程序中用一条指令：

```
IN AL,98H           ;读取转换结果的数字量
```

若对 $IN_0 \sim IN_7$ 8 个通道的模拟量各采样 100 个点，并转换成数字量，采用中断方式 8259A 边沿触发，自动结束，非缓冲方式，单片使用中断类型码为 70H～77H，偶地址假设为 20H，奇地址为 21H，则程序片段如下：

```
     WP DB 800 DUP(2)
     MOV AL,13H               ;ICW1
     OUT 20H,AL
     MOV AL,70H               ;ICW2
     OUT 21H,AL
     MOV AL,03H               ;ICW4
     OUT21H,AL
     PUSH DS
     MOV AX,0                 ;中断向量表段基址
     MOV DS,AX
     MOV BX,OFFSET XY         ;分离中断服务程序偏移地址
     MOV SI,SEG XY            ;分离中断服务程序段地址
     MOV[01CCH],BX            ;存放中断服务程序偏移地址
     MOV[01CEH],SI            ;存放中断服务程序段地址
     POP DS                   ;其中 73H×4=01CCH
     MOV CX,100               ;计数器
     MOV DI,0FFSET WP         ;设置数据缓冲区地址
     STI
PP:  MOV BL,00H               ;设置通道初值
LL:MOV AL,BL
     OUT 98H,AL               ;启动 A/D
     HLT                      ;等待中断
     INC BL                   ;修改通道
     CMP BL,08H               ;8 个通道是否转换完
```

```
        JNZ LL                  ;未完,返回启动新通道
        DEC CX                  ;100 个点是否转换完
        JNZ PP
        HLT                     ;未完,返回 0 通道
        ;中断服务程序:
    XY: PUSHAX
        STI
        IN AL,98H               ;读数据
        MOV [DI],AL             ;存数据
        INC DI
        CLI
        POP AX
        IRET
```

(6)与 CPU 间接口。

例 9.5 利用 8255A 间接与 0809 接口,接口图如图 9-21 所示。采用查询方式,编写转换通道 IN_5 的模拟量的程序。

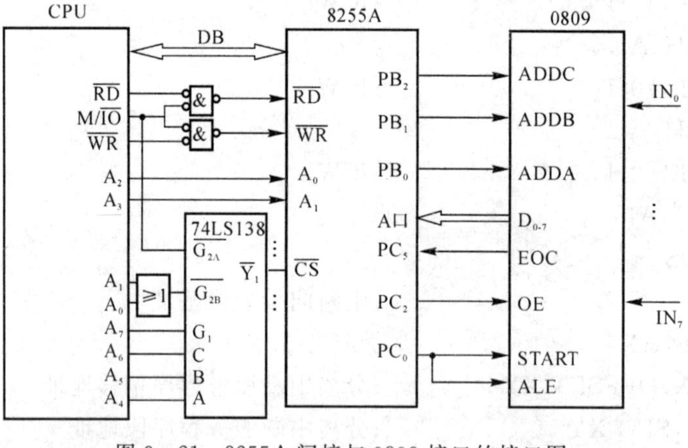

图 9-21　8255A 间接与 0809 接口的接口图

由接口图分析可知 8255A 的 A 口、B 口、C 口和控制口的地址分别为 90H,94H,98H,9CH,程序片段如下:

```
        ;8255 初始化
        MOV   AL,10011000B
        OUT   9CH,AL
        ;A/D 转换
        MOV   AL,05H
        OUT   94H,AL              ;选 IN5 通道
        MOV   AL,01H              ;启动 A/D
        OUT   9CH,AL
        MOV   AL,0
```

```
        OUT   9CH,AL
        NOP                        ;延时,避免虚假信号
        NOP
      W:IN   AL,98H                ;测 EOC
        TEST AL,00100000B
        JZ W
        MOV AL,00000101B           ;OE 置 1
        OUT 9CH,AL
        IN AL,90H
        MOV BL,AL                  ;转换结果存入 BL 中
        MOV AL,00000100B           ;OE 清 0
        OUT 9CH,AL
```

2. AD574A

AD574A 是一种价格低廉、应用较广的 12 位逐次逼近式 ADC 芯片。为了直接与多数 8 位、12 位或 16 位总线的微处理器相配接,它含有多路方式的三态缓冲器。启动转换和读取数据命令由控制总线提供。12 位数据在逻辑控制下可以一次读出,也可以分两次读出。输入电压可以是单极性的,也可以是双极性的,不论单、双极性都提供两种输入电压范围。内部的 +10.0 V(最大误差为 1%)基准电压可供外部使用,最大输出电流为 1.5 mA。

AD574A 的结构框图如图 9-22 所示。从图中可见,本器件实际上是由两片大规模集成电路组成的。每一片都包括有模拟和数字两种电路,使整个器件价格较低,并有较高的性能和灵活性。两片集成电路中,一片包括有高性能的 12 位 DAC(AD565A)和基准电压源,另一片包括有低功耗的 I2L 逐次逼近寄存器、转换控制电路、时钟、总线接口和高性能的比较器。

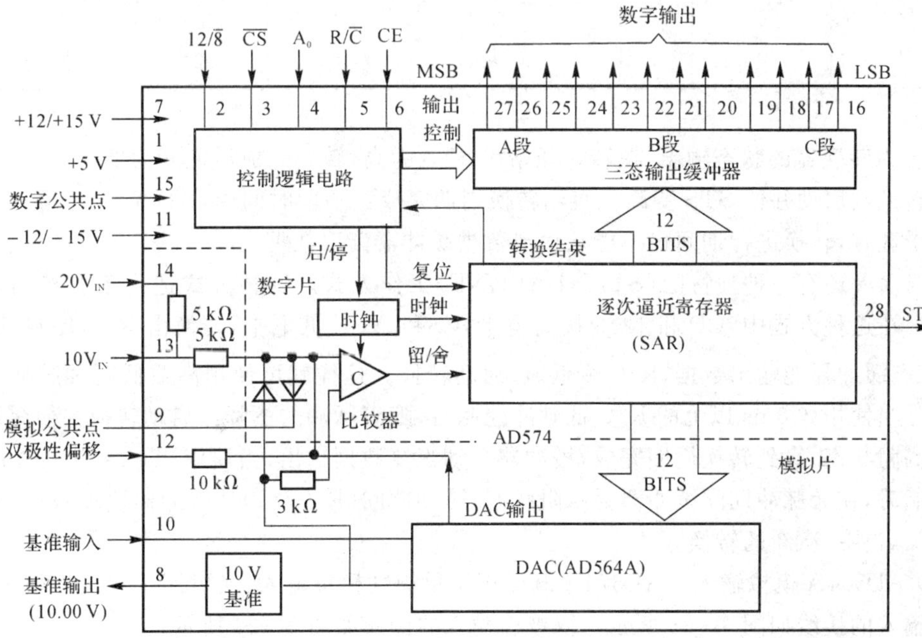

图 9-22　AD574A 引脚功能及结构框图

(1) AD574A 的数字接口。为了能与各种微处理器的数据总线直接相接，AD574A 含有一个 A，B，C 三段（每段 4 位）分别独立的 12 位三态输出缓冲器。

AD574A 有 5 个控制端（CE，$\overline{CS}$，R/$\overline{C}$，12/$\overline{8}$ 和 A_0），其中$\overline{CS}$为片选信号，CE 为片允许信号，R/$\overline{C}$ 为读/启动转换信号，这 3 个信号用于控制转换器是启动转换还是读出数据。当 CE 为高，$\overline{CS}$为低时，R/$\overline{C}$ 为低则启动转换，R/$\overline{C}$ 为高则读出数据。A_0 和 12/$\overline{8}$ 用于控制转换长度和输出数据的格式。A_0 通常接在地址总线的最低位线上，在转换操作期间，如在 A_0 为低时，启动转换，则转换长度为 12 位。如在 A_0 为高时，启动转换，则转换长度为 8 位。在读操作期间，12/8 的高低决定着输出数据是作为两个 8 位字输出（12/$\overline{8}$=0），还是作为一个 12 位字输出（12/$\overline{8}$=1）。12/$\overline{8}$ 端根据所接微处理器的要求先用硬线接数字地（脚 15）或逻辑电源（脚 1）。在数据作为两个字节输出（12/$\overline{8}$=0）时，A_0 决定着三段输出缓冲器的输出方式。如 A_0=0，则缓冲器的 C 段为高阻状态，这时允许高 4 位（A 段）和中 4 位（B 段）输出；如 A_0=1，则缓冲器的 A 段为高阻状态，B 组为 0，这时低 4 位（C 段）和后跟的 4 个 0（由 B 段提供）被允许读出。这样就能允许 A 段和 C 段数据线重叠地接向数据总线的高 4 位，而不需外部再加缓冲部件。

AD574A 工作的真值表见表 9-2。

表 9-2 AD574A 工作的真值表

CE	$\overline{CS}$	R/$\overline{C}$	12/$\overline{8}$	A_0	操 作
0	×	×	×	×	无
×	1	×	×	×	无
1	0	0	×	0	开始 12 位转换
1	0	0	×	1	开始 8 位转换
1	0	1	脚 1	×	允许 12 位并行输出
1	0	1	脚 15	0	允许高 8 位
1	0	1	脚 15	1	允许低 4 位+4 个 0

STS 为转换器的状态输出，在转换开始后 STS 为高，转换完成后恢复为低。

从转换被启动并使 STS 变高一直到转换周期完成这一段时间内，AD574A 对再来的启动信号不予理睬，转换进行期间也不能从输出数据缓冲器读取数据。

AD574A 还有一种独特的（STANDALONE）工作方式。这种方式适用于有专用输入口的系统。在这种方式中，CE 和 12/$\overline{8}$ 接高电平，$\overline{CS}$和 A_0 接低电平，转换由 R/$\overline{C}$ 控制，R/$\overline{C}$ 为高时，三态缓冲器能输出数据，R/$\overline{C}$ 变低时，启动转换。这样就可使用高或低两种脉冲信号进行控制。当使用 350 ns 以上的 R/$\overline{C}$ 低脉冲控制时，随着脉冲的下降沿启动转换并使缓冲器被强制为高阻状态，直到转换周期完成，缓冲器自动恢复数据输出；当使用 250 ns 以上的 R/$\overline{C}$ 高脉冲控制时，在无脉冲期间缓冲器为高阻状态，脉冲期间（R/$\overline{C}$=1）从缓冲器读取数据，脉冲的下降沿又启动一次新的转换。

(2) AD574A 模拟输入。AD574A 既可用于单极性模拟输入，又可用于双极性模拟输入。单极性输入的接线如图 9-23 所示。双极性输入的接线如图 9-24 所示。

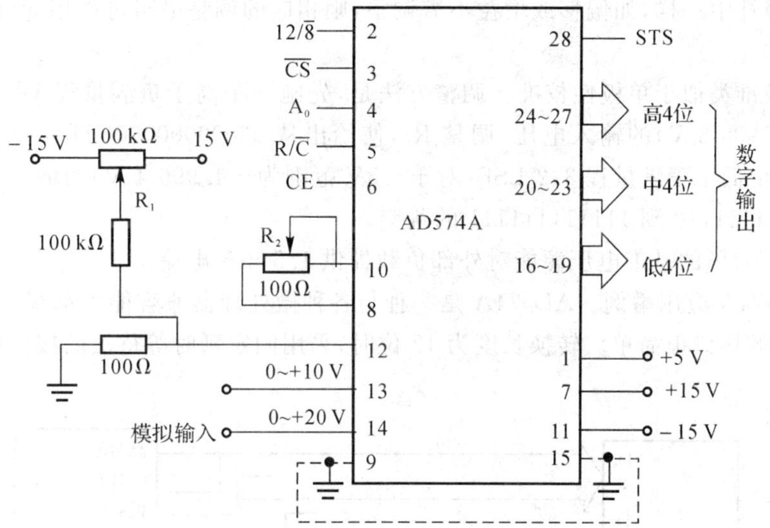

图 9－23　AD574A 单极性输入接线图

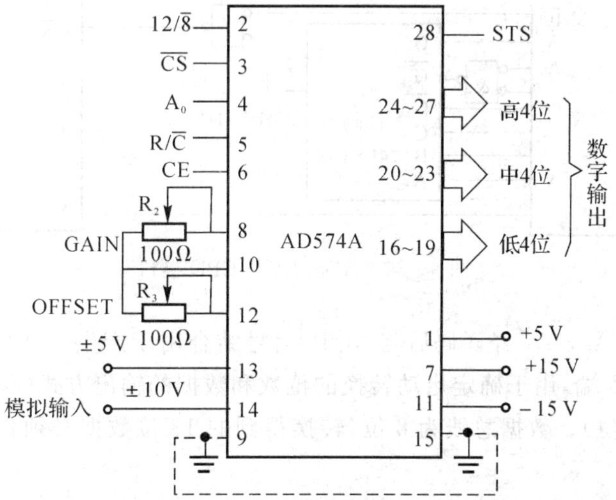

图 9－24　AD574A 双极性输入接线图

脚 13 用于输入±5V 范围内的电压信号，脚 14 用于输入±10 V 范围内的电压信号。

AD574A 有两种额定的模拟输入范围，0～＋10 V 的输入接在脚 13 和脚 9 间，0～＋20 V 的输入接在脚 14 和脚 9 间。R_1 用于偏移调整（如不需进行调整，可把脚 12 直接接脚 9，省去外加的调整电路），R_2 用于满量程调整（如不需调整，R_2 可用一个 50 Ω±1％的金属膜固定电阻代替）。

（3）校准。为使量化误差为$\pm\frac{1}{2}$LSB，AD574A 的额定偏移规定为$\frac{1}{2}$LSB。因此在作偏移调整时，使输入电压为 1/2 LSB（满量程电压为＋10 V 时是 1.22 mV），调 R_1，使数字输出为 0000000000 到 0000000001 的跳变点。在作满量程调整时，是通过施加一个低于满量程值 $1\frac{1}{2}$LSB的模拟信号进行的，这时调 R_2，以得到从 111111111110 到 111111111111 的跳变点。

和在单极性中一样，如偏移或增益不需调整，则相应的调整电阻可以用 50 Ω±1%的固定电阻代替。

双极性校准类似于单极性校准。调整方法是，先施一个高于负满量程 1/2 LSB（对于±5 V 范围为+4.998 8 V）的输入电压，调整 R_1，使给出从 000000000000 到 000000000001 的跳变，再施加一个低于正满量程 3/2 LSB（对于±5V 范围为+4.996 4 V）的输入信号，调 R_2，使给出从 111111111110 到 111111111111 的跳变。

10.00 V±1%的基准电压源能对外部负载提供 1.5 mA 电流。

(4) AD574A 应用举例。AD574A 是一种与各种微处理器兼容能力都很强的 A/D 芯片，它与 CPU 间的接口很简单。转换长度为 12 位时，采用固定延时等待法的接口电路如图9-25 所示。

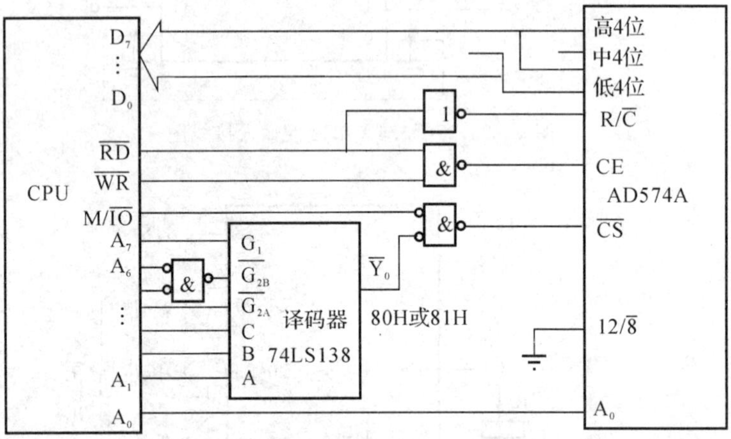

图 9-25　AD574A 与 CPU 接口

这里，地址线的 $A_7 \sim A_1$ 经译码后与 $M/\overline{IO}$信号结合用于产生片选信号$\overline{CS}$，最低位 A_0 直接接 ADC 的 A_0 输入端，用于确定启动转换的位数和数据的输出方式（A_0 为 0 时输出高 8 位，A_0 为 1 时输出低 4 位）。数据总线为 8 位，转换得到的 12 位数据必须作为两个 8 位字输出，所以 $12/\overline{8}$ 端接地。

用固定延时等待法连续采集 50 个数据的程序段如下：

```
        WP DW 50 DUP(2)
           MOV  BX,OFFSET WP  ;数据缓冲区
           MOV CX,50
LOOP1:OUT 80H, AL             ;启动 12 位转换
           MOV DH,20H         ;延时
        P: DEC DH
           JNZ P              ;延时等待转换结束
           IN AL,80H          ;转换结束，取高 8 位
           MOV [BX],AL
           INC BX
           IN AL,81H          ;取低 4 位
```

```
        MOV [BX],AL
        INC BX
        LOOP LOOP1
          ⋮
```

这里片选地址为 80H 和 81H，80H 使 A_0 位为 0，启动 12 位转换器。本芯片的转换时间最长为 25 μs，为了更加可靠，还可在延时程序后再加一条 NOP 指令。取数时，用 80H（A_0 位为 0）取高 8 位，用 81H（A_0 位为 1）取低 4 位。延时程序中 DH＝20H 是根据 DEC 和 JNZ 指令执行所需要的 T_c（处理器主频的倒数）周期之和乘以 20H 即为延时时间，如果延时时间太短可增大该数。反之，若延时大大超过转换所需时间，则可减小该数。

例 9.7　AD574A 在 16/32 位数据总线系统中的连接如图 9－26 所示。图中 AD585 是采样保持放大器。模拟信号经采样保持和放大之后送 10 脚 V_{IN} 端。CPU 执行输出指令，可启动 A/D 转换，转换结束可向 CPU 发中断请求，或者由 CPU 查询，CPU 执行输入指令读取结果。

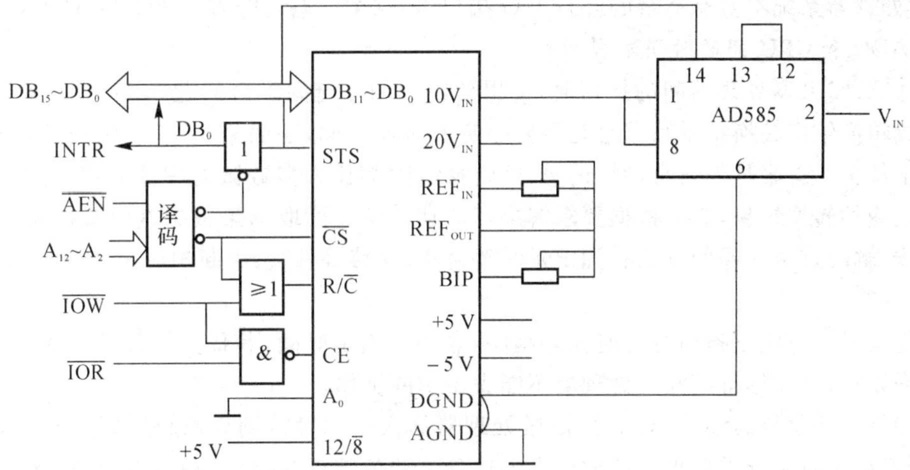

图 9－26　AD574A 接口电路

设 A/D 转换器与 CPU 之间采用查询方式工作，进行 100 个数据的采集，结果存入首地址为 BLOCK 的缓冲区。

用 CX 寄存器计数，指令 LOOP 控制循环，程序设计如下：

```
BLOCK DW 100 DUP (2)
        MOV CX,100
        LEA BX,BLOCK
        MOV DX,PORT1            ;端口地址 PORT1
LP:     MOV AX,0
        OUT DX,AX               ;启动 A/D 转换
        MOV DX,PORT2            ;端口地址 PORT2
LP1:    IN AX,DX
        TEST AX,01H             ;测试转换结束
        JNZ LP1
```

```
MOV DX,PORT1
IN AX,DX                    ;读取数据
MOV [BX],AX
ADD BX,2
LOOP LP
```

9.3.4 ADC芯片和微处理器接口时需要注意的问题

设计 ADC 芯片和微处理器间的接口时,必须考虑以下问题。

1. ADC 的数字输出特性

ADC与微处理器之间除了明显的电气相容性以外,对 ADC 的数字输出必须考虑的关键两点是:转换结果数据应由 ADC 锁存和数据输出最好具有三态能力。具有三态输出能力,ADC 的转换结果数据在外界控制下才被送到系统数据总线上,一般来说将使接口简化。但是,当微处理器系统本身有空余的并行 I/O 接口时,这个三态功能可由该 I/O 接口实现。

2. ADC 和 CPU 间的时间配合问题

设计 ADC 和微处理器间的接口时,突出要解决的是时间配合问题。ADC 从接到启动命令到完成转换给出转换结果数据总是需要一定的转换时间,一般来说,快者需要几微秒,慢者需要几十甚至几百毫秒。通常最快的 A/D 转换时间都比大多数微处理器的指令周期长。为了得到正确的转换结果,必须根据要求解决好启动转换和读取结果数据这两步操作间的时间配合问题,解决这个问题的方法有固定延时等待法、保持等待法、中断响应法、查询法和双重缓冲法等。

固定延时等待法是指执行延时循环程序,等待一固定时间,其优点是使接口简单,缺点是等待时间较长,且在等待期间微处理器不能去做别的工作。

保持等待法是指启动 ADC 后控制微处理器插入一些等待周期,以延缓微处理器的读操作,在转换结束解除延缓后再去读取数据。这种方法的特点是:微处理器按 ADC 所占用的地址只需执行一条输入指令就可实现从启动转换到读取转换结果数据的全部过程,能在最短时间内及时读得转换结果数据。

上述的两种接口方法适用于转换时间比较短的 ADC,如果 ADC 的转换时间与微处理器的指令周期时间相比非常长,则可采用中断响应法。微处理器按 ADC 所占用的口地址执行一条输出指令,启动 A/D 转换以后,在等待转换完成期间,微处理器可以继续执行其他任务。当转换完成时,ADC 产生的状态信号向微处理器申请中断。微处理器响应中断,在中断服务程序中对 ADC 占用的口地址执行一条输入指令,以获得转换的结果数据。中断响应法的特点是 A/D 转换完成后微处理器能立即得到通知,且不须花费等待时间,接口硬件简单,一般来讲程序会稍复杂些。

当读取转换结果数据的急迫性不是很高时,可以采用查询的方法。微处理器对 A/D 器件所占有的口地址执行一条输出指令启动 A/D 转换之后,就可去执行其他任务,然后,在适当的时候再去询问 A/D 转换是否完成。查询是通过测试转换结束信号的状态来实现的。查询法的主要缺点是微处理器查询到转换完成并读出数据,在时间上可能有相当大的延迟。

为了提高 A/D 转换结果数据的利用率,可以采用双重缓冲技术,即在 ADC 和微处理器之间加一个具有三态输出能力的锁存器。这个锁存器中总是保存着最新的转换结果数据。任何

时候微处理器只要简单地对这个外加锁存器的口地址执行一条输入指令，就可从该锁存器中读得 ADC 的最新结果数据。这种方法的优点是：微处理器可简单地只用一条输入指令读入转换结果数据，而不须花费等待时间；锁存器中的数据能自动不断刷新，因而读得的数据总是最新的数据。

3. ADC 分辨率超过微处理器数据总线位数时的接口

当 ADC 的分辨率超过微处理器数据总线位数时，就不能只用一条指令，而必须用两条输入指令才能把 A/D 转换的整个数字结果传递给微处理器。有不少 8 位以上的 A/D 器件提供两个数据输出允许信号 HIGH BYTE ENABLE（高字节允许）和 LOW BYTE ENABLE（低字节允许），在这种情况下，就可采用如图 9－27 所示的接口方式（图中未规定测试转换已经完成的方法）。

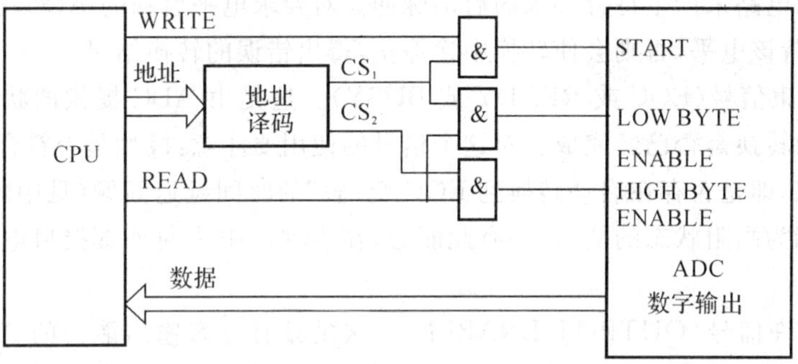

图 9－27　高分辨率 A/D 与数据总线为 8 位的 CPU 接口原理图

微处理器对一个口地址（CS_1）执行一条输出指令去启动 A/D 转换，在转换完成后，微处理器再对该地址执行一条输入指令，以读入转换结果数据的低字节，为了从 ADC 中获取数据的高字节，必须对另一地址（CS_2）再执行一条输入指令。

有的分辨率高于 8 位的 ADC 不提供两个数据输出允许信号，对于这样的 ADC 必须外加缓冲器件，以适应高、低字节分别传输的要求，如图 9－28 所示。

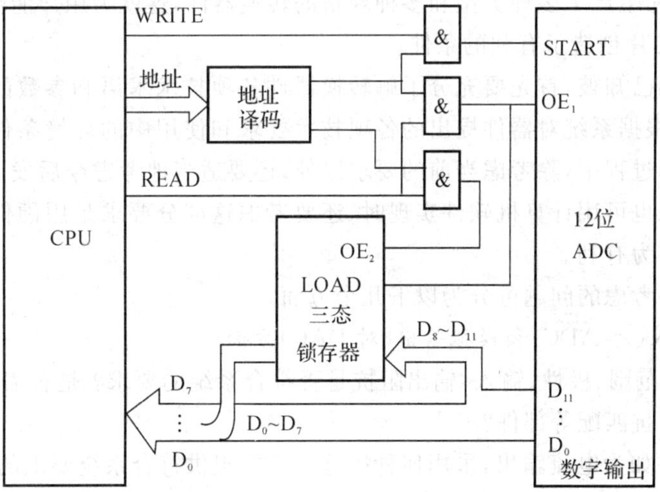

图 9－28　数据一次输出的 12 位 A/D 与 8 位 CPU 接口原理

微处理器对口地址 CS_1 执行一条输出指令启动 A/D 转换，当转换完成时再对该地址执行一条输入指令，把转换结果的低 8 位直接送入微处理器，同时把高 4 位打入三态锁存器，当再对 CS_2 地址执行一输入指令时，就把存于外加锁存器中的高 4 位送入微处理器。

4. ADC 的控制和状态信号

ADC 的控制和状态信号的类型和特征对接口有很大影响，因此也必须给予充分注意。下面仅就几个主要信号进行简单讨论。

(1) 启动信号(START)。这是一个用于启动 A/D 转换的输入信号。有的 A/D 转换要求脉冲启动，有的要求电平启动，其中又有不同的极性要求。要求脉冲启动的往往是前沿用于复位 ADC，后沿才用于启动转换。对脉冲的宽度也有不同的要求，最理想的是用来自微处理器的 WRITE 或 READ 与地址译码信号相结合产生 START 信号，但是当要求长脉冲时，就不得不提供附加电路来产生符合要求的启动脉冲。对要求电平启动的 ADC，在整个转换过程中，必须始终维持该电平，否则会使转换中途停止，得出错误的转换结果。

(2) 转换结束信号(EOC 或 READY 或 BUSY)。这是由 ADC 提供的状态输出信号，它指示最近开始的转换是否已经完成。对这个信号的使用要注意：极性是否符合要求；复位这个信号的时间要求，即是否存在启动转换到 EOC 变“假”的时间延迟问题(见中断响应法)；是否有置这个信号端为高阻状态的能力，如有此能力，在查询法中将使外部接口电路简化(见查询法)。

(3) 输出允许信号(OUTPUT ENABLE)。这是具有三态输出能力的 A/D 的输入控制信号，在它的控制下，A/D 可将数据送上数据总线。它可由来自微处理器的 READ 与地址译码信号相结合而产生。对于 8 位以上的 A/D 要求有两个(高字节，低字节)输出允许信号。对这个信号当然也要注意极性问题。

9.4 D/A 和 A/D 器件的选择

随着微机应用范围的日益广泛，A/D 和 D/A 器件也得到了飞速的发展，为了适应不同的要求，各个厂家竞相生产了多种类型和多种规格的转换器件，这就为用户能够选购到更为适用的 ADC 和 DAC 芯片创造了有利的条件。

在选择中要知己知彼，首先要充分了解转换器件各项技术术语和参数的确切含意和测试条件，在此基础上根据系统对器件提出的各项技术要求和使用中的环境条件去选择最经济适用的器件。在选择过程中，除考虑当前的要求以外，还要适当地考虑今后发展上的要求。当系统提出的某些要求也可用计算机软件实现时，还要考虑这部分要求是用硬件(增加器件)实现还是用软件实现更为有利。

在选择时需要考虑的问题可分为以下几个方面。

1. 在模拟输入(对 ADC)和模拟输出(对 DAC)方面

(1) 模拟信号范围、极性、输入/输出阻抗是否符合系统的要求？是否需要外加放大(或衰减)、极性变换和阻抗匹配等部件？

(2) D/A 器件如为电流输出，采用何种措施使之能提供符合系统要求的电压输出？

2. 在数字数据的输入(DAC)和输出(ADC)方面

(1) 逻辑电平(是 TTL、高压 CMOS 或是低压 CMOS)、数字代码(是二进制、偏移二进制或是 2 的补码)是否与系统的要求相符？是否需进行电平变换或码制变换？

(2) 数字数据多少位(DAC，ADC 分辨率)？微处理器数据总线为多少位？转换器件有无数据锁存器和三态输出？是否需外加缓冲部件？

(3) 数字数据是串行还是并行？是否符合系统要求？是否需进行数据传输方式的变换？

3. 转换器件方面

(1) 系统和转换器件的控制和状态信号之间的信号供需关系、信号逻辑、信号极性、信号时间关系等是否兼容？是否需外加某些附加电路？

(2) 转换器件的转换速度(D/A 的建立时间、A/D 的转换时间)是否符合系统要求？

(3) 转换器件的转换精度、线性度、微分非线性等技术指标是否符合系统要求？

(4) 转换器件要求几种电源？系统能否提供？系统对功耗有无限制？D/A 要求何种基准电压？是固定的(内部的还是外部的)还是可变的？

4. 系统的环境条件方面

(1) 环境温度和系统提供的电压稳定性是否符合转换器件的要求？如达不到要求对器件的技术指标影响程度如何？

(2) 系统有无其他特殊环境条件，如高湿度、冲击、振动、大功率射频干扰、装配空间限制等？如存在这些问题，是选用更高级的器件经济还是改善环境条件经济？

除了以上的一般因素以外，选择 A/D 器件时还应考虑以下因素：

- 模拟输入信号是单通道还是多通道？
- 模拟信号的变化速度如何？是否须加采样/保持器？采样频率应为多少？采用何种类型的转换器才能适应速度的要求？
- 信号是单端输入还是差分输入？
- 信号是否会有过压？是否要求 ADC 有过压保护？是否经过滤波？
- 是否在任何条件下都不允许有漏码？

习题与思考题

1. A/D 和 D/A 转换器在微机应用中起何作用？

2. 说明 D/A 转换器和 A/D 转换器的主要技术指标。

3. ADC1210 的工作方式有哪些？分别解释每种工作方式的含义。

4. ADC0832 与 ADC1210 相比，有哪些共同点与不同点？

5. D/A 转换器和微处理器接口中的关键问题是什么？采用何种方法解决？

6. A/D 转换为什么要进行采样？采样频率应根据什么选定？

7. ADC0809 转换结束信号的处理有哪些方法？

8. 试说明 AD574A 的基本组成以及工作过程。

9. A/D 转换器和微处理器接口中的关键问题有哪些？

10. 设输入模拟信号的最高有效频率为 5 kHz，应选用转换时间为多少的 A/D 转换器对它进行转换？

11. 试设计一个 CPU 和两片 DAC1210 的接口电路，并编制程序使之能在示波器上显示出正六边形的 6 个顶点。

12. 编写用 AD0832 D/A 转换器芯片产生三角波的程序，其变化范围在 0～10V 之间。若要在－5～＋5V 之间变化要采用什么措施实现？

13. 试设计一个采用查询法并用数据线选择通道的 CPU 和 ADC0809 的接口电路，并编制程序使之把所采集的 8 个通道的数据送入给定的内存区。

第10章 总线技术

＊学习基本要求

通过本章的学习,需要理解总线的有关概念,了解典型的总线标准以及一些常用总线的特点。

＊内容要点

本章必须要理解的知识点:总线的有关概念,包括总线的定义、分类、传输方式等;目前应用广泛的几种典型的总线标准。

＊知识结构框图

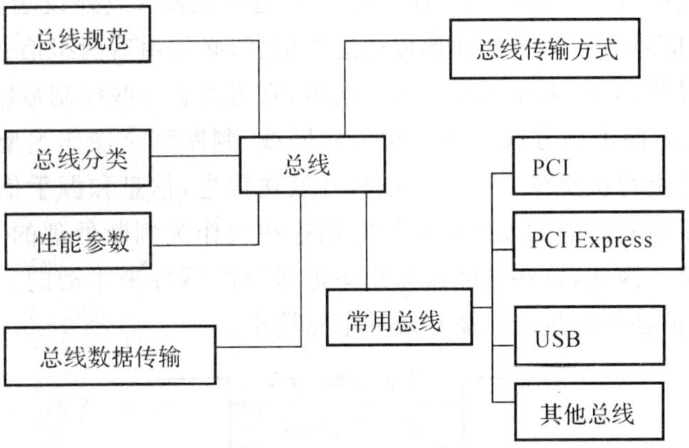

10.1 概　述

任何一个微处理器都要与一定数量的部件和外围设备连接,但如果将各部件和每一种外围设备都分别用一组线路与 CPU 直接连接,那么连线将会错综复杂,甚至难以实现。为了简化硬件电路设计、简化系统结构,常用一组线路,配置以适当的接口电路,与各部件和外围设备连接,这组共用的连接线路被称为总线。

总线是一组信号线的集合,是一种在各模块间传送信息的公共通路。在微型计算机系统中,利用总线实现芯片内部、印刷电路板各部件之间、机箱内各插件板之间、主机与外部设备之间或系统与系统之间的连接与通信。总线是构成微型计算机应用系统的重要技术,总线设计的好坏会直接影响整个微机系统的性能,包括可靠性、可扩展性和可升级性。

由于总线在系统中的重要地位,微机系统的设计和开发人员先后推出许多种总线标准,以便于部件和设备的扩充,使得不同设备间实现互连。总线标准一般以两种方式推出:一种是某公司在开发自己的微机系统时所采用的一种总线,而其他兼容机厂商都按其公布的总线规范开发相配套的产品并进入市场。这种总线被国际工业界广泛支持,有的还被国际标准化组织加以承认并授予标准代号。另一种是由国际权威机构或多家大公司联合制定的总线标准。

前一种先有产品后有标准，后者先有标准后有产品。

10.1.1 总线规范的基本内容

每种总线都有详细的规范，以便大家共同遵循。规范的基本内容如下：

(1) 机械结构规范规定模块尺寸，总线插头、边沿连接器等的规格。

(2) 功能结构规范确定引脚名称与功能，以及其相互作用的协议。功能结构规范是总线的核心，通常以时序及状态描述信息交换与流向，以及信息的管理规则。总线功能结构规范包括的内容为：

- 数据线、地址线、读/写控制逻辑线、时钟线和电源线、地线等；
- 中断机制；
- 总线主控仲裁；
- 应用逻辑，如握手联络线，复位、自启动、休眠维护等。

(3) 电气规范规定信号逻辑电平、负载能力及最大额定值、动态转换时间等。

图 10-1 为总线信号及控制线示意图。第一组是存储器（或外设端口）地址、数据、命令（读、写控制命令等）信号线。为了正确地传送这些信息，必须由后两组信号线来控制。第二组为数据传送控制信号线，它用来控制着数据的同步，它包含着一些控制数据传送开始和结束的信号，称这些信号线为握手信号线。第三组为判断线，判断哪个操作类型应获得对总线的使用。为了保证在总线上每次至少一个发送门打开发送信息，信息和握手信号都是由判断信号来防止冲突的。由于所有可能的发送门都同时用这些线作为判断处理的一部分，所以判断信号线具有内在的冲突。因此，这些判断线是用集电极开路器件来驱动的。而对其他控制总线上的部件的数据线，都必须经过三态驱动缓冲电路输出。

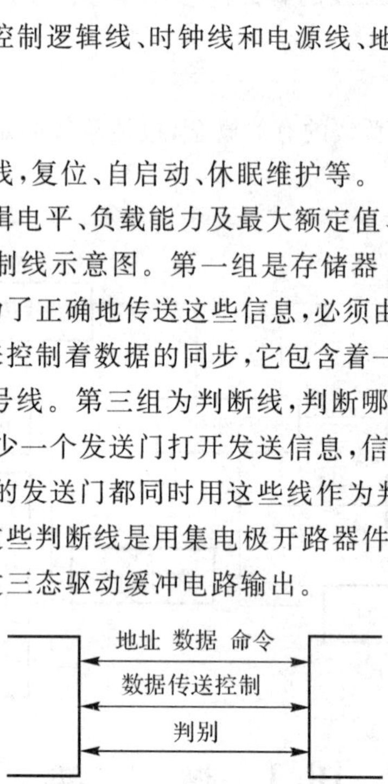

图 10-1 总线信号及控制线

10.1.2 总线分类

按在系统的不同层次位置上分类，微机中总线可分为片内总线、局部总线、系统总线和通信总线。

(1)片内总线也称主总线，在集成电路芯片内部，用来连接各功能单元。

(2)局部总线是在 CPU 总线和系统总线之间的一级总线，如 ISA，EISA，VESA，PCI 总线。它的一侧直接面向 CPU 总线，另一侧面向系统总线。由于局部总线是直接连接 CPU 总线的 I/O 总线，因此外部设备通过它可以快速地与 CPU 交换数据，它为外设提供了存取处理器中数据的更宽更快的“高速通路”。

(3)系统总线又称 I/O 通道总线，用来与扩展槽上的各种扩展卡相连接。比如 STD32，MULTIBUS II，VME 等总线。以前微机系统主要是利用系统总线来连接扩展卡，现代微机系统为了加快总线速度，多用局部总线 PCI 来连接扩展卡。

(4)通信总线也称外部总线，是微机和外部设备之间的总线，不同的应用场合有不同的总线标准。例如，串行通信的 EIA－RS 232C 总线，用于硬磁盘接口的 IDE，SCSI，用于连接仪器仪表的 IEEE－488，VXI，通用串行总线 USB 等。

各类总线之间的关系如图 10－2 所示。

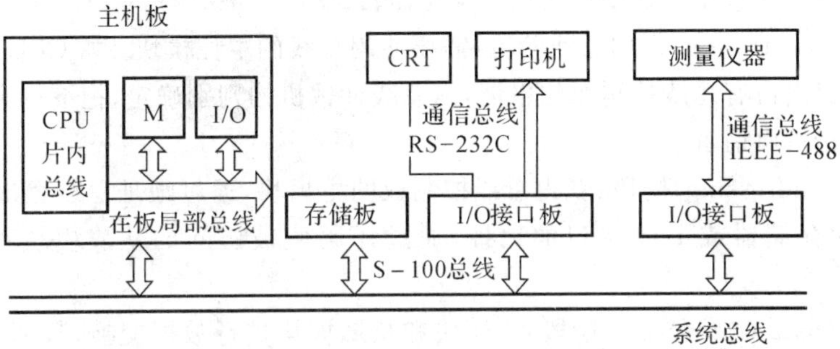

图 10－2 各类总线之间的关系

按总线功能来划分，可以分为数据总线、地址总线和控制总线三大类。

(1)数据总线用来传送数据信息，其位数表明总线的数据传输能力，也可以说反映了计算机的计算能力。

(2)地址总线传送地址信息，表明总线的寻址能力，反映计算机系统的规模。

(3)控制总线用来传输控制信息，是总线信号中种类最多、变化最大、功能最强的信号，它最能体现总线特色。一种总线标准与另外一种总线标准最大的不同就在于控制总线上，它反映了总线的设计思想、控制技巧。

10.1.3 总线的主要性能参数

(1) 总线带宽：总线带宽也称总线传输速率，用来描述总线传输数据的快慢。用总线上单位时间可传送数据量的多少来表示，常用单位为 MB/s。

(2) 总线位宽：总线位宽指的是总线一次能传送二进制数的数据量，单位为 b(位)。我们常说的 32 位、64 位即是指总线宽度。总线位宽越大，则每次通过总线传送的数据越多，总线带宽也就越大。

(3) 总线工作时钟频率：总线工作时钟频率简称为总线时钟，用以描述总线工作速度快慢，用总线上单位时间可传送数据的次数来表示，常用单位为 MHz。总线时钟频率越高，单位时间通过总线传送数据的次数越多，总线带宽也就越大。由于计算机中不同设备的速度不同，需要的数据量多少也不同，因而通向不同设备的总线时钟也不尽相同，需要将系统时钟经分频供给不同的设备和总线使用。例如：对安装有 133MHz 外频 PⅢ CPU 主板构成的系统来说，系统时钟为 133MHz，CPU 外部总线和内部总线工作于 133MHz；AGP 通道工作于 66MHz ($133\times1/2$MHz，二分频)；而 PCI 总线则工作于 33MHz($133\times1/4$MHz，四分频)，AGP，PCI 的工作时钟是由分频电路产生的。

带宽、位宽、总线时钟的关系：总线带宽＝总线位宽×总线时钟。

例如：PCI 总线的位宽为 32 位，总线时钟频率为 33MHz，则 PCI 总线带宽＝32b×33MHz/8＝132MB/s(除 8 是将 b 换算为 B，1B＝8b)。

10.1.4 总线数据传输

挂在总线上的模块，通过总线进行信息交换。系统总线的基本任务是保证数据能在总线上高速可靠地传输。

总线上完成一次数据传输要经历以下 4 个阶段：

(1) 申请 (arbitration)占用总线阶段：需要使用总线的主控模块（如 CPU 或 DMAC)，向总线仲裁机构提出占有总线控制权的申请，由总线仲裁机构判别确定，把下一个总线传输周期的总线控制权授给申请者。

(2) 寻址 (addressing)阶段：获得总线控制权的主模块，通过地址总线发出本次打算访问的从属模块，如存储器或 I/O 接口的地址，通过译码使被访问的从属模块被选中，而开始启动。

(3) 传数 (data transfering)阶段：主模块和从属模块进行数据交换，数据由源模块发出，经数据总线流入目的模块。对于读传送，源模块是存储器或 I/O 接口，而目的模块是总线主控者 CPU；对于写传送，则源模块是总线主控者，如 CPU，而目的模块是存储器或 I/O 接口。

(4) 结束 (ending)阶段：主、从模块的有关信息均从总线上撤除，让出总线，以便其他模块能继续使用。

对于只有一个总线主控设备的简单系统，对总线无须申请、分配和撤除。而对于多 CPU 或含有 DMA 的系统，就要有总线仲裁机构，来授理申请和分配总线控制权。

10.1.5 总线传输方式

总线上的主、从模块实现总线传输的控制方式有四种：同步方式、异步方式、半同步方式和分离方式。

1. 同步方式

同步方式是最简单易行的一种数据传输方式。主、从模块之间使用统一的时钟信号来同步数据传输过程的每个步骤，即以该统一时钟作为双方动作的时间标准。每个部件何时发送数据、何时接收数据都在统一的时钟控制下进行。

同步系统的主要优点是简单，数据传送由统一时钟控制。然而，同步总线在处理接到总线上慢速的受控设备方面存在一系列问题。如对于接到总线上的快慢不同的受控设备，必须降低时钟信号的频率，以满足总线上响应最慢的受控设备的需要。这样，即使低速设备很少被访问，它也会使整个系统的操作速度降低很多。

2. 异步方式

对于具有不同存取时间的各种设备，是不适宜采用同步方式传输数据的，因为这时总线要以最低速设备的速度运行。因此，如果对高速设备能具有高速操作，而对低速设备能具有低速操作，从而对不同的设备具有不同的操作时间，就可采用异步方式来传输数据。异步总线的定时信号及控制信号如图 10－3 所示。

在总线操作期间两个控制信号 (MASTER 和 SLAVE)交替地变化，即随着一个信号的改变才使另一个信号处于待变化状态。这种方式的互锁保证了地址总线上的信息不会冲突，也不会被丢失或重复接收。

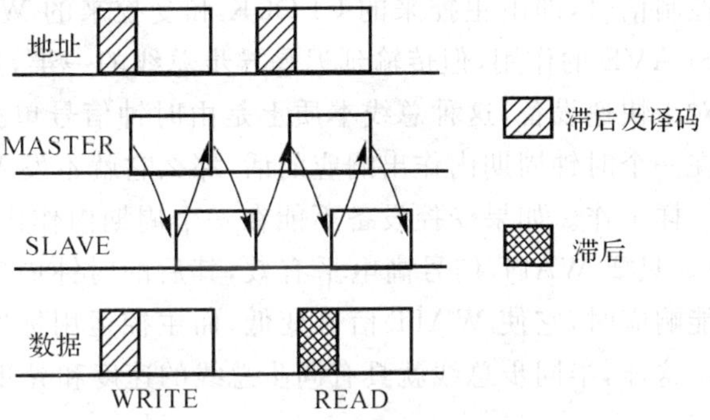

图 10-3 异步总线的定时信号及控制信号

对于写操作，总线主控把地址和数据放到总线上，在允许的滞后、译码及建立时间的延迟之后，总线主控使 MASTER 上升，它表明这些数据可以被受控设备接收。于是该上升沿触发一个受控存储器，开始一个写周期，并把数据锁存于一个受控缓冲寄存器中。

在 SLAVE 信号处于低电平期间，表示受控设备响应 MASTER 信号而正处于忙碌状态。而 SLAVE 为高电平时，表示受控设备已经取得了数据。这个握手保持到 MASTER 变低，表示主控知道受控设备已经取得数据了。然后 SLAVE 也变低，表示受控晓得主控已经知道它得到数据了，目前的操作已经结束，于是一个新的操作就能开始了。因此，MASTER 的上升沿（以及地址和数据线的转变）被互锁到 SLAVE 的下降沿。

对于读操作，在总线主控把地址放到总线上之后，MASTER 信号的上升沿启动受控设备操作。在受控设备取出所要求的数据并把它放到总线之后，SLAVE 信号变为高电平，表示读操作完成了，它触发主控把总线上的数据装入主控的缓冲器，在此期间 SLAVE 信号必须保持高电平，使数据稳定在数据总线上。当主控已经完成了数据的接收，就使 MASTER 变为低电平，表示主控已接收了数据，而后 SLAVE 降低，表示受控已经知道主控得到了数据，整个读操作结束，又可以开始一个新的操作。

异步方式的特点是，需要有一个应答过程，其数据传输速度比同步方式要慢，但不同速度的设备可以存在于同一个系统中，以各自最佳的速度来相互传输数据。

3. 半同步方式

半同步方式是综合同步方式和异步方式的优点而设计的一种数据传输方式，它具有同步方式的高速特点和异步方式的可靠性与适应性。半同步总线的定时信号如图 10-4 所示。

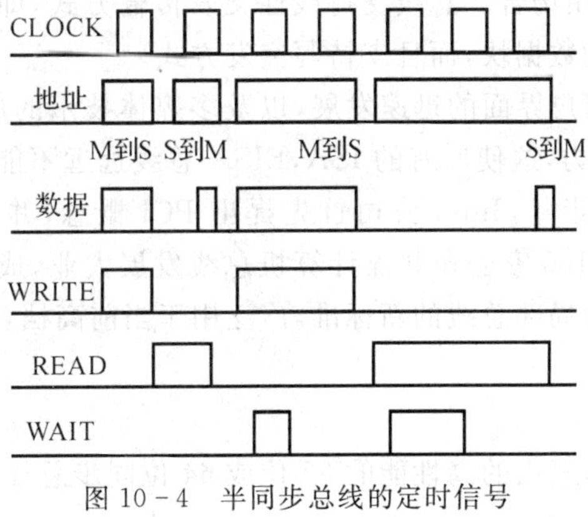

图 10-4 半同步总线的定时信号

这种总线有两个控制信号，即由主控来的 CLOCK 和受控来的 WAIT 信号，它们起着异步总线 MASTER 和 SLAVE 的作用，但传输延迟是异步总线的一半，这是因为成功的握手只需要一个来回行程。对于快速设备，这种总线本质上是由时钟信号单独控制的同步总线。如果受控设备快得足以在一个时钟周期内作出响应的话，那么它就不发 WAIT 信号。这时的半同步总线像同步总线一样工作。如果受控设备不能在一个周期内作出响应，则它就使 WAIT 信号变高，而主控暂停。只要 WAIT 信号高电平有效，其后的时钟周期就会知道主控处于空闲状态。当受控设备能响应时，它使 WAIT 信号变低，而主控运用标准同步协定的定时信号接收受控设备的回答。这样，半同步总线就具有同步总线的速度和异步总线的适应性。

4. 分离方式

前述 3 种方式中，从主模块发出地址和读/写命令开始，直到数据传输结束，整个传输周期中，系统总线完全由主模块和从模块占用。实际上在主模块通过总线向从模块发送了地址和命令之后到从模块通过数据总线向主模块提供了数据之间的时间间隔，是从模块执行读/写命令的时间，在这段时间内，系统总线上并没有实质性的信息传输，是空闲的。

为了充分利用这段总线空闲时间，将一个读周期分解成为两个分离的子周期。在第一个子周期，主模块发送地址和命令及有关信息，经总线传输，由有关从模块接收下来后，立即和总线断开，以供其他模块使用。待选中的从模块准备好数据后，启动第二个子周期，由该模块申请总线，获准后，将数据发向原要求数据的设备，由该设备接收。两个子周期均按同步方式传送，在占用总线时段，高速进行信息传输。这样，把两个独立子周期之间的空闲时间给系统中其他主模块使用，从而大大提高了总线的利用率，使系统的整体性能增强，尤其对多微机系统更加有利。

10.2 常用总线介绍

10.2.1 PCI 总线

PCI(Peripheral Component Interconnect)总线是 1992 年由 Intel 公司主持设计的一种总线标准。PCI 总线规范 1.0 版由 Intel 公司推出，2.0 版于 1993 年 4 月由 PCI 集团推出。这个总线是一种时钟同步型输入/输出总线，总线接口上所有的信号的逻辑和时序都作了严格的定义，数据线为 32 位，可扩充到 64 位。在传输数据时，最高速度为 133MB/s，适用于图形显示等要求高速数据传输的应用场合。总线支持线性突发传输方式，即在突发方式下地址可不断递增，连续传输任意长度的数据块，而且支持写突发方式。

随着 Windows 图形用户界面的迅速发展，以及多媒体技术的广泛应用，要求系统具有高速图形处理的 I/O 吞吐能力，这使原有的 ISA，EISA 总线远远不能适应而成为整个系统的主要瓶颈。为此，1991 年下半年，Intel 公司首先提出 PCI 概念，并联合 IBM，Compaq，AST，HP，Apple，NCR，DEC 等 100 家公司共谋计算机总线发展大业，成立了 PCI 集团。PCI 是一种先进的局部总线，已成为局部总线的新标准，广泛用于当前高档台式微机、工作站，以及便携式微机。

1. PCI 总线的特点

(1)具有地址数据多路复用的高性能的 32 位或 64 位同步总线，总线引脚数目和部件数量少，降低了成本及布线的复杂度。

(2)PCI总线支持线性突发传输模式，确保了总线不断满载数据进行高速传输。因为突发传输指从某地址开始顺序读/写一批数据，只要在开始时将首地址发送到总线上，之后，每个时钟都只传输数据，地址自动加1，这样减少了无谓的地址操作，加快了数据传输速率。

(3)PCI总线的设计是独立于处理器的，它具有严格的总线规范和良好的兼容性，PCI扩展卡可以插入任何符合PCI规范的微机和工作站系统中，可方便地进行硬件移植。目前PCI已成为嵌入式系统的局部总线之一。

(4)隐蔽的总线仲裁，减小了仲裁开销。

(5)极小的存取延迟，采用总线主控和异步数据转移操作。

(6)PCI提供数据和地址奇偶校验功能，保证了数据的完整性和准确性。

(7)PCI总线与CPU的时钟频率无关，它能支持多个外设，设备间通过局部总线可以完成数据的快速传递，有效解决了数据传输的瓶颈问题。

(8)PCI对扩展卡和元件能够进行自动配置，实现设备的即插即用。由于使用方便、灵活，产品寿命长，所以PCI总线产品与其他总线产品相比具有巨大的优越性和更为广阔的应用前景。

(9)在80×86结构CPU的个人计算机下，由主CPU发起读操作访问PCI目标设备时，不能进行突发读操作，这是由于个人计算机启动时BIOS将PCI设备映射到非Cache存储器中，会出现读操作阻塞。对于突发写操作，也存在同样的问题，也就是说在PC环境下开发基于PCI的产品，PC不支持突发传输。为了获得高的数据传输率，就必须使用PCI主桥设计PCI卡，并在DMA模式下操作。

2. PCI信号定义

在PCI应用系统中，如果一个设备取得了总线控制权，就称之为“主设备”，而被主设备选中以进行通信的设备称为“从设备”或“目标设备”。

PCI信号可分为必备和可选两大类。如果是主设备，则必备信号为49条，从设备的必备信号是47条。可选的信号为51条，主要用于64位扩展、中断请求和高速缓存支持。利用这些信号线可以实现寻址、数据处理、接口控制及总线仲裁等功能。信号线总共120条，包括电源、地、保留引脚等。

PCI总线信号定义如图10-5所示。

为了叙述方便，将PCI信号按数传方向及驱动特性划分为5种类型，各种类型的规定如下：

in：输入信号。

out：输出驱动信号。

t/s：双向三态输入/输出驱动信号。

s/t/s：持续三态(Sustained Tri-State)，表示持续的并且低电平有效的三态信号。在某一时刻只能属于一个主设备并被其驱动。这种信号从有效变为浮空(高阻状态)之前必须保证使其具有至少一个时钟周期的高电平状态。另一主设备要想驱动它，至少要等到该信号的原有驱动者将其释放(变为三态)一个时钟周期之后才能开始。同时，如果此信号处于持续的非驱动状态时，在有新的主设备驱动它之前应采取由上拉电阻来保持这个状态的措施，并且该措施必须由中央资源提供。

o/d:漏极开路(Open Drain)。允许多个设备以"线或"(Wire-OR)形式共享该信号。

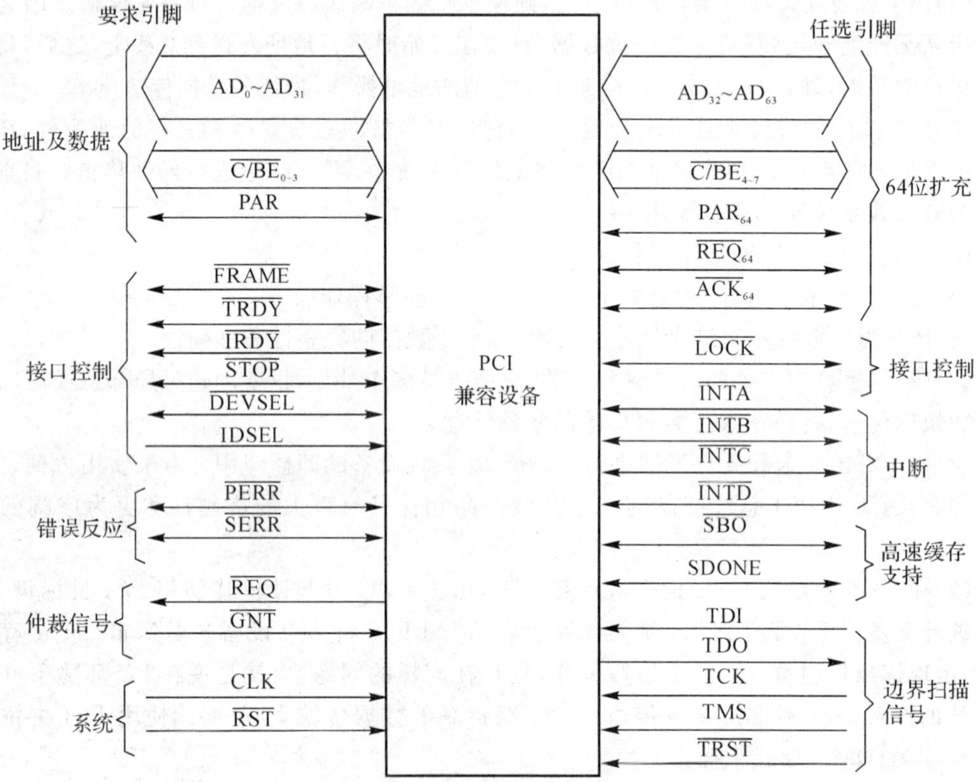

图 10-5　PCI 总线信号定义图

PCI 总线的信号线共有 120 根,下面按功能分组进行说明。

(1)系统引线。

CLK in:时钟输入,为所有 PCI 上的接口传送提供时序。其最高频率可达 66MHz,最低频率一般为 0(DC),这个低频率是为了适应静态调试和满足低功耗要求。对于 PCI 的其他信号,除$\overline{\text{RST}}$,$\overline{\text{IROB}}$,$\overline{\text{IROC}}$,$\overline{\text{IROD}}$之外,其余信号都在 CLK 的上升沿有效(或采样)。

$\overline{\text{RST}}$ in:复位,用来使 PCI 专用的特性寄存器和定时器相关的信号恢复规定的初始状况。每当复位时,PCI 的全部输出信号一般都应驱动到第三态。

(2)地址和数据引线。

AD_0~AD_{31} t/s:地址、数据多路复用的输入/输出信号。当$\overline{\text{FRAME}}$有效时,是地址周期;当$\overline{\text{IRDY}}$和 $\overline{\text{TRDY}}$同时有效时,是数据周期。一个 PCI 总线的传输中包含了一个地址信号周期和一个(或多个)数据周期。PCI 总线支持突发方式的读/写功能。

地址周期为一个时钟周期,在该周期中 AD_0~AD_{31} 线上含有一个 32 位的物理地址。对于 I/O 操作,它是一个字节地址;若是存储器操作和配置操作,则是双字地址。

在数据周期,AD_0~AD_7 为最低字节,AD_{24}~AD_{31} 为最高字节。当$\overline{\text{IRDY}}$有效时,表示写数据稳定有效。$\overline{\text{TRDY}}$有效表示读数据稳定有效。

$\overline{\text{C/BE}}_{0\sim3}$ t/s:总线命令和字节使能多路复用信号线。在地址周期内,这 4 条线上传输的是总线命令;在数据周期内,传输的是字节使能信号,用来表示在整个数据期中,AD_0~AD_{31}

上哪些字节为有效数据。

(3)接口控制信号。

$\overline{\text{FRAME}}$ s/t/s：帧周期信号。由当前主设备驱动，表示一次访问的开始和持续时间。$\overline{\text{FRAME}}$无效时，是传输的最后一个数据周期。

$\overline{\text{IRDY}}$ s/t/s：主设备准备好信号。该信号有效表明发起本次传输的设备(主设备)能够完成一个数据期。它要与$\overline{\text{TRDY}}$配合使用，当这两者同时有效时，才能进行完整的数据传输，否则即为等待周期。在写周期，该信号有效时，表示有效的数据信号已在 $AD_0 \sim AD_{31}$ 中建立；在读周期，该信号有效时，表示主设备已做好接收数据的准备。

$\overline{\text{TRDY}}$ s/t/s：从设备准备好信号。该信号有效表示从设备已做好完成当前数据传输的准备工作，此时可进行相应的数据传输。同样，该信号要与$\overline{\text{IRDY}}$配合使用，这两者同时有效数据才能进行完整传输。在写周期内该信号有效表示从设备已做好了接收数据的准备。在读周期内，该信号有效表示有效数据已被送入 $AD_0 \sim AD_{31}$ 中。同理，$\overline{\text{IRDY}}$和$\overline{\text{TRDY}}$的任何一个无效时都为等待周期。

$\overline{\text{STOP}}$ s/t/s：停止数据传送信号，该信号由从设备发出。当它有效时，表示从设备请求主设备终止当前的数据传送。

$\overline{\text{LOCK}}$ s/t/s：锁定信号。这是由 PCI 总线上发起数据传输的设备控制的，如果有几个不同的设备在使用总线，对$\overline{\text{LOCK}}$信号的控制权只属于一个主设备(由$\overline{\text{GNT}}$信号标定)。当$\overline{\text{LOCK}}$信号有效时，表示驱动它的设备所进行的操作可能需要多个传输才能完成，如果对某一设备具有可执行的存储器，那么它必须能实现锁定，以便实现主设备对该存储器的完全独占性访问。对于支持锁定的目标设备，必须能提供一个互斥访问块，且该块不能小于 16 个字节。连接系统存储器的主桥路也必须使用$\overline{\text{LOCK}}$。

IDSEL in：初始化设备选择信号。在参数配置读写传输期间，用作片选信号。

$\overline{\text{DEVSEL}}$ s/t/s：设备选择信号，由从设备驱动。该信号有效时，表示驱动它的设备已成为当前访问的从设备。它有效表明总线上的某一设备已被选中。

(4)仲裁信号。

$\overline{\text{REQ}}$ t/s：总线请求信号。该信号一旦有效即表示驱动它的设备要求使用总线。它是一个点到点的信号线，任何主设备都应有自己的$\overline{\text{REQ}}$信号。

$\overline{\text{GNT}}$ t/s：总线允许信号。该信号用来向申请占用总线的设备表示其请求已获批准。这也是一个点到点的信号线，任何主设备都应有自己的$\overline{\text{GNT}}$信号。

(5)错误报告信号。为了能使数据可靠、完整地传输，PCI 局部总线标准要求所有挂于其上的设备都应具有错误报告线。

$\overline{\text{PERR}}$ s/t/s：数据奇偶校验错误报告信号，但是该信号不报告特殊周期中的数据奇偶错。一个设备只有在响应设备选择信号$\overline{\text{DEVSEL}}$和完成数据期之后，才能报告一个$\overline{\text{PERR}}$。对于每个数据接收设备，如果发现数据有错误，就应在数据收到后的两个时钟周期将$\overline{\text{PERR}}$激活。该信号的持续时间与数据期的多少有关，如果是一个数据期，则最小持续时间为一个时钟周期；若是一连串的数据期并且每个数据期都有错，那么$\overline{\text{PERR}}$的持续时间将多于一个时钟周期。由于该信号是持续的三态信号，所以该信号在释放前必须先驱动为高电平。另外，对数据奇偶错的报告不能丢失也不能推迟。

$\overline{\text{SERR}}$ o/d：系统错误报告信号。该信号用于报告地址奇偶错、特殊命令序列中的数据奇偶错，以及其他可能引起灾难性后果的系统错误。$\overline{\text{SERR}}$是漏极开路信号，由返遣错误的单元驱动，在一个 PCI 时钟内有效。$\overline{\text{SERR}}$信号的发出和时钟同步，因而满足总线上所有其他信号的建立时间和保持时间的要求。

(6)中断信号。中断在 PCI 总线上是可选用的，低电平有效，用漏极开路方式驱动。同时，此类信号的建立和撤销是与时钟不同步的。PCI 为每一个单功能设备定义一条中断线。对于多功能设备或连接器，最多可有 4 条中断线。对于单功能设备，只能使用$\overline{\text{INTA}}$，其余 3 条中断线无意义。

PCI 局部总线有 4 条中断线，定义如下：

$\overline{\text{INTA}}$　o/d：中断 A，用于请求一次中断。

$\overline{\text{INTB}}$　o/d：中断 B，用于请求一次中断并只在多功能设备上有意义。

$\overline{\text{INTC}}$　o/d：中断 C，功能同中断 B。

$\overline{\text{INTD}}$　o /d：中断 D，功能同中断 B。

多功能设备上的任何一种功能都能连到任何一条中断线上。中断寄存器决定该功能用哪一条中断线去请求中断。如果一个设备只用一条中断线，则这条中断线就称为$\overline{\text{INTA}}$，如果该设备用了两条中断线，那么它们就称为$\overline{\text{INTA}}$和$\overline{\text{INTB}}$，依此类推。对于多功能设备，可以是所有功能用一条中断线，也可以是每种功能有自己的一条中断线，还可以是以上两种情况的综合。一个单功能设备不能用一条以上的中断线去申请中断。

系统供应商在对 PCI 连接器的各个中断信号和中断控制器进行连接时，其方法是随意的，可以是线或方式、程控电子开关方式，或者是二者的组合，这就是说，设备驱动程序对于中断共享事先无法作出任何假定，即它必须能够给任何逻辑设备提供中断。

(7)高速缓存(Cache)支持信号。为了使具有可缓存功能的 PCI 存储器能够和贯穿写(Write - Through)或回写(Write - Back)的 Cache 相配合工作，可缓存的 PCI 存储器应该能实现两条高速缓存支持信号作为输入。如果可缓存的存储器位于 PCI 总线上，那么连接回写式 Cache 和 PCI 的桥路必须要利用两条引脚，且作为输出，而连接贯穿写式 Cache 的桥只需要实现一个信号。上述两个信号的定义如下：

$\overline{\text{SBO}}$　in/out：双向试探返回信号(Snoop Backoff)。当其有效时，说明对某修改行的一次命中，所访问的数据为无效数据。当$\overline{\text{SBO}}$无效而 SDONE 有效时，说明 PCI 发起方正在访问存储器的有效行并可进行高速缓存的操作。

SDONE in/out：监听完成信号(Snoop Done)，表明对处理器 Cache 对主存的监听状态。当其无效时，说明监听仍在进行，否则表示监听已经完成。

(8)64 位总线扩展信号。如果要进行 64 位扩展，以下信号都要使用。

AD_{32}～AD_{63} t/s：扩展的 32 位地址和数据多路复用线，在地址周期(若使用了双地址周期 DAC 命令且$\overline{\text{REQ}_{64}}$有效时)这 32 条线上含有 64 位地址的高 32 位，否则它们是保留的；在数据周期，当$\overline{\text{REQ}_{64}}$和$\overline{\text{ACK}_{64}}$同时有效时，这 32 条线上含有高 32 位数据。

$\overline{\text{C/BE}_{4\sim7}}$ t/s：总线命令和字节使能多路复用信号线。在数据周期，当$\overline{\text{REQ}_{64}}$和$\overline{\text{ACK}_{64}}$同时有效时，该 4 条线上传输的是表示数据线上哪些字节是有意义的字节使能信号。如$\overline{\text{C/BE}_4}$对应第 4 个字节，$\overline{\text{C/BE}_5}$对应第 5 个字节。在地址周期内，如果使用了 DAC 命令且$\overline{\text{REQ}_{64}}$信号有效，则表明$\overline{\text{C/BE}_{4\sim7}}$上传输的是总线命令，否则这些位是保留的且不确定。

$\overline{REQ_{64}}$ s/t/s：64 位传输请求。该信号由当前主设备驱动，表示本设备要求采用 64 位通路传输数据。它与$\overline{FRAME}$有相同的时序。

$\overline{ACK_{64}}$ s/t/s：64 位传输认可。表明从设备将用 64 位传输。此信号由从设备驱动，并且和$\overline{DEVSEL}$有相同的时序。

PAR_{64} t/s：奇偶双字节校验。是 $AD_{32} \sim AD_{63}$ 和$\overline{C/BE_{4\sim7}}$的校验位。当$\overline{REQ_{64}}$有效且$\overline{C/BE_{0\sim3}}$上是 DAC 命令时，PAR_{64}将在初始地址周期之后一个时钟周期有效，并在 DAC 命令的第二个地址周期后的一个时钟周期失效。当$\overline{REQ_{64}}$和$\overline{ACK_{64}}$同时有效时，PAR_{64}在备数据期内稳定有效，并且在$\overline{IRDY}$或$\overline{TRDY}$发出后的第一个时钟处失效。PAR_{64}信号一旦有效，将保持到数据周期完成之后的一个时钟周期。该信号与 $AD_{32} \sim AD_{63}$ 的时序相同，但延迟一个时钟周期。该信号线在任何给定的总线周期内应保证连同 $AD_{32} \sim AD_{63}$ 和$\overline{C/BE_{4\sim7}}$在内的所有信号线上的“1”的个数为偶数（偶校验）或者为奇数（奇校验）。在发送时产生而在接收时进行校验。

3. 总线命令

总线命令是由主设备发向从设备，其作用是规定主、从设备之间的传输类型，它出现于地址周期的$\overline{C/BE_{0\sim3}}$上。这里的主设备是指通过仲裁而获得总线控制权的设备，从设备是指被主设备选中进行数据交换的设备。

表 10-1 给出了总线编码及类型说明。其中，命令编码中的 1 表示高电平，0 表示低电平。

表 10-1　总线命令表

$\overline{C/BE_3} \sim \overline{C/BE_0}$	命令类型说明	$\overline{C/BE_3} \sim \overline{C/BE_0}$	命令类型说明
0000	中断应答（中断识别）	1000	保留
0001	特殊周期	1001	保留
0010	I/O 读（从 I/O 口地址读数据）	1010	配置读
0011	I/O 写（向 I/O 口地址写数据）	1011	配置写
0100	保留	1100	存储器多行读
0101	保留	1101	双地址周期
0110	存储器读（从内存空间映像读数据）	1110	存储器一行读
0111	存储器写（向内存空间映像写数据）	1111	存储器写并无效

（1）中断应答命令。中断应答命令是一个读命令，执行主设备从申请中断的从设备中读回中断矢量的操作。

（2）特殊周期命令。该命令为 PCI 总线提供了一个简单的信息广播机制，通报处理器的状态或在各个从设备之间传递信息。

（3）I/O 读命令。该命令用来从一个映射到 I/O 地址空间的设备中读取数据。

（4）I/O 写命令。该命令用来向一个映射到 I/0 地址空间的设备写入数据。

（5）保留命令。保留命令编码留作将来使用。PCI 的任何设备都不能将它们挪作他用，任何设备也不允许对保留命令做出反应。

(6)存储器读命令。该命令用来从一个映射到存储器地址空间的设备读取数据。

(7)存储器写命令。该命令用来向一个映射到存储器空间的设备写入数据。

(8)配置读命令。该命令用来从每个设备的配置空间读取数据。

(9)配置写命令。该命令向每个设备的配置空间写入数据。

(10)存储器多行读命令。该命令的作用是试图在主设备断开连接之前预读取多行高速缓存数据。存储控制器应保证只要$\overline{\text{FRAME}}$有效,就连续不断地发存储器读请求。该命令用于大块连续数据的传输。

(11)双地址周期(DAC)命令。该命令用于传送64位地址给支持64位寻址的设备。只支持32位寻址的目标把这种命令当作保留命令对待,而对该命令不响应。

(12)存储器一行读命令。该命令与存储器读命令不同之处在于它还表示主设备要求读取多于两个32位的PCI数据周期,即进行大块连续数据传送。此时,一次读一行缓存范围内所有数据,而不是一个单一的存储器周期。

(13)存储器写无效命令。该命令与存储器写命令不同之处是它要保证最小的传输量是一个高速缓存的行,即主设备要在一次PCI传输中将寻址的高速缓存行的每个字节都写入,写入后发布写无效命令,用于维护Cache一致性的写无效协议。

4. PCI总线协议

PCI的总线传输机制是突发成组传输。一个突发分组由一个地址周期和一个(多个)数据周期组成,支持存储器空间和I/O空间的突发传输。这里的突发传输是指主桥(位于主处理器和PCI总线之间)可以将针对存储器的多次访问在不影响正常操作的前提下合并为一次传输,然后由主桥电路完成针对存储器的突发访问周期,以最大限度地提高系统性能。一个设备通过将基址寄存器的预取位置1,来允许读数据的预取和数据的写合并。一个桥可利用初始化时配置软件所提供的地址范围来区分哪些地址空间可以合并。当遇到要写的后续数据不可预取或者是一个对任意范围的读操作时,在缓冲器的数据合并操作必须停止且对缓冲器的合并结果清除,但其后的写操作,如果是在预取范围内,便可与更后面的写操作合并,但无论如何不能与前面合并过的数据合并。

只要处理器是进行突发操作,所产生的隐含的地址顺序相同,主桥路总是可以将它们组合成顺序取或写的数据。当读操作不会在被寻址的从设备上引起非正常操作时,桥路即可将处理器发出的单次读请求转换成一次突发读。

由于对I/O空间的访问一般只有一个数据期,目前还不能执行对I/O空间的突发访问,因此不能合并对I/O空间的访问。对于处理多个I/O数据期的PCI设备,必须在第一个数据期之后断开访问。如果一个从设备被I/O访问选中,字节使能信号所代表的传输长度大于该设备能支持的长度,则从设备要用目标终止方式结束本次访问。

5. PCI总线的传输控制

PCI总线上所有的数据传输基本上都是由以下3条信号线控制的:

$\overline{\text{FRAME}}$:由主设备驱动,指明一个数据传输的起始和结束。

$\overline{\text{IRDY}}$:由主设备驱动,允许插入等待周期,用以指明主设备已准备好传送数据。

$\overline{\text{TRDY}}$:由从设备驱动,允许插入等待周期,用以指明从设备已准备好传送数据。

一般来说,PCI总线的传输遵循如下管理规则:

(1)$\overline{FRAME}$和$\overline{IRDY}$定义了总线的忙、闲状态。当其中一个有效时,总线是忙的;两个都无效时,处于空闲状态。

(2) 一旦$\overline{FRAME}$信号被置为无效,在同一传输期间不能重新设置。

(3)除非设置了$\overline{IRDY}$信号,一般情况下不能设置$\overline{FRAME}$信号无效。

(4) 一旦主设备设置了$\overline{IRDY}$信号,直到当前数据期结束为止,主设备不能改变$\overline{IRDY}$信号和$\overline{FRAME}$状态。

6. PCI 的编址

PCI 定义了 3 个物理地址空间:存储器地址空间、I/O 地址空间和配置地址空间。前两个为通常意义的地址空间,第三个是用以支持 PCI 硬件配置的特殊空间。

这些编址是分布式的,每个设备都对自己的地址编码负责。PCI 总线支持正向编码和负向编码两种类型。在 I/O 地址空间中,所有的 32 位 AD 线被用来提供一个完整的地址编码。在配置的地址空间中,用 $AD_{7\sim2}$ 的编码去访问一个双字节的配置命令,决定了它是一个存取的从设备。

(1) I/O 地址空间。在 I/O 地址空间,全部 32 位 AD 线都被用来提供一个完整的地址编码(字节地址),使得要求地址精确到字节水平的设备不需多等一个周期就可完成地址译码(产生$\overline{DEVSEL}$信号)。

在 I/O 访问中,AD_0,AD_1 这两位很重要,并要与$\overline{C/BE}_{0\sim3}$配合,才能进行一次有效的访问。

(2) 内存地址空间。在存储器访问中,所有的目标设备都要检查 $AD_0\sim AD_1$,要么提供所要求的突发传输顺序,或者缓冲器行切换,或者执行设备断开操作。对于所有支持突发传输的设备都应能实现线性突发性传输顺序,但不一定要求支持缓冲器行操作。

存储器地址空间,用 $AD_2\sim AD_{31}$ 译码得到一个双字地址的访问。在线性增长方式下,每个数据周期过后,地址按 DWORD(4 个字节)增长,直到对话结束。在存储器访问期间,AD_0AD_1 的含义如下:

当 AD_0AD_1 为 00 时,突发传输顺序为线性增长方式;AD_0AD_1 为 01 时,为高速缓存行切换方式;AD_0AD_1 为 1X 时,为保留。

(3) 配置地址空间。在配置的地址空间中,要用 $AD_2\sim AD_7$ 将访问落实到一个 DWORD 地址。当一个设备收到配置命令时,IDSEL 信号有效且 AD_0AD_1 为 00,则该设备被选为访问的目标,否则就不参与当前的传输。如果译码出的命令符合某桥路的编号,且 AD_0AD_1 为 01,则说明配置访问是针对该桥路后面的设备,即不与桥直接连接的设备。

7. 字节校正

用字节使能信号$\overline{C/BE}_{0\sim3}$来指出哪些字节带了有意义的数据,在每个数据周期内,可以自由改变字节使能,使之对传输数据的实际含义和有效部分进行界定,这一功能称作字节校正或字节对齐。

8. 总线的驱动与过渡

为了避免多个设备同时驱动一个信号到 PCI 总线上而产生竞争,在一个设备驱动到另一个设备之间设置一个过渡期,又称为交换周期。在时序图上,交换期用相互指着对方尾部的双箭头符号来表示。

在每个地址周期和数据周期,所有的 AD 线都必须被驱动到稳定的状态(数据),即使是那些字节使能信号表明无效的字节所对应的 AD 线也不例外。在实际应用中，当对功耗要求较高时，为尽量减少由于总线上信号开关变化所造成的功耗，对当前总线周期中不用的字节用与前一周期相同的数据去驱动它们。

9. PCI 总线的数据传输过程

PCI 采用地址/数据复用技术，每一个 PCI 总线传送由一个地址期和一个或多个数据期组成。地址期由$\overline{FRAME}$变为有效的时钟周期开始。在地址期，总线主设备通过$\overline{C/BE}_{0\sim3}$发送总线命令。如果是总线读命令，在地址期后需要一个交换周期，该周期过后，$AD_0 \sim AD_{31}$改由从设备驱动，以接纳从设备的数据。对于写操作没有过渡期，直接从地址期进入数据期。数据期的个数取决于要传送的数据个数，一个数据期至少需要一个 PCI 时钟周期，在任何一个数据期都可以插入等待周期。$\overline{FRAME}$从有效变成无效表示当前正处于最后一个数据期。

总线操作结束有多种方式。在大多数情况下，由从设备和主设备共同撤消准备就绪信号$\overline{TRDY}$和$\overline{IRDY}$。如果从设备不能继续传送，可以设置$\overline{STOP}$信号，表示从设备撤消与总线的连接。所寻址的从设备不存在或者$\overline{DEVSEL}$信号一直为无效状态都可能导致主设备结束当前总线操作，使$\overline{FRAME}$和$\overline{IRDY}$变为无效，回到总线空闲状态。

(1) PCI 总线上的读操作。图 10-6 所示是 PCI 总线读操作时序的一个例子，从中可以看出，一旦$\overline{FRAME}$信号有效，地址期便开始，并在时钟 2 的上升沿处稳定有效。在地址期内，$AD_0 \sim AD_{31}$上包含有效地址，$\overline{C/BE}_{0\sim3}$上包含一个有效的总线命令。数据期是从时钟 3 的上升沿处开始的。在此期间，$AD_0 \sim AD_{31}$上传送的是数据，$\overline{C/BE}$线上的信息用于指定数据线上哪些字节有效(即哪几个字节是当前要传输的)。需要强调的是，无论是读操作还是后面要讲的写操作，从数据期的开始一直到传输完成，$\overline{C/BE}$的输出缓冲器(或锁存器)必须始终保持有效状态。

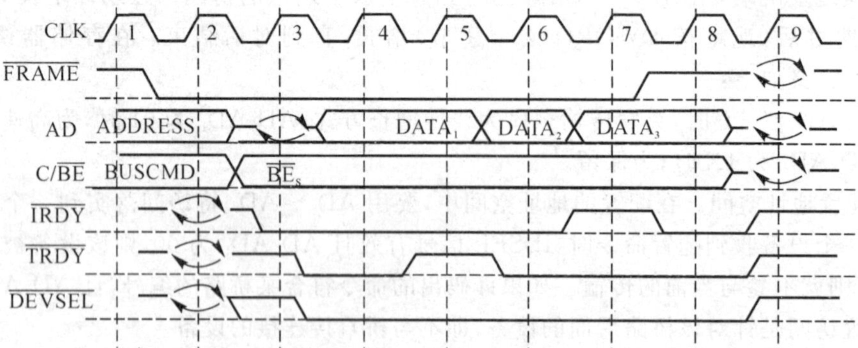

图 10-6 PCI 总线读操作时序

图 10-6 中的$\overline{DEVSEL}$信号和$\overline{TRDY}$信号由被地址期内所发地址选中的从设备提供，但要保证$\overline{TRDY}$在$\overline{DEVSEL}$之后出现，$\overline{IRDY}$信号是发起读操作的主设备根据总线的占用情况发出的。数据的真正传输是在$\overline{IRDY}$和$\overline{TRDY}$同时有效的时钟前沿进行的。当这两个信号之一无效时，就表示需要插入等待周期，此时，不进行数据传输。这说明一个数据期可以包含一次数据传输和若干个等待周期。图中所示的时钟 4,6,8 处各进行了一次数据传输，而在时钟 3,5,7 处插入了等待周期。

在读操作中的地址期和数据期之间，AD线上要有一个总线交换周期，这通过从设备强制$\overline{\mathrm{TRDY}}$实现，即让$\overline{\mathrm{TRDY}}$的发出比地址晚一拍。在交换周期过后且$\overline{\mathrm{DEVSEL}}$信号变为有效时，从设备必须驱动AD线。

尽管主设备在时钟7处已知道下一个数据期是本次传送的最后一个，但由于某种原因它暂时不能完成该次传输（此时$\overline{\mathrm{IRDY}}$无效），所以主设备还不能撤消$\overline{\mathrm{FRAME}}$，只有在时钟8处，$\overline{\mathrm{IRDY}}$变为有效后，$\overline{\mathrm{FRAME}}$信号才能撤消，从而通知从设备这是最后一个数据期。

(2) PCI总线上的写操作。图10-7所示是PCI总线写操作时序的一个例子。从中可以看出，总线上的写操作与读操作相类似，也是$\overline{\mathrm{FRAME}}$的有效表示写操作周期中地址期的开始，但地址期后不需要交换周期，因为数据和地址都是由同一主设备提供的。

在图10-7中，第一个和第二个数据期中没有等待周期，而在第三个数据期中连续插入了3个等待周期。注意，第一个等待周期是由传输双方共同引起的，告诉从设备最后一个数据期的方法与读操作时相同，即在$\overline{\mathrm{FRAME}}$撤消后，还需要$\overline{\mathrm{IRDY}}$处于有效状态。这里，主设备在时钟6处使$\overline{\mathrm{IRDY}}$恢复有效，通知 从设备这是最后一个数据期，但由于从设备未准备好，最后一次数据传输到时钟8才完成。

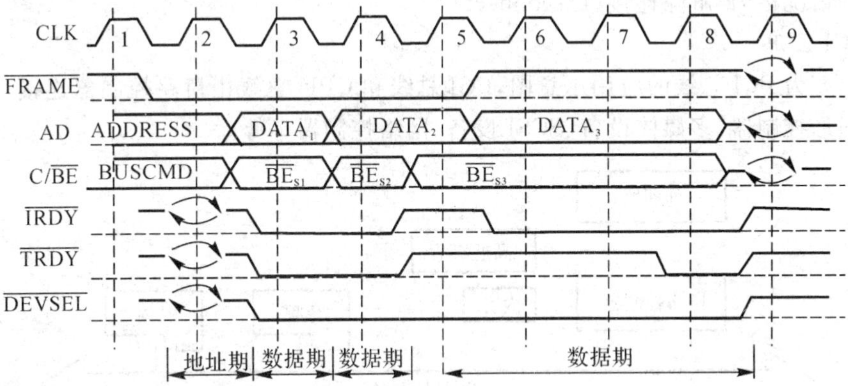

图10-7 PCI总线写操作时序

从图中AD和$\overline{\mathrm{C/BE}}$的波形可看出，主设备发送数据可以延迟，但字节允许信号不受等待周期的影响，不得延迟发送。

上述的读/写操作均是以多个数据期为例来说明的。如果是一个数据期，$\overline{\mathrm{FRAME}}$信号在没有等待周期的情况下，应在地址期（读操作应在交换周期）过后即撤消。对于一个数据期，中间亦可插入等待周期。

(3)PCI总线传输的终止过程。无论是主设备还是从设备，都可以提出终止传输的要求，但不一定得到响应。也就是说，双方均无权单方面终止传输，而需要相互配合，但传输的最终停止控制要由主设备完成。

1)由主设备引发的终止。主设备是通过撤消$\overline{\mathrm{FRAME}}$并建立$\overline{\mathrm{IRDY}}$来提出终止请求的，这样做是为了通知从设备，现在已进入了传输周期中最后一个数据期。此后，$\overline{\mathrm{IRDY}}$一直保持有效直到$\overline{\mathrm{TRDY}}$信号有效，完成最后一个数据的传输。接着便撤消$\overline{\mathrm{IRDY}}$，从而达到完全终止的条件（$\overline{\mathrm{FRAME}}$和$\overline{\mathrm{IRDY}}$同时无效），结束传输，进入总线空闲状态。

主设备一般在下列情况下会提出终止传输：

a. 次数据传输即将结束(剩下一个数据未传输)。

b. 总线上有更高优先级的总线占用请求,而总线仲裁器取消当前主设备的总线控制权(移去了$\overline{GNT}$信号)。

c. 主设备发出了$\overline{FRAME}$后在规定的时间内没有检测到目标设备的$\overline{EDVSEL}$响应信号。

2)由从设备引发的终止。从设备可以通过$\overline{STOP}$信号请求终止传输。一旦$\overline{STOP}$有效,就必须保持有效到主设备置$\overline{FRAME}$无效。$\overline{IRDY}$和$\overline{TRDY}$之间的关系与$\overline{STOP}$和$\overline{FRAME}$之间的关系无关。所以,在从设备请求终止期间数据仍可以传送,这仅取决于当时$\overline{IRDY}$和$\overline{TRDY}$的状态。

从设备可由下面两种原因请求终止传输:

a. 从设备正处于不能传送数据的状态。例如,设备的数据缓冲器满,暂时不能接收数据,或者因数据缓冲器空而不能发送数据等。待传送条件满足后,重新启动传输。这种情况称为"重入(Retry)"。

b. 由于从设备的响应速度太慢,在 PCI 引导时间长度(8 个时钟周期)不能作出响应以及在突发传输中,从设备检测到下一个数据的地址已经超出规定的范围等原因而提出终止传输请求。此种情况称为"解除连接(Disconnect)"。

10. PCI 应用

图 10-8 为 PCI 总线的应用示意图,PCI 总线和 CPU 总线由桥路控制器连接。PCI 总线上可挂接图形控制器、多媒体设备、SCSI 设备、网络控制器等等。

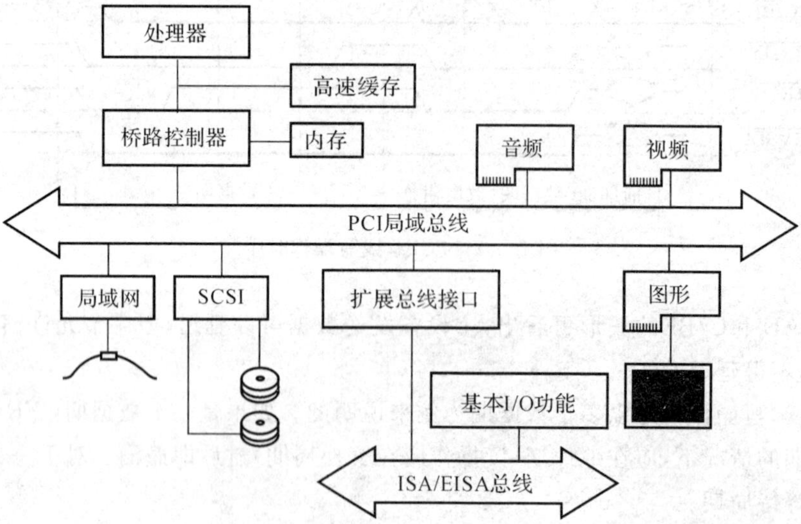

图 10-8　PCI 总线的应用

10.2.2　PCI Express 总线

PCI Express 是新一代的总线接口。早在 2001 年的春季,英特尔公司就提出了要用新一代的技术取代 PCI 总线和多种芯片的内部连接,并称之为第三代 I/O 总线技术。随后在 2001 年底,包括 Intel,AMD,DELL,IBM 在内的 20 多家业界主导公司开始起草新技术的规范,并在 2002 年完成,对其正式命名为 PCI Express。

1. PCI Express 总线的特点

在兼容性方面，PCI Express 在软件层面上兼容 PCI 技术和设备，支持 PCI 设备和内存模组的初始化，也就是说驱动程序、操作系统无需推倒重来，就可以支持 PCI Express 设备。PCI Express 是新一代能够提供大量带宽和丰富功能的新式图形应用的全新架构。PCI Express 可以分配相应的带宽来大幅提高中央处理器（CPU）和图形处理器（GPU）之间的带宽。

PCI Express 总线是一种完全不同于过去 PCI 总线的全新总线规范，与 PCI 总线共享并行架构相比，PCI Express 总线是一种点对点串行连接的设备连接方式，点对点意味着每一个 PCI Express 设备都拥有自己独立的数据连接，各个设备之间并发的数据传输互不影响，而对于过去 PCI 那种共享总线方式，PCI 总线上只能有一个设备进行通信，一旦 PCI 总线上挂接的设备增多，每个设备的实际传输速率就会下降，性能得不到保证。PCI Express 以点对点的方式处理通信，每个设备在要求传输数据的时候各自建立自己的传输通道，对于其他设备这个通道是封闭的，这样的操作保证了通道的专有性，避免其他设备的干扰。

在传输速率方面，PCI Express 总线利用串行的连接特点能轻松将数据传输速率提到很高，远超出 PCI 总线的传输速率。PCI Express 的接口根据总线位宽不同而有所差异，包括 X1，X4，X8 以及 X16（X2 模式将用于内部接口而非插槽模式），其中 X1 单向传输速度为 250MB/s，X1 双向传输速度为 500 MB/s；而 X16 就是等于 16 倍的 X1 的速度。与此同时，PCI Express 总线支持双向传输模式，还可以运行全双工模式，它的双单工连接能提供更高的传输速率和质量，它们之间的差异跟半双工和全双工类似。因此连接的每个装置都可以使用最大带宽，PCI Express 接口设备将有着比 PCI 设备优越得多的资源可用。

2. PCI Express 系统架构

PCI Express 是一种高性能、高灵活性、高可扩展性、稳定可靠的低成本通用 I/O 架构。与共享、并行总线体系的 PCI 相比，点对点传输允许每个设备都拥有专属的一条连接，不争夺带宽资源，这一点是重大突破。

（1）PCI Express 系统基本架构。PCI Express 系统基本架构如图 10－9 所示。

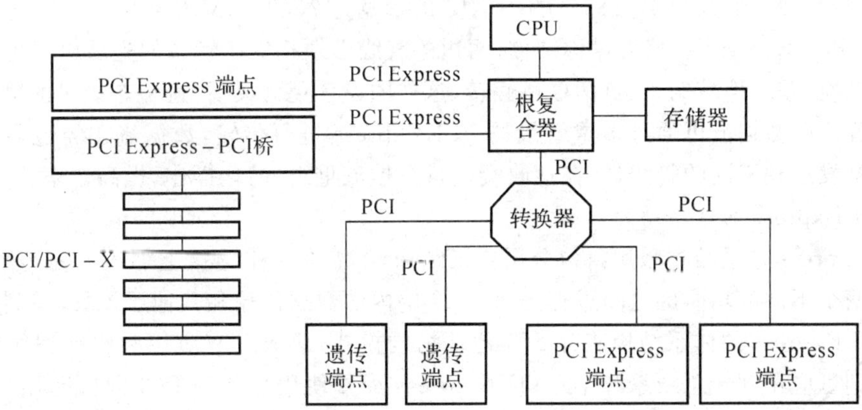

图 10－9　PCI Express 系统基本架构

以 PCI Express 为网络的标准系统是由设备之间的点对点连接组成的。基本的 PCI Express 系统是由一个根复合器（功能上类似于北桥芯片）、转换器（软件包含多个 PCI－to－PCI桥，以保证兼容性）以及不同的终端设备，也包含类似于 PCI 转 PCI Express 的桥接设备。点对点传输可以让一个终端设备通过根复合器将数据传送到另一个终端设备,或者从一个终端设备经过一个转换器到另一个转换器,然后再到另一个终端设备。另一种方式称之为高级点对点传输,附加的功能可以实现未来的"PCI Express 高级信息包转换器"。一个根复合器通过高级转换功能来实现主机软件之间的点对点传输。

(2)PCI Express 物理串行连接特性。基本的 PCI Express 串行连接使用两组独立低电压差分驱动信号的全双工接口:收发各一组(4 根电缆)。相当于两个独立的单向接口,每个方向的电缆都有各自的接地线,同时进行数据传输,这样就获得更高的速度及更好的信号质量。关键的设计是在 4 层 PCB 技术及标准的接口上,允许 20 英寸(1 英寸=2.54 厘米)的连接长度。若采用质量更高的元件,传输距离将更远。

和并行线缆连接相比,PCI Express 具有更好的抗电磁干扰特性。因为电缆有良好的屏蔽性,可以利用缠绕来降低电容值,串行信号能传输很长的距离。总线宽度只是前者的 1/4。

从主板上的信号传输来看,由于 PCI Express 减少大量的点对点线路,可以抵抗在并行总线架构中经常出现的信号干扰、信号失真以及其他电子信号的缺损问题。在进行长距离传输以及接口传输时,PCI Express 的设计也必须解决差分信号传输损失的问题。PCI Express 串行连接的另一关键特性是通过 8b/10b 编码来嵌入时钟信号技术。时钟信息被直接编码到数据流中,而不是以单独的信号存在。尽管基于时钟信号流的串行数据总线比基于单独时钟信号的并行数据总线传输更长的距离,价格也相对低廉,内置 I/O 设备也有更好的数据传输,但 8b/10b 编码每个字符需要 10b,占用 20%的通道,提取和嵌入时钟信号需要附加的处理时间,所以,在需要更低延迟的高速多处理器系统中,并行界面还会存在一段时间。

PCI Express 连接包含多个管线。每个管线包含基本连接的收、发两组差分驱动电缆,子连接依靠现有的 2.5Gb/s 达到 10 Gb/s。多重子连接可连接设备以及芯片等。表面上和利用多重管线的并行界面相当相似,实际上是一组独立的串行连接,不像并行界面那样容易受到信号干扰。PCI Express 的管线位宽可以为 X1,X2,X4,X8,X12,X16 以及 X32 等不同形式,不同形式具有不同的数据带宽。由于 8b/10b 编码嵌入时钟信号占用 20%的管线带宽,实际带宽比理论值少。X1 带宽为 476.84 MB/s,X16 的带宽为 7629.44MB/s,X32 的带宽为 15258.88 MB/s。PCI Express 连接为对称结构,两边的管线必须相等。管线的先后次序可在每个设备中进行交换,差分信号的正、负两极可翻转,这样的设计更为灵活,避免布线时的物理信号交叉。来自程序的数据流可通过多重管线的 PCI Express 进行传输,数据流在经过多重管线时可拆分并被发送到不同的管线,并在接收端进行数据流重组,简化操作,提高效率。

3. PCI Express 的体系结构

PCI Express 体系结构采用封包分层协议结构,不需在主串连接上加入任何边频信号,协议中允许两个不同的功能区之间进行隔离,一个层内的数据传输和其他层无关,有利于跨平台应用。PCI Express 的体系结构兼容 PCI 地址结构模式,所有已有应用和驱动程序均不需作任何修改即可应用到新总线系统中。PCI Express 配置使用标准的 PCI 即插即用规格标准。PCI Express 体系结构分为 4 层,从下到上依次为物理层、数据链路层、处理层和软件层。从一个设备传输数据到另一个设备时,每个设备都被看作是一个协议堆栈。数据传送从处理层发起,数据包在高层上生成,每传递到一个低层就添加一些信息,直到它通过物理层发送到接收设备,从接收设备到协议堆栈再上传,直到被程序接收,如图 10-10 所示。

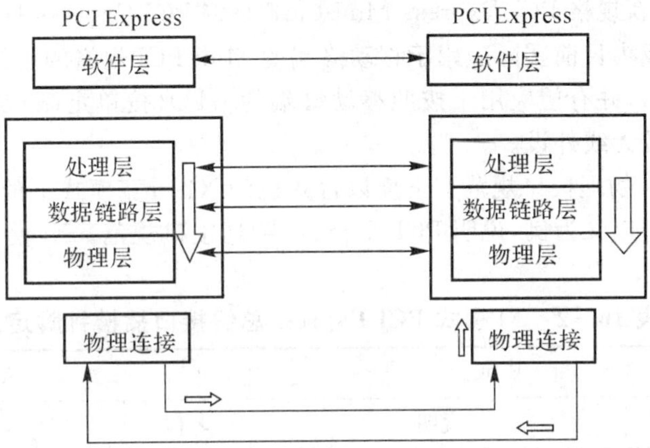

图 10-10　通过 PCI Express 层的数据流

(1)物理层。物理层是最低层，它负责接口或者设备之间的链接，决定了 PCI Express 总线接口的物理特性。PCI Express 支持两种类型的中断：现行的 PCl INTx 和信息信号中断 MSI(Message Signaled Interrupt)。INTx 中断可用信号方式中断主机芯片的请求，与现行的 PCI 总线的驱动程序和操作系统兼容。MSI 中断是通过内存写处理操作，边沿触发和发送的。重新编写驱动程序对于 MSI 边沿触发中断是非常有利的，在数据包协议中通过串行链接使用 MSI，是一种行之有效的本地中断方式。MSI 在多处理器系统中任何设备都可发送中断，比主机直接发送中断更加有效。

(2)数据链路层。数据链路层的任务是确保数据包的可靠、正确、完整，并在数据包中添加序列号，发送 16 位 CRC 到处理层。大多数数据包是由处理层发起的，基于信任，数据流控制协议确保数据包只在终端缓存空闲时传输。对所有重试的数据进行排队，使得信道带宽浪费现象得到有效的控制。数据链路层在信号中断时自动重新传输数据包。

(3)处理层。处理层接收从软件层送来的读、写请求，并建立一个请求包传输到数据链路层。所有请求分离执行。处理层同时接收从数据链路层传来的响应包，并与原始的软件请求关联。处理层还整合或拆分数据包来发送请求，如数据读、写请求，并操纵链接配置和信号控制，确保端与端之间连接通信的正确性，没有无效数据通过整个组织。处理层使用基于信任的流控制机制来确保接收设备有足够的缓存资源用于接收发送端设备传输的数据。

处理层包括 4 个地址空间：PCI 接口原有的内存，I/O 地址空间，配置地址空间，PCI-Express 接口新加的信息空间。

(4)软件层。软件层是最重要的部分，它是保持与 PCI 总线兼容的关键。在 PCI Express 平台中所有操作系统在引导时都不需要进行任何修改，也就是说在软件方面完全可以实现从 PCI 总线平稳过渡。在软件响应时间模式方面，PCI Express 体系结构支持 PCI 的本地存储、共享内存模式，所有 PCI 软件在 PCI Express 体系中运行都不需作任何改变。当然新的软件可能包括新的特性。软件层的另一重要功能是进行错误处理和提供错误报告。

4. PCI Express 的物理结构与接口规范

(1)PCI Express 的物理结构。PCI Express 接口是完全独立于 PCI 总线的全新总线结构。它不同于 PCI 结构，原来的 Pa 设备不能插在 PCI Express 新接口中，为保持与原有总线系统结构兼容，在将来的主板上必须留有一定的 Pa 插槽。PCI SIG 已完成 PCI Express 技术新规格的制定工作，新规格 PCI Express Mini Card 是将 PCI Express 技术面向移动平台扩展而成。该规格有望成为目前实际应用于移动终端的 Mini PCI 规格的后续规格，它补充了 PCI Express Card 的要素，并有望应用于按照移动终端的 BTO(按单定制)及 CTO(按单配制)商业模式生产的有线及无线外设。

(2)PCI Express 物理接口规范。下面以台式机的 X1 带宽模式下的 PCI Express 插槽接口物理结构中各针脚定义为例，说明 PCI Express 物理接口规范。Xl 模式下的插槽针脚定义如表 10－2 所示。

表 10－2　Xl 模式 PCI Express 总线接口播槽针脚定义

针号	B 面		A 面	
	名称	说明	名称	说明
1	+12V	+12V 电压	$\overline{\text{PRSNT}_1}$	热拔插存在检测
2	+12V	+12V 电压	+12V	+12V 电压
3	RSVD	保留	+12V	+12V 电压
4	GND	地	GND	地
5	SMCLK	系统管理总线时钟	JTAG_2	测试时钟，JTAG 接口输出时钟
6	SMDAT	系统管理总线数据	JTAG_3	测试数据输出
7	GND	地	JTAG_4	测试模式选择
8	+3.3V	+3.3V 电压	JTAG_5	测试模式选择
9	JTAG_1	测试复位，JTAG 接口复位时钟	+3.3V	+3.3V 电压
10	3.3vaux	3.3V 辅助电源	+3.3V	+3.3V 电压
11	$\overline{\text{WAKE}}$	链接激活信号	PWRGD	电源准备好信号
12	RSVD	保留	GND	地
13	GND	地	REFCLK+	差分信号对参考时钟
14	HSOp(0)	0 号信道发送差分传送信号对	REFCLK−	
15	HSOn(0)		GND	地
16	GND	地	HS1Op(0)	0 号信道接收差分
17	$\overline{\text{PRSNT2}}$	热拔插存在检测	HS1n(0)	0 号信道接收差分信号对
18	GND	地	GND	地

其他带宽模式下和 X1 带宽模式下的 PCI Express 总线接口插槽主要区别在于信道的多少，而主要控制功能是在 0 号信道的模式下，其他模式下的插槽是在 0 号信道基础上附加一些发送和接收差分信号对连接及相应的地线。

10.2.3　USB 总线

USB(Universal Serial Bus)的中文含义是通用串行总线，它是一种外设接口标准。USB 以 Intel 公司为主，并由 Compaq，IBM，DEC 以及 NEC 等公司共同开发，于 1994 年 11 月制定了第一个草案，1996 年 2 月公布了 USB 1.0 版本，2000 年公布了 USB 2.0 版，2008 年公布了 USB 3.0 版。1997 年，微软在 Windows 97 中开始以外挂模块形式提供对 USB 的支持。1998 年后，USB 设备日益增多，USB 逐渐流行起来。

1. USB 的主要特点

(1) 用一种连接器类型连接多种外设。USB 对连接设备没有任何种类的限制，仅提出了准则和带宽上界。USB 统一的 4 针插头，取代了机箱后种类繁多的串/并口插头，实现了将计算机常规 I/O 设备、多媒体设备(部分)、通信设备(电话、网络)以及家用电器统一为一种接口的愿望。

(2) 用一个接口连接大量的外设。USB 采用星型结构和 Hub 技术，允许一个 USB 主控机可以连接多达 127 个外设，用户不用担心要连接的设备数目会受到限制。两个外设间的距离(电缆长度)可达 5m，扩展灵活。

(3) 连接简单快速。USB 能自动识别 USB 系统中设备的接入或移走，真正做到即插即用；USB 支持机箱外的热插拔连接，设备连到 USB 时，不必打开机箱，也不必关闭主机电源。

(4) 总线提供电源。一般的串口/并口设备都需要自备专门的供电电源，而 USB 能提供 +5V，500mA 的电源，供低功耗设备(如键盘、鼠标和 MODEM 等)作电源使用，免除了这些设备必须自带电源的麻烦。同时，USB 采用 APM(Advanced Power Management)技术，使系统能源得到节省。

(5) 传输速度快。USB 设备有两种速度，高速(全速)为 12Mb/s，低速是 1.5Mb/s。这意味着 USB 的最高传输率比普通的串口快了 100 倍，比普通并口也快了十多倍。

2. USB 的拓扑结构

USB 系统分为 3 部分：USB 连接、USB 设备和 USB 主机。USB 连接是指设备和主机之间进行连接和交互的动作。USB 的物理连接是有层次性的星型布局，每个集线器在星型的中心，线段之间是点到点连接的。图 10-11 所示为 USB 的拓扑结构。

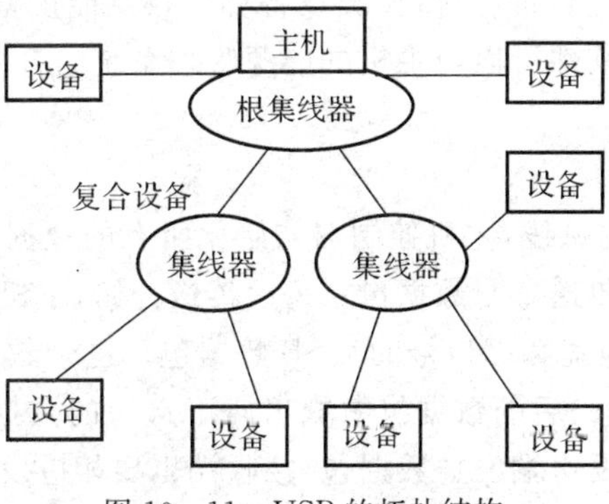

图 10-11　USB 的拓扑结构

任何 USB 系统中，只有一个主机。USB 和主机系统的接口称作主机控制器(Host Controller)，它是由硬件和软件结合实现的。根集线器是综合于主机系统内部的，用以提供 USB 的连接点。USB 的设备包括集线器(Hub)和功能器件(Function)。集线器为 USB 提供了更多的连接点，功能部件是指键盘、扬声器等，为系统提供了具体的功能。USB 的协议实现了系统的协调。

3. USB 的物理接口

USB 通过一种 4 线电缆传送信号和提供电源，共有两种数据传输率：12 Mb/s 的高速信号和 1.5 Mb/s 的低速信号。两种模式可在同一 USB 总线传输下自动地切换。因为过多的低速模式的使用将降低总线利用率，所以该模式只支持有限几个低带宽设备（如鼠标等）。在同步方式中，时钟调制后与差分数据一同发送。时钟信号被转换成单极性非归零码（NRZI），并填充了比特以保证数据的连续性，每个数据包中均带有同步信号以保证收方还原出正确的数据。

电缆中包括 VBus，GND 2 条线，如图 10－12 所示，用来向设备提供电源。VBus 的电压为＋5 V，为了保证足够的输入电压和终端阻抗，重要的终端设备应位于电缆尾部，每个端口都可检测终端是否连接或分离，并区分出高速或低速设备。电缆中还有一对互相缠绕的数据线。

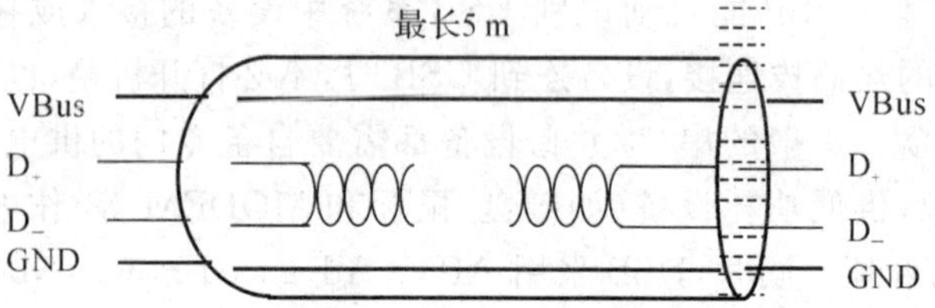

图 10－12　USB 的电缆

所有设备都有一个上行或下行的连接，上行连接器和下行连接器不可互换，因而避免了集线器间非法的、循环往复的连接。连接器有 4 个方向，并带有屏蔽层，以避免外界干扰。

4. USB 的电源

关于 USB 的电源，主要包括电源分配和电源管理两方面内容。电源分配指 USB 如何分配主计算机所提供的能源。需要主机提供电源的设备称作总线供能设备，如键盘、输入笔和鼠标等。而一些 USB 设备可能自带电源，该类设备称作自供能设备。USB 主机有与 USB 相互独立的电源管理系统，系统软件可以与主机的能源管理系统结合共同处理各种电源事件，如挂起、唤醒等。

5. 总线协议

USB 是一种轮询方式的总线，主机控制器初始化所有的数据传送。每个总线执行动作按照传输前制定的原则，最多传送 3 个数据包。每次传送开始，主机控制器发送一个描述传输动作的种类、方向、USB 设备地址和端口号的 USB 数据包。这个数据包通常称为标志包（PID，Packet ID）。USB 设备从解码后的数据包中取出属于自己的数据。传输开始时，由标志包来标志数据的传输方向，然后发送端发送数据包，接收端也要相应发送一个握手的数据包以表明是否传送成功。

发送端和接收端之间的 USB 传输，可视为在主机和设备端口之间的一条通道。典型的 USB 体系结构及其物理连接如图 10－13 所示。

有两种类型的通道：流通道和消息通道。流的数据没有 USB 所定义的数据结构，而消息数据则有。通道与数据带宽、传送服务类型和端口特性（如方向、缓冲区大小）有关。多数通道在 USB 设备设置完成后即存在一条特殊的消息通道——缺省控制道通，当设备一启动即存在该通道，从而为设备的设置、状况查询和输入控制信息提供了一个入口。

任务安排可对流通道进行数据控制。发送不确认握手信号可阻塞数据传输，不确认信号发过后，若总线有空闲，数据传输将予重复。这种流控制机制允许灵活的任务安排，可使不同性质的流通道同时正常工作，多种流通道可在不同间隔进行工作，传送大小不同的数据包。

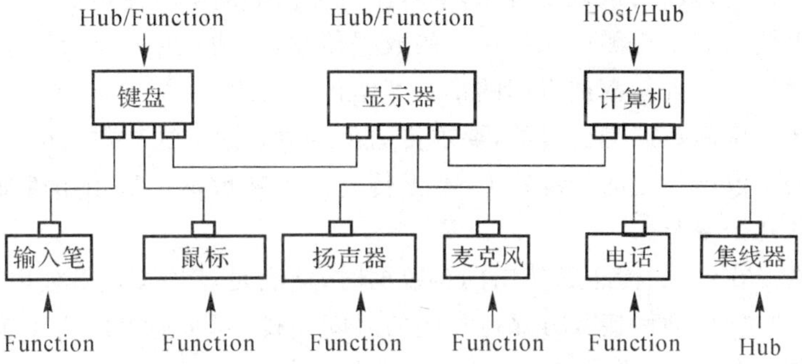

图 10－13　典型的 USB 体系结构及其物理连接

6. USB 的容错性能

USB 提供了多种机制，如使用差分驱动、接收和防护，以保证信号完整性；使用循环冗余码，以进行外设装卸的检测和系统资源的设置，对丢失和损坏的数据包暂停传输，利用协议自我恢复，以建立数据和控制通道，从而使功能部件避免了相互影响的负作用。上述机制的建立，极大地保证了数据的可靠传输。

在错误检测方面，协议中对每个包中的控制位和数据位都提供了循环冗余码校验，并提供了一系列的硬件和软件设施来保证数据正确性。循环冗余码可对一位或两位的错误进行100%的恢复。在错误处理方面，协议在硬件和软件上均有措施。硬件的错误处理包括汇报错误和重新进行一次传输，传输中若还遇到错误，由 USB 的主机控制器按照协议重新进行传输，最多可进行 3 次，若错误依然存在，则对客户端软件报告错误，使之按特定方式处理。

7. USB 系统设置

所有的 USB 设备都是通过某个端口接在 USB 上的，可随时安装或拆卸。集线器有一个状态指示器，它可指明 USB 设备是否被安装或拆除了；若安装，则指明了 USB 设备端口。主机将所有集线器排成队列以取回其状态指示。在 USB 设备安装后，主机通过设备控制通道来激活该端口并以预设的地址值赋给 USB 设备。主机对每个设备指定了唯一的 USB 地址，并检测这种新装的 USB 设备是下一级的集线器还是功能部件。如果安装的是集线器，并有外设连在其端口上，则上述过程对每个 USB 设备的安装都要做一遍；如果安装的是功能部件，则主机中关于该设备的软件将被引发。USB 设备从集线器的端口拆除后，集线器关闭该端口，并向主机报告该设备已不存在。USB 的系统软件将准确地进行处理，如果去除的是集线器，则系统软件将对集线器及连接在其上的所有设备进行处理。

对每个连接在总线上的设备指定唯一的地址的动作称为总线标号，因为 USB 允许设备在任何时刻安装或拆卸，所以总线标号是 USB 系统软件随时要做的动作。

8. USB 的数据流

在主机和设备间的数据交换存在两种通道：流通道和消息通道。总的来说，各通道之间的数据流动是相互独立的，一个指定的 USB 设备可有几个通道，例如一个 USB 设备可建立向其他设备发送数据和从其他设备接收数据的两个通道。

USB 包含 4 种基本的数据传输类型：

(1)控制传送。控制传送采用了严格的差错控制机制，其数据传送是无损的。如 USB 设备在初次安装时，USB 系统软件使用控制传送来设置设备参数。

(2)批传送。批传送即大量数据传送，如打印机和扫描仪中所使用的。批量数据是连续传送的，在硬件级上使用错误检测以保证可靠的数据传输，在协议中引入了数据的可重复传送。根据其他一些总线动作，批量数据占用的带宽可作相应的改变。

(3)中断传送。中断数据是少量的，要求传送延迟时间短。这种数据可由设备在任何时刻发送，并且以不慢于设备指定的速度在 USB 上传送。中断数据一般由事件通告、特征及坐标组成，只有一个或几个字节。

(4)同步传送。在建立、传送和使用同步数据时，须满足其连续性及实时性。同步数据以稳定的速率发送和接收，为使接收方保持相同的时间安排，同步通道的带宽确定，必须满足对相关功能部件的取样特征。除了传输率，同步数据对传送延迟非常敏感，因此也得作有关处理。一个典型的例子是声音传送，如果数据流的传输率不能保持，则数据丢失将取决于缓冲区和帧的大小，即使数据在硬件上以合适的速率传送，但软件造成的传送延迟也会对实时系统造成损害，一般 USB 系统会从 USB 的带宽中专门分配一部分给同步数据流以满足其所需要的传输率。

在一个通道建立后，USB 就会分配给它一定的带宽，一般所分配的带宽要保证缓冲引起的硬件上的延迟限定在几毫秒内。

USB 的带宽容量可容纳多种不同的数据流，因此可连接大量的设备，而且 USB 支持在同一时刻的不同设备具有不同比特率，并可动态变化。

9. USB 的设备

USB 设备有集线器和功能部件两类。在即插即用的 USB 的结构体系中，集线器是一种重要设备，如图 10－14 所示。

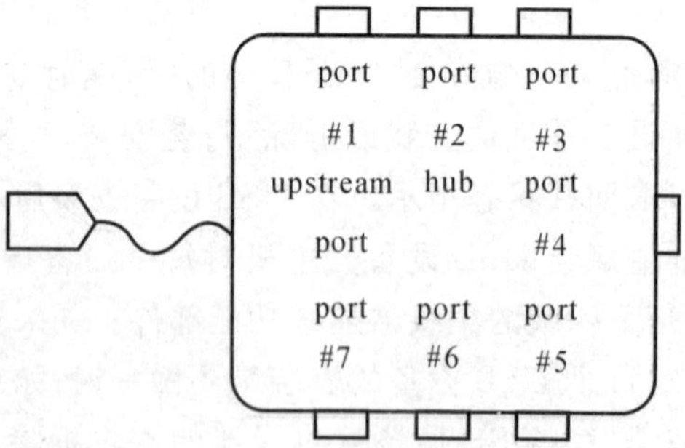

图 10－14　典型集线器

集线器简化了 USB 互连的复杂性。集线器串接在集线器上，可让不同性质的更多设备连在 USB 上。连接点称作端口。每个集线器上行端口向主机方向进行连接，每个集线器的下行端口允许连接另外的集线器或功能部件。集线器可检测每个下行端口的设备的安装或拆卸，并可对下行端口的设备分配能源，每个下行端口可分辨出连接的是高速或低速设备。

集线器包括两部分：集线控制器和集线再生器。集线再生器位于上行端口和下行端口之间，是放大衰减信号、恢复畸变信号的器件，并且支持复位、挂起、唤醒等功能。通过集线控制器所带有的接口寄存器，主机对集线器的状态参数和控制命令进行设置，并监视和控制其端口。

功能部件是通过总线进行发送、接收数据或控制信息的USB设备，由一根电缆连在集线器某个端口上。功能部件一般相互独立，但也有种复合设备，其中有多个功能部件和一个内置集线器，共同利用一根USB电缆。每个功能部件都含有描述该设备的性能和所需资源的设置信息。主机应在功能部件使用前对其进行设置，如分配USB带宽等。定位设备(鼠标，光笔)、输入设备(键盘)、输出设备(打印机)等都属于功能部件。

设备连接并编号后，该设备就有一个唯一的USB地址。系统就是通过该地址对设备进行操作的。每一个USB设备通过一条或多条通道与主机通信。所有的USB设备在零号端口上有一指定的通道，USB的控制通道即与之相连。通过这条控制通道，所有的USB设备都有一个共同的准入机制，以获得控制操作的信息。控制通道中的信息应完整地描述USB设备，主要包括标准信息类别和USB厂商信息。

10. USB的主机、硬件和软件

USB的主机通过主机控制器与USB设备进行交互。主机的主要功能有：检测USB设备的安装和拆卸，管理主机和USB设备间的控制数据流，收集状态和动作信息，提供设备能源。USB系统软件管理USB设备驱动程序的运作，包括设备编号和设置、同步数据传输、异步数据传输、电源管理、设备与总线信息管理。一般，USB系统软件会采用目前的主机软件接口来管理上述几种方式。

10.2.4 其他总线简介

1. ISA总线

ISA(Industry Standard Architecture，工业标准体系结构)总线也称AT总线，是由Intel公司、IEEE和EISA集团联合开发的与IBM-PC/AT原装机总线意义相近的系统总线。它具有16位数据宽度，最高工作频率为8MHz，数据传输速率达到16MB/s，地址线24条，可寻访16MB地址单元。它是在早期的62线PC总线基础上再扩展一个36线插槽形成的。分成62线和36线两段，共计98线。ISA总线始于1984年，属于早期的一种总线，它实际上属于PC总线，在测试领域内以PC为基础的数据采集应用中近20年一直占据着主导地位。ISA总线虽然扩展了对微处理器的支持能力，但仍存在许多不足之处，如I/O扩展能力差，边缘式印制插头(座)接触不良，耐震动、冲击能力差，对温湿度比较敏感而不适应工业现场工作等，在速度上已成为系统的瓶颈，已逐渐被PCI，PCI Express总线所取代。

2. EISA总线

继16位之后，32位高性能微处理器的出现，要求有高性能的系统总线相配合。IBM公司为PS/2设计了微通道结构(MCA)。这种总线结构支持多微处理器，多个总线主控，支持16位、32位数据，24位、32位地址，数据传输速率达40MB/s，是一种高性能总线。但它与原PC总线及ISA总线完全不兼容，并且IBM对MCA技术采取严格的封锁，使其他厂商无法采用，因而得不到推广。

为了与MCA总线技术抗衡，Compaq，HP，AST，Epson，NEC等9家公司联合起来，在ISA的基础上于1988年推出了32位微机“扩展工业标准结构”EISA总线。

EISA总线在结构上与ISA兼容，保护了原有投资，同时又充分发挥了32位微处理器的功能。它支持32位地址,可寻址4GB地址空间,32位数据宽度,工作频率为7.3MHz,数据传输率可达33MB/s。

由于EISA总线插槽要兼顾ISA和EISA两种插板,故EISA总线插槽外观尺寸上与ISA总线插槽相同,而内部采用双层引脚结构,两层引脚之间由定位键限位,使上层引脚与ISA插板上的"金手指"接触,下层引脚与EISA插板上的"金手指"接触。

3. VESA总线

系统总线虽然从PC总线、ISA总线发展到EISA总线,但仍然跟不上软件和CPU的发展速度,在大部分时间内,CPU仍处于等待状态。随着CPU芯片不断更新换代和各种高速适配卡的出现,加上操作系统和应用程序越来越复杂,ISA/EISA总线已满足不了足够快的数据传输,可以说是总线而不是外设妨碍了系统性能的提高,这是单一慢速的系统总线体系结构所带来的限制。

1991年,局部总线标准VESA出现了,它比EISA性能更完善,传输速率更高,它将外设直接挂接到CPU局部总线上,并以CPU的速度运行,极大地提高了外设的运行速度。VESA总线数据宽度为32位,可以扩展到64位,与CPU同步工作,最大运行速度可达66MHz,VESA的最大传输率达到132MB/s,是ISA总线传输率的16倍。但是,VESA总线存在着规范定义不严格、兼容性差、总线速度受CPU速度影响等缺陷。

4. RS-232C串行通信总线

该标准的全称是EIA-RS-232C标准(Electronic Industrial Associate-Recommended Standard 232C),是美国EIA(电子工业联合会)与BELL等公司一起开发的。它适合于数据传输速率在0～20 000b/s范围内的通信。这个标准对串行通信接口的有关问题,如信号线功能、电气特性都作了明确规定。由于通信设备厂商都生产与RS-232C制式兼容的通信设备,因此,它作为一种标准,曾经在微机串行通信接口中广泛采用。RS-232C串行接口是计算机与外设之间以及计算机与测试系统之间最简单、最普遍的连接方法,采用23线连接器。其最高的单向数据传输率为20kb/s,此时的最大传输距离为15m。适当降低速率,其最大传输距离可达60m。但它只是一对一的传输,仅用于简单或低速的系统,在实际应用中有一定的市场。

5. IEEE 1394串行总线

IEEE 1394是由美国电子电气学会制定的高速串行总线接口标准,既可作为总线标准应用于计算机主板,也可作为接口标准应用于计算机与各种外设的连接。

IEEE 1394串行总线又叫火线,是由苹果公司于20世纪80年代提出的,1995年被IEEE接受,当时最高传输速率为400 Mb/s,后来按800 Mb/s,1.6 Gb/s及3.2 Gb/s分段提高。它有两对信号线和一对电缆线,在无HUB时可用任何方式连接63个装置,而且支持即插即用、带电插拔。这是一种应用前景非常广阔的串行总线,和USB总线工作于不同的频率范围,可相互配合使用,适用于摄录机、数字相机、数字音频视频设备之间实现高速、宽带的数据传输,满足了多媒体应用的需要。还可用于连接计算机的高速外部设备,也可作为测试仪器的数据传输总线。在测控系统中,它可作为机箱底板总线的备份总线,以及用作计算机与高速数据采集系统互连总线。

作为外部串行总线,USB与IEEE 1394的区别在于USB是一种主从式架构,IEEE 1394则为对等架构。对等总线就是说,任何一个总线上的设备都可以主动地发出请求。而USB总线上的设备,则都是等待主机发送请求,然后做相应的动作。因此 IEEE 1394 设备更加智能化一些,当然因此也变得复杂一些,成本高一些。IEEE 1394 总线的这个特性决定了它可以脱离以桌面主机为中心的束缚,对于数字化家电来说,IEEE 1394 更加有吸引力。

在计算机领域,IEEE 1394 与 USB 并列,作为计算机的总线和接口占有重要的地位,在各种连接中都有可能使用。这样可以简化计算机后面板及电缆,增强了通用性,使用更加方便,也降低了费用。

6. IEEE 488 并行总线

在集成式自动测试系统中,计算机与测试部分比较靠近,为提高数据传输速率,可采用并行总线进行连接。并行总线也分为标准的和非标准的两类。常用的并行标准总线有通用接口总线 IEEE 488 和 ANSIX3.131-1986SCSI 总线。非标准的并行总线也很多。多数厂家自己设计专用的并行总线,再通过总线转换接口,将计算机和测试部分连接起来。

IEEE 488 通用接口总线又称 GPIB(General Purpose Interface Bus)总线,是 HP 公司在 20 世纪 70 年代推出的台式仪器接口总线,因此又叫 HPIB(HP Interface Bus),1975 年 IEEE 和 IEC 确认为 IEEE 488 和 IEC 652 标准。该标准总线在仪器、仪表及测控领域得到了最广泛的应用。这种系统是在微机中插入一块 GPIB 接口卡,通过 24 或 25 线电缆连接到仪器端的 GPIB 接口。当微机的总线变化时,例如采用 ISA 或 PCI 等不同总线,接口卡也随之变更,其余部分可保持不变,从而使 GPIB 系统能适应微机总线的快速变化。由于 GPIB 系统在 PC 出现的初期问世,所以有一定的局限性。如其数据线只有 8 根,传输速率最高 1 Mb/s,传输距离 20m(加驱动器可达 500m),等等。该总线标准是仪器、仪表及测控系统与计算机互连的主流并行总线。

7. SCSI 总线

SCSI 总线的原型是美国 Shugart 公司推出的,用于计算机与硬盘驱动器之间传输数据的 SASI(Shugart Associates System Interface)总线,1986 年成为美国国家标准 ANSIX3.131,改名为 SCSI 总线(Small Computer System Interface)。其数据线为 9 位,速度可达 5Mb/s,传输距离 6m(加驱动器可达 25m),经改进又陆续推出 SCSI-2fastandwide 和 SCSI－3(又称 ultrascsi)总线,原 SCSI 总线改称 SCSI-1 总线。该总线的传输速率很高,普遍用作计算机的高速外设总线,如连接高速硬盘驱动器。许多高速数据采集系统也用它与计算机互连。

8. MXI 总线

MXI 总线是一种高性能非标准的通用多用户并行总线。它是 NI(National Instruments)公司于 1989 年推出的 32 位高速并行互连总线,最高速度可达 23Mb/s,传输距离 20m。MXI 总线通过电缆与多个器件连接,采用硬件映像通信设计,不需要高级软件,一根 MXI 电缆上可连接 8 个 MXI 器件。其电缆本身是相通的,MXI 器件通过简单地读/写相应的地址空间就可直接访问其他所有器件的资源而无须任何软件协议。VXI 总线的测控机箱大都用这种总线与计算机互连,可以说是 VXI 总线机箱与计算机互连的事实上的标准总线。

习题与思考题

1. 总线规范的基本内容是什么?
2. 根据在微型计算机系统的不同层次上来分类,微型机系统中共有哪几类总线?

3. 总线数据传输的同步、异步和半同步控制各有何特点？

4. 在总线上完成一次数据传输一般要经历哪几个阶段？

5. PCI 总线的特点是什么？它的总线命令有哪些？

6. PCI 总线有哪几种地址空间？

7. PCI Express 总线与 PCI 总线相比，有何异同点？

8. 简述 PCI Express 总线的体系结构。

9. USB 包含哪几种基本的数据传输类型？各有什么特点？

第 11 章　微型计算机的应用

＊学习基本要求

通过本章的学习，需要了解微型计算机的应用领域以及微型计算机的简单应用。

＊内容要点

本章必须要理解的知识点：微型计算机的应用领域。

＊知识结构框图

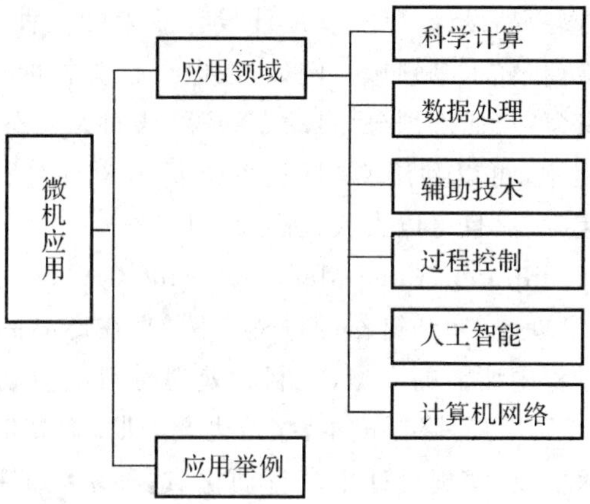

11.1　微型计算机的应用领域

计算机的应用领域已渗透到社会的各行各业，正在改变着传统的工作、学习和生活方式，推动着社会的发展。计算机的主要应用领域如下。

1. 科学计算

科学计算是指利用计算机来完成科学研究和工程技术中提出的数学问题的计算。在现代科学技术工作中，科学计算问题是大量的和复杂的。利用计算机的高速计算、大存储容量和连续运算的能力，可以实现人工无法解决的各种科学计算问题。

例如，建筑设计中为了确定构件尺寸，通过弹性力学导出一系列复杂方程，长期以来由于计算方法跟不上而一直无法求解。而计算机不但能求解这类方程，而且还引起弹性理论上的一次突破，出现了有限单元法。

2. 数据处理

数据处理是指对各种数据进行收集、存储、整理、分类、统计、加工、利用、传播等一系列活动的统称。据统计，80％以上的计算机主要用于数据处理，这类工作处理量大、应用面广，决定了计算机应用的主导方向。

数据处理从简单到复杂已经历了 3 个发展阶段，它们是：

(1)电子数据处理(Electronic Data Processing,EDP),它是以文件系统为手段,实现一个部门内的单项管理。

(2)管理信息系统(Management Information System,MIS),它是以数据库技术为工具,实现一个部门的全面管理,以提高工作效率。

(3)决策支持系统(Decision Support System,DSS),它是以数据库、模型库和方法库为基础,帮助管理决策者提高决策水平,改善运营策略的正确性与有效性。

目前,数据处理已广泛地应用于办公自动化、企事业计算机辅助管理与决策、情报检索、图书管理、电影电视动画设计、会计电算化等各行各业。

3.辅助技术

计算机辅助技术包括CAD,CAM和CAI等。

(1)计算机辅助设计(Computer Aided Design,CAD)。计算机辅助设计是利用计算机系统辅助设计人员进行工程或产品设计,以实现最佳设计效果的一种技术。它已广泛地应用于飞机、汽车、机械、电子、建筑和轻工等领域。例如,在电子计算机的设计过程中,利用CAD技术进行体系结构模拟、逻辑模拟、插件划分、自动布线等,从而大大提高了设计工作的自动化程度。又如,在建筑设计过程中,可以利用CAD技术进行力学计算、结构计算、绘制建筑图纸等,这样不但提高了设计速度,而且可以大大提高设计质量。

(2)计算机辅助制造(Computer Aided Manufacturing,CAM)。计算机辅助制造是利用计算机系统进行生产设备的管理、控制和操作的过程。例如,在产品的制造过程中,用计算机控制机器的运行,处理生产过程中所需的数据,控制和处理材料的流动以及对产品进行检测等。使用CAM技术可以提高产品质量,降低成本,缩短生产周期,提高生产率和改善劳动条件。

将CAD和CAM技术集成,实现设计生产自动化,这种系统被称为计算机集成制造系统(CIMS)。它的实现将真正做到无人化工厂(或车间)。

(3)计算机辅助教学(Computer Aided Instruction,CAI)。计算机辅助教学是利用计算机系统使用课件来进行教学。课件可以用制作工具或高级语言来开发制作,它能引导学生循序渐进地学习,使学生轻松自如地从课件中学到所需要的知识。CAI的主要特色是交互教育、个别指导和因人施教。

4.过程控制

过程控制是利用计算机及时采集检测数据,按最优值迅速地对控制对象进行自动调节或自动控制。采用计算机进行过程控制,不仅可以大大提高控制的自动化水平,而且可以提高控制的及时性和准确性,从而改善劳动条件,提高产品质量及合格率。因此,计算机过程控制已在机械、冶金、石油、化工、纺织、水电、航天等部门得到广泛的应用。

例如,在汽车工业方面,利用计算机控制机床、控制整个装配流水线,不仅可以实现精度要求高、形状复杂的零件加工自动化,而且可以使整个车间或工厂实现自动化。

5.人工智能(或智能模拟)

人工智能(Artificial Intelligence)是计算机模拟人类的智能活动,诸如感知、判断、理解、学习、问题求解和图像识别等。现在人工智能的研究已取得不少成果,有些已开始走向实用阶段。例如,能模拟高水平医学专家进行疾病诊疗的专家系统,具有一定思维能力的智能机器人,等等。

6. 计算机网络

网络被应用于工商业的各个方面，包括电子银行、电子商务、现代化的企业管理、信息服务业等都以计算机网络系统为基础。从学校远程教育到政府日常办公乃至现在的电子社区，很多方面都离不开网络技术。可以说，网络在当今世界无处不在。

11.2　微型计算机的应用举例

例 11.1　CPU 和 8 块 LED 采用软件译码法固定显示图 11-1 所示图案的同时，每隔 100 ms向 0832 D/A 转换器送数，使它输出图 11-2 所示的“长城”图案。接口原理图如图 11-3 所示。LED 为共阳极，驱动器具有倒相作用；已知连接在 8259A IR_6端的中断源的中断类型码为 46H；8254 的 CLK 频率采用 2MHz；各芯片端口地址可合理假设。请设计编写实现上述功能的接口程序。

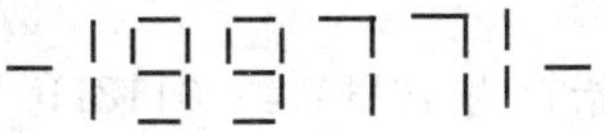

图 11-1　LED 显示图案

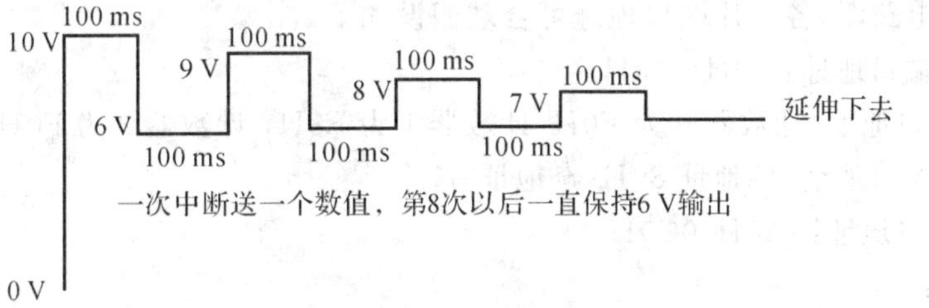

图 11-2　D/A 输出图案

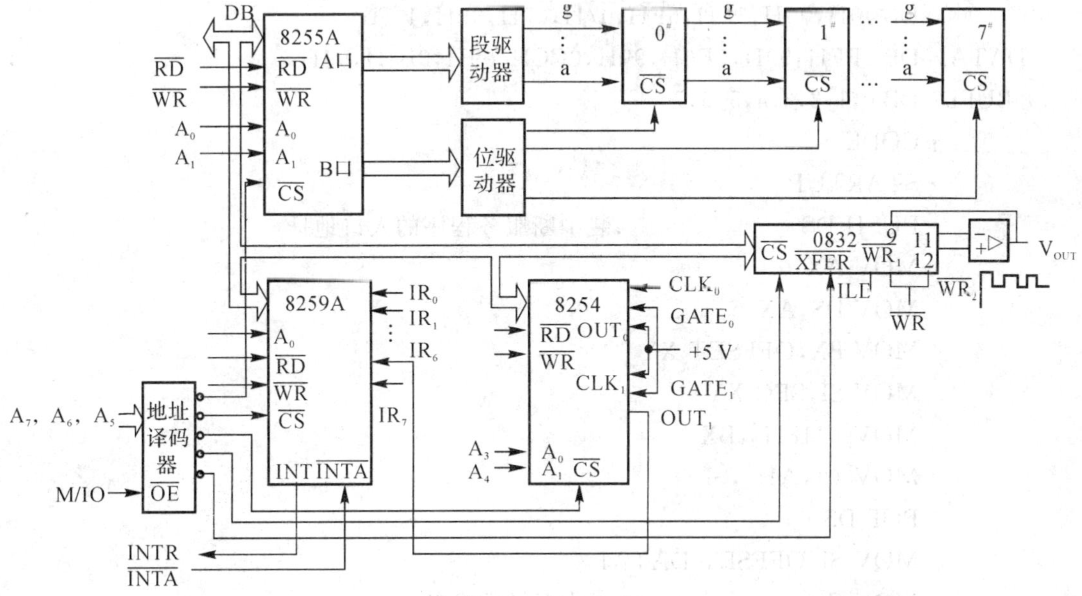

图 11-3　接口原理图

LED 七段显示器显示	对应的数码
—	40H
1	06H
9	6FH
7	07H

0832 输出	对应的数据
0V	00H
10V	0FFH
6V	99H
9V	0E6H
8V	0CCH
7V	0B3H

中断向量表对应的向量地址指针为 46H×4=0118H。8254 计数值为

$$n=100\text{ms}\times f_C=100\text{ms}\times 2\times 10^6/\text{s}=200\ 000=200\times 1\ 000$$

200 作为计数器 0 的计数值,1000 作为计数器 1 的计数值。

根据接口电路图,各芯片端口地址可合理假设如下。

8255A 的端口地址：60H～63H。

8254 的端口地址:计数器 0 为 E0H,计数器 1 为 E8H，计数器 2 为 F0H,控制口为 F8H。

8259A 的端口地址:偶地址 80H,奇地址 84H。

0832 的端口地址:0A0H,0C0H。

程序如下：

```
        ·MODEL SMALL
        ·DATA
        DB 40H,06H,6FH,6FH,07H,07H,06H,40H
DATA1   DB 0FFH,99H,0E6H,99H,0CCH,99H,0B3H,99H
 BUFD   DB 0,1,2,3,4,5,6,7
        ·CODE
        ·STARTUP
        PUSH DS                 ;装中断服务程序的入口地址
        MOV AX,0
        MOV DS,AX
        MOV BX,OFFSET XY
        MOV SI,SEG XY
        MOV[0118H],BX
        MOV[011AH],SI
        POP DS
        MOV SI,OFFSET DATA1
        MOV CH,0                ;为中断计数准备
```

```
        MOV AL,80H          ;8255A 初始化
        OUT 63H,AL
        MOV AL,12H          ;8259A 初始化,ICW1
        OUT 80H,AL
        MOV AL,40H          ;ICW2
        OUT 84H,AL
        CLI
        MOV AL,25H          ;8254 计数器 0 初始化
        OUT 0F8H,AL
        MOV AL,02H
        OUT 0E0H,AL
        MOV AL,65H          ;8254 计数器 1 初始化
        OUT 0F8H,AL
        MOV AL,10H
        OUT 0E8H,AL
W:      MOV DI,OFFSET BUFD
        STC                 ;CF=1,置 LED 循环显示初值
        MOV CL,80H          ;位初值;因为驱动器有倒相作用
        ROR CL,10
        STI
DISI:   MOV AL,[DI]
        XLAT
        OUT 60H,AL          ;送 A 口显示数的编码
        MOV AL,CL
        OUT 61H,AL          ;送 B 口,开启 LED
        PUSH CX
        MOV CX,60H
DELAY:LOOP DELAY            ;显示延时
        POP CX
        TEST CL,01H         ;LED 最右端是否显示了
        JNZ QUIT
        INC DI
        RCR CL,1
        JMP DISI
QUIT:   JMP W
XY:     PUSH AX             ;中断服务程序,送"长城"图案
        MOV AL,[SI]
        OUT 0A0H,AL
        OUT 0C0H,AL
```

```
        INC CH
        CMP CH,08H
        JGE W1
        INC SI
W1：    POP AX
        IRET
      · EXIT
        END
```

例 11.2 设计一块炉温控制接口卡。利用 A/D 转换器将炉温的模拟信号转换为数字信号 x 后，通过 8255A 的 A 口读入，进行 $f(x)$ 运算后，经 8255A 的 B 口输出，再经 D/A 转换为模拟信号输出去调节炉温。控制接口卡的逻辑原理图如图 11-4 所示。

接口卡的核心是 8255A 芯片，假设其端口地址为 300H～303H。A 口设为方式 1 输入与 A/D 转换器相连接。A/D 转换器的特性为：当输入控制端 CI 出现下跳沿时，就启动 A/D 转换，当转换完一个数据时，在 A/D 的输出控制端 CO 会出现负脉冲。所以将 8255A 的 PC_5 (IBF_a) 接 A/D 的 CI，将 PC_4 ($\overline{STB_a}$) 接 A/D 的 CO。将 PC_3 接 8259A 的 IR_2，中断类型码为 0AH。只要执行一次读 A 口的输入指令，CI 就会出现负跳变，而启动 A/D 转换，在一次 A/D 转换完成后，从 CO($\overline{STB_a}$) 出现负脉冲。通过 PC_3 向 IR_2 发出中断请求信号。进入中断服务程序后，读 A 口，进行 A/D 输入，调用 $f(x)$ 运算子程序，然后将结果从 B 口经 D/A 输出。

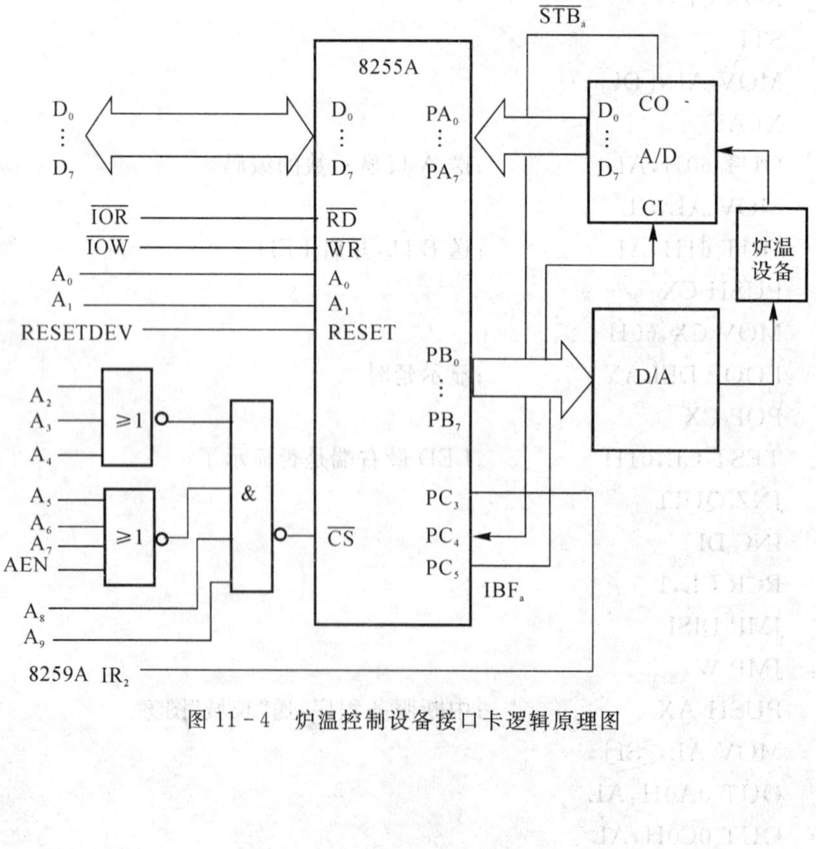

图 11-4　炉温控制设备接口卡逻辑原理图

驱动程序如下：

```
.MODEL SMALL
.STACK 256
.DATA
DB 100 DUP(?)
.CODE
.STARTUP
PUSH DS
XOR AX,AX
PUSH AX                        ;保存 PSP 首址，以便执行完回 DOS
CLI                            ;为装入中断向量而关中断
MOV ES,AX                      ;ES←0
MOV DI,0028H                   ;中断类型码 0AH×4=28H
MOV AX,OFFSET ADINT            ;中断服务程序偏移量→AX
CLD                            ;DF←0
STOSW                          ;将 AX 填入 0:28H,0:29H
MOV AX,SEG ADINT               ;中断服务程序段基址→AX
STOSW                          ;将 AX 填入 0:2AH,0:2BH
;以上 7 条指令完成将 A/D 中断服务程序入口地址装入中断向量表中
MOV AL,1BH                     ;8259A 初始化
OUT 20H,AL
MOV AL,0AH
OUT 21H,AL
MOV AL,03H
OUT 21H,AL
IN AL,21H                      ;读入 8259A IMR
AND AL,11111011B
OUT 21H,AL                     ;开放 IR2 中断
MOV DX,303H                    ;指向 8255 控制口
MOV AL,10110000B               ;设 8255A 方式控制字
OUT DX,AL
MOV AL,00001001B;
OUT DX,AL                      ;开放 8255A 中断,PC4=1
MOV DX,300H                    ;指向 8255A 的 A 口数据
IN AL,DX                       ;虚读使 IBFa 负跳变启动 A/D 转换
STI                            ;初始化完毕，开中断
  ⋮                            ;执行其他可能存在的主程序
HLT
;中断服务程序
```

```
ADINT:   PUSH ES
         PUSH DS
         PUSH AX
         PUSH BX
         PUSH CX
         PUSH DX
         PUSH SI
         PUSH DI
         PUSH BP                   ;保存本服务程序用到的现场
         STI                       ;为中断嵌套而开中断
         MOV DX,300H
         IN AL,DX                  ;从 A/D 输入
         CALL CON                  ;调用控制算法子程序
         MOV DX,301H
         OUT DX,AL                 ;从 D/A 输出
         MOV AL,20H
         OUT 20H,AL                ;向 8259A 送 EOI 命令
         CLI
         POP BP
         POP DI
         POP SI
         POP DX
         POP CX
         POP BX
         POP AX
         POP DS
         POP ES                    ;恢复现场
         IRET                      ;中断返回
CON PROC NEAR
         ⋮                         ;控制算法子程序
         RET
CON ENDP
     .EXIT
     END
```

例 11.3 某炉温控制原理图如图 11－5 所示，炉温数据采集及控制由 8255A 控制实现。5 ms 定时数据采集时间由硬件定时时钟控制。硬件定时时钟中断控制电路由 8254 及 8259A 控制实现。

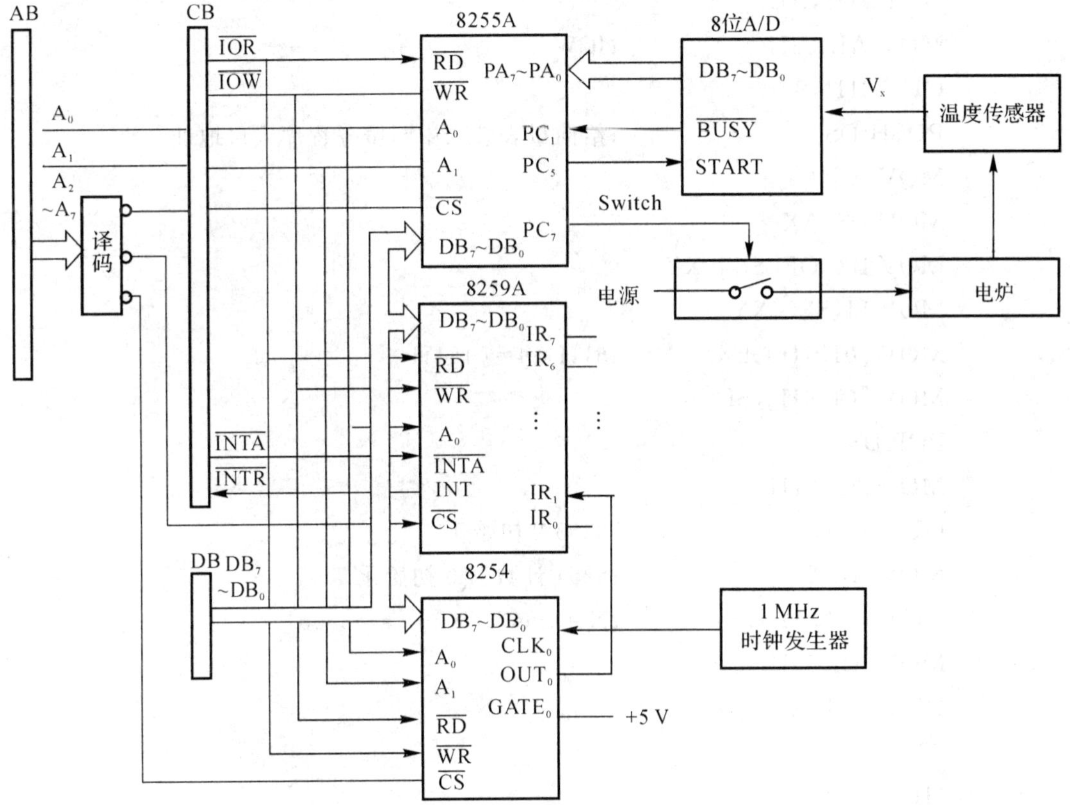

图 11－5　炉温控制原理图

(1) 要求 8254 定时每隔 5 ms 向 8259A 产生一次中断请求，其 CLK 频率为 1 MHz，试选择工作方式、参数及计数值，写出相应 8254 工作程序。

(2)8259A 设置为单片、全嵌套、非缓冲、边沿触发工作方式，中断类型码为 60H～67H，试写出 8259A 初始化程序。当 CPU 响应 5 ms 中断时，8259A 向 CPU 送的中断类型码为多少？

(3) 炉温通过传感器转为模拟电压信号送入 8 位 A/D 转换器，将模拟量转为 8 位数字量，CPU 每隔 5 ms 通过 8255A 采集一次炉温，并控制炉温。温控规定：当输入数字量大于或等于 0F0H 时，送出切断温控开关 Swith 的低电位信号；当输入数字量小于 80H 时，送出接通温控开关 Swith 的高电位信号，试编写炉温采集及控制中断服务子程序(端口地址合理假设，START 为正方波信号)。

假设 8259A 的端口地址为 20H 和 21H，8255A 的端口地址为 50H～53H，8254 的端口地址为 70H～73H。

程序如下：

主程序：

```
        MOV AL,13H          ;8259A 初始化 ICW1
        OUT 20H,AL
        MOV AL,60H          ;ICW2
```

```
        OUT 21H,AL
        MOV AL,03H              ;ICW4
        OUT 21H,AL
        PUSH DS                 ;给向量表装入中断服务程序入口地址
        MOV AX,0
        MOV DS,AX
        MOV BX,OFFSET XY
        MOV SI,SEG XY
        MOV [0184H],BX          ;61H×4=0184H
        MOV [0186H],SI
        POP DS
        MOV AL,91H
        OUT 53H,AL              ;8255A 初始化
        MOV AL,25H              ;8254 计数器 0 初始化
        OUT 73H,AL              ;N=5ms×1×10^6/s=5000
        MOV AL,50H
        OUT 70H,AL
        STI
LOO:    HLT
        CMP AL,0F0H
        JGE G
        CMP AL,80H
        JLL
        JMP LOO
G:      MOV AL,0EH              ;关电炉
        OUT 53H,AL
        JMP LOO
L:      MOV AL,0FH              ;开电炉
        OUT 53H,AL
        JMP LOO
```

中断服务程序：

```
XY:     MOV AL,0BH
        OUT 53H,AL              ;启动 A/D,PC5=1
        NOP
        MOV AL,0AH              ;PC5=0,因为是正方波启动
        OUT 53H,AL
P:      IN AL,52H               ;判断BUSY
```

```
TEST AL,02H
JZ P
IN AL,50H                ;通过8255A的A口读A/D数据
IRET
```

习题与思考题

1. 请简单介绍微型计算机的应用领域。

2. 试设计一个智能工业供水系统。

目的:在某些工业生产中,一刻也不能离开水,否则将会造成产品的报废或设备损坏。采用智能供水系统,既能保证用水,又能节约用水。

原理:在供水控制系统中,有一个小水泵(22 kW)、一个大水泵(30 kW)和一个备用水泵(30 kW),一个电动阀,一个涡轮流量计。根据流量计的信号测出水网水压来确定直接由水网供水或需要用泵从水池抽水加压泵供水。

要求:

(1) 在加压泵供水期间,根据流量信号自动切换大、小泵以便节约用水。

(2) 在泵供水期间检测电机是否温度过高,当超过某一温度时,3个泵自动切换。

(3) 当小泵电机(1#)、大泵电机(2#)和备用泵电机(3#)均超过温升时,自动转入由水网供水方式。

(4) 在任一电机发生故障时报警,并显示当前工作泵号。

回答问题:

(1) 试叙述你的设计思想。

(2) 写出该智能系统的硬件配置。

(3) 画出系统的硬件框图。

(4) 为完成设计要求,软件上如何处理?

3. 根据图11-6完成下列要求。

(1) 试说明硬件电路工作原理(可按从左到右芯片顺序说明)。

(2) 中断类型为多少号? 何时中断类型号被CPU接收?

(3) 写出CPU完成一次A/D转换的程序(设CLK=2 MHz,计数器8254工作选方式2,计数值为500。端口地址自定)。

4. 有3个模拟量送给DAC0809,接口图如图11-7所示。

(1) 各采样一个点并转换之后由3个0832同时输出;每个模拟量各采样100个点。

(2) 3个0832采用单缓冲方式,把未连好的接口线连好。

(3) 编写出实现的程序。

5. 由8片LED显示器,采用共阴极接法,设计一个由LED最左端到最右端不停循环显示"5"字符的显示系统,编写出程序并画出接口图。

6. 如图11-8所示,1 ms启动0809一次,8个模拟量各采样10个点(地址可合理假设)。

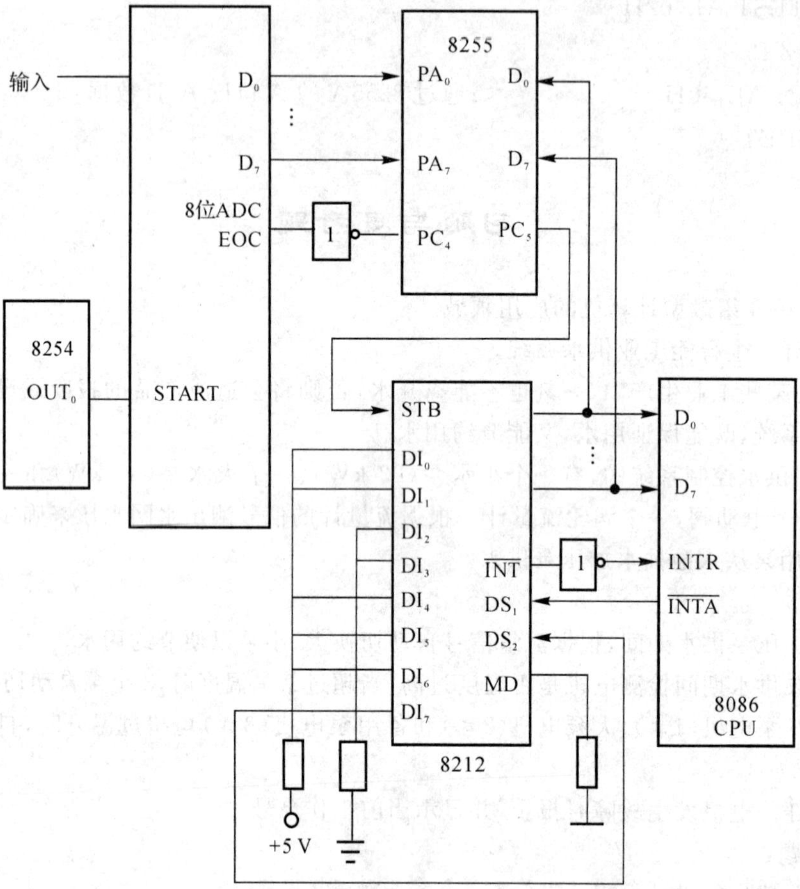

图 11-6　中断方式下的 ADC

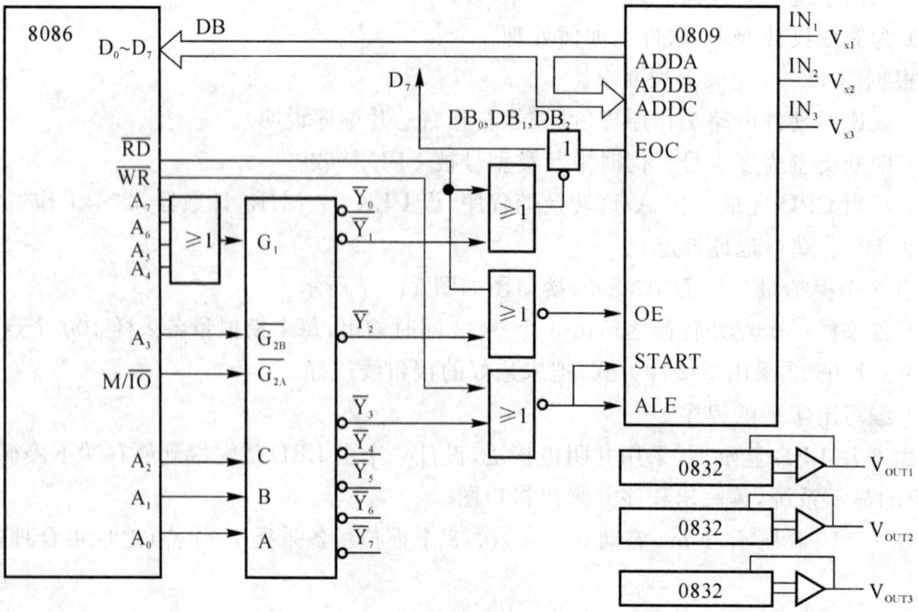

图 11-7　接口图

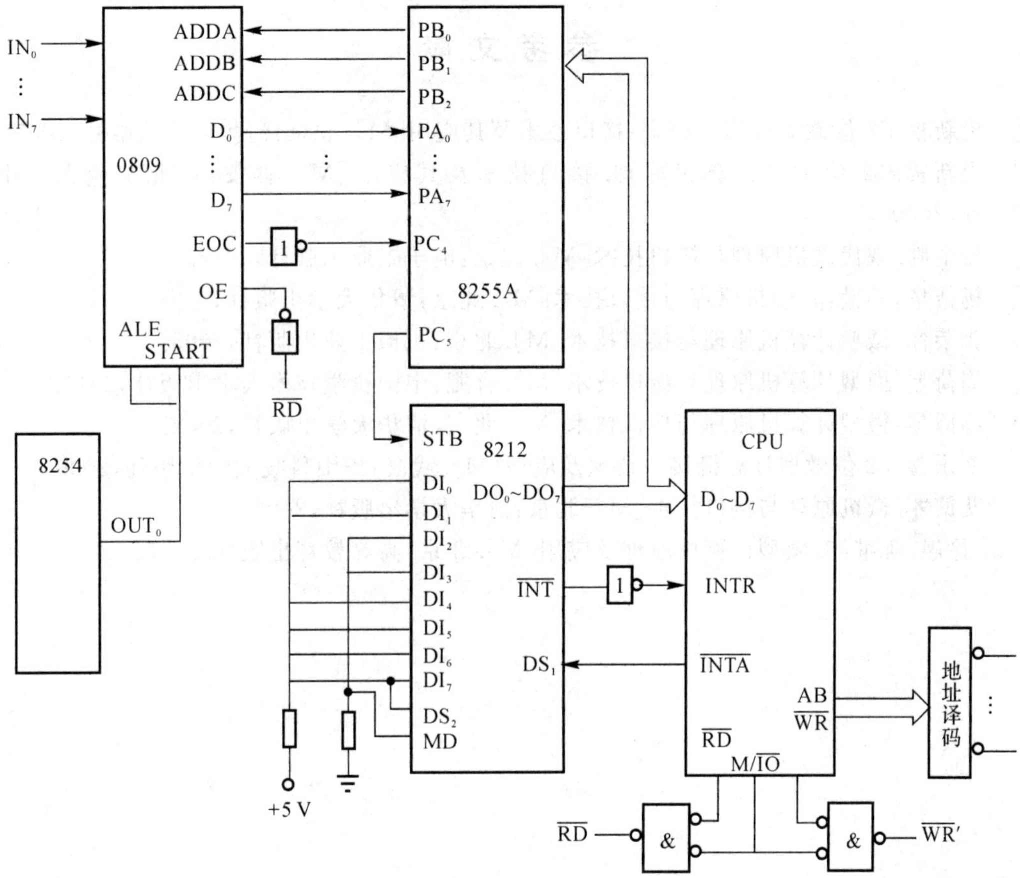

ADDA
ADDB
ADDC
IN_0
IN_7
D_0
0809
D_7
EOC
OE
ALE
START
1
1
$\overline{RD}$
PB_0
PB_1
PB_2
PA_0
PA_7
PC_4
8255A
PC_5
8254
OUT_0
STB
8212
DI_0
DI_1
DI_2
DI_3
DI_4
DI_5
DI_6
DI_7
DS_2
MD
DO_0~DO_7
$\overline{INT}$
DS_1
+5 V
CPU
D_0~D_7
INTR
$\overline{INTA}$
AB
$\overline{WR}$
$\overline{RD}$
M/$\overline{IO}$
地址译码
$\overline{RD}$
&
&
$\overline{WR}'$

图 11-8　接口图

参考文献

[1] 史新福.32位微型计算机原理.接口技术及其应用[M].北京:清华大学出版社,2007.

[2] 史新福.32位微型计算机原理.接口技术及其应用[M].西安:西北工业大学出版社,2000.

[3] 杨全胜.现代微机原理与接口技术[M].北京:电子工业出版社,2012.

[4] 杨帮华,马世伟.微机原理与接口技术[M].北京:清华大学出版社,2008.

[5] 张荣标.微型计算机原理与接口技术[M].北京:机械工业出版社,2005.

[6] 周荷琴.微型计算机原理与接口技术[M].合肥:中国科学技术大学出版社,2011.

[7] 冯博琴.微型计算机原理与接口技术[M].北京:清华大学出版社,2002.

[8] 刘乐善.32位微型计算机接口技术及应用[M].武汉:华中科技大学出版社,2006.

[9] 艾德才.微机原理与接口技术[M].北京:清华大学出版社,2005.

[10] 徐晨,陈继红.微型计算机原理及应用[M].北京:高等教育出版社,2005.